高等学校省级质量工程规划教材
"十三五"环境科学与工程系列规划教材

U0270374

环境生物化学基础

（第二版）

主　编　张　群

副主编　吴　彦　鲍立宁　陈　林

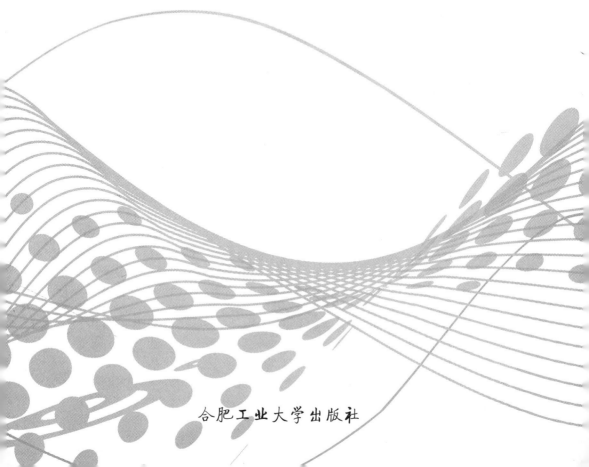

合肥工业大学出版社

图书在版编目(CIP)数据

环境生物化学基础/张群主编．—2 版．—合肥:合肥工业大学出版社,2017.5
ISBN 978－7－5650－3308－7

Ⅰ.①环…　Ⅱ.①张…　Ⅲ.①环境化学—生物化学　Ⅳ.①X13

中国版本图书馆 CIP 数据核字(2017)第 053182 号

环境生物化学基础(第二版)

	张　群　主　编		责任编辑　张择瑞	
出　　版	合肥工业大学出版社	版　次	2014 年 2 月第 1 版	
地　　址	合肥市屯溪路 193 号		2017 年 5 月第 2 版	
邮　　编	230009	印　次	2017 年 6 月第 2 次印刷	
电　　话	理工教材编辑部:0551－62903204	开　本	710 毫米×1010 毫米　1/16	
	市 场 营 销 部:0551－62903198	印　张	24.25　字　数	446 千字
网　　址	www.hfutpress.com.cn	印　刷	安徽昶颉包装印务有限责任公司	
E-mail	hfutpress@163.com	发　行	全国新华书店	
主编信箱　zhangqun@aqtc.edu.cn		责编信箱/热线　zrsg2020@163.com　13965102038		

ISBN 978－7－5650－3308－7　　　　　　　　定价:48.00 元
如果有影响阅读的印装质量问题,请与出版社市场营销部联系调换。

序　言

　　本书是根据合肥工业大学出版社有限责任公司策划组织的"十三五"环境类系列教材及高校合作联盟建设研讨会决定编写的,并获批为 2013 年高等学校省级质量工程规划教材立项。本书主要针对目前市场上尚无适合环境科学、环境工程专业本科教学急需的环境生物化学基础教材这一情况。本书可供高等学校环境科学专业、环境工程专业学生作为教材使用,也可供其他院校有关专业师生和科技工作者参考。

　　与现有生物化学教材不同,本书在编写过程中选材新颖,力求简明扼要,注重实用性。内容上增添了与环境科学密切相关的环境生物化学问题,如废弃蛋白质、核酸等生物大分子资源的综合利用,酶工程学在环境保护中的应用,环境激素,发酵工程学在环境保护中的应用,基因工程学在环境保护中的应用,等等。体例上,将核酸分解代谢与合成代谢合并成一章,将蛋白质分解代谢与合成代谢合并成一章。

　　全书共分十三章,其中绪论、生物膜、激素、代谢调控由安庆师范学院资源环境学院张群编写,生物氧化、糖代谢由安庆师范学院生命科学学院吴彦编写,酶、维生素与辅酶由安徽建筑大学鲍立宁、江西理工大学陈林编写,蛋白质、蛋白质代谢由安庆师范学院生命科学学院陈红梅编写,核酸、核酸代谢、脂代谢由安庆师范学院资源环境学院吴唤玲编写。

　　本教材在第 1 版的基础上进行了内容的修订,改正了原书中的个别问题,增设了课件(见封底二维码和出版社网站配套资源下载),方便老师、学生和相关人士教学和自学。

　　由于编者水平所限,错误在所难免,敬请读者批评指正,期待再版时更正。

张　群

2017 年 5 月

目　　录

绪　　论

一、生物化学是生命的化学

生物化学(biochemistry)是关于生命现象化学本质的科学。具体言之,生物化学就是利用化学的原理、技术与方法,在分子水平研究生物体的物质组成、生命运动的规律,进而阐明生命现象因果规律的一门科学。其研究内容主要包括:一是生物体的化学组成、生物分子的结构、性质和功能;二是生物分子的分解与合成,反应过程中的能量变化,生物遗传信息的储存、传递和表达,以及新陈代谢的调节控制。第一部分内容习惯归为静态生物化学,第二部分内容则归为动态生物化学。

二、生物的化学特征

生物体是大量生命元素的集合体。生命元素借助化学键形成生物小分子,进而产生生物大分子,并且借助次级键形成特定的空间构象和超分子聚集体,最终构建生命的化学特征。

1. 生命元素

地球上存在有 92 种元素,可是出现在生物体中的并被证明是生命所必需的只有 28 种,其中 C、H、O、N、S、P、Mn、Fe、Co、Cu、Na、Mg、Cl、K、Ca、Zn 等 16 种元素在生物体中普遍存在,它们的相对原子质量均较小。生物体内的元素可以分为四类。

第一类元素:包括 C、H、O 和 N 四种元素,是组成生命体最基本的元素。这四种元素约占了生物体总质量的 99% 以上。

第二类元素:包括 S、P、Cl、Ca、K、Na 和 Mg。这类元素也是组成生命体的基本元素。

第三类元素:包括 Fe、Cu、Co、Mn 和 Zn,是生物体内存在的主要少量元素。

第四类元素:包括 Al、As、B、Br、Cr、F、Ga、I、Mo、Se、Si 等微量元素。

2. 生命前体分子

虽然生物体是由多种分子组成,理论推测基本的分子组成是水分子和 30 种前体分子。

(1)水分子。水是生物体内含量最丰富、存在最广泛的物质。由于水分子特有的性质使得它非常适合于生物系统,所以水被称为"生命之源"。

水分子的第一个特性是其极性。由于水的分子结构,决定了它是弱极性分子。水是很好的极性溶剂,可以溶解电解质与极性物质,有利于生物反应的进行。当两性分子存在于水中时,水的溶解特性使它们自动排列为有序的结构。

水分子的第二个特性是其氢键。由于水由 H 和 O 形成,水分子间可以形成氢键。正是由于这些氢键的存在,使得水比其他液体具有高蒸发热、高热容和很宽的液相温度,从而有利于生物体内的温度恒定。

(2)前体分子。我们分析生物大分子的结构可以发现,它们主要是由 30 余种小前体分子构成的,所以这些小前体分子也称为生物分子的"构件"。前体分子可以分为四类:

① 20 种 L-α 氨基酸。这是蛋白质的基本单位。

② 5 种含氮碱基,2 种嘌呤碱基与 3 种嘧啶碱基。它们与磷酸核糖或脱氧磷酸核糖结合就形成核酸的基本单位——核苷酸。

③ 2 种糖。D-葡萄糖和 D-核糖,葡萄糖是光合作用的产物,也是生物代谢的重要中间产物,而 D-核糖则是核苷酸的基本组成成分。

④ 软脂酸、甘油和胆碱。它们可以组成磷脂分子,是生物膜的重要组成成分。

3. 生物大分子及其组成规律

生物分子中最重要的是糖、脂、蛋白质和核酸,它们是构成生物体和维持生命现象最基本的物质。许多生物其干重的 90% 以上是由生物大分子构成。由于它们的相对分子量一般都很大,所以被称为生物大分子。生物大分子具有以下特征。

(1)由结构比较简单的小分子——结构单元分子所组成。最重要的结构单元分子主要有以下几类:①构成蛋白质的结构单元分子——20 种基本氨基酸;②构成核酸的结构单元分子——核苷酸;③构成脂的结构单元分子——甘油、脂肪酸和胆碱;④构成糖的结构单元分子——单糖。

(2)生物大分子都具有非常复杂的结构,包括复杂的化学结构和复杂的空间结构。

(3)生物大分子中存在许多手性中心。

(4)生物大分子之间存在相互作用和识别作用。

4. 生物体的结构层次性

如前所述,生物元素组成生物前体分子,生物前体分子组成生物大分子。生物大分子则进一步形成复合体,生物大分子和复合体再组成亚细胞结构和细胞器,进而形成细胞。细胞则可继续形成组织、器官、系统,最后形成多细胞的生物体。在高层次的结构中,生物大分子间的结合是非共价的。所以,这些结构可以实行自我装配。

5. 生物分子内(间)非共价相互作用

生物分子内(间)非共价相互作用主要有:

(1)氢键

这是由电负性大的原子(O、N、F)与结合其上的氢原子通过静电引力形成的。这种键的作用很小,但是在生物大分子中存在众多的氢键,使得氢键在维持大分子的结构以及大分子与其配基的结合专一性上具有重要的意义。

(2)正负离子之间的静电引力

这是由两个相反电荷通过静电引力形成的,如蛋白质中的羧基与氨基。离子键在维持生物大分子的结构、大分子与配基的结合等方面发挥着很重要的作用。

(3)离域键间的π电子重叠作用力

核酸、蛋白质大分子中含有许多芳香基团。这些基团中的离域π电子在相互接近到一定距离时,将会产生一种特殊的π电子重叠作用力。这种作用力具有方向性,产生离域键间的π电子重叠作用力的条件是两组离域π电子以平行方式相互作用。

(4)疏水键

这是在水环境中疏水基团为避开极性的水分子而产生的聚集力,而不是一种经典的化学键。当疏水基团存在于水溶液中时,水分子在其表面必须整齐排列,致使体系的熵值减小,分子处于比较稳定的状态。这种疏水作用力在稳定核酸、蛋白质、生物膜等大分子及其聚集体时起重要作用。

(5)范德华力

这是化学基团之间小范围的作用力,比其他作用力都弱得多,但是由于它们广泛存在,生物大分子含的原子数巨大,所以对生物结构的稳定性有很大的贡献。

三、新陈代谢是生命的基本特征

新陈代谢是生命的特征。生命物质的新陈代谢包括合成和分解两大方面:合成——生物小分子到生物大分子;分解——生物大分子到生物小分子。按代谢主体的不同,新陈代谢可分为物质代谢、能量代谢和信息代谢三种类型:物质代谢——分解代谢与合成代谢;能量代谢——释能代谢与储能代谢;信息代谢——物质代谢信息代谢与遗传信息代谢。

就生物体而言,新陈代谢由成千上万个酶促反应构成,错综复杂。同时,生物体用最基本的化学反应、最简单的组合方式构成了这一最复杂的反应系统,表现出共同的规律性。

(1)有限的化学反应类型。新陈代谢中众多的化学反应本质上仅为几个反应类型:氧化还原反应、C—C 键的断裂和形成反应、基团转移反应、构建分子间脱水缩合反应以及分子重排反应。

(2)共同的分解末端代谢途径和转换枢纽。三羧酸循环不仅是糖类、脂质、蛋白质和核酸分解代谢的必经途径,同时也是生物体内各种生物分子相互转换的枢纽。

(3)共同的合成代谢规律。一是 ATP 为所有生物体内能量的共同载体;二是生物大分子合成时均有一定的方向性;三是前体分子构建生物大分子前均需活化。

四、生物化学的历史发展

人们从古代开始就已广泛应用生物制品,并积累了不少关于生物化学的知识。例如,我国古代劳动人民已广泛应用并发展了酿酒、制醋和生产饴糖等技术。但是,由于"活力论"的影响,使生物化学在 18 世纪以前长期处于停滞不前的状态。1775 年,Lavoisier 证实了呼吸作用是一个氧化过程;1776 年,Priestley 发现了光合作用;19 世纪初,Wohler 以人工方式用氰酸铵合成尿素,实现了在一定条件下无机物与有机物之间的转化,从而彻底否定了"活力论"。

19 世纪末 20 世纪初,生物化学发展成为一门独立的新兴学科。20 世纪 30 年代以后,生物化学有了迅速的发展,主要代谢途径相继被阐明,许多著名的生物学家如 Warburg、Keilin、Embden、Meyerhof、Krebs、Hill、Lipmann 等为此做出了重要贡献。50 年代以后,生物化学已成为生物学科的中心和前沿领域。年轻的科学家 Watson 和 Crick 于 1953 年首次提出了 DNA 双螺旋结构模型,开创了分子生物学的新纪元。

我们可以把生物化学的发展历史分为五个阶段:①生物化学发生前期(1770 年以前);②静态生物化学发展时期(1770—1903 年);③动态生物化学发展时期(1903—1950 年);④综合生物化学发展时期(1950 年以后);⑤工程生物化学发展时期(1970 年以后)。

在我国,生物化学也得到了突飞猛进的发展,取得了许多令人振奋的成果。许多生物化学工作者在血液生化、免疫化学、酶的作用机理、蛋白质变性理论、血红蛋白变异、植物肌动蛋白结构、生物膜结构与功能等方面做出了突出贡献。我国科学家 1965 年完成了牛胰岛素的全合成;1972 年用 X 射线衍射法测定了猪胰岛素的空间结构;1981 年底完成了丙氨酸 tRNA 的人工合成;特别是我国作为唯一的发展中国家参加了人类基因组计划,并出色地完成了 1% 的任务;另外,我国还完成了水稻基因组的分析、多种转基因动植物的培育;等等。所有这些为我国在生命科学的许多重要领域赢得了领先的地位。

五、生物化学的热点领域

通过人们的共同努力,生物化学取得了一系列可喜的成果。特别是人类基因组计划的实施,加速了人类认识生命的步伐,使 21 世纪成为世人公认的生物世纪。当下,生物化学热点重点内容主要聚焦在以下三个方面:①功能生物高分子研究,如活性蛋白、端粒酶、分子发动机、抗体酶、生物活性肽、蛋白质组学、多糖等;②遗传生物高分子研究,如核酸结构、遗传工程、Ribozyme、HGP(人类基因组计划)、基因组学、生物芯片等;③生物膜研究,如生物膜结构、膜受体、膜通道、膜泵、氧化磷酸化、光合磷酸化、膜与疾病关系等。

六、生物化学与环境科学的关系

生物化学是一门新兴的边缘学科,是生命科学的"世界语"。环境科学是新兴的横向学科,它集化学、物理学、生物学、地学、水体学、生态学、工程学、预测学、法学、管理学等于一体。二者之间存在十分密切的关系。

第一,生物化学是环境科学的学科基础。生态学、环境生物学、环境工程生物技术学、环境监测酶法分析等是环境科学的主干学科,显然,这些学科的发展对生物化学有着很强的依赖性。

第二,生物化学是认识环境科学问题的理论方法。如臭氧空洞危害就在于紫外线对 DNA 所造成的损伤;H_2S、CO 的毒性在于它们对呼吸链的阻遏作用;有机磷农药的毒性是它对酶的非可逆抑制作用。

第三,生物化学是解决环境科学问题的有力手段。如酶对环境非友好催化剂的替代意义;生物催化剂对含酚废水的治理;利用生物发酵将有机垃圾转化成乙醇;PCR、酶法分析、生物芯片等技术在环境监测中的应用。

七、生物化学基础的教学内容与学习方法

生物化学基础的主要内容:蛋白质、核酸、酶化学、维生素与辅酶、激素、生物膜、生物氧化和生物能、代谢、生物化学过程的调控等。

学习方法:通过听课、阅读实现理解和记忆。

学习方法因人而异,学习生物化学也是如此。但学者在学习的过程中,一般应掌握以下内容:①生物化学的学科的含义,即何谓生物化学;②生物化学的基本概念,如蛋白质、motif、核酸、酶、激素、三羧酸循环、磷氧比、活性中心等等,这是学习掌握生物化学的前提;③生物化学的基本理论,如酶作用的中间产物学说、化学渗透学说、脂肪酸 β-氧化、半保留复制、流体镶嵌模型等等;④生物化学的基本方法,包括理论方法、实验方法和思想方法;⑤生物化学的基本对象和任务,生物化学的

研究对象就是生物体,其任务就是阐明生物体的物质组成、结构、功能、代谢及其调控;⑥发展历史现状趋势,著名化学家傅鹰教授说过"科学能给我们以知识,而科学的历史则能给我们以智慧";⑦哲学思考;⑧对生物化学知识"弄懂"的标准——就是用自己的话把问题讲清楚。真正做到了这些,就一定能够取得较好的学习效果。

思 考 题

1. 何谓生物化学?
2. 生命必需元素有哪些?
3. 生命前体分子有哪些?
4. 生物大分子具有哪些特征?
5. 生物分子内(间)非共价相互作用主要有哪些?
6. 新陈代谢表现出共同的规律性是什么?
7. 生物化学发展历史可分为哪几个阶段?
8. 当前生物化学的热点领域有哪些?
9. 谈谈生物化学与环境科学的关系。
10. 谈谈如何学好生物化学这门课。

拓 展 阅 读

[1] 郑昌学. 生物化学教学之我见[J]. 生命的化学,2013,33(1):101-104.

[2] 丸山工作. 生物化学的黄金时代[M]. 王子彦,译. 哈尔滨:黑龙江科学技术出版社,1991.

[3] J.D. 沃森. 双螺旋——发现DNA结构的故事[M]. 刘望夷,等译. 北京:科学出版社,1984.

[4] 郑集. 中国早期生物化学发展史[M]. 南京:南京大学出版社,1989.

[5] 王悦,彭蜀晋,周媛,等. 百年诺贝尔化学奖与生物化学的发展[J]. 大学化学,1990,26(5):88-92.

[6] 恩斯特·迈尔. 生物学思想发展的历史[M]. 涂长晟,译. 成都:四川教育出版社,2010.

第一章 蛋 白 质

【本章要点】

蛋白质的分子结构包括一级结构、二级结构、三级结构和四级结构,在二级结构和三级结构之间又引入超二级结构和结构域两个过渡层次。蛋白质的一级结构是指蛋白质分子中氨基酸的排列顺序和二硫键所在的位置,是蛋白质分子结构的基础,包含了决定蛋白质分子所有空间结构的全部信息。二级结构反映了主链上相邻残基的空间关系,主要类型有α-螺旋、β-折叠、β-转角和无规则卷曲等。在二级结构的基础上,蛋白质多肽链进一步盘曲折叠,形成一定的空间结构,称为蛋白质的三级结构,它反映了蛋白质多肽链中所有原子的空间排布。四级结构涉及亚基在整个分子中的空间排列以及亚基之间的接触位点和作用力。并非所有的蛋白质都有四级结构。维持蛋白质一级结构的作用力是肽健,维持蛋白质构象的作用力主要是疏水作用、氢键、范德华力、离子键等非共价键,此外还有二硫键。

蛋白质的结构不同,其生物活性也就不同。蛋白质的一级结构决定其高级结构,高级结构又与它的生物学功能密不可分。同源蛋白质一级结构的差异可以反映生物进化程度,蛋白质的一级结构变化导致其功能改变。蛋白质的结构改变,其生物活性就会受到影响。

蛋白质是由氨基酸组成的生物大分子,其理化性质既表现出紫外吸收、两性解离、等电点等氨基酸的一些性质,又表现出沉降与沉淀、胶体特性、变性与复性等大分子特性,蛋白质还有一些特殊的呈色反应。

蛋白质研究技术包括了蛋白质的分离、提纯和鉴定技术,各种技术都是基于蛋白质某些性质如溶解性、电荷差异、吸附性质等的差异来设计的。

第一节 蛋白质的生物学功能、组成及分类

蛋白质是结构形式最丰富、功能繁多,也是最为活跃的一类分子,几乎在一切生命过程中都起着举足轻重的作用。生物体内的蛋白质占许多生物体干重的

45%～50%以上,种类繁多,分布极其广泛。蛋白质是细胞内含量最高的组分,酶、抗体、多肽激素、运输分子乃至细胞的自身骨架都是由蛋白质构成的,所担负的任务也是多种多样的。蛋白质在生物体的生命活动中起着重要作用。

一、蛋白质的生物学功能

生物体各种生理功能往往都是通过蛋白质来实现的,蛋白质是生命活动的体现者,它在生物体内的存在形式和作用是多样化的。不同蛋白质功能不同,其主要的生物学功能有:

(一)结构成分

蛋白质是生物体细胞和组织的主要组成成分之一,是生物体形态结构的物质基础。如弹性蛋白参与血管壁和韧带的构造,起支持和润滑作用。胶原蛋白参与结缔组织和骨骼的形成。动物的毛发和指甲都是由角蛋白构成的。体表和机体构架部分还具有保护、支持功能。结构蛋白一般是不溶性纤维状蛋白。

(二)催化功能

生物体内的各种化学反应几乎都是在相应的酶的作用下进行的,酶是有机体新陈代谢的催化剂,几乎所有的酶都是蛋白质。如淀粉酶催化淀粉的水解;蔗糖酶催化蔗糖的水解;脲酶催化尿素的分解。催化功能是蛋白质最重要的生物学功能之一。

(三)运动功能

生物体的运动也由蛋白质来完成,如动物的运动靠肌肉的收缩和舒张来实现,而肌肉收缩和舒张实际上是由肌球蛋白和肌动蛋白丝状体的滑动实现的。细菌的鞭毛及纤毛也能产生类似的运动,是由许多微管蛋白组装起来的。另外,在非肌肉的运动系统中普遍存在着运动蛋白,可驱使小泡、细胞器等沿微管移动。

(四)储存功能

有些蛋白质有储藏氨基酸的功能,以备机体及其胚胎生长发育的需要,如蛋类中的卵清蛋白、乳中的酪蛋白、植物种子中的醇溶蛋白等。肝脏中的铁蛋白可以储存血液中多余的铁,供机体缺铁时使用。

(五)转运功能

在生物体中许多物质需要运输,蛋白质能携带各种物质从一处到另一处。如血液中的血红蛋白,随着血液循环,将氧气从肺运输到其他组织,同时,将二氧化碳从其他组织运输到肺,以便排出体外。血液中的载脂蛋白可以运输脂类物质。一些膜转运蛋白还能将代谢物转运而进出细胞。另外生物氧化过程中细胞色素 C 等电子传递体负责电子的传递。

(六)调节功能

许多蛋白质有调节其他蛋白质执行其生理功能的能力,这些蛋白称为调节蛋白。生物体内进行的生物化学反应能够有条不紊地进行,就是因为有调节蛋白的调节作用。调节蛋白包括激素、受体、毒蛋白等。如胰岛素参与血糖的代谢调节,能降低血液中的葡萄糖的含量。还有一些调节蛋白,如大肠杆菌的 CAP 和阻遏蛋白等参与基因表达调控。

(七)防御功能

免疫反应是机体的一种防御机能,有些蛋白质具有主动的防护功能,以抵抗外界不利因素对生物体的干扰。如脊椎动物体内的抗体,是高度专一的蛋白质,能够识别特异的抗原,如病毒、细菌和其他生物体的细胞,并与之结合,在区别自身和非自身中起着重要的作用,因此它具有防御疾病和抵抗外界病原侵袭的免疫能力。

(八)信息传递功能

生物体能够对外界刺激如光、气味、激素、神经递质和生长因子等做出反应离不开蛋白质的生物学作用,生物体内的信息传递过程离不开蛋白质,在生物体内有一类蛋白质起接受和传递信息的作用,即受体蛋白,在接受外界信号后,可以使细胞做出各种反应。因此,蛋白质在参与细胞内信号转导中有重要作用。

二、蛋白质的元素组成

根据对大量蛋白质的元素分析结果,组成蛋白质的主要元素有碳(50%～55%)、氢(6%～8%)、氧(19%～24%)、氮(13%～19%)、硫(0%～4%),有些蛋白质还含有少量的磷或金属元素如铁、铜、锰、钴、锌、钼等,个别蛋白质还含有碘元素。值得注意的是,大多数蛋白质的含氮量都比较接近,平均为16%,也即1g氮相当于6.25g蛋白质,6.25 被称为蛋白质系数。生物组织中的含氮物大部分都是以蛋白质形式存在,因此,通过测定生物样品中氮的含量,就可以推算出样品中蛋白质的含量。

三、蛋白质的分类

蛋白质种类繁多,结构复杂,有多种不同的分类方法。可根据蛋白质的分子形状、化学组成、功能、溶解特性等进行分类。这里,仅简单地介绍一下蛋白质的一般类型。

(一)按分子形状分类

蛋白质可根据其形状分为球状蛋白质(globular protein)、纤维状蛋白质(fibrous protein)和膜蛋白(membrane protein)三大类。

1. 球状蛋白质

球状蛋白质的外形卷曲近似于球形或椭圆形,分子对称性好,蛋白质分子长度与直径之比一般小于10,分子外层多为亲水性氨基酸残基,多数可溶于水,大都具有活性,多属功能蛋白,如酶、酪蛋白、血红蛋白、血清球蛋白、免疫球蛋白、胰岛素等都属于球状蛋白质。

2. 纤维状蛋白质

一般来说,纤维状蛋白质外形细长,形似纤维状,其分子长度与直径之比大于10。纤维状蛋白质分子量大,大都属于结构蛋白,为生物体的结构材料,在生物体中起到支撑、连接和保护作用。多数难溶于水,如存在于结缔组织中的胶原蛋白,指甲、毛发、甲壳中的角蛋白,肌腱和韧带中的弹性蛋白以及蚕丝中的丝蛋白等。少数能溶于水,如肌球蛋白、血纤维蛋白原等。

3. 膜蛋白

与生物膜结合的蛋白质在形状上不同于上述两类,与膜结合部分主要是平行排列的 α-螺旋,不是水溶性的。

(二)按化学组成分类

同其他生物大分子一样,蛋白质由类似的结构元件即氨基酸所构成,除氨基酸外,某些蛋白质还含有其他非氨基酸组分。因此根据蛋白质的化学组成可将它们分为简单蛋白质(simple protein)和结合蛋白质(conjugated protein)。

1. 简单蛋白质

简单蛋白质又称为单纯蛋白质,水解后的产物仅为氨基酸,不含有其他成分,如胰岛素、催产素、核糖核酸酶等。根据蛋白质的溶解特性又可以把单纯蛋白质分为 7 类(表 1-1),分别是清蛋白、球蛋白、谷蛋白、醇溶蛋白、组蛋白、精蛋白和硬蛋白。

表 1-1 简单蛋白质的分类

类 别	溶解特性	举 例
清蛋白	溶于水	血清蛋白
球蛋白	溶于稀盐溶液	肌球蛋白
谷蛋白	溶于稀酸或稀碱,不溶于水、盐、醇溶液	麦谷蛋白
醇溶蛋白	溶于 70%~80% 的乙醇,不溶于水	玉米醇溶蛋白
组蛋白	溶于水或稀酸,可用稀氨水沉淀	小牛胸腺组蛋白
精蛋白	溶于水或稀酸,不溶于氨水	蛙精蛋白
硬蛋白	只能溶于强酸	角蛋白、胶原蛋白

2. 结合蛋白质

结合蛋白质又称缀合蛋白质,在其组成中除含有蛋白质成分外,还含有诸如糖、核酸、脂类等非蛋白质成分。结合蛋白质中的非蛋白质部分被称为辅基

(prosthetic group)或配基,构成蛋白质辅基的种类很多(表1-2),常见的有核酸、糖类、脂类、磷酸、金属离子、色素等,它们大多通过共价键与结合蛋白质的蛋白质部分连接,形成的结合蛋白质分别称为核蛋白、糖蛋白、脂蛋白、磷蛋白、金属蛋白、色素蛋白等。辅基通常为蛋白质的生物活性或代谢所依赖,如许多氧化还原酶类的辅基都是黄素腺嘌呤二核苷酸。

表1-2 结合蛋白质的分类

类 别	辅 基	举 例
核蛋白	核酸	核糖体、烟草花叶病毒
糖蛋白	糖类物质	蚕豆凝集素、免疫球蛋白
脂蛋白	脂类	血浆脂蛋白
磷蛋白	磷酸	卵蛋白、酪蛋白
金属蛋白	金属离子	铁蛋白
色素蛋白	色素	血红蛋白、细胞色素 C

第二节　蛋白质的结构单元——氨基酸

　　人体内的蛋白质大约有 10 万多种,蛋白质相对分子质量较大,结构复杂,可以通过酸或碱水解,也可以在一些蛋白酶的催化下水解。在水解过程中,因水解方法和条件不同,可得到不同程度的水解物,如可产生胨、肽等。蛋白质彻底水解后,可以得到各种氨基酸的混合物,氨基酸是组成蛋白质的基本结构单元,不能够再被水解成更小的单元。

一、氨基酸的结构特点与分类

　　目前从各种生物体中发现的氨基酸已达到 250 多种,但从天然蛋白质中水解获得的氨基酸仅有 20 种,它们被称为天然氨基酸或基本氨基酸。

(一)氨基酸的结构特点

　　在 20 种天然氨基酸中除脯氨酸外(脯氨酸为 α-亚氨基酸),其余氨基酸在结构上都有一个共同点,即与羧基相连的 α-碳原子(分子中第二个碳,C_α)上都连有一个氨基,符合这种结构的氨基酸称为 α-氨基酸。结构通式如图 1-1 所示。

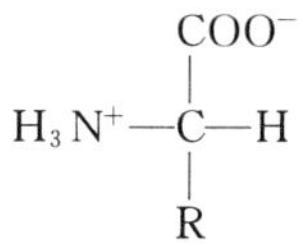

$$\begin{array}{c} COO^- \\ | \\ H_3N^+ - C - H \\ | \\ R \end{array}$$

图 1-1　α-氨基酸
结构通式

α-氨基酸除甘氨酸外,其他氨基酸的 C 上连接了 4 种不同的基团,C 为不对称碳原子(asymmetrio carbon)或称手性中心(chiral center),它们都具有旋光异构特性,存在 D-型和 L-型两种异构体。氨基酸的 D-型或 L-型是以 L-甘油醛为标准的。凡构型与 L-甘油醛相同的氨基酸都为 L-型,构型与 D-甘油醛相同的氨基酸都为 D-型。对于天然存在的蛋白质,构成它们的氨基酸都是 L-型。

$$
\begin{array}{cc}
\text{CHO} & \text{CHO} \\
\text{OH——C——H} & \text{H——C——OH} \\
\text{CH}_2\text{OH} & \text{CH}_2\text{OH} \\
\text{L-甘油醛} & \text{D-甘油醛}
\end{array}
$$

$$
\begin{array}{cc}
\text{COOH} & \text{COOH} \\
\text{H}_2\text{N——C——H} & \text{H——C——NH}_2 \\
\text{R} & \text{R} \\
\text{L-氨基酸} & \text{D-氨基酸}
\end{array}
$$

表 1-3　20 种常见氨基酸的名称与结构

中文名称	英文名称	英文缩写	系统名称	结构式	存在及用途
甘氨酸	Glycine	Gly	氨基乙酸	$\text{H}_3\text{N}^+\text{—C—H}$ 上COO⁻ 下H	有甜味,胶原中含 25%～30%,可治胃酸过多与肌力衰竭
丙氨酸	Alanine	Ala	2-氨基丙酸	$\text{H}_3\text{N}^+\text{—C—H}$ 上COO⁻ 下CH₃	丝纤维蛋白中含 25%
缬氨酸	Valine	Val	3-甲基-2-氨基丁酸	$\text{H}_3\text{N}^+\text{—C—H}$ 上COO⁻ 下CH(CH₃)(CH₃)	乳蛋白及卵蛋白中含 10%

（续表）

中文名称	英文名称	英文缩写	系统名称	结构式	存在及用途
亮氨酸	leucine	Leu	4-甲基-2-氨基戊酸	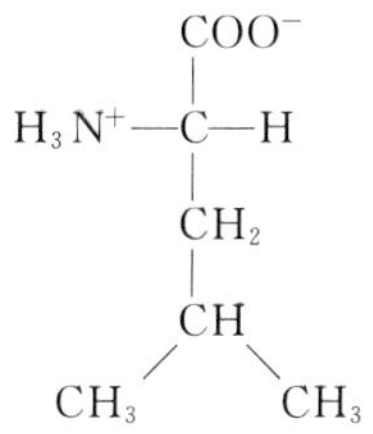 $H_3N^+-\overset{COO^-}{\underset{\underset{CH_3 \quad CH_3}{\overset{CH_2}{\underset{CH}{\mid}}}}{\overset{\mid}{C}}}-H$	谷物、玉米蛋白中含 22%～24%
异亮氨酸	Isoleucine	Ile	3-甲基-2-氨基戊酸	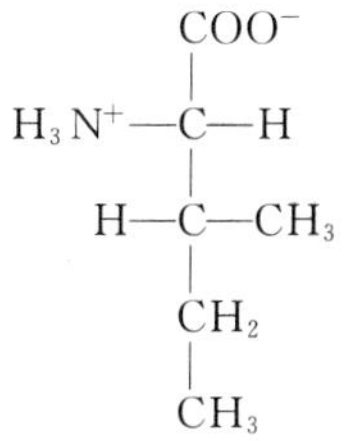 $H_3N^+-\overset{COO^-}{C}-H$, $H-C-CH_3$, CH_2, CH_3	糖蜜、肉蛋白中含 5%～6.5%
丝氨酸	Serine	Ser	2-氨基-2-羟基丙酸	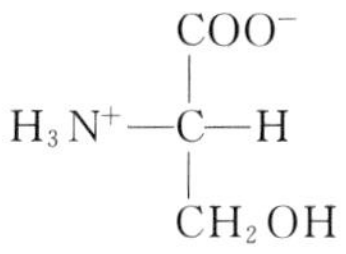 $H_3N^+-\overset{COO^-}{C}-H$, CH_2OH	丝蛋白中含量丰富，精蛋白中含 7.8%
苏氨酸	Threonine	Thr	2-氨基-3-羟基丁酸	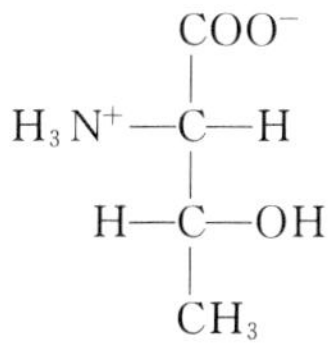 $H_3N^+-\overset{COO^-}{C}-H$, $H-C-OH$, CH_3	酪蛋白中较多，肉蛋白、乳蛋白、卵蛋白中占 4.5%～5%
半胱氨酸	Cysteine	Cys	2-氨基-3-巯基丙酸	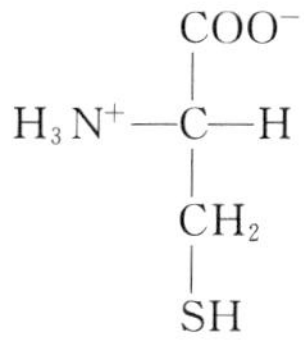 $H_3N^+-\overset{COO^-}{C}-H$, CH_2, SH	角蛋白中含量较多，有解毒作用，可促进肝细胞再生
甲硫氨酸	Methionine	Met	2-氨基-4-甲硫基丁酸	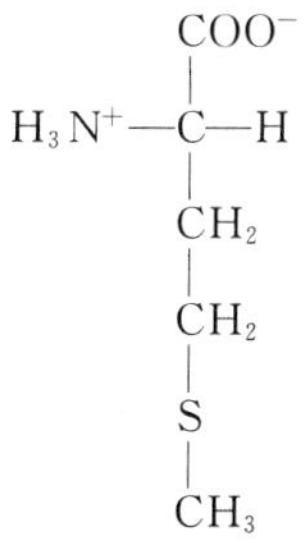 $H_3N^+-\overset{COO^-}{C}-H$, CH_2, CH_2, S, CH_3	肉蛋白、卵蛋白中占 3%～4%，用于抗脂肪肝，治疗肝炎、肝硬化等

（续表）

中文名称	英文名称	英文缩写	系统名称	结构式	存在及用途
天冬酰胺	Asparagine	Asn	α-氨基丁二酸-酰胺	$\begin{array}{c} COO^- \\ \| \\ H_3N^+\!-\!C\!-\!H \\ \| \\ CH_2 \\ \| \\ C \\ \diagup \diagdown \\ H_2N \quad O \end{array}$	多种蛋白中均含有
谷氨酰胺	Glutamine	Gln	α-氨基戊二酸-酰胺	$\begin{array}{c} COO^- \\ \| \\ H_3N^+\!-\!C\!-\!H \\ \| \\ CH_2 \\ \| \\ CH_2 \\ \| \\ C \\ \diagup \diagdown \\ H_2N \quad O \end{array}$	多种蛋白中均含有
天冬氨酸	Aspartate	Asp	2-氨基丁二酸	$\begin{array}{c} COO^- \\ \| \\ H_3N^+\!-\!C\!-\!H \\ \| \\ CH_2 \\ \| \\ COO^- \end{array}$	多种蛋白中均含有,植物蛋白中较多
谷氨酸	Glutamate	Glu	2-氨基戊二酸	$\begin{array}{c} COO^- \\ \| \\ H_3N^+\!-\!C\!-\!H \\ \| \\ CH_2 \\ \| \\ CH_2 \\ \| \\ COO^- \end{array}$	谷物蛋白中含20%～45%,用于降血氨,治疗肝昏迷,其钠盐即为味精
赖氨酸	Lysine	Lys	2,6-二氨基己酸	$\begin{array}{c} COO^- \\ \| \\ H_3N^+\!-\!C\!-\!H \\ \| \\ CH_2 \\ \| \\ CH_2 \\ \| \\ CH_2 \\ \| \\ CH_2 \\ \| \\ {}^+NH_3 \end{array}$	肉蛋白、卵蛋白、乳蛋白中占7%～9%,血红蛋白中含量也较多

（续表）

中文名称	英文名称	英文缩写	系统名称	结构式	存在及用途
精氨酸	Arginine	Arg	2-氨基-5-胍基戊酸	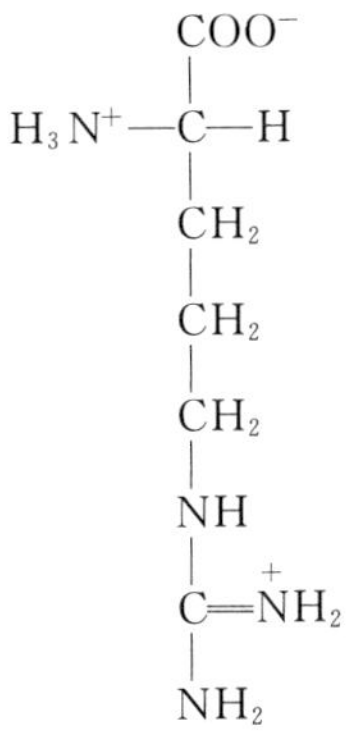 $H_3N^+-\overset{COO^-}{\underset{}{C}}-H$ CH_2 CH_2 CH_2 NH $C=\overset{+}{N}H_2$ NH_2	鱼精蛋白的主要成分
苯丙氨酸	Phenylalanine	Phe	3-苯基-2-氨基丙酸	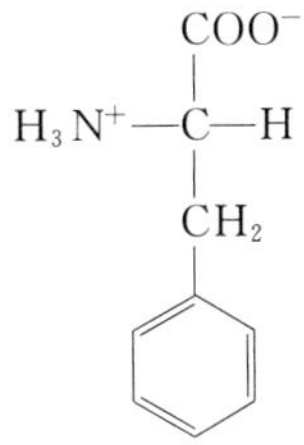 $H_3N^+-\overset{COO^-}{\underset{}{C}}-H$ CH_2 苯环	一般蛋白含 4%～5%
酪氨酸	Tyrosine	Tyr	2-氨基-3-（对羟苯基）丙酸	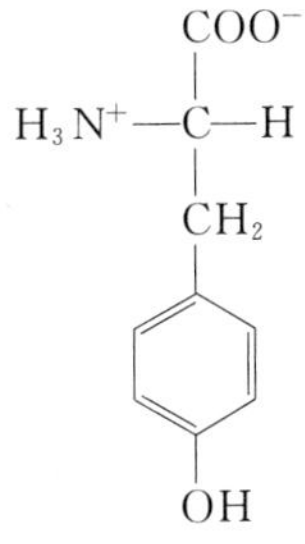 $H_3N^+-\overset{COO^-}{\underset{}{C}}-H$ CH_2 苯环 OH	奶酪中含量最多，明胶中最少
色氨酸	Tryptophan	Trp	2-氨基-3-（β-吲哚）丙酸	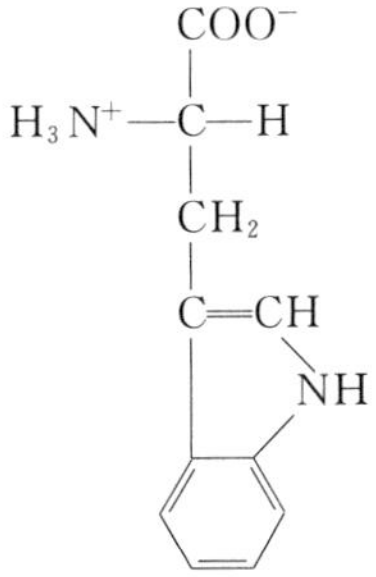 $H_3N^+-\overset{COO^-}{\underset{}{C}}-H$ CH_2 $C=CH$ NH 苯环	各种蛋白中均含少量

(续表)

中文名称	英文名称	英文缩写	系统名称	结构式	存在及用途
组氨酸	Histidine	His	2-氨基-3-(5-咪唑)丙酸	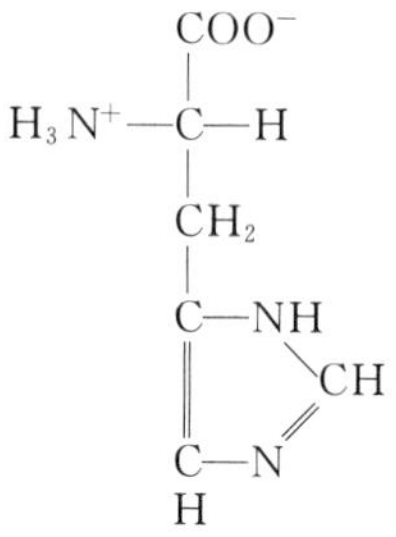 $H_3N^+-\overset{COO^-}{\underset{CH_2}{C}}-H$ $\overset{C-NH}{\underset{C-N}{\underset{H}{}}}$CH	血红蛋白中含量最多,一般蛋白含 $1\%\sim3\%$,明胶、玉米中最少,可作消化性溃疡的辅助治疗剂
脯氨酸	Proline	Pro	吡咯啶-2-甲酸	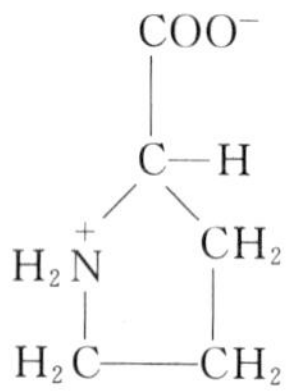 $\overset{COO^-}{C-H}$ $H_2\overset{+}{N}\quad CH_2$ H_2C-CH_2	结缔组织与谷蛋白中最多,明胶中含 20%

(二)氨基酸的分类

由于常见的 20 种蛋白质氨基酸仅侧链 R 基不同,因此可以根据 R 基的化学结构或极性大小进行分类。

根据 R 基的化学结构,可以把 20 种常见的氨基酸分为三类:

一是脂肪族氨基酸,总共有 15 种,包括甘氨酸、丙氨酸、缬氨酸、亮氨酸、异亮氨酸、丝氨酸、苏氨酸、半胱氨酸、甲硫氨酸、天冬酰胺、谷氨酰胺、天冬氨酸、谷氨酸、赖氨酸和精氨酸。

二是芳香族氨基酸,包括苯丙氨酸、酪氨酸和色氨酸。

三是杂环族氨基酸,包括组氨酸和脯氨酸。

根据 R 基的极性性质,在 pH7 左右的细胞环境中,可以把 20 种常见的氨基酸分为四类。

一是非极性 R 基氨基酸。这一类共包括 8 种氨基酸,其 R 基都是非极性疏水性的,如烃基、苯环、甲硫基、吲哚环等。其中,丙氨酸、亮氨酸、缬氨酸和异亮氨酸这 4 种是带有脂肪烃侧链,它们的 R 基在蛋白质分子结构内可以通过疏水作用连接在一起,对蛋白质的稳定性起到重要作用。苯丙氨酸和色氨酸是两种含芳香环的氨基酸;甲硫氨酸为含硫氨基酸,它是体内代谢中甲基的供体;脯氨酸为亚氨基酸,R 基形成环状结构,具有刚性。

二是不带电荷的极性 R 基氨基酸。这一类共包括 7 种氨基酸,其侧链 R 基都是中性亲水基团如羟基、硫基、酰胺基等。在中性 pH 条件下,不解离,不带电荷,可以与水形成氢键,因此这组氨基酸比非极性 R 基氨基酸易溶于水。其中甘氨酸的 R 基为一个氢原子,对氨基和羧基的影响很小,它的极性最弱,有时也将它归入非极性氨基酸。丝氨酸、苏氨酸和酪氨酸中 R 基极性是由于它们的羟基造成的;天冬酰胺和谷氨酰胺中含有酰胺基团;半胱氨酸含有硫基(—SH)。这一组氨基酸中半胱氨酸和酪氨酸的 R 基极性最强。

三是带正电荷的 R 基氨基酸。这一类氨基酸包括赖氨酸、精氨酸和组氨酸,分子结构中含有一个羧基、两个以上的氨基或亚氨基,均为碱性氨基酸,在 pH7 时带净正电荷。赖氨酸分子中除含有 α-氨基外,在脂肪链的 ε 位置上还另有一个氨基;精氨酸含有一个带正电荷的胍基;组氨酸分子中有一个咪唑基,是唯一一个 R 基的 pH 在 7 附近的氨基酸。

四是带负电荷的 R 基氨基酸。这一类氨基酸只有 2 种:天冬氨酸和谷氨酸,这两种氨基酸的分子中都含有一个氨基和两个羧基,并且第二个羧基在 pH6~7 范围内也完全解离,使得其带净负电荷,为酸性氨基酸。

参与蛋白质组成的常见氨基酸(基本氨基酸)只有上述 20 种,但是在少数蛋白质中还存在若干种不常见的稀有氨基酸(图 1-2)。这些氨基酸通常都是常见氨基酸的衍生物,如存在于弹性蛋白和胶原蛋白中的 4-羟基脯氨酸和 5-羟基赖氨酸,存在于甲状腺球蛋白中的甲状腺素是酪氨酸的碘化衍生物,还有凝血酶原中的 γ-羧基谷氨酸,组蛋白和肌球蛋白中的 N-甲基赖氨酸等。这些氨基酸没有对应的遗传密码,它们都是在蛋白质合成后由相应的常见编码氨基酸经过酶促化学修饰加工衍生而来的,属于非编码氨基酸。

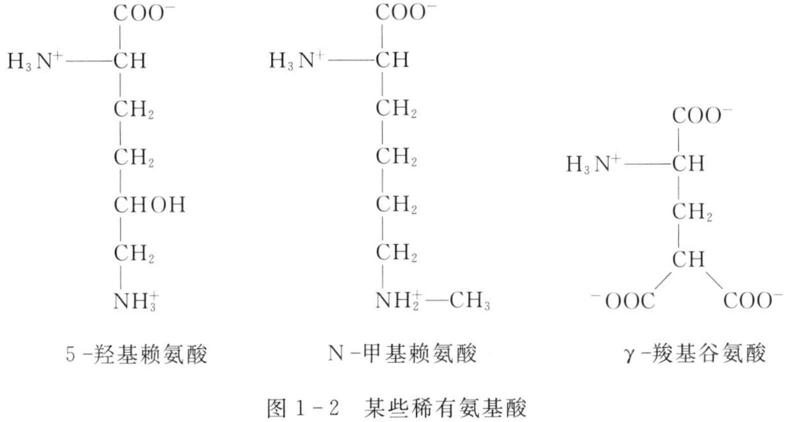

图 1-2 某些稀有氨基酸

另外除了参与蛋白质组成的 20 种常见氨基酸和少数稀有氨基酸外,自然界中尚有 200 多种氨基酸,它们不存在于蛋白质中,大多数为基本氨基酸的衍生物,还

有些是 β-氨基酸、γ-氨基酸、δ-氨基酸和 D-型氨基酸,以游离或结合状态存在于各种组织和细胞中,不参与蛋白质组成,因此这些氨基酸被称作非蛋白质氨基酸(图 1-3)。如尿素循环的中间代谢产物鸟氨酸和瓜氨酸、氨基酸合成的中间产物高丝氨酸和高半胱氨酸等均为 L 型 α-氨基酸的衍生物,还有存在于细菌细胞壁构成组分肽聚糖中的 D-谷氨酸和 D-丙氨酸,β-丙氨酸是遍多酸的前体,γ-氨基丁酸是 L-谷氨酸的脱羧产物,是重要的神经传递介质。对于这些氨基酸,大部分的生物学功能还不清楚。

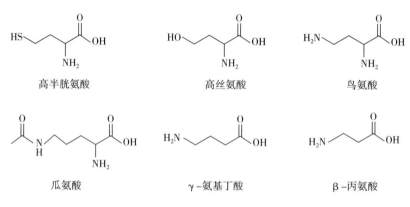

| 高半胱氨酸 | 高丝氨酸 | 鸟氨酸 |

| 瓜氨酸 | γ-氨基丁酸 | β-丙氨酸 |

图 1-3 某些非蛋白质氨基酸

二、氨基酸的重要性质

(一)氨基酸的酸碱性质

氨基酸同时含有羧基和氨基,决定了氨基酸分子的两性解离性质。氨基酸的酸碱性质是极其重要的,是了解蛋白质的诸多性质的基础,也是氨基酸分析分离工作和测定蛋白质氨基酸组成和序列的工作基础。

1. 氨基酸的两性解离

过去在很长一段时间内,人们认为氨基酸在晶体或是水溶液中是以不解离的中性分子形式存在的。但后来发现氨基酸具有两个特点:一是氨基酸晶体的熔点很高,一般在 200℃ 以上;二是氨基酸能使水的介电常数升高,与一般的有机化合物如乙醇、丙酮等明显不同。由此可推断氨基酸在水溶液中或在晶体状态时都以离子形式存在,与无机盐不同的是它以两性离子形式存在。

氨基酸是两性电解质,在它的分子中同时含有氨基(—NH₂)和羧基(—COOH),—COOH 可以释放 H^+,转变成—COO⁻,—NH₂ 可以接收—COOH释放出的 H^+,转变成—NH₃⁺,既起酸(质子供体)的作用,也起碱(质子受体)的作用。同一个氨基酸分子上带有能释放质子的—NH₃⁺和能接受质子的—COO⁻,在酸性溶液中—COOH 的解离被抑制，—NH_2 结合质子使氨基酸带正电荷（—NH_3^+）；在碱性溶液中—NH_2 的解离被抑制，—COOH 解离而使氨基酸带负电荷（—COO^-），所以氨基酸是两性电解质，具有两性解离的特性。

$$
\underset{\text{强酸溶液}}{R-\overset{\overset{\text{H}}{|}}{\underset{\underset{NH_3^+}{|}}{C}}-COOH}
\xrightleftharpoons[+H^+]{-H^+}
\underset{\text{兼性离子}}{R-\overset{\overset{\text{H}}{|}}{\underset{\underset{NH_3^+}{|}}{C}}-COO^-}
\xrightleftharpoons[+H^+]{-H^+}
\underset{\text{强碱溶液}}{R-\overset{\overset{\text{H}}{|}}{\underset{\underset{NH_2}{|}}{C}}-COO^-}
$$

氨基酸完全质子化时，可以把它看作是多元酸，对于侧链不解离的中性氨基酸可视为二元酸，酸性氨基酸和碱性氨基酸因有三个可解离的基团，可将其视为三元酸。氨基酸为两性电解质，在水溶液中，既可用酸滴定，也可用碱滴定，绘制氨基酸的酸碱滴定曲线，这样可以计算出氨基酸各解离基团的表观解离常数。现以 Gly 为例，说明氨基酸的解离情况。甘氨酸分步解离如下：

$$
\underset{\substack{\text{阳离子} \\ (R^+)}}{H-\overset{\overset{\text{H}}{|}}{\underset{\underset{NH_3^+}{|}}{C}}-COOH}
\xrightleftharpoons{K_1'}
\underset{\substack{\text{兼性离子} \\ (R^0)}}{H-\overset{\overset{\text{H}}{|}}{\underset{\underset{NH_3^+}{|}}{C}}-COO^-} + H^+
\qquad K_1' = \frac{[R^0][H^+]}{[R^+]}
\qquad ①
$$

$$
\underset{\substack{\text{兼性离子} \\ (R^0)}}{H-\overset{\overset{\text{H}}{|}}{\underset{\underset{NH_3^+}{|}}{C}}-COO^-}
\xrightleftharpoons{K_2'}
\underset{\substack{\text{阴离子} \\ (R^-)}}{H-\overset{\overset{\text{H}}{|}}{\underset{\underset{NH_2}{|}}{C}}-COO^-} + H^+
\qquad K_2' = \frac{[R^-][H^+]}{[R^0]}
\qquad ②
$$

在上列公式中，K_1' 和 K_2' 分别代表氨基酸 α 碳原子上—COOH 和—NH_3^+ 的表观解离常数。侧链 R 基团上有可解离的基团，其表观解离常数用 K_R' 表示。可以用酸碱滴定曲线的实验方法求得物质的表观解离常数。1mol/L Gly 水溶液的 pH 在 6 左右，用标准 NaOH 溶液进行滴定，再以加入的 NaOH 的物质的量对 pH 作图，得到滴定曲线 B 段（图 1-4），此段在 pH9.6 处有一拐点。从 Gly 的解离公式②可知，当滴定至 NH_3^+—CH_2—COO^- 有一半变为 NH_2—CH_2—COO^- 时，即 $[R^0]=[R^-]$ 时，$K_2'=[H^+]$，两边同时取负对数得 $pH=pK_2'$，这时曲线 B 拐点处的 pH 为 9.6。若改用标准 HCl 溶液滴定，同样以加入 HCl 的物质的量对 pH 作图，则得到滴定曲线 A 段，此段在 pH2.34 处有一拐点。从 Gly 的解离公式①可知，当滴定至 NH_3^+—CH_2—COO^- 有一半变为 NH_3^+—CH_2—COOH

时,即$[R^0]=[R^+]$时,$K_1'=[H^+]$,两边同时取负对数得 pH$=$pK_1',这时曲线 A 拐点处的 pH 为 2.34。这样从 Gly 的滴定曲线可知,$K_1'=2.34$,p$K_2'=9.60$。

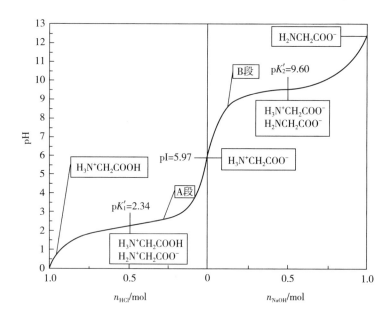

图 1-4 甘氨酸的酸碱滴定曲线(解离曲线)

如果利用 Handerson - Hasselbalch 公式,

$$pH=pK'+\lg\frac{[质子受体]}{[质子供体]}$$

及表观解离常数,则可以计算出在任意 pH 条件下一种氨基酸的各种离子的比例。

对于滴定曲线的两个拐点,pH2.34 和 pH9.60,如何判断它们究竟代表 Gly 中哪个基团的解离?可以把它们与脂肪酸和脂肪胺的 pK'值进行对比。脂肪酸中 —COOH基的 pK'值一般在 4~5,脂肪胺中的 —NH$_3^+$ 的 pK'值一般在 9~10。所以最可能的是 p$K'=2.34$ 代表 Gly 中—COOH基的解离,p$K'=9.6$ 代表 Gly 中 —NH$_3^+$基的解离。

2. 氨基酸的等电点

氨基酸是一种两性电解质,当氨基酸处在某一 pH 时,其所带的正电荷数和负电荷数相等,即净电荷为零,此时的 pH 称为氨基酸的等电点(isoelectric point),用 pI 表示。氨基酸在等电点时,在电场中既不向正极移动也不向负极移动,以偶极离子形式存在,少数解离成阳离子和阴离子,但二者解离的数目和趋势相同。当氨基酸所处溶液的 pH 大于 pI 时,氨基酸带负电荷,在电场中向正极移动;反之,氨基酸带正电荷,在电场中向负极移动。在一定 pH 值范围内,氨基酸溶液的 pH 值离等电点愈远,氨基酸所携带的净电荷就愈多。氨基酸的带电状况与所处溶液的 pH 值有关,改变 pH 值可以使氨基酸带上不同的电荷或是处于净电荷为零的兼性离子状态。图 1-4 中 A 段曲线和 B 段曲线之间的拐点就是 Gly 处于净电荷为零时的 pH 值 5.97。

由于各种氨基酸所含的氨基和羧基等基团的数目不同,解离程度不同,故等电点也不相同。氨基酸的等电点与离子浓度无关,只取决于兼性离子 R^0 两侧的 pK' 值,即为兼性离子 R^0 两侧的 pK' 值的平均值。氨基酸根据它的基团解离情况,可将等电点的计算分为三种。

(1)对侧链 R 基团不解离的中性氨基酸来说,$pI=(pK_1'+pK_2')/2$,如 Gly 的等电点 $pI=(2.34+9.60)/2=5.97$。

(2)对于酸性氨基酸(Glu 和 Asp)来说,$pI=(pK_1'+pK_2')/2$。

(3)对于碱性氨基酸(Arg、Lys 和 His)来说,$pI=(pK_2'+pK_R')/2$。

各种氨基酸的 pK' 值及 pI 见表 1-4。

表 1-4　氨基酸的解离常数和等电点

氨基酸	pK_1'	pK_2'	pK_R'	pI
甘氨酸	2.34	9.60		5.97
丙氨酸	2.34	9.69		6.02
缬氨酸	2.32	9.62		5.97
亮氨酸	2.36	9.60		5.98
异亮氨酸	2.36	9.68		6.02
丝氨酸	2.21	9.15		5.68
苏氨酸	2.63	10.43		6.53
半胱氨酸	1.71	10.78	8.33	5.02
甲硫氨酸	2.28	9.21		5.75
天冬酰胺	2.09	9.82	3.86	2.97
谷氨酰胺	2.17	9.13		5.65
天冬氨酸	2.09	9.82	3.86	2.97

（续表）

氨基酸	pK_1'	pK_2'	pK_R'	pI
谷氨酸	2.19	9.67	4.25	3.22
赖氨酸	2.18	8.95	10.53	9.74
精氨酸	2.17	9.04	12.48	10.76
苯丙氨酸	1.83	9.13		5.48
酪氨酸	2.20	9.11	10.07	5.66
色氨酸	2.38	9.39		5.89
组氨酸	1.82	9.17	6.00	7.59
脯氨酸	1.99	10.60		6.30

注:pK_1'代表—COOH解离常数;pK_2'代表—NH_2解离常数;pK_R'代表侧链R基解离常数;除半胱氨酸是30℃测定值外,其他均是25℃测定值。

3. 氨基酸的甲醛滴定

氨基酸虽然是一种两性电解质,既是酸又是碱,但它却不能直接用酸碱滴定来进行定量测定。因为氨基酸的酸碱滴定的化学计量点pH值过高(12～13)或过低(1～2),在这样的pH范围内没有适当的指示剂可用。当向氨基酸溶液中加入过量的甲醛,用标准NaOH溶液滴定时,由于甲醛与氨基酸中的氨基作用形成了羟甲基衍生物,从而降低了氨基的碱性,使羧基充分暴露,pK_2'减少了2～3个pH单位,容易滴定,可以理解为用甲醛封闭—NH_2,使—COOH在近中性时释放H^+,可以通过酸碱滴定测定氨基酸的量。氨基酸的甲醛滴定是测定氨基酸的一种常用方法。当溶液中存在1mol/L甲醛时,滴定终点pH≈12移至pH≈9,此即酚酞指示剂的变色区域,这就是甲醛滴定法的基础。

(二)氨基酸的重要化学反应

氨基酸的化学反应主要是指它的α-NH_2、α-COOH以及侧链R基所参与的反应,氨基酸的某些化学反应广泛应用于氨基酸的定量和定性分析,现将常用于分析、鉴定的重要特征化学反应介绍如下。

1. 茚三酮反应

在氨基酸的分析化学中,最特殊并且广泛应用的反应是与茚三酮的反应,这个反应可以用来定性和定量测定氨基酸。在弱酸性溶液中,一分子的α-氨基酸与两分子的茚三酮共热,产生一蓝紫色化合物。所有氨基酸及具有游离α-氨基的肽与茚三酮反应都产生蓝紫色。反应如下:

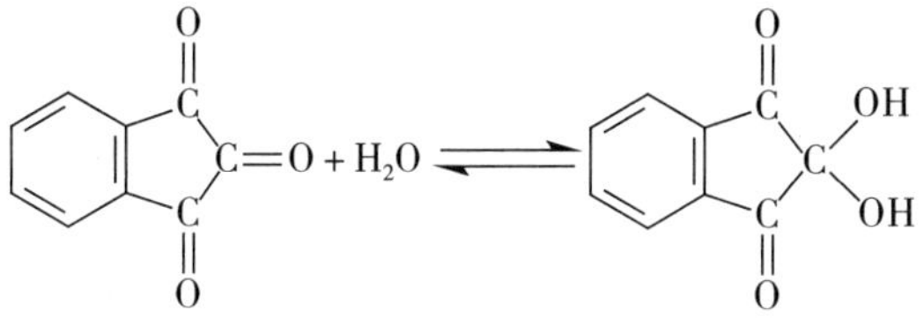

茚三酮　　　　　　　　　　水合茚三酮

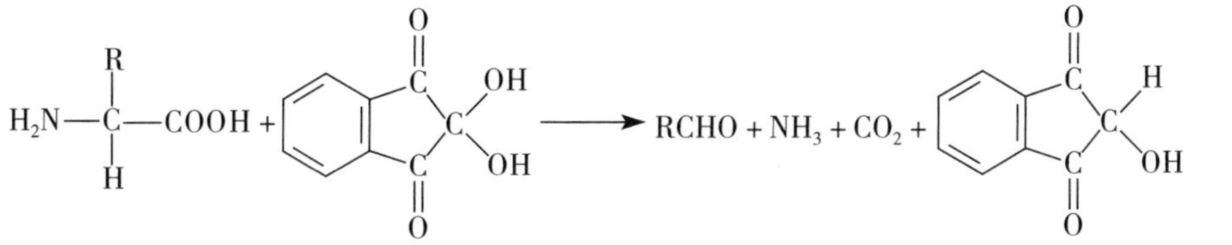

氨基酸　　　　水合茚三酮　　　　　　　　　　　　　　　还原茚三酮

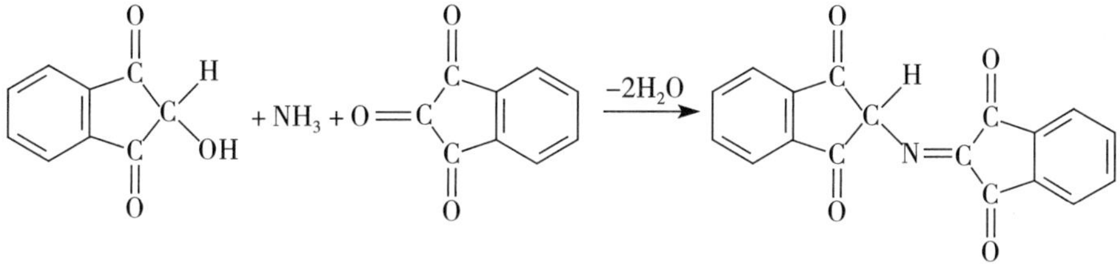

还原茚三酮　　　　　　茚三酮　　　　　　　　　　蓝紫色化合物

水合茚三酮具有较强氧化作用,可引起氨基酸氧化脱羧、脱氨,α-氨基酸被茚三酮氧化成醛、CO_2 和 NH_3。所生成的还原型茚三酮(hydrindantin)和 NH_3 再与另一分子的茚三酮作用,生成一蓝紫色物质,其最大吸收峰值在 570nm 处。由于此吸收峰值与氨基酸的含量存在正比关系,因此可以定性和定量地测定氨基酸含量,是一种简便、精确、灵敏度高的测定方法。氨基酸自动分析仪的显色剂一般用的也是茚三酮。另外,这种物质中只有氮原子是从氨基酸中来的,对于脯氨酸和羟脯氨酸这两种亚氨基酸,因其分子中的 α-氨基被取代,反应时不释放 NH_3,与水合茚三酮反应后不是产生蓝紫色物质,而是直接生成黄色产物。

2.Sanger 反应

氨基酸的 α-NH_2 的一个 H 原子可被烃基取代,即烃基化反应。在弱碱性(pH8~9)溶液、暗处、室温或 40℃条件下,氨基酸的 α-NH_2 与 2,4-二硝基氟苯(2,4-dinitroflurobenzene,DNFB)作用,发生亲核芳环取代反应,生成十分稳定的黄色化合物 2,4-二硝基苯基氨基酸(dinitrophenyl amino acid),简称 DNP-氨基酸。此反应可用来鉴定多肽或蛋白质的 N 末端氨基酸:蛋白质多肽链的 N 末端氨基酸的 α-NH_2 与 DNFB 反应,生成 DNP-多肽,当用酸将它彻底水解后,生成游离的氨基酸,只有 DNP 仍连接在 N 末端氨基酸上(黄色),它在有机溶剂中的溶解度与其他氨基酸不同,可以用乙醚或乙酸乙酯将此 DNP -氨基酸抽提出来,经纸色谱鉴定出 N 末端氨基酸的种类和数目。因此,此反应可以用于鉴定多肽或蛋白质的 N -端氨基酸。英国科学家 Sanger 最早就是利用这一反应鉴定蛋白质或多肽的 N -端氨基酸,并且成功测定出了胰岛素的氨基酸排列顺序,因此这个反应亦被称为 Sanger 反应。

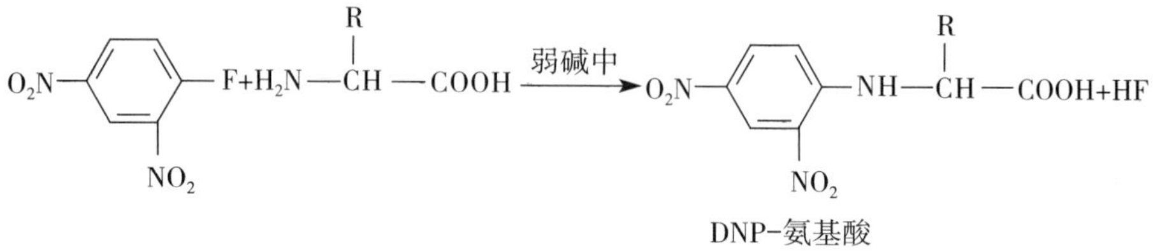

DNP-氨基酸

3. Edman 反应

Edman 反应是氨基酸 $\alpha - NH_2$ 的另一个重要的烃基化反应。在弱碱性条件下,氨基酸的 $\alpha - NH_2$ 可以与异硫氰酸苯酯(简称 PITC)定量反应,形成相应的苯氨基硫甲酰氨基酸(PTC -氨基酸)。PTC -氨基酸在硝基甲烷中与甲酸作用发生环化,生成相应的苯乙内酰硫脲氨基酸(PTH -氨基酸)。PTH -氨基酸没有颜色,可以用色谱法分离后显色鉴定。此反应首先为 Edman 用来鉴定多肽或蛋白质的 N -末端氨基酸,所以称为 Edman 反应。反应如下:

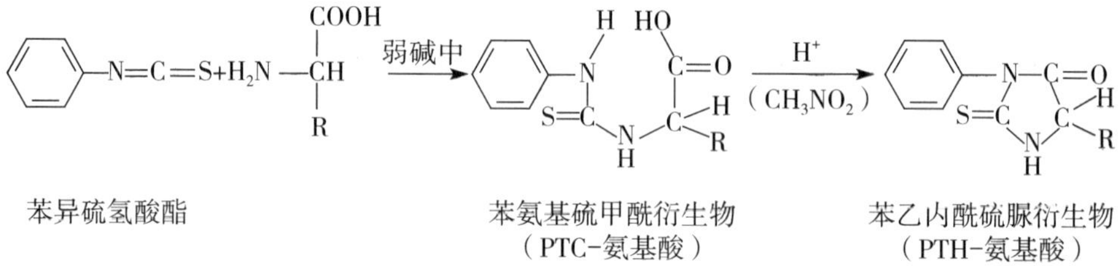

苯异硫氢酸酯　　　　　　苯氨基硫甲酰衍生物　　　　苯乙内酰硫脲衍生物
　　　　　　　　　　　　（PTC-氨基酸）　　　　　　（PTH-氨基酸）

Edman 反应在多肽或蛋白质的氨基酸顺序分析方面占有重要地位。蛋白质多肽链 N -末端氨基酸的 α -氨基能够与 PITC 发生反应产生 PTC -肽,经酸性溶液处理,释放出末端的 PTH -氨基酸后和比原来少了一个氨基酸残基的多肽链,剩余的肽链 N 端可以再次进行同样的反应,如此重复多次直到多肽链所有的氨基酸都被水解下来。将每次得到的 PTH -氨基酸经乙酸乙酯抽提后,再用层析法进行鉴定就可以确定肽链的 N -端氨基酸种类。根据此原理,已设计出氨基酸自动顺序分析仪,通过仪器一次可连续调出 60 个以上的氨基酸顺序。若每次循环的准确度为 99%,经 60 次循环,准确度为 $0.99^{60} = 0.54$。

（三）氨基酸的光吸收

从 α-氨基酸的结构上看,除甘氨酸外,其他氨基酸的 α-碳原子上键合的四个基团都各不相同,它们在空间上是取四面体排布,这样就产生了两种排布方式,它们之间是呈一种实物与镜像的对映关系或左手与右手的关系,这两种不同排列方式我们称为 D 型和 L 型,D 型和 L 型就是一对光学异构体,也叫立体异构体或对映体,具有旋光性。D-型和 L-型是参照甘油醛命名,凡是与 D-甘油醛构型相似的就为 D-型氨基酸;凡是和 L-甘油醛构型相似的就为 L-型氨基酸。蛋白质分子中的 α-氨基酸都属于 L-型氨基酸。但在生物体内,如少量细菌细胞壁和某些抗生素中都含有 D-型氨基酸。这些氨基酸都具有光学活性,即在旋光计中测定时它们能使偏振光旋转。一个氨基酸的异构体在水溶液中使偏振光平面向左旋转,另一个异构体则使偏振光平面向右旋转,二者旋转程度相同,α-氨基酸所具有的这种性质称为旋光性(rotation),也称分子的手性(chirality),右旋化合物以(＋)表示,左旋以(－)表示。蛋白质中的氨基酸有些是右旋的,如丙氨酸、谷氨酸、赖氨酸、异亮氨酸等,有些是左旋的,如丝氨酸、色氨酸、亮氨酸、苯丙氨酸、脯氨酸等。比旋光度是 α-氨基酸的物理常数之一,也是鉴别各种氨基酸的一种根据。各种氨基酸比旋光度见表 1-5 所列。

表 1-5 氨基酸的比旋光度与溶解度

氨基酸	左旋或右旋(－/＋)	比旋光度	溶解度(g/100g)
甘氨酸			24.99
丙氨酸	＋	14.6	16.51
缬氨酸	＋	28.3	8.85
亮氨酸	＋	16.0	2.19
异亮氨酸	＋	39.5	4.12
丝氨酸	＋	15.1	5.02
苏氨酸	－	15.0	1.59
半胱氨酸	＋	6.50	
甲硫氨酸	＋	23.2	3.35
天冬酰胺	＋	33.2	3.11
谷氨酰胺	＋	31.8	3.60
天冬氨酸	＋	25.4	0.50
谷氨酸	＋	31.8	0.84

（续表）

氨基酸	左旋或右旋(−/+)	比旋光度	溶解度(g/100g)
赖氨酸	+	25.9	66.6
精氨酸	+	27.6	71.8
苯丙氨酸	−	34.5	2.96
酪氨酸	−	10.0	0.04
色氨酸	+	2.8	1.14
组氨酸	+	11.8	4.29
脯氨酸	−	60.4	62.3

注:比旋光度除色氨酸、谷氨酰胺是在 1mol/L HCl 中测定,天冬酰胺是在 3mol/L HCl 中测定,其余均在 5mol/L HCl 中测定。

参与蛋白质组成的 20 种氨基酸,在可见光区域都没有光吸收,但在远紫外区(<220nm)均有光吸收。在近紫外区域(220~300nm)只有酪氨酸、色氨酸和苯丙氨酸有吸收光的能力。在它们的 R 基中含有苯环共轭双键系统,所以有明显的光吸收能力。酪氨酸的最大光吸收波长(λ_{max})在 275nm,在该波长下的摩尔消光系数 $\varepsilon_{275}=1.4\times10^3$(摩尔消光系数单位 $mol^{-1}\cdot L\cdot cm^{-1}$);色氨酸的最大光吸收波长($\lambda_{max}$)在 280nm,其摩尔消光系数 $\varepsilon_{280}=5.6\times10^3$;苯丙氨酸的最大光吸收波长($\lambda_{max}$)在 257nm,其摩尔消光系数 $\varepsilon_{257}=2.0\times10^2$。由于绝大多数蛋白质含有这些氨基酸,所以也有紫外吸收能力,一般最大光吸收在 280nm 波长处,因此能利用分光光度法很方便地测定蛋白质的含量。但是在不同的蛋白质中这些氨基酸的含量不同,所以它们的消光系数(或称吸收系数)是不完全一样的。

三、氨基酸的分离分析

在进行氨基酸的研究工作时,如从蛋白质水解液中制取氨基酸,以及测定蛋白质的氨基酸组成等,都需要对氨基酸混合物进行分离分析和鉴定。用于氨基酸的分离分析方法有很多种,如层析法、电泳法、酶法等,其中层析法是应用较多的一项技术,广泛应用于氨基酸的分离、分析和鉴定。这里主要介绍实验室中常见的氨基酸的分离分析方法。

(一)分配层析

Nernst 于 1891 年提出了分配定律:当一种溶质在两种给定的互不相溶的溶剂中分配时,在一定温度下达到平衡后,溶质在两相中的浓度比值为一常数,即分配系数(K_d)。自英国科学家 Martin 与 Synge 于 1941 年提出分配层析法之后,至今已经发展形成了多种形式的分配层析法。所有的层析系统如纸层析、薄层层析等,通常都由两个相组成:固定相和流动相,固定相也称为静相,流动相也称为动相。层析系统中的固定相可以是固相、液相或固-液混合相,流动相可以是液相或气相。混合物在层析系统中的分离决定于该混合物的组分在这两相中的分配情况,一般用分配系数来描述。

对于氨基酸混合溶液,在相同的层析条件下,每种氨基酸在两相中的分配系数是不同的,分配系数成为一个特征性常数。可以利用氨基酸分配系数的差异,利用分配层析对其进行分离和鉴定。

(二)离子交换层析

离子交换层析(ion-exchange column chromatography)是一种用离子交换树脂作为支持剂的层析法,广泛应用于氨基酸的分离、鉴定和分析。在一定的 pH 环境中,不同物质的解离度不同,带电性的强弱不一样,与离子交换基团的交换能力也不同。离子交换剂具有酸性或碱性基团,分别能与溶液中的阴离子或阳离子进行交换。因此,物质通过离子交换层析可以得到相应的分离。离子交换层析是分析性和制备性分离纯化混合物的液-固相层析技术,主要是利用固定相上的离子交换基团和流动相中解离的离子化合物之间进行的可逆的离子交换反应而进行分离的一种柱层析方法。离子交换树脂是通常使用的一种支持介质,它是一类大分子化合物,是具有酸性或碱性基团的人工合成聚苯乙烯-苯二乙烯等不溶性高分子化合物。聚苯乙烯-苯二乙烯是由苯乙烯和苯二乙烯进行聚合和交联反应生成的具有网状结构的高聚物,它是离子交换树脂的基质,其上共价结合了许多可电离基团。

根据其结合的功能基团不同,有强酸性阳离子交换树脂、弱酸性阳离子交换树脂、强碱性阴离子交换树脂、弱碱性阴离子交换树脂。对于氨基酸混合物,在分离提纯时,常用强酸型的阳离子交换树脂。树脂先用碱处理成钠盐型,将氨基酸混合液上柱。在酸性环境中,氨基酸分子带正电荷,可以和阳离子交换树脂基质上带的 H^+ 进行交换,结合在树脂上。氨基酸与树脂间的结合能力,主要取决于它们之间的静电吸收力,还有氨基酸侧链与树脂基质间的疏水相互作用。在 pH3 左右时,碱性氨基酸与树脂间的静电吸收力最大,其次是中性氨基酸,而对于酸性氨基酸它与树脂间的静电吸收力最小,因此在洗脱时,结合最弱的酸性氨基酸最先被洗下来,紧接着是中性氨基酸,最后是碱性氨基酸。同样,在碱性环境中,氨基酸分子带负电荷,可以结合到阴离子交换树脂解离出的 OH^- 发生交换,结合在树脂上。不同的氨基酸所带电荷数目不同,与树脂的结合能力大小也不同,逐步提高洗脱液的 pH 或离子强度,与树脂结合松的氨基酸首先从层析柱底部流出,而与树脂结合最紧密的氨基酸最后被洗脱下来,从而使不同的氨基酸得到分离。

(三)高效液相层析

高效液相色谱(high performance liquid chromatography,HPLC),是一种快速、灵

敏、高效的分离生物分子的技术。与常规的色谱技术相比,HPLC具有它的优点,它所使用的固定相支持剂颗粒很细,因而表面积很大,这样就极大地提高了分辨率。另外,它的溶剂系统采取高压,使洗脱速率有效增大。多种类型的柱层析都可用 HPLC来代替,例如分配层析、离子交换层析、吸附层析以及凝胶过滤层析。

第三节　肽

一、肽与肽键

一个氨基酸的 α-羧基与另一个氨基酸的 α-氨基脱水缩合形成的酰胺键(—CO—NH—)称为肽键(peptide bond)。肽键是蛋白质分子中氨基酸的主要连接方式,是构成蛋白质分子中的主要共价键,性质比较稳定。

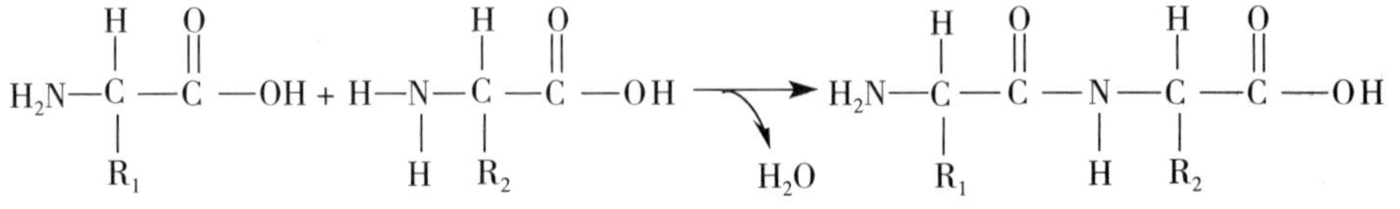

氨基酸通过肽键连接形成的化合物称为肽(peptide)。由两个氨基酸缩合构成的肽称为二肽,由三个氨基酸缩合构成的称为三肽,以此类推。一般由 2~10 个氨基酸组成的肽称为寡肽(oligopeptide),由 10 个以上氨基酸组成的肽称为多肽(polypeptide),它们都简称为肽。由于多肽分子中的氨基酸彼此通过肽键连接形成长链,故称之为多肽链。多肽链结构包括主链结构和侧链结构。主链也称为骨架,是指除侧链 R 以外的部分。蛋白质是由一条或多条肽链以按照一定的方式组合而成的生物大分子。蛋白质与多肽间并没有严格的界线,通常将分子质量在6000u 以上的多肽称为蛋白质。肽链中的氨基酸由于参加肽键的形成,已经不是游离的氨基酸分子,因此多肽和蛋白质分子中的氨基酸称为氨基酸残基(amino acid residue)。多肽链有两端,一端具有游离的 α-氨基,称为氨基末端或 N-末端;另一端具有游离的 α-羧基,称为羧基末端或 C-末端。这两个游离的末端基团有时会连接而形成环状肽。

肽可根据组成它的氨基酸残基来命名,从肽链的 N 末端氨基酸残基开始,依次根据氨基酸残基的顺序,在每一个氨基酸残基名称后加一"酰"字,称为某氨基酰某氨基酰……某氨基酸。例如甘氨酰谷氨酰丙氨酸。这种命名很烦琐,除少数短肽外,一般都是根据其来源或生物功能来命名,如脑肽。

二、天然存在的活性寡肽

生物体内存在很多游离的活性肽（active peptide），它们具有各种特殊的生物学功能，一般为寡肽和较小的多肽。许多激素、抗生素和毒素等都是一些活性寡肽。活性肽是生物体重要的化学信使，通过内分泌、神经分泌等作用方式传递各种信息，对机体功能进行控制。近年来对活性肽的研究表明，活性肽涉及生物体的各个方面，如生长发育、免疫防御、生殖控制、抗衰防老、生物钟规律等，甚至也涉及大脑意识、学习记忆等高层次的生命活动。下面只选择介绍几种重要的活性肽。

（一）谷胱甘肽

动植物和微生物细胞中，广泛存在有一种三肽，称谷胱甘肽（glutathione），在体内氧化还原反应中起重要作用，是重要的抗氧化剂。它是由 L -谷氨酸、L -半胱氨酸和甘氨酸这三种氨基酸构成的，其中谷氨酸的 γ -羧基参与肽键的形成，所以其全称为 γ -谷氨酰半胱氨酰甘氨酸。谷胱甘肽因分子中有游离的—SH 基，故通常将其简写为 GSH，结构式如下：

$$\text{H}_2\text{N}-\underset{\underset{\text{Glu}}{\big|}}{\overset{\overset{\text{COOH}}{|}}{\text{CH}}}-\text{CH}_2-\text{CH}_2-\overset{\overset{\text{O}}{\|}}{\text{C}}-\underset{\text{H}}{\text{N}}-\underset{\underset{\underset{\text{CySH}}{\text{SH}}}{\text{CH}_2}}{\text{CH}}-\overset{\overset{\text{O}}{\|}}{\text{C}}-\underset{\text{H}}{\text{N}}-\underset{\text{Gly}}{\text{CH}_2}-\text{COOH}$$

$$2\text{GSH} \underset{}{\overset{\text{谷胱甘肽}}{\rightleftharpoons}} \text{GS}-\text{SG}$$

还原型　　　　氧化型

还原型谷胱甘肽在红细胞中作为巯基缓冲剂存在，维持血红蛋白和其他红细胞蛋白质的半胱氨酸残基处于还原态；在体内作为还原剂可以保护含巯基的蛋白质以及巯基酶的活性，还可以防止过氧化物的积累；临床上还常把它作为治疗肝病的药物使用。谷胱甘肽还参与氨基酸的跨膜运输，可以形成 γ -谷氨酰氨基酸，起到载体作用。另外谷胱甘肽还能够作为电子传递体参与植物体内的电子传递过程。

（二）脑肽

脑肽的种类很多，是从脑组织中分离出来并主要存在于中枢神经系统的一类活性肽，包括脑啡肽、内啡肽、强啡肽等。这些肽类都与痛觉有关，甚至比吗啡的镇痛作用更强。如脑啡肽是从猪脑中发现并分离出来的，为五肽，有 Met -脑啡肽和

Leu -脑啡肽两种,结构式如下:

Met -脑啡肽 H—Tyr—Gly—Gly—Phe—Met—OH

Leu -脑啡肽 H—Tyr—Gly—Gly—Phe—Leu—OH

(三)抗菌肽

抗菌肽是由特定微生物产生的一种抗生素,可以抑制细菌和其他微生物的生长或繁殖。从结构上看,很多抗菌肽通常含有一些 D -型氨基酸,或含有异常的酰胺结合方式。

该类物质中最常见的是青霉素,青霉素是由青霉菌属中某些菌株产生的,主要破坏细菌细胞壁糖肽的合成,引起溶菌。它的主体结构可以看作是由 D -半胱氨酸和 D -缬氨酸结合成的二肽衍生物,其侧链 R 基不同,即为不同的青霉素,如青霉素 F、青霉素 G、青霉素 K、青霉素 X 等,其结构通式为:

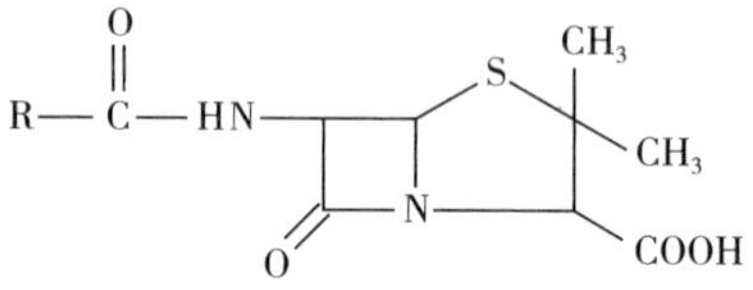

图 1-5 青霉素的结构通式

放线菌素 D 的结构复杂,它由一个三环发色基团以酰胺的方式连接在两个五肽的末端氨基处,五肽的末端羧基形成大的内酯环,如图 1-6 所示。放线菌素 D 通过与模板 DNA 结合的方式阻碍转录而抑制细菌生长,也能抑制细胞分裂,常被用作 RNA 合成抑制剂。

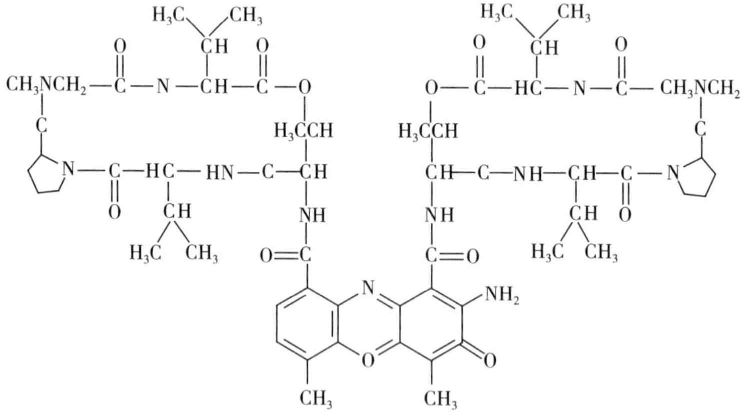

图 1-6 放线菌 D 的结构式

（四）催产素和升压素

催产素和升压素这二者都是脑下垂体后叶分泌的多肽激素，合成后与神经垂体运载蛋白结合，经轴突运输到神经垂体，再释放到血液。它们都是九肽，分子中都有环状结构。

催产素使子宫和乳腺平滑肌收缩，具有催产及使乳腺排乳的作用，催产素的简式如下所示：

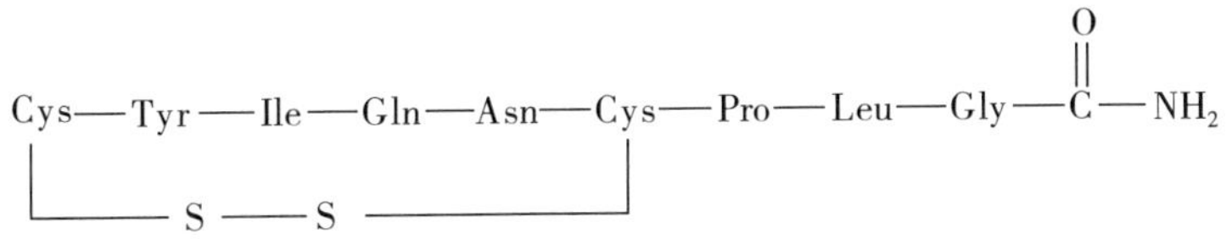

$$Cys-Tyr-Ile-Gln-Asn-Cys-Pro-Leu-Gly-\overset{\overset{\displaystyle O}{\|}}{C}-NH_2$$

升压素也称抗利尿激素，升压素的结构与催产素十分相似，仅第 3 位和第 8 位的两个氨基酸不同，具有促进血管平滑肌收缩，从而使血压升高，并有减少排尿的作用。升压素的简式如下：

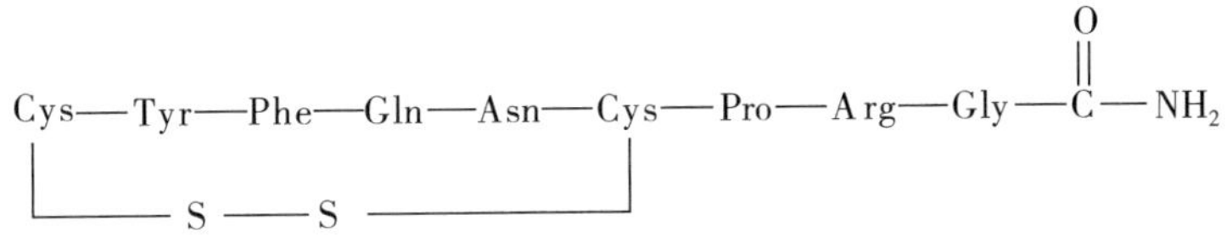

$$Cys-Tyr-Phe-Gln-Asn-Cys-Pro-Arg-Gly-\overset{\overset{\displaystyle O}{\|}}{C}-NH_2$$

第四节　蛋白质的分子结构

自然界中存在的蛋白质种类繁多，大约有 $10^{10} \sim 10^{12}$ 种，几乎在所有的生命活动过程中都起着极其重要的作用，蛋白质功能的多样性取决于其分子结构的复杂性，因此研究蛋白质的结构以及功能的关系意义重大。蛋白质是由一系列氨基酸通过肽键连接形成的生物大分子，分子结构异常复杂。氨基酸的排列顺序及肽链的空间结构排布等构成了蛋白质的分子结构，从而决定着蛋白质的分子形状、理化性质和生物学功能。不同的蛋白质具有不同的结构。蛋白质的分子结构具有不同的结构层次，即一级结构、二级结构、三级结构和四级结构的概念，其中二级以上的结构层次统称为高级结构或空间结构。二级结构和三级结构之间还存在超二级结构和结构域的两个过渡结构层次。

一、蛋白质的一级结构

（一）蛋白质的一级结构的概念及其重要生物学意义

蛋白质的分子结构是多层次的，研究蛋白质结构首先从一级结构开始，一级结构是蛋白质分子结构的基础。国际纯化学和应用化学联合会(IUPAC)规定的蛋白质的一级结构(primary structure)是指各种氨基酸按一定的顺序排列构成的蛋白质肽链骨架,是蛋白质的基本结构,具体包含以下内容:①多肽链的数目;②每条多肽链中氨基酸的种类、残基数目和排列次序;③链内或链间二硫键的位置和数目。一级结构是最基础、最稳定的结构。不同的蛋白质都具有特定的构象,但从一级结构来看,蛋白质是由氨基酸按照一定的排列顺序,通过肽键连接起来的多肽链结构。维系一级结构的主要化学键主要是肽键,也包括链内的二硫键。因共价键的键能大,故蛋白质的一级结构是最稳定的结构。

一级结构的阐明,使人们认识到组成蛋白质的 20 种氨基酸按照不同的序列关系组合时,形成不同的蛋白质,这些蛋白质具有多种多样的侧链排布,进而形成不同的空间结构,并具有不同的生物学功能。蛋白质的一级结构是空间结构形成的基础。蛋白质的一级结构是由遗传密码决定的,一级结构的阐明对生物进化有重要理论意义,也有助于人们从基因水平展开对疾病的治疗,也为蛋白质的生物合成提供了主要依据。

(二)蛋白质一级结构的测定

蛋白质一级结构的测定就是测定蛋白质多肽链中氨基酸的排列顺序。测定蛋白质的一级结构,要求所用的样品应当是比较纯的,纯度应在 97% 以上,同时必须知道它的相对分子量,其误差允许在 10% 左右。虽然测定每种蛋白质的一级结构都有自己特殊的问题需要解决,但基本思路都一致就是将肽链由大到小,逐段分析,对照两套以上肽段分析的结果,确定氨基酸的排列顺序。其主要步骤如下:①根据蛋白质 N-末端或 C-末端残基的摩尔数和蛋白质的相对分子质量,确定蛋白质分子中的多肽链数目,并进行末端分析;②如果蛋白质分子是由一条以上多肽链构成,则将肽链拆开并分离;③对多肽链的一部分进行完全水解,测定它的氨基酸组成;④将肽链的另一部分样品进行水解断裂,得到大小不一的肽段,并测定各个肽段的氨基酸顺序;⑤再用酶或化学试剂对第二步中的肽链进行不完全水解,得到另一套片段,并测定它的氨基酸顺序;⑥比对两套肽段上的重叠部位,拼接出整个肽链的氨基酸顺序;⑦确定蛋白质中二硫键的位置。

1. 末端分析

(1)N-末端测定

① 二硝基氟苯(DNFB)法:多肽或蛋白质肽链末端的 $\alpha-NH_2$ 也可以与二硝基氟苯(DNFB)反应,生成二硝基苯衍生物,即 DNP-多肽或 DNP 蛋白质,其中苯核与氨基之间形成的键远比肽键稳定,不易被酸水解,因此 DNP-肽链经酸水解后,得到一个 DNP-氨基酸,其余的都是剩下的游离氨基酸。DNP-氨基酸为黄色,可用有机溶剂抽提,再用纸色谱、薄层色谱或高效液相色谱进行分离鉴定和定量测

定,即可得知肽链 N-末端的氨基酸。

② Edman 法:多肽或蛋白质肽链末端氨基酸的 $\alpha-NH_2$ 也能和氨基酸一样与苯异硫氰(PITC)作用,生成苯氨基硫甲酰衍生物,即 PTC-多肽或 PTC 蛋白质。在温和的酸性条件下加热时,N 末端氨基酸环化并释放出来,即形成 PTH-氨基酸,剩下的少一个氨基酸残基的肽链仍是完整的。PTH-氨基酸经有机溶剂如乙酸乙酯抽提后,可用纸色谱、薄层色谱和高效液相色谱等方法进行鉴定。每次酸解后剩余的肽链,可按上述降解方法多次重复,每次从肽链的 N-末端依次移去一个氨基酸,最终测出全部肽链或肽段的氨基酸顺序。氨基酸序列自动分析仪就是根据 Edman 降解法的原理设计的,全部操作都为程序自动化,应用它来测氨基酸序列可以省时、省力,所需样品含量少。

③ 丹磺酰氯(DNS)法:DNS 法的原理与 DNFB 法相同,只是用 DNS 代替 DNFB 试剂。由于丹磺酰基具有强烈的荧光,此法的灵敏度比 DNFB 法高 100 倍,并且水解后的 DNS-氨基酸不需要抽提,可直接通过纸电泳或薄层色谱进行鉴定,还可用荧光计检测。

④ 氨肽酶法:氨肽酶属于肽链外切酶,能够从多肽链的 N-末端开始逐个的向内切。根据不同的反应时间测出酶水解所释放的氨基酸种类和数量,按反应时间和残基释放量绘制动力学曲线,就可以得知该蛋白质的 N-末端残基顺序。但此方法有局限性,因为酶对各种肽键的敏感性不同,往往难以判断一些残基的顺序。最常用的氨肽酶是亮氨酸氨肽酶。

(2)C-末端测定

① 肼解法:肼解法是测定 C-末端最重要的方法。多肽或蛋白质与肼在无水条件下加热发生肼解,除 C-末端氨基酸以游离形式存在外,其他氨基酸都转变成相应的酰肼化合物。肼解下来的 C-末端氨基酸可以通过 DNFB 法或 DNS 法以及色谱技术进行鉴定。此法的缺点是:在肼解过程中天冬酰胺、谷氨酰胺和半胱氨酸等被破坏而不易测出,C 末端的精氨酸转变为鸟氨酸,致使 C-末端由这几种氨基酸组成的肽链分析不够准确。

② 羧肽酶法:羧肽酶属于肽链外切酶,从肽链 C-末端氨基酸开始逐个水解,释放出游离的氨基酸。被释放的氨基酸的数目与种类随反应时间而变化。根据释放的氨基酸的物质的量与反应时间的关系,便可以得知肽链的氨基酸顺序。目前常用的羧肽酶有 A、B、C、Y 四种。其中羧肽酶 A 和羧肽酶 B 均取自胰脏,也是使用最广泛的。羧肽酶 A 能释放除脯氨酸、赖氨酸和精氨酸之外的所有 C-末端残基,而羧肽酶 B 只能水解以碱性氨基酸精氨酸和赖氨酸为 C-末端的肽键。对于另外两种羧肽酶,羧肽酶 C 来自柑橘叶,羧肽酶 Y 取自面包酵母。

2. 二硫键的断裂与多肽链的分离

如果蛋白质分子含有一条以上肽链,就应该把这些肽链分开。如果肽链间是通过非共价键连接,则可用变性剂,如 8mol/L 脲、6mol/L 盐酸胍处理,将肽链分开;如果肽链间是通过二硫键交联,或者虽然蛋白质分子只由一条肽链构成,但存在链内二硫键,则必须先将二硫键打开。通常可以用过量的 β-巯基乙醇处理,使二硫键还原,反应过程中还需要 8mol/L 脲或 6mol/L 盐酸胍使蛋白质变性。然后用碘乙酸保护还原生成的半胱氨酸的巯基,以防止它重新被氧化。除了使用 β-巯基乙醇还原外,还可以用二硫苏糖醇或二硫赤藓糖醇还原二硫键。另外,也可以用发烟甲酸处理,将二硫键氧化成磺酸基而使链分开。二硫键拆开后形成的单链,可以用纸层析、离子交换层析、薄层层析或电泳等方法进行分离。

3. 多肽链的部分水解和肽段的分离

由于对氨基酸进行顺序分析一次最多只能连续降解分析几十个氨基酸残基,而天然蛋白质分子一般至少有 100 个以上的残基,因此必须先将蛋白质裂解成较小的肽段,然后分离并测定每一肽段的氨基酸的顺序。所以经分离提纯并打开二硫键的多肽链选用专一性强的蛋白水解酶或化学试剂进行有效控制的裂解,将肽链打断。无论选择哪种方法裂解,要求专一性强,裂解点少,反应产率高。基本方法有酶解法和化学裂解法。

(1)酶解法

酶解法是常用的蛋白质部分水解方法。蛋白酶有各种不同的专一性,对肽键的水解率很高,且不同酶作用位点不同,因此利用一些蛋白质内切酶,可将多肽切成适当的段落。最常用的蛋白水解酶有胰蛋白酶、胰凝乳蛋白酶、胃蛋白酶、弹性蛋白酶、嗜热菌蛋白酶、金黄色葡萄球菌蛋白酶、梭状芽孢杆菌蛋白酶等内切酶。

① 胰蛋白酶:专一性强,作用于肽链中精氨酸或赖氨酸羧基端肽键,用它断裂肽链经常可以得到合适大小的肽段,是最常用的蛋白水解酶。如果多肽链中精氨酸或赖氨酸含量过多,使得胰蛋白酶的作用位点多,可以通过化学修饰的方法将部分侧链基团保护起来。如可以用 1,2-环己二酮修饰精氨酸的胍基,也可以用马来酸酐修饰赖氨酸侧链上的 ε-NH_2,这样胰蛋白酶就不会对修饰过的位置进行水解。而如果想增加多肽链中的胰蛋白酶的作用位点,则可以用丫丙啶处理,多肽链中的半胱氨酸残基侧链被修饰后也具有 ε-NH_2,这样,此处也可以被胰蛋白酶水解。

② 胰凝乳蛋白酶:又称糜蛋白酶,它能断裂酪氨酸、色氨酸和苯丙氨酸等疏水氨基酸的羧基端肽键,专一性不如胰蛋白酶。如果与断裂肽键邻近的基团是酸性的,裂解能力将减弱;而当邻近基团是碱性的,则裂解能力增强。

③ 胃蛋白酶:专一性低,主要作用于酸性氨基酸及芳香族氨基酸的羧基端肽键。

④ 弹性蛋白酶:作用于脂肪族氨基酸的羧基端肽键,特别对甘氨酸、丙氨酸、

缬氨酸或丝氨酸等脂肪侧链较小的氨基酸的水解效果很好。

⑤ 嗜热菌蛋白酶:嗜热菌蛋白酶是一个含有金属离子钙和锌的蛋白酶,此酶的专一较差,常用于断裂较短的肽链。

⑥ 金黄色葡萄球菌蛋白酶:又称谷氨酸蛋白酶,是从金黄色葡萄球菌菌株中分离得到的。在 pH7.8 的磷酸缓冲液中,可以裂解谷氨酸残基和天冬氨酸残基的羧基侧的肽键;而在 pH7.8 的碳酸氢铵缓冲液或 pH4.0 的醋酸铵缓冲液中时,只裂解谷氨酯残基的羧基侧肽键。

⑦ 梭状芽孢杆菌蛋白酶:又称精氨酸蛋白酶,专门水解精氨酸残基的羧基形成的肽键。

(2)化学裂解法

选用化学试剂裂解肽链,一般经化学裂解法获得的肽段都比较大。化学裂解法常用的方法有溴化氰裂解法、羟胺水解法和酸水解法三种。

① 溴化氰裂解法:溴化氰能专一性地断裂由甲硫氨酸残基的羧基参加形成的肽键,肽链内有几个甲硫氨酸就有几个作用点。蛋白质中甲硫氨酸一般含量很少,故用溴化氰法裂解可获得较大的片段。在 70% 的甲酸溶液中,溴化氰能与肽链中甲硫氨酸的硫醚基起反应,生成溴化亚氨内酯,进一步水解使肽链断裂,形成一个 C-末端残基为高丝氨酸内酯的肽。产物的 N-末端为甲硫氨酸。

② 羟胺水解法:羟胺能将天冬酰胺和甘氨酸之间形成的肽键断裂,作用的专一性不是很强,对于天冬酰胺和亮氨酸以及天冬酰胺和丙氨酸之间形成的肽键用羟胺也可以得到部分裂解。

③ 酸水解法:此法主要用于测定蛋白质的氨基酸组成,主要采用盐酸进行限时控温水解。在稀酸条件下,肽链中天冬氨酸的羧基端容易断裂;在浓酸条件下,羟基氨基酸如丝氨酸、苏氨酸等的氨基端肽键容易断裂。酸水解中有少数氨基酸遭到部分破坏,且破坏程度与保温时间呈线性关系,所以酸水解法常常仅用于小肽的分析。

4. 肽段的氨基酸序列测定

多肽链裂解形成肽段后,就可进行序列分析,主要采用 Edman 降解法、酶解法。

(1)Edman 降解法

Edman 降解法最初只用于 N-末端的分析,PITC 与肽链 N-末端的 α-NH_2 结合后,形成 PTH-氨基酸,PTH-氨基酸在 268nm 处有最大吸收峰,可利用层析技术分离鉴定。减少了一个残基的肽链,它的 N-末端的 α-NH_2 又可以和 PITC 作用,进行第二轮的反应,切下第二个氨基酸残基,如此反复多次,就可以测得肽段的氨基酸顺序。利用 Edman 降解法,一次可以连续测出 60~70 个氨基酸残基的肽段顺序。但因 Edman 降解法测氨基酸顺序时工作量很大,现在已经设计出氨基酸自动顺序分析仪,通过仪器一次可连续调出 60 个以上的氨基酸顺序。

(2)酶解法

可以用氨肽酶和羧肽酶对肽链进行水解,对于氨肽酶可以从肽链的 N 端开始逐个的向内切,而对于羧肽酶则可以从肽链的 C 端逐个的向内切。一般先利用一种酶水解产生的片段和用另一种酶作用产生的片段进行重叠分析,最终确定氨基酸序列。

5. 肽段在多肽链中次序的推断

肽段在多肽链中的次序可以采用肽段重叠法进行对照推断。用重叠顺序法将两种或两种以上的水解法得到的肽段氨基酸顺序进行比较分析,根据交叉的重叠部分的顺序来推断出整个肽链的氨基酸顺序。Sanger 在进行蛋白质一级结构测定时最先建立了重叠法,并用此方法第一次测定了蛋白质的一级结构。

一般来说,如果多肽链在水解过程只断裂成两段或三段便能测出它们的氨基酸顺序,只要知道原多肽链的 C 端和 N 端的氨基酸残基,我们就可以轻易地推断出它们在原多肽链中的前后次序。但是对于更多的多肽链往往在水解时断裂得到的肽段数很多,因此除了能确定 C 端肽段和 N 端肽段的位置之外,中间那些肽段的次序还是不能肯定。为此,需要用两种或两种以上的不同方法断裂多肽样品,切口彼此错位,使成两套或几套肽段。两套肽段正好相互跨过切口而重叠,这种跨过切口而重叠的肽段称重叠肽。借助重叠肽可以确定肽段在原多肽链中的正确位置,拼凑出整个多肽链的氨基酸顺序。同时,利用重叠肽还可以互相核对各个肽段的氨基酸顺序测定中是否有差错。如果两套肽段还不能提供全部必要的重叠肽,则必须使用第三种甚至第四种断裂方法以便得到足够的重叠肽,用于确定多肽链的全顺序。

6. 二硫键位置的确定

如果蛋白质分子中存在二硫键,那么在测定多肽链的氨基酸顺序时,首先需要把蛋白质分子中的全部二硫键拆开。在完成多肽链的氨基酸顺序测定以后,需要对二硫键的位置加以确定。一般可以先通过酶水解的方法形成肽段,常选用胃蛋白酶。胃蛋白酶的专一性比较低,切点多,可以形成较小的肽段,对后面的分离、鉴定比较容易。所得的肽段混合物可以使用 Brown 及 Hartlay 的对角线电泳技术进行分离。对角线电泳是:将水解后得到的混合肽段点到滤纸的中央,在 pH6.5 的条件下,进行第一向电泳,肽段将按其大小及电荷的不同分离开来。然后把滤纸暴露在甲酸蒸气中,熏一段时间,使二硫键断裂。这时每个含二硫键的肽段被氧化成一对含半胱氨磺酸的肽。再将滤纸旋转 90°角,在与第一向完全相同的条件下进行第二向电泳。在这里,大多数不含二硫键肽段的迁移率未变,并将位于滤纸的一条对角线上,而含半胱氨磺酸的成对肽段比原来含二硫键的肽段小同时负电荷增加,电泳行为发生改变,结果它们都偏离了对角线。将含半胱氨磺酸的肽段取下,进行氨基酸顺序分析,然后与多肽链的氨基酸顺序比较,即可推断出二硫键在肽链间或肽链内的位置。

(三)蛋白质一级结构举例

1. 胰岛素

胰岛素是第一种被阐明一级结构的蛋白质,1953 年英国科学家 Sanger 等人首先完成了牛胰岛素的全部化学结构的测定工作,这是蛋白质化学研究史上的一项重大成就,Sanger 也因此获得 1958 年诺贝尔化学奖。牛胰岛素的分子中含有两条多肽链:A 链和 B 链。其中 A 链含有 21 个氨基酸残基,B 链含有 30 个氨基酸残基。A 链和 B 链之间通过两个链间二硫键连接起来,分别是由 A 链上的第 7 位和 B 链上的第 7 位、A 链上的第 20 位和 B 链上的第 19 位半胱氨酸残基形成;A 链上还有一个链内二硫键,是由 A 链上的第 6 位和第 11 位半胱氨酸残基形成。分子量为 5700 道尔顿(dalton)。牛胰岛素分子的整个化学结构如图 1-7 所示。

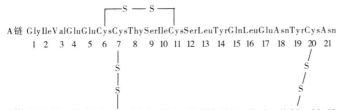

图 1-7 牛胰岛素的一级结构

2. 核糖核酸酶

20 世纪 50 年代末,继牛胰岛素一级结构的成功测出,美国学者 Stanford Moore 等人完成了牛胰核糖核酸酶的全部氨基酸顺序测定。它是测出一级结构的第一个酶分子,由一条多肽链组成,含 124 个氨基酸残基,链内有 4 个二硫键,分子量为 12600 道尔顿。

二、蛋白质的二级结构

(一)蛋白质二级结构的概念

蛋白质二级结构是指它的多肽链中有规则重复的构象。构象(conformation)为与碳原子相连的取代基团在单键旋转时可能形成的不同的立体结构。旋转产生的空间位置的改变并不涉及共价键的破裂。对于蛋白质或多肽而言,肽链的共价主链都是单链。因此,可以设想一个多肽主链将可能有无限多种构象,并且由于热运动,任何一种特定的多肽构象还将发生不断的变化。然而目前已知,在正常的温度和 pH 条件下,生物体内蛋白质的多肽链,只有一种或很少几种构象。这种天然构象相当稳定,保证了它的生物活性,甚至当蛋白质被分离出来以后,仍然保持着天然状态。这一事实说明了,天然蛋白质主链上的单键并不能自由旋转。

在肽链中,由于氧的电子离域形成了包括肽键的羰基氧、羰基碳和酰胺氮在内的 O—C—Nπ 轨道系统,即肽键的共振杂化体。肽键中的键长为 0.132nm,比一般的 C—N 单键(0.147nm)短,比 C═N 双键(0.128nm)要长,因此,肽键具有部分双键的性质,不能自由旋转,结果使得肽键中的 4 个原子和与之相连的两个 α-碳原子都处在同一个平面内,这个平面称为肽平面(peptide plance)或酰胺平面(amide plance),是一个刚性平面。肽链主链上的重复结构称肽单位或肽基。每一个肽单位实际上就是肽平面。肽平面内的羰基与亚氨基可以呈顺式和反式两种排列,其中反式排列在热力学上较稳定,肽平面内两个 C_α 多为反式构型。各原子间的键长和键角都是固定的。主肽链上只有 α 碳原子连接的两个键即 C_α—N_1 和 C_α—C_2 键是单键,能自由旋转。C_α—N_1 键旋转的角度和 C_α—C_2 键旋转的角度共称为 C_α 原子的二面角(dihedral angle)。其中绕 C_α—N_1 键旋转的角度称 Φ 角,绕 C_α—C_2 键旋转的角度称 Ψ 角。原则上,Φ 和 Ψ 可取 $-180°\sim+180°$ 之间的任一值,但不是任意二面角(Φ,Ψ)所决定的肽链构象都是立体化学所允许的。一个 C_α 相连的两个肽平面可以分别围绕这两个键旋转,从而构成不同的构象。这样多肽链的所有可能构象都能用二面角(Φ,Ψ)来描述,它决定了两个相邻肽平面的相对位置。C_α 原子两侧的肽平面可以形成若干不同的空间排布,蛋白质主链各 C_α 原子二面角的不同使肽平面形成不同的空间排布,通过肽平面的相对旋转,多肽链主链可以形成二级结构,还可以在此基础上进一步形成超二级结构。

虽然 C_α 原子的两个单键可以在 $-180°\sim+180°$ 范围内自由旋转,但不是任意二面角(Φ,Ψ)所决定的肽链构象都是立体化学所允许的,二面角(Φ,Ψ)所决定的构象能否存在,主要取决于两个相邻肽单位中,非键合原子之间的接近有无阻碍。当 C_α 的一对二面角 Φ 和 Ψ 同时都等于 180° 时,C_α 的两个相邻肽单位将呈现充分伸展的肽链构象。然而当 $\Phi=0°$ 和 $\Psi=0°$ 时的构象实际上并不能存在,因为两个相邻平面上的酰胺基 H 原子和羰基 O 原子的接触距离比其范德华半径之和小,因此将发生空间重叠。随着 X 射线衍射技术的成功应用,人们已经测得越来越多的蛋白质结构,可以更清楚地了解肽链折叠的特点。研究发现,当多肽链中的一段连续的 C_α 成对二面角(Φ,Ψ)分别取相同的数值,那么这段肽链的构象就是它的二级结构。

蛋白质的二级结构(secondary structure)是指蛋白质多肽链主链骨架的盘绕和折叠方式,不涉及侧链的空间排布,是肽链中局部肽段的构象。维持二级结构的主要化学键是氢键。二级结构中周期性出现、有规则的结构形式,研究比较清楚的有 α-螺旋、β-折叠、β-转角和无规则卷曲等几种。

(二)蛋白质二级结构的基本类型

1. α-螺旋

α-螺旋(α-helix)是蛋白质中最常见,含量最丰富的二级结构,是由美国人 Pauling 等根据角蛋白的 X 射线衍射图谱提出的。α 角蛋白结构中几乎全是 α-螺旋结构,在球状蛋白质分子中,一般也有 α-螺旋结构。在 α-螺旋结构中,每个残基(C_a)的成对二面角 Φ 和 Ψ 各自取同一数值,由 $\Phi=-57°$、$\Psi=-48°$,即使多肽主链沿绕中心轴规律的盘旋前进形成螺旋。α-螺旋中,多肽主链既可以按右手方向盘绕形成右手螺旋,也可以按照左手方向盘绕形成左手螺旋。右手螺旋比左手螺旋稳定,对于天然蛋白质来说,α-螺旋大多都是右手螺旋。α-螺旋构象及主要特征描述如下:

(1)每圈螺旋占 3.6 个氨基酸残基,每个残基绕轴旋转 100°,沿轴上升 0.15nm,因此螺距为 0.54nm(图 1-8)。

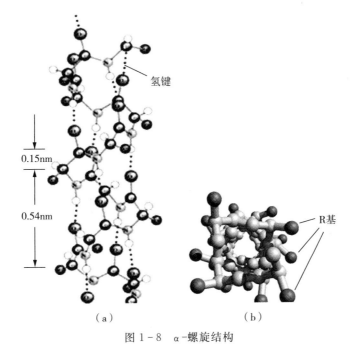

图 1-8 α-螺旋结构

(a)α-螺旋的尺寸;(b)α-螺旋的俯视图,在 α-螺旋中 R 基均指向螺旋的外侧

(2)相邻螺圈之间形成链内氢键,氢键的取向与中心轴大致平行。氢键是由肽键中电负性很强的氮原子上的氢与它后面(N 端)的第四个氨基酸残基上的羰基氧

之间形成的。

(3)α-螺旋中氨基酸残基的侧链伸向外侧,基团的大小、荷电状态及空间形状均对α-螺旋的形成及稳定有重要影响。

螺旋结构常用符号"S_N"来表示,其中 S 指每圈螺旋含残基的个数,N 表示氢键封闭的环内含的原子数。如 α-螺旋常用 3.6_{13} 来代表,即每圈螺旋含 3.6 个残基,氢键封闭的环内含 13 个原子。3_{10} 螺旋则表示该螺旋每圈含 3 个残基,氢键所封闭的环含 10 个原子。

并非所有的多肽链都能形成稳定的 α-螺旋,蛋白质多肽链能否形成 α-螺旋,以及形成的螺旋是否稳定,与它的氨基酸组成和排列顺序有很大关系。另外对于 R 基的电荷性质,R 基的大小对多肽链能否形成螺旋也有影响。如在 pH7 的水溶液中,多聚丙氨酸由于 R 基小,并且不带电荷的,能自发地形成 α-螺旋。而对于多聚精氨酸在此条件下 R 基带有正电荷,互相排斥,不能形成链内氢键,不能形成 α-螺旋。而对于脯氨酸或羟脯氨酸,多肽链中只要出现,α-螺旋即被中断,并产生一个"结节",这是因为脯氨酸或羟脯氨酸分子含有的都是亚氨基,没有多余的氢原子可以形成氢键,所以无法形成 α-螺旋。另外,如果在 $C_α$ 原子附近有较大的 R 基,造成空间位阻,也不能形成 α-螺旋。

2. β-折叠

β-折叠(β-pleated sheet)或称 β-折叠片,它是蛋白质中第二种最常见的主链构象。两条或多条几乎完全伸展的多肽链侧向聚集在一起,相邻肽链主链上的—NH和C≡O之间形成有规则的氢键,维持这种片层结构的稳定,这样的多肽构象就是 β-折叠(图 1-9)。β-折叠是一种比 α-螺旋更稳定的结构形式,除了在一些纤维状蛋白质中大量存在,也普遍存在于球状蛋白质中。β-折叠构象主要特征如下:

(1)β-折叠是一种肽链相当伸展的结构,肽链按层排列,肽平面之间折叠成锯齿状。

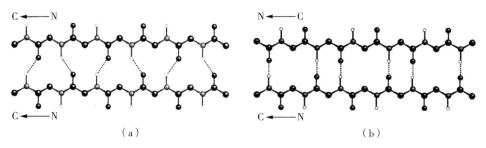

(a)　　　　　　　　　　　　　　(b)

图 1-9　β-折叠结构

(a)平行式;(b)反平行式

（2）肽链依靠链间氢键维持其结构的稳定性，氢键与肽链的长轴接近垂直，几乎所有的肽键都参与链间氢键的交联，在肽链的长轴方向上具有重复单位。

（3）β-折叠可分为平行式和反平行式两种类型。在平行式β-折叠结构中，相邻肽链的走向相同，即所有肽链的 N 末端都在同一边；在反平行式β-折叠结构中，相邻肽链的走向相反，肽链的极性一顺一反，N 末端间隔同向。从能量角度来说，反平行式更为稳定。在纤维状蛋白质中β-折叠主要是反平行式，而在球状蛋白质中平行和反平行两种方式几乎同样广泛的存在。

（4）侧链 R 基团交替分布在片层的上下两侧。

3. β-转角

β-转角（β-turn）也称回折、β-弯曲，它是球状蛋白质中发现的又一种二级结构，约占球状蛋白质全部氨基酸残基的 1/4 左右。蛋白质分子多肽链在形成空间构象时，有时需要一段肽链来改变肽链的走向，产生 180°的回折，形成β-转角（图 1-10）。

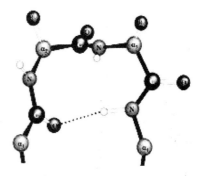

图 1-10　β-转角结构

β-转角一般是由 4 个连续的氨基酸残基组成，主要有两种类型：类型Ⅰ和类型Ⅱ。这两种类型的弯曲处的第一个氨基酸残基的—C═O 和第四个残基的—N—H 之间形成一个氢键，形成一个不很稳定的环状结构。类型Ⅰ和类型Ⅱ的差别在于中心肽单位翻转了 180°。在β-转角这种结构中，脯氨酸和甘氨酸出现的频率很高。由于甘氨酸只有一个 H，没有侧链，在β-转角中能很好地调整其他残基上的空间阻碍；而脯氨酸为亚氨基酸，具有环状结构和固定的垂角，在一定程度上迫使β-转角的形成，促进多肽链自身回折，并有助于反平行β-折叠片层的形成。此外，还有其他一些氨基酸残基如天冬氨酸、天冬酰胺和色氨酸等有时也出现在β转角中。

4. 无规卷曲

无规卷曲（random coil）或称卷曲，泛指那些不能被明确规入螺旋或折叠片层等的多肽区段，是多肽链主链构象中存在的一些随机盘旋、无一定规律的构象，它使蛋白质的构象表现出很大的灵活性。无规卷曲也并不是随意形成的，它具有明确而稳定的结构。实际上在很多区段，无规卷曲既不是卷曲也不是完全无规的，这里所说的无规则卷曲只是对构象而言，它是由一级结构决定的。这些部位往往是蛋白质功能或构象变化的重要区域，是蛋白质表现生物活性所必需的一种结构形式。如许多钙结合蛋白中结合钙离子的 E-F 手性结构的中央环。

以上所述的二级结构实际上都是多数蛋白质中最常见的结构单元,仅涉及肽链主链的折叠。

三、超二级结构和结构域

(一)超二级结构

Rossmann M 于 1973 年提出了超二级结构(super secondary structure)的概念。在蛋白质中,特别是球状蛋白质中,经常存在由若干相邻的二级结构单元(即α-螺旋、β-折叠片和β转角等)按一定规律组合在一起,彼此相互作用,形成有规则、在空间上彼此区别的二级结构组合体,这些组合体称为超二级结构(图 1-11)。超二级结构一般是以一个整体参与三维折叠,是蛋白质二级结构至三级结构层次的一种过渡态构象层次。已知的超二级结构有三种基本组合形式:α-螺旋聚集体(αα 型)、α-螺旋和 β-折叠的聚集体(常见的是 βαβ 型)和 β-折叠聚集体(βββ 型)。

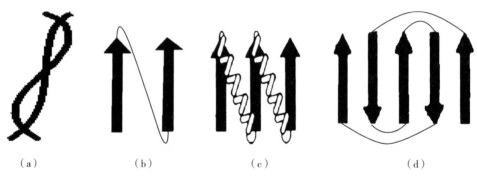

(a)   (b)   (c)   (d)

图 1-11 蛋白质中的超二级结构

(a)αα;(b)βββ;(c)βαβ;(d)回形拓扑结构(希腊钥匙拓扑结构)

1. αα

αα组合是一种由两股或三股右手螺旋彼此缠绕而形成的左手超螺旋,超螺旋的螺距约为 14nm。在超螺旋中一股 α 螺旋链的非极性边缘与另一股链的非极性边缘彼此啮合形成疏水核心,螺旋之间靠疏水作用而互相结合,自由能很低,因此这种结构很稳定。它是 α-角蛋白、肌球蛋白、原肌球蛋白等纤维状蛋白质中的一种超二级结构,是纤维状蛋白质的主要结构元件。

2. βαβ

βαβ 是由两条平行的 β-折叠通过一条 α-螺旋连接而形成的结构,β 股之间还有氢键连接。βαβ 组合是最常见的基序,整个基序呈松散的右手螺旋。两个 βαβ 聚集体连在一起形成 βαβαβ 结构,称作 Rossmann 折叠,存在于许多球状蛋白质中。

3. βββ

βββ 型结构是由若干段反平行 β 链组合成的反平行 β-折叠片层,两个 β 链间通过一个短环(发夹)连接起来,是一种常见的超二级结构。最简单的ββ折叠是β发夹结构,由几个β发夹可以形成更大更复杂的结构,如β-曲折,是由蛋白质一级结构上连续的多个反平行β折叠链通过紧凑的β转角连接而成,稳定性高。研究表明,β-曲折有和α-螺旋相近的氢键数。ββββ回形拓扑结构,也叫希腊钥匙拓扑结构,与希腊陶瓷花瓶上的一种图案相似,也是反平行β-折叠片中常出现的一种。

(二)结构域

根据对蛋白质结构及折叠机制的研究结果,Wetlaufer提出了结构域(domain)的概念。蛋白质分子中多肽链在二级结构和超二级结构的基础上进一步以特定的方式组织连接,形成的两个或多个在空间上可以明显区分的、相对独立的折叠实体,称为结构域,是介于二级结构和三级结构之间的一种结构层次。结构域自身是紧密结合的,但结构域与结构域之间常常由肽链相连,从动力学的角度来看,一条较长的多肽链先折叠成几个相对独立的单位,在此基础上进一步折叠盘绕成为完整的立体构象,要比直接折叠成完整的立体构象更合理些。一般来说较大的蛋白质分子(多于150个氨基酸残基)都有结构域存在,不同蛋白质分子中结构域的数目不同。常见结构域的氨基酸残基数一般在100~400之间,不同的结构域承担着不同的生物功能。

对于较大的球状蛋白质,多肽链一般先折叠成结构域,结构域往往是球状蛋白质的折叠蛋白。结构域的一些重要特性与蛋白质的功能发挥密切相关。由于结构域在空间上的摆动比较自由,许多酶蛋白的活性中心往往处于结构域之间的界面上。结构域之间则由一段肽链相连,给予它一定的柔性,从而使得结构域间较易发生相对移动,特别是当酶在行使功能时,更有利于酶的活性中心与底物结合。

四、蛋白质的三级结构

(一)蛋白质三级结构的概念

蛋白质的三级结构(tertiary structure)是指多肽链在二级结构、超二级结构以及结构域的基础上,主链构象与侧链构象相互作用,进一步卷曲盘旋折叠,形成特定的复杂的分子结构。蛋白质的三级结构包括主链和侧链构象,反映了蛋白质多肽链中所有原子的空间排布。蛋白质的三级结构是其发挥功能所必需的。主链构象是指多肽链在二级结构基础上进一步盘曲折叠;侧链构象是指多肽侧链形成各种微区,包括亲水区和疏水区。

(二)蛋白质三级结构的特征

尽管每种蛋白质都有自己特殊的折叠方式,但根据大量测定结果发现,它们在形成三级结构时仍具有以下共同特征。

1. 具有三级结构的蛋白质一般都是球蛋白,分子排列紧密,内部有时只能容纳几个水分子,形状近似球状或椭球状。

2. 具有三级结构的蛋白质,一个显著的特点是疏水基团都埋藏在分子内部,它们相互作用形成一个致密的疏水核;亲水基团分布在分子的表面,它们与水接触形成亲水的分子外壳,形成了外部为亲水表面,内部有疏水核的结构。疏水区域不仅能稳定蛋白质的构象,而且这些疏水区也常常是蛋白质分子的功能部位或活性中心。

3. 具有稳定的三级结构是蛋白质分子具有生物活性的基本特征之一。对于仅由一条多肽链组成的蛋白质,三级结构是其最高的结构层次。

(三)维持蛋白质三级结构的作用力

维持蛋白质三级结构的作用力主要是一些次级键,包括氢键、范德华力、疏水相互作用和离子键等非共价键。二硫键在维系一些蛋白质的三级结构方面也起着重要作用。

1. 氢键

蛋白质分子中含有大量电负性较强的氧原子或氮原子,与 N—H 或 O—H 的氢原子接近时,产生静电引力,形成氢键(hydrogen bond)。尽管氢键在次级键中键能较低,但是其在蛋白质分子数量最多,对蛋白质的物理性质产生重要的影响,对蛋白质的高级结构的形成具有重要影响,所以是最重要的次级键之一。在蛋白质分子中形成的氢键一般有两种,多肽链中的主链之间所生成的氢键是维持蛋白质二级结构的主要作用力,而侧链间或侧链与主链骨架间形成的氢键是维持蛋白质三、四级结构所需的重要作用力。

2. 范德华力

原子、基团或分子间形成的相互作用力称为范德华力(van der Waals force),包括吸引力和排斥力。当两个非键合原子相互靠近,达到一定距离时(0.3～0.4nm),吸引力和排斥力两种相互作用处于平衡状态,此时范德华力吸引力达到最大。范德华力很弱,但在蛋白质分子中数量较多并具有累积效应,因此其在蛋白质内部非极性结构中比较重要,也是维持蛋白质分子高级结构的重要作用力。

3. 疏水相互作用

疏水相互作用也称疏水键。蛋白质分子中含有许多非极性氨基酸残基,如丙氨酸、缬氨酸、异亮氨酸、亮氨酸、苯丙氨酸等的 R 基团,它们具有避开水相、相互聚集而埋藏在蛋白质分子内部的趋势,称为疏水相互作用(hydrophobic interaction),这种非极性基团相互黏附形成的疏水键是维持蛋白质三级结构的主要作用力。疏水相互作用在蛋白质构象中往往位于蛋白质分子内部。

4. 离子键

在生理 pH 条件下,蛋白质侧链分子中的氨基带正电荷,羧基带负电荷,当它们靠近时,带正电荷基团和带负电荷基团之间的静电吸引形成的化学键称为离子键(ionic bond),也称盐键。离子键在蛋白质分子中数量较少,主要在侧链起作用。

5. 二硫键

二硫键是共价键,它是由两个半胱氨酸残基侧链的巯基脱氢形成的。它对稳定蛋白质的构象起到相当重要的作用。

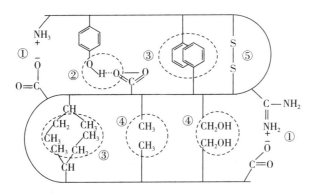

图 1-12　维持蛋白质三级结构的作用力
①离子键;②氢键;③疏水相互作用;④范德华力;⑤二硫键

表 1-6　维持蛋白质三级结构的作用力的特点

类型	能量(kJ/mol)	键结合功能团	断裂条件
氢键	8～40	酰胺—NH…O=C 酚羟基—OH…O=C	尿素、胍盐、洗涤剂、加热
范德华力	1～9	永久、诱导和瞬时偶极	
疏水相互作用	4～12	含脂肪族侧链和芳香族侧链的氨基酸残基	有机溶液、洗涤剂
离子键	42～84	羧基—COO$^-$ 氨基—NH$_3^+$	高盐溶液、高 pH 或低 pH 值
二硫键	330～380	胱氨酸 S—S	半胱氨酸、β-巯基乙酸、二硫苏糖醇等

(四)肌红蛋白的结构与功能

肌红蛋白(myoglobin,Mb)是哺乳动物肌肉中运输氧的蛋白质,主要功能是与氧相结合,贮存氧以备肌肉运动时需要。1958 年英国科学家 Kendwer 等人对抹香鲸肌红蛋白的三级结构进行了研究。研究发现,抹香鲸肌红蛋白是由一条多肽链卷曲折叠形成,包括 153 个氨基酸残基和一个血红素辅基,分子量为 16700。其中,约 75％的氨基酸残基存在于 α-螺旋结构中,分别形成长短不等的 8 段 α-螺旋,从 N 端起,这 8 段 α-螺旋依次用 A、B、C、D、E、F、G 和 H 表示(图 1-13)。最短的螺旋含 7 个氨基酸残基,最长的由 23 个氨基酸残基组成。螺旋之间形成的是无规卷曲。Mb 分子结构紧密,折叠成 4.5nm×3.5nm×2.5nm 的球形分子,内部空隙小。疏水性残基包埋在球状分子的内部,而亲水性残基则暴露在分子的表面,使肌红蛋白成为可溶性蛋白质。血红素辅基处于 Mb 分子表面 α-螺旋 E 和 F 之间的疏水口袋中,这种疏水的环境保证了血红素中心的铁原子直接与氧分子结合。血红素由卟啉环与一个居于环中央的 2 价 Fe 离子构成,Fe 离子居于卟啉环的中央。铁离子有 6 个配位键,4 个与血红素吡咯环的 N 原子相接,1 个与 α-螺旋 F 中第 8 个氨基酸即组氨酸残基的咪唑环 N 相连,另一个配位键与 α-螺旋 E 中第 64 位组氨酸相接近,是与氧分子可逆结合。

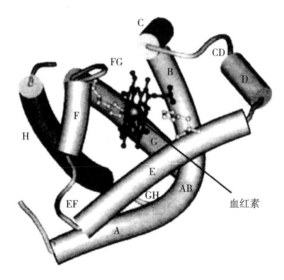

图 1-13　抹香鲸肌红蛋白的三级结构

五、蛋白质的四级结构

(一)蛋白质四级结构的概念

蛋白质的四级结构(quaternary structure)是指由两条以上具有独立三级结构的多肽链通过非共价键相互结合而成的聚合体结构。四级结构中每个三级结构构成的最小共价单位称为亚基(subunit)或亚单位。亚基一般由一条肽链组成,但有的亚基是由几条肽链通过链间二硫键连接组成。亚基在蛋白质中的排布一般是对称的,具有四级结构的蛋白质的重要特征之一就是对称性。蛋白质的四级结构包括亚基的种类、数目及各个亚基的空间排布方式,还包括亚基间的接触位点和相互作用关系,不包括亚基本身的构象。维持四级结构的化学键主要是疏水作用力,此外,氢键、离子键及范德华力也参与四级结构的形成。

　　由两个或两个以上亚基组成的蛋白质称为寡聚蛋白质或多体蛋白,相同亚基构成的蛋白质称为同聚体,不同亚基构成的蛋白质称为异聚体。亚基一般以 α、β、γ 等命名。对于天然存在的蛋白质来说,并非所有的蛋白质都有四级结构。每个亚基单独存在时并没有生物学活性,只有各亚基聚合形成完整的四级结构才具有生物学活性。

(二)血红蛋白的结构与功能

1. 血红蛋白的结构

　　血红蛋白(hemoglobin,Hb)是最简单的具有四级结构的蛋白质,是红细胞中所含有的一种结合蛋白质,辅基为血红素。血红蛋白的功能是在血液中运输 O_2 和 CO_2。血红蛋白的三维结构是由蛋白质 X 射线晶体衍射之父 Max Perutz 于 1968 年测得。血红蛋白分子近似为球形,相对分子质量为 6.5×10^4,分子直径为 5.5nm,是由 2 个 α 亚基和 2 个 β 亚基构成,即 $\alpha_2\beta_2$,分别占据相当于四面体的 4 个顶角。每个 α 亚基均含有 141 个氨基酸残基,每个 β 亚基均含有 146 个氨基酸残基。并且每个亚基都结合了一分子血红素(图 1-14)。

图 1-14　血红蛋白的四级结构示意图

　　血红蛋白中 4 个亚基的三级结构与肌红蛋白的三级结构非常相似,但多肽链的一级结构有很大差别。α 亚基和 β 亚基中也分别具有 7 个、8 个 α 螺旋,血红素上的 Fe^{2+} 能够与 O_2 进行可逆结合。各亚基之间和 β 亚基内部通过氢键及 8 对盐键相连接(图 1-15),使亚基紧密结合,疏水基团位于分子内部,亲水基团居于分子表面,形成亲水的球状蛋白质。

2. 氧合引起血红蛋白的构象发生变化

　　血红蛋白在红细胞内能结合氧或释放氧。血红蛋白的功能主要依赖于它的变

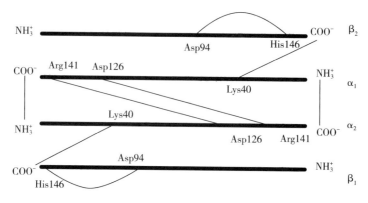

图 1-15 脱氧血红蛋白分子间的盐键

构效应,氧合作用能显著地改变血红蛋白的结构。虽然肌红蛋白与血红蛋白表现出功能上的相似性,都能可逆地进行氧合作用,但是血红蛋白的结构要比肌红蛋白复杂得多,运输氧的效率更高。另外除了运输氧以外,还能够运输质子和二氧化碳。与氧结合的血红蛋白,称为氧合血红蛋白,没有与氧结合的血红蛋白,一般称为去氧血红蛋白。

在体内,血红蛋白分子以紧张态(tense state,T 态)和松弛态(relaxed state,R 态)两种物理形式存在。T 态为脱氧构象,在脱氧血红蛋白中,4 个亚基呈对称排布,通过盐键和氢键互相连接,使得血红蛋白的四个亚基聚合成 $6.4nm \times 5.5nm \times 5.0nm$ 紧密的近球形分子。$\alpha_1\beta_1$ 或 $\alpha_2\beta_2$ 亚基间接触面大,所以比较稳定。而 $\alpha_1\beta_2$ 或 $\alpha_2\beta_1$ 亚基间接触面较少,不稳固,在氧合时易滑动。两个 β 亚基之间夹着一分子的 2,3-二磷酸甘油酸(BPG),它与每个 β 亚基形成 4 个盐键,把两个 β 亚基交联在一起。Hb 在紧张态时,各亚基缚紧在一起,对氧的亲和力低。Hb 的 4 个亚基都可以与氧分子结合,当氧分子与 Hb 的一个亚基结合后,引起其构象发生变化,首先 Hb 铁原子与氧形成第 6 个配位键,这样铁原子与卟啉环平面的距离缩短,并落入卟啉环内。另外,随着铁原子的移位,带动了 F8 组氨基酸残基向卟啉环平面移动,引起 α 螺旋 F 做相应的移动。α 螺旋 F 的移动传递到 Hb 亚基的界面,引起 $\alpha_1\alpha_2$ 亚基间盐键的断裂,构象重调,使亚基间的结合松弛,$\alpha_1\beta_1$ 和 $\alpha_2\beta_2$ 之间彼此相对滑动 15°,四级结构发生改变,其他亚基对氧的结合能力增高,变成 R 态。

Hb 在 R 态时,亚基对氧的亲和力高,容易与氧结合。当第一个亚基与氧结合后,会使其他亚基对氧的亲和力增加,Hb 由原先的 T 态向 R 态转变,血红蛋白的氧合作用具有正协同性。以氧饱和度为纵坐标,氧分压为横坐标作图,可得到氧合曲线,血红蛋白的氧合曲线是 S 形曲线,当氧分压很低时,氧饱和度随氧分压的增加变化很小;随着氧分压的升高,氧饱和度迅速增加,这有利于氧的运输。血红蛋白的 S 形曲线具有重要的生理意义。在血液流经肺部时,肺部的氧分压较高,血红蛋白与氧结合后满载着 O_2 离开肺部;而当血液流经外周组织如肌肉组织中,此时氧分压较低,氧合血红蛋白就释放出 O_2。

与肌红蛋白相比,血红蛋白还能够与 CO_2 和 H^+ 结合,能够运输 CO_2 和 H^+。血红蛋白的氧合作用还受 CO_2、H^+ 和 2,3-二磷酸甘油酸等的变构调节,以适应环境的变化。在体内,组织代谢过程中会产生 CO_2 和 H^+。血红蛋白对 H^+ 的亲和力比对 O_2 的亲和力要高,因此 H^+ 浓度升高会促使 O_2 从血红蛋白中释放出来。而对于生成的 CO_2,在体内与水结合后以碳酸氢盐的形式存在,也使细胞中 H^+ 浓度增加。对于 H^+ 和 CO_2 促进氧合血红蛋白释放 O_2 的作用,称为波尔效应(Bohr effect)。当血液流经肺部时,肺循环血的 pH 值为 7.6,氧分压高,有利于血红蛋白与氧的结合,并促进了 H^+ 和 CO_2 的释放,CO_2 的呼出有利于氧合血红蛋白的生成。而当血液流经组织如肌肉组织时,pH 值较低,CO_2 量较多,此时会促进氧合血红蛋白释放 O_2。另外,血红蛋白除了能与 O_2 和 CO_2 结合外,还能够与 CO 结合,形成稳定的一氧化碳血红蛋白。而与 O_2 相比,血红蛋白与 CO 结合的亲和力比与 O_2 结合的亲和力大 250 倍,当血红蛋白与 CO 结合后,就不能再与 O_2 结合,不能再运输氧气。煤气中毒实际上就是由于煤气中的 CO 与血红蛋白结合后使得血红蛋白丧失了运输氧的功能,而使机体因缺氧而死亡。

2,3-二磷酸甘油酸是糖代谢的中间产物,它大量存在于红细胞中,能降低血红蛋白与 O_2 的亲和力。这样当血液流经氧分压较低的组织时,2,3-二磷酸甘油酸有利于使氧合血红蛋白释放更多的 O_2,以满足组织对氧的需要。2,3-二磷酸甘油酸的浓度越大,O_2 的释放量也越多。红细胞中 2,3-二磷酸甘油酸浓度的变化是调节血红蛋白与 O_2 亲和力的重要因素。

六、纤维状蛋白质

纤维状蛋白质(fibrous protein)广泛地分布于动物体内,大多为结构蛋白,外形呈纤维状或细棒状,这与其多肽链规则的二级结构有关。纤维状蛋白质可分为不溶性纤维状蛋白质和可溶性纤维状蛋白质两类,前者有角蛋白、胶原蛋白、弹性蛋白和丝蛋白等;后者有肌球蛋白和纤维蛋白原等。这里主要介绍几种不溶性纤维状蛋白质。

(一)α 角蛋白

角蛋白(keratin)是存在于动物组织中的一种纤维状蛋白质,包括皮肤、毛、发、鳞、甲、羽、丝等。角蛋白可分为两类,一类是 α 角蛋白,主要存在于哺乳动物中;另一类是 β 角蛋白,主要存在于鸟类和爬虫类动物中。

α 角蛋白主要是由 α-螺旋构象的多肽链构成的,α 角蛋白中,三股右手 α 螺旋拧在一起向左缠绕形成直径为 2nm 的原纤维,这是一种 αα 组合的超二级结构。原纤维再排列成"9+2"的电缆式结构,称为微纤维或微原纤维,直径为 8nm。微纤维包埋在硫含量很高的无定形基质中。成百根这样的微纤维结合在一起形成不规则的纤维束,称为大纤维,直径为 200nm。一根毛发外围是一层鳞状细胞,而中间的皮层细胞就是由大纤维沿轴向排列形成的,皮层细胞横截面直径约为 $20\mu m$。

毛发中的 α 角蛋白具有较好的伸缩性能。在湿热的条件下,一根毛发在外力作用下可以拉长到原有长度的二倍,这时分子中的 α-螺旋被撑开,氢键被破坏,转变为 β-折叠结构。当张力除去后,α-螺旋又可以在二硫键的交联作用下恢复到原来的状态,使得毛发在冷却干燥后能缩到原来的长度。包埋在基质中的半胱氨酸残基之间存在二硫键,一般认为每四个螺圈就有一个交联键。这种交联键既可以抵抗张力,又可以作为外力除去后使纤维复原的恢复力。α 角蛋白结构的稳定性主要是由这些二硫键保证的。根据二硫键数目的多少,α 角蛋白可分为硬角蛋白和软角蛋白两种类型。二硫键的数目越多,纤维的刚性越强。蹄、角、甲中的角蛋白二硫键数目较多,属于硬角蛋白,质地硬、难拉伸;而皮肤和胼胝中的角蛋白属于软角蛋白。

（二）β 角蛋白

自然界中存在天然的 β 角蛋白,例如丝心蛋白,它是构成蚕丝和蜘蛛丝的一种蛋白质。丝心蛋白具有抗张强度高,质地柔软的特性,但是不能拉伸。

丝心蛋白是典型的反平行式 β-折叠片,多肽链以平行的方式堆积成锯齿状折叠构象。丝心蛋白的一级结构分析表明,它主要是由甘氨酸、丙氨酸和丝氨酸组成,主要以氢键和范德华力维系其结构稳定性。与 α 角蛋白相比,它并不含二硫键。β 角蛋白中,由于肽链为 β-折叠构象,充分伸展,因此丝心蛋白不具备良好的弹性,不能拉伸,而按层排列的结构是非键合的范德华力维系的,从而赋予丝心蛋白柔软的韧性和高的抗张能力。丝心蛋白的一级结构分析揭示,每个单股的 β-折叠股中富含甘氨酸、丙氨酸和丝氨酸这类侧链基团较小的氨基酸残基,每隔一个残基就是甘氨酸。也就是说,在 β-折叠片层中,所有的甘氨酸的侧链基团位于折叠片平面的一侧,而丝氨酸和丙氨酸等的侧链基团都分布在平面的另一侧。较小的氨基酸残基侧链,既可以使片层之间可以紧密堆积,也允许相邻片层的氨基酸残基侧链交替排列彼此连锁。同一多肽链一侧的两个侧链间距离是 0.7nm;在层中反平行的链间距离是 0.47nm。若干这样的 β-折叠片之间,甘氨酸一侧对甘氨酸一侧,丙氨酸或丝氨酸一侧对丙氨酸或丝氨酸一侧,以这种交替堆积层之间的结构排列成彼此交错咬合的结构形式,酰胺基的取向使相邻的 C_α 为侧链腾出空间,从而避免了任何空间位阻。β 角蛋白结构中除了甘氨酸、丙氨酸和丝氨酸这三种氨基酸残基外,还存在一些大侧链的氨基酸残基如缬氨酸和脯氨酸等,由它们构成的区域是无规则的非晶状区,无序区的存在,赋予丝心蛋白以一定的伸长度。

(三)胶原蛋白

胶原蛋白或称胶原(collagen)是很多动物体内含量最丰富的蛋白质,属于结构蛋白,是构成皮肤、骨骼、肌腱、软骨、牙齿的主要纤维成分。胶原蛋白至少包括四种类型:胶原蛋白Ⅰ、Ⅱ、Ⅲ和Ⅳ,它们结构相似,都由原胶原构成。

胶原蛋白在体内以胶原纤维的形式存在。胶原纤维的基本结构单位是原胶原。原胶原有规则地按四分之一错位,首尾相接,并行排列组成纤维束,聚合形成胶原纤维。由于原胶原肽链上残基所带电荷不同,通过 1/4 错位排列形成一定间隔的电子密度区域,使得胶原纤维在电子显微镜下观察呈现出特有的横纹区带。

原胶原是由三股特殊的左手螺旋构成的右手超螺旋。这种螺旋的形成基于大量的甘氨酸、脯氨酸、4 -羟脯氨酸和 5 -羟赖氨酸参与形成氢键。在氨基酸序列中,96％为—Gly—X—Y—的重复序列。甘氨酸残基占据 1/3,每隔 2 个残基就有一个甘氨酸出现。而其中 X 通常是脯氨酸,Y 通常是 4 -羟脯氨酸或 5 -羟赖氨酸。原胶原分子的三股螺旋间形成一种错列排列,使三条链中的甘氨酸残基沿中心轴堆积时彼此交错排列,每个甘氨酸残基的 N—H 可以与相邻链的 X 残基的 C＝O 形成氢键,链间氢键稳定了胶原蛋白的结构。脯氨酸和 4 -羟脯氨酸的环化侧链有利于肽链的扭曲,促进左手螺旋的形成。

第五节 蛋白质结构与功能的关系

蛋白质的种类繁多,功能、结构各异。蛋白质都具有特定的生物学功能,蛋白质功能的实施不仅决定于其特异的一级结构,更与其空间结构密切相关。蛋白质的生物学功能是蛋白质分子天然构象所具有的属性,其功能的正常发挥依赖于其相应的构象。研究蛋白质结构与功能的关系可以帮助人们进一步了解生命起源、生命的进化过程、代谢控制等生物学的基本理论问题,也从分子水平分析和诊断遗传病,并为人工模拟和设计蛋白质奠定基础,无论是在工农业生产还是医学方面都具有实际意义。

一、蛋白质一级结构与功能的关系

蛋白质多种多样的生物学功能表现取决于蛋白质自身具有的空间构象。蛋白质的空间结构决定于蛋白质的一级结构,一级结构是其空间结构和生物学功能的物质基础。蛋白质一级结构的改变必然影响到高级结构,进而影响蛋白质的生物活性,因此蛋白质的一级结构也与其功能息息相关。

(一)同源蛋白的一级结构差异与生物进化

不同种属来源的生物体中功能相同或相似的蛋白质称为同源蛋白质

(homologous protein)或同功蛋白质。不同生物的同源蛋白质中存在一些不变的氨基酸序列,这些不变的氨基酸序列决定了蛋白质的空间构象和功能。而同源蛋白质中可变的氨基酸序列则体现了同源蛋白质的种属差异。不同来源的胰岛素如人胰岛素和猪胰岛素,它们的一级结构只是 B 链的第 30 位氨基酸残基有差异,但二者的生物学功能却相同。

不同种属之间同源蛋白质一级结构的差异,可以帮助人们了解物种进化之间的相互关系。细胞色素 C 是生物体普遍存在的一种古老而重要的蛋白质,因此同源蛋白一级结构研究最多的是细胞色素 C。通过对近百种不同种属生物体中细胞色素 C 的一级结构测定发现,大多数生物的细胞色素 C 是由 104 个氨基酸残基组成,其中大约 28 个氨基酸残基是各种生物共有的。通过对不同种属之间细胞色素 C 一级结构比较发现,在进化过程中越接近的物种,它们之间细胞色素 C 一级结构的差异就越小。表 1-7 列出了人与不同生物间细胞色素 C 的氨基酸差异。人的细胞色素 C 与恒河猴的只有一个氨基酸的差异;与鲸有 10 个氨基酸的差异;与果蝇有 25 个氨基酸的差异;与酵母有 44 个氨基酸的差异。根据它们在一级结构氨基酸残基的差异程度,可以判断物种亲缘关系的远近,能够反映出生物系统进化的情况并绘制进化树。因此通过对蛋白质氨基酸序列分析研究,能够从生命活动的最本质方面揭示生物物种间的进化关系和分类学关系。

表 1-7　人与不同生物细胞色素 C 的氨基酸差异

生物名称	氨基酸差异数目	生物名称	氨基酸差异数目
黑猩猩	0	鸡	13
恒河猴	1	响尾蛇	14
兔	9	龟	15
鲸	10	金枪鱼	21
袋鼠	10	狗鱼	23
猪、牛、羊	10	果蝇	25
狗	11	小麦	35
马	12	酵母	44

(二)蛋白质一级结构的变异与分子病

对于蛋白质来说,一级结构中某个起关键作用的氨基酸残基发生变异可能引起蛋白质的空间结构和功能发生变化,给机体带来严重的危害甚至引起疾病,这种因基因突变所致蛋白质一级结构发生变异引起的疾病称为"分子病"。镰状细胞贫血(sickle-cellanemia)是人们最早发现的一种分子病,正常人的血红蛋白和病人的血红蛋白相比,发现正常人血红蛋白 β 亚基 N-端的第 6 位是谷氨酸,而病人的血红蛋白此位置为缬氨酸取代。谷氨酸为酸性氨基酸,侧链带负电荷,被缬氨酸取代后,酸性氨基酸换成了中性支链氨基酸,分子表面的负电荷减少,使此种血红蛋白(称为镰状细胞血红蛋白,HbS)在脱氧时的水溶性大大降低,相互聚集黏着,红细胞变成长而薄、呈镰刀状的红细胞。镰刀状红细胞比正常红细胞容易破碎,而使机体产生贫血。

二、蛋白质的高级结构与功能的关系

蛋白质维持着生命活动,每种蛋白质都有其特定的构象,蛋白质生物学功能的正常发挥与其空间结构密切相关。蛋白质的空间结构与其功能具有相互适应性和高度的统一性。蛋白质的特定构象决定着它的生物学功能,当蛋白质空间结构遭到破坏时,蛋白质的生物学功能也随之丧失。

(一)核糖核酸酶的变性与复性

蛋白质一级结构是其空间构象的物质基础。Anfinsen 在 20 世纪 60 年代进行的牛胰核糖核酸酶变性与复性的经典实验就证明了这一点。牛胰核糖核酸酶 A(RNase)是由 124 个氨基酸残基组成的单链蛋白质,分子中含 4 个二硫键。他发现,当天然的 RNase 在 8mol/L 尿素情况下用还原剂 β-巯基乙醇处理后,分子中的非共价键和存在的 4 个二硫键全部断裂,三级结构解体,肽链伸展呈无规则的线形状态。RNase 活性丧失,失去了催化 RNA 水解的功能。如果用透析的方法将尿素和 β-巯基乙醇除去后,多肽链内非共价键和二硫键再次形成。变性后的 8 个游离巯基在复性时有 105 种配对选择性,但复性后的 RNase 的氨基酸排列顺序包含了其三维结构形成的信息,二硫键的配对方式与天然分子相同,其生物活性和理化性质也几乎完全恢复(图 1-16)。Anfinsen 证明了蛋白质的三级结构对其一级结构的依赖关系,蛋白质的功能是与其高级结构密不可分的。

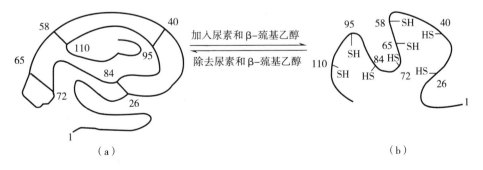

图 1-16 牛胰核糖核酸酶 A 的变性与复性示意图

(a)天然构象,有催化活性;(b)非折叠状态,二硫键被还原,无活性

(二)血红蛋白的别构效应

蛋白质的空间结构是其行使特定生物功能的基础,蛋白质结构的变化会引起功能的相应变化。血红蛋白分子中含有 4 个亚基,当它是脱氧状态时,亚基与亚基之间有 8 个盐桥存在,两个 β 亚基之间夹着一分子 2,3 -二磷酸甘油酸(BPG),整个血红蛋白分子处于紧密型构象即 T 态,此时与氧的亲和力很低,不易与氧结合;但当血红蛋白分子中 1 个亚基的血红素与氧结合后,会引起该亚基构象改变,这个亚基构象的改变又会引起其他 3 个亚基的构象相继发生改变,导致亚基间的盐键破裂,血红蛋白分子从原来的 T 态变为松弛构象即 R 态,使得所有亚基的血红素铁原子的位置都变得适于与氧结合,整个血红蛋白分子呈氧合血红蛋白的构象,易与氧结合,大大加快了氧合速度。这种一个亚基与氧结合后增强其余亚基对氧的亲和力的现象称为协同效应(cooperative effect)。

血红蛋白的别构效应充分地反映了它的生物学适应性,结构与功能的高度统一性。血红蛋白的例子表明,一些蛋白质由于受某些因素的影响,在其执行功能时,一级结构不变,可以借助于亚基之间的相互作用导致其空间结构发生变化,从而调节其活性,生物功能发生改变,这就是别构效应(allostery),也称为变构效应。别构效应是调节蛋白质生物功能的极为有效的方式,是蛋白质表现其生物功能的一种普遍而十分重要的现象。除了血红蛋白是一个典型例子,很多酶在表现其活性时也有此现象,别构酶也会因效应剂存在引起酶构象发生变化,酶的活性表现出提高或者是降低。

第六节　蛋白质的理化性质

蛋白质是由氨基酸组成的生物大分子,因此其表现出与氨基酸相似的一些理化性质,如等电点、两性解离、紫外吸收、呈色反应等,除此以外,蛋白质还表现出一些大分子特性,如胶体特性、沉淀、变性与复性、特殊的呈色反应等。

一、蛋白质的两性电离及等电点

蛋白质是由氨基酸组成的,如同氨基酸那样,是两性电解质,其分子中可解离的基团除肽链两端的游离氨基和羧基外,氨基酸残基侧链中还有一些可解离基团,如精氨酸残基的胍基、组氨酸残基的咪唑基、赖氨酸残基中的 ε -氨基、谷氨酸残基中的 γ -羧基、天冬氨酸残基中的 β -羧基等。这也使得蛋白质的两性解离情况比氨基酸复杂得多。由于蛋白质分子中含有多个可解离基团,因此它在一定的 pH 条件下发生多价解离。蛋白质分子所带的电荷性质及所带的电荷量取决于其分子中可解离基团的种类、数目及溶液的 pH 值。

在一定 pH 条件下,蛋白质游离成正、负离子的趋势相等,蛋白质所带的正、负电荷相等,净电荷为零,蛋白质成为兼性离子,此时溶液的 pH 称为该蛋白质的等电点(isoelectricpoint,简写为 pI)。作为带电颗粒,它们可以在电场中移动,移动方向取决于蛋白质分子所带的电荷。处于等电点的蛋白质颗粒,所带净电荷为零,在电场中并不移动。溶液的 pH 高于蛋白质的等电点时,蛋白质带负电荷,在电场中朝正极移动;溶液的 pH 低于蛋白质的等电点时,蛋白质带正电荷,在电场中朝负极移动。各种蛋白质具有特定的等电点(表 1-8),这是和它所含氨基酸的种类和数量有关的。凡碱性氨基酸含量较多的蛋白质,等电点就偏碱性,如组蛋白、精蛋白等;反之,凡酸性氨基酸含量较多的蛋白质,等电点就偏酸性。在水溶液中,一般蛋白质羧基的解离度比氨基的解离度大,使得其等电点一般是偏酸性的。

蛋白质的两性电离性质使得它能成为生物体内重要的缓冲剂,人体体液中许多蛋白质的等电点在 pH5.0 左右,低于体液的 pH(7.4),所以在体液中带负电荷。

当蛋白质处于等电点 pH 时,蛋白质的物理性质会有所变化,如导电性、溶解度、黏度等都最低。一般可以利用蛋白质在等电点附近溶解度最低的性质沉淀、制备蛋白质。

表 1-8　几种蛋白质的等电点(pI)

蛋白质	pI	蛋白质	pI
血红蛋白	6.7	乳球蛋白	5.2
肌红蛋白	7.0	胰凝乳蛋白酶	8.3
鱼精蛋白	12.0～12.4	胰岛素	5.3
血清蛋白	4.6	胸腺组蛋白	10.8
鸡蛋清蛋白	4.5～4.9	溶菌酶	11.0
胃蛋白酶	1.0～2.5	核糖核酸酶	9.5
卵清蛋白	4.6	明胶	4.7～5.0

二、蛋白质的胶体性质

蛋白质是高分子化合物,相对分子质量很大,它在水溶液中形成的颗粒直径达到 1～100nm,具有胶体溶液的特征,如布朗运动、丁达尔效应、不能透过半透膜以及具有吸附能力等性质。蛋白质分子表面分布着大量的极性基团,如—NH_3、—COO—、—OH、—SH、—$CONH_2$ 等,对水有很高的亲和性,这些亲水性基团易与水分子形成氢键而结合,在蛋白质颗粒外面形成一层水化膜。水化膜的存在使蛋白质颗粒相互隔开,颗粒之间不会碰撞而聚集成大颗粒,同时蛋白质颗粒在非等电状态时带有相同电荷,因静电斥力而保持一定距离,因此蛋白质在水溶液中比较稳定而不易沉淀,是一种比较稳定的亲水胶体。

与小分子物质比较,蛋白质分子颗粒大,扩散速度慢,不易透过半透膜。在分离提纯蛋白质过程中,我们可利用蛋白质不能透过半透膜的这一性质,可用玻璃纸、羊皮纸、火棉胶等做成透析袋,将含有小分子杂质的蛋白质溶液装入其中,置于流水或缓冲液中进行透析,此时小分子杂质不断地从透析袋中渗透出,而大分子蛋白质被留在袋内。经过一段时间,多次更换流水或缓冲液,小分子杂质逐渐被去除而使蛋白质得到纯化,此方法称为透析。生物膜也具有半透膜的性质,从而保证了蛋白质在细胞内的不同分布。

蛋白质的胶体性质具有重要的生理意义。在生物体内存在大量的水分,蛋白质与水结合形成各种复杂的、流动性不同的胶体系统,生命活动的许多代谢反应就在此系统中进行。

三、蛋白质的沉淀

蛋白质在水溶液中形成稳定的胶体溶液,有两种稳定因素存在,即颗粒表面的水化层及电荷。但如果调节溶液 pH 至等电点或在蛋白质溶液中加入适当的试剂,破坏了原先使蛋白质稳定的因素,使蛋白质分子处于等电点状态或破坏了蛋白质的水化膜,则蛋白质的胶体溶液就不再稳定而会产生沉淀。引起蛋白质沉淀的主要方法有下述几种:

(一)盐析法

蛋白质溶液中加入大量的中性盐,以破坏蛋白质的胶体周围的水膜,同时又中和了蛋白质分子的电荷,而使蛋白质相互聚集形成沉淀析出,这种方法称为盐析(salting out)。常用的中性盐有硫酸铵、硫酸钠、氯化钠等。盐析法不破坏蛋白质天然构象,可以保持天然蛋白质原有的生物活性,因此是分离制备蛋白质常用的方法。各种蛋白质由于胶体稳定性的差别,盐析时所需的盐浓度及 pH 不同,故可用于混合蛋白质组分的分离。例如用半饱和的硫酸铵来沉淀血清中的球蛋白,继续再加硫酸铵至饱和可以使血清中的白蛋白、球蛋白都沉淀出来。盐析沉淀的蛋白质,经透析除盐后仍能保持蛋白质的活性。调节蛋白质溶液的 pH 至等电点后,再用盐析法则蛋白质沉淀的效果更好。蛋白质经盐析沉淀所得中含有较多盐分,需通过透析或凝胶过滤脱盐。

(二)有机溶剂沉淀法

有机溶剂能够降低水的介电常数,削弱溶剂分子与蛋白质分子间的相互作用力,使蛋白质颗粒容易凝集而发生沉淀反应;另一方面有机溶剂对水的亲和力很大,破坏蛋白质分子颗粒周围的水化膜,使蛋白质沉淀。常用的有机溶剂如乙醇、甲醇、丙酮等都可以使蛋白质产生沉淀,其中乙醇是最常用的沉淀剂。

(三)重金属盐沉淀法

蛋白质可以与重金属盐如硝酸银、醋酸铅、氯化汞及三氯化铁等结合成盐沉淀,在碱性溶液中,蛋白质分子有较多的负离子,可以与重金属离子结合生成不溶性的盐沉淀。根据蛋白质能与重金属盐结合的这种性质,对于误服重金属盐而中毒的病人,可以给患者口服大量蛋白质如蛋清、牛奶解毒。

(四)生物碱试剂和某些酸类沉淀法

蛋白质可以与生物碱试剂如苦味酸、单宁酸、钨酸、鞣酸等及某些酸类如三氯乙酸、磺基水杨酸、过氯酸、硝酸等作用,当蛋白质处于酸性溶液中时,蛋白质带正电荷易于与生物碱试剂和酸类的酸根负离子结合成不溶性的盐沉淀。临床血液化学分析时常利用此原理除去血液中的干扰蛋白质。

(五)加热变性沉淀法

几乎所有的蛋白质都会因加热变性而沉淀。加热变性会引起蛋白质凝固沉淀,其原因可能是由于加热使维持蛋白质空间构象的次级键遭到破坏,蛋白质天然结构解体,疏水基团外露,破坏了蛋白质表面的水化层,进而凝聚使蛋白质发生凝固。另外,加热时少量盐类可以促进蛋白质凝固。当蛋白质处于等电点时,加热凝固最完全也最迅速。

四、蛋白质的变性

(一)蛋白质变性的概念

蛋白质的变性学说最早是由我国著名的生物化学家吴宪于 1931 年提出。天然蛋白质在某些物理或化学因素的影响下,维系其空间结构的次级键(甚至二硫键)发生断裂,使其分子内部原有高度有序的空间结构破坏,造成蛋白质的理化性质改变,原有生物活性丧失,这种现象叫变性作用(denaturation)。变性后的蛋白质叫变性蛋白质。变性蛋白质只是空间构象被破坏,并不涉及肽键的断裂,蛋白质的一级结构未遭破坏仍保持完好。

天然蛋白质分子内部是通过各种次级键形成紧密和稳定的结构,变性的本质是原先的次级键被破坏,导致蛋白质分子从原来的稳定结构变为无序的松散伸展状结构,二、三级以上的高级结构发生改变或破坏。变性过程中,肽键并没有断裂,氨基酸顺序组成并没有改变,所以并不涉及一级结构的改变。

若变性条件剧烈持久,蛋白质空间结构破坏严重,不能恢复,称为不可逆变性,但有些蛋白质的变性作用,如果变性条件较温和,不剧烈,则是一种可逆反应,说明蛋白质分子的内部结构变化不大。如果去除引起变性的外界因素,在适当条件下变性蛋白质可以恢复其天然构象和生物学活性,这种现象称作蛋白质复性(renaturation)。但如果变性时间持久,条件剧烈,这时的变性并不是可逆的,变性后的蛋白质也无法复性。

(二)蛋白质变性后的表现

(1)蛋白质变性后主要的特征就是生物活性丧失,如酶失去催化能力,蛋白质类激素失去代谢调节作用等。

(2)蛋白质变性后还表现出各种理化性质的改变。蛋白质变性后,高级结构受到破坏,结构伸展,使原先藏在分子内部的疏水基团暴露,会使蛋白质溶解度降低,易形成沉淀析出。原先埋藏在分子内部的一些侧链基团外露后也会使蛋白质的理化性质改变。而对于球状蛋白,变性后其分子形状发生改变,表现出黏度增加,结晶性破坏,易凝集,光学特性发生改变等变化。

(3)另外,蛋白质变性后,肽链松散,生物化学性质改变,很容易被蛋白水解酶降解,这也是熟食更容易被消化的原因。

(三)引起蛋白质的变性的因素

能引起蛋白质变性的因素很多,主要有物理因素和化学因素两类。引起蛋白质变性的物理因素有加热、加压、紫外线照射、剧烈振荡或搅拌、超声波等。物理因素引起的变性主要是通过对蛋白质增加了较高的能量,使次级键发生断裂。化学因素有强酸、强碱、尿素、胍、有机溶剂、去污剂、重金属盐等。强酸、强碱的加入主要是使得蛋白质分子带上大量电荷,破坏了盐键,造成分子内部基团间的斥力增加而破坏了空间结构。尿素、胍等主要是能与多肽主链竞争氢键,而使蛋白质二级结构破坏,并增加了疏水性残基的溶解度,使得蛋白质稳定性下降。有机溶剂的加入则是会影响氢键、盐键和疏水键的稳定性。而对于重金属盐,会和蛋白质的酸性基团生成沉淀而使得氢键断裂。不同蛋白质对各种因素的敏感程度是不同的。如豆腐的制作过程,实际上就是通过加热加盐等手段使大豆蛋白质的浓溶液变性。在临床血清分析中,常常添加三氯醋酸或钨酸使血液中蛋白质变性沉淀而除去,采用热凝法检查尿蛋白。

五、蛋白质的颜色反应

蛋白质分子中某些氨基酸或某些特殊结构能与多种化合物作用,产生颜色反应,在蛋白质的分析工作中,常以此作为测定的根据。重要的颜色反应有:

(一)双缩脲反应

双缩脲是两分子尿素加热到 180℃ 左右,放出一分子氨后缩合得到的产物。双缩脲在碱性溶液中能与硫酸铜稀溶液反应产生红紫色至蓝紫色的络合物,此反应就称为双缩脲反应。凡含有两个或两个以上肽键结构的化合物都可以有双缩脲反应。蛋白质分子中含有许多和双缩脲结构相似的肽键,因此也能产生双缩脲反应,形成红紫色络合物。该络合物在540nm处有光吸收,在一定条件下,红紫色物质的深浅程度与蛋白质的含量成正比,通常可用此来定量测定蛋白质。另外,还可以利用双缩脲反应来鉴定蛋白质溶液是否水解完全。

$$H_2N-\overset{\overset{O}{\|}}{C}-NH_2 + H_2N-\overset{\overset{O}{\|}}{C}-NH_2 \xrightarrow{\text{加热}} H_2N-\overset{\overset{O}{\|}}{C}-NH-\overset{\overset{O}{\|}}{C}-NH_2 + NH_3$$

(二)米伦氏反应

硝酸汞和硝酸汞、硝酸和亚硝酸的混合物,称为米伦试剂,蛋白质溶液中加入米伦试剂后可产生白色沉淀,加热后沉淀又变成红色,这个反应称为米伦氏反应。所有含有酚基的化合物都有这个反应,故酪氨酸及含有酪氨酸的蛋白质都能发生米伦氏反应。

(三)福林试剂反应

蛋白质分子含有酪氨酸或色氨酸,能将福林试剂中的磷钼酸及磷钨酸还原成蓝色化合物(即钼蓝和钨蓝的混合物)。蓝色的深浅与蛋白质的含量成正比,可利用在650nm波长下的特定吸收进行比色测定,这一反应常用来定量测定蛋白质含量,也适用于酪氨酸或色氨酸的定量测定。该方法的灵敏度很高,测定范围为$25\sim250\mu g/mL$。

六、蛋白质的紫外吸收

蛋白质分子中的酪氨酸和色氨酸含有共轭双键,在280nm波长处有特征性吸收峰。在一定条件下,蛋白质溶液的吸光度与其浓度成正比,在分离分析蛋白质时常以此作为检测手段。

第七节　蛋白质的分离、纯化与鉴定

蛋白质是最重要的生物大分子,研究蛋白质的组成、结构与性质,首先就是要获得高纯度制剂的蛋白质样品。蛋白质的分离纯化是蛋白质研究的必需步骤。此外,临床应用的许多蛋白制剂也是高纯度制剂。分离蛋白质的方法是多种多样的,需要针对目的蛋白的特点,一般都是利用蛋白质理化性质的差异来选择适当的方法。本节主要介绍蛋白质分离、纯化与鉴定的一般程序和基本技术。

一、蛋白质分离、纯化的一般程序

大多数蛋白质在组织或细胞中一般都是与其他多种不同的蛋白质或核酸等物

质混合在一起存在,而且可能很多蛋白质在结构与性质上表现出相似之处。到目前为止,还没有单独一套现成的方法可以把任何一种蛋白质从复杂的混合蛋白质中提取出来,但是对于任何一个特定的蛋白质都有可能选择一套适当的分离提纯程序以获得高纯度的制品。蛋白质提纯的目的是增加目的蛋白质的纯度和含量,同时又要保持目的蛋白质的生物活性。在对蛋白质进行提纯时,一方面需要提高制品纯度,除去变性蛋白质和其他杂蛋白,另一方面使蛋白质的含量达到最高值。

分离纯化某一特定蛋白质的一般程序可以分为前处理、粗分级、细分级和结晶四步。

(一)前处理

分离提纯某一蛋白质,首先是选材。选材的主要原则是原料来源容易,目的蛋白质含量丰富。不同来源的蛋白质,其含量差异可能会很大。蛋白质的来源有动物、植物和微生物。材料选取后,要求把目的蛋白质从原来复杂的组织或细胞中释放出来,并保持原来的天然状态,不丧失生物活性。为此,应针对不同的情况,选择适当的方法,将组织和细胞破碎。组织细胞破碎的方法有很多,破碎动物细胞可用匀浆器、组织捣碎机、超声波、丙酮干粉等方法破碎。对植物组织可用匀浆器、石英砂研磨或用纤维素酶处理。微生物细胞的破坏比较难,因为微生物细胞的细胞壁是大分子,一般可以用溶菌酶、几丁质酶、纤维素酶、蜗牛酶、果胶酶等生物酶破坏微生物细胞,在细胞破碎后通常选择适当的缓冲液溶剂把蛋白质提取出来。另外,还可以采用超声振荡、研磨、高压、细胞自溶等方法处理。

提取时一般需要用缓冲液保持 pH 值。可溶性蛋白常用稀盐溶液提取,脂蛋白可用有机溶剂抽提,不溶性蛋白用稀碱处理。

(二)粗分级

当蛋白质混合物提取液获得后,选用一套适当的方法,将目的蛋白与其他杂蛋白分离开。这一步常用的方法有盐析、等电点沉淀和有机溶剂分级分离等。这些方法的特点是操作简便、处理量大,既能除去大量的杂质,又能浓缩蛋白质溶液。

(三)细分级

细分级是对样品的进一步提纯。样品经粗分级以后,一般体积较小,大部分杂蛋白已被除去。进一步提纯需要选择分辨率较高的方法将目的蛋白与结构和性质与其相似的少量杂蛋白分开,一般常用层析法,包括凝胶过滤、吸附层析、离子交换层析及亲和层析等。有时还可以选择电泳法,包括区带电泳、等电聚焦电泳等。用于细分级的方法一般规模较小,但分辨率高。

(四)结晶

蛋白质分离提纯的最后步骤是结晶。只有当蛋白质在溶液中数量占一定优势时才有可能形成晶体,因此结晶过程在一定程度上也是进一步提纯。结晶时可通过控制温度、加盐盐析、加有机溶剂或调节 pH 等方法使溶液略处于过饱和状态，此时较易得到结晶。另外，接入晶种能加速结晶过程。蛋白质纯度越高，溶液越浓，就越容易结晶。由于在结晶中从未发现过变性蛋白质，因此蛋白质的结晶不仅是纯度的一个标志，也是鉴定制品是否处于天然状态的有力指标。

二、蛋白质分离纯化的一般方法

分离、纯化蛋白质的方法有很多种，一般是依据蛋白质在溶液中的性质不同而进行分离，这些性质包括：分子大小、溶解度、带电状况、蛋白质的特异性等。

(一)根据蛋白质分子大小不同进行分离

不同种类的蛋白质在分子大小方面差异是很大的，因此可以利用一些较简便的方法除去蛋白质溶液中的小分子物质，并对蛋白质混合物进行分离。

1. 透析和超滤

利用蛋白质分子具有不能通过半透膜的性质，把待纯化的蛋白质混合溶液置于透析袋里进行透析（dialysis），可以把蛋白质和其他小分子物质如无机盐、单糖、氨基酸、肽等分开。整个透析过程在透析液中进行，透析液可以是流动水或缓冲液，并且多次更换，就可以使透析袋中混有的小分子杂质除去（图 1-17）。

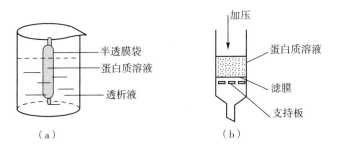

图 1-17　透析与超滤装置示意图

超滤（ultrafiltration）也是根据透析原理，超滤利用压力或离心力作为推动力，强行使水和其他小分子溶质通过特定孔径大小的超滤膜，进入膜的另一侧，而蛋白质被截留在膜上，以达到分离浓缩蛋白质的目的，也经常用超滤装置对蛋白质进行脱盐。有各种形式的超滤装置可供选用。滤膜有多种规格，可以根据需要选用对相对分子质量不同的蛋白质进行分离。这个过程是在常温下进行，无需加热，条件温和，无成分破坏，因而特别适宜对热敏感的物质的浓缩与富集，另外分离装置简单、流程短、操作简便、易于控制和维护。它的局限性在于不能直接得到干粉制剂。

2. 密度梯度（区带）离心

蛋白质颗粒在超速离心场内的沉降不仅取决于它的大小，也与它的密度相关。在一定的离心力的作用下，不同蛋白质颗粒的质量、密度、大小等各不相同，在同一个离心场中沉降速度也就不相同,由此便可以将它们分离。如果将蛋白质置于具有密度梯度的介质中离心时,每种蛋白质颗粒沉降到与自身密度相等的介质梯度时,便停留在此形成区带。不同质量和密度的蛋白质颗粒,沉降速度也不一样,质量和密度大的颗粒比质量和密度小的颗粒沉降得快。如此,不同的蛋白质就会在离心管内各自形成独立的区带而得到分离。形成区带以后,可以将离心管刺一小孔,将液体逐滴放出,分管收集。密度梯度在离心管内的分布是管底的密度最大,向上逐渐减小。目前常用的密度梯度有蔗糖梯度和聚蔗糖梯度以及其他合成材料的密度梯度。

3. 凝胶过滤

凝胶过滤层析即凝胶层析,也称分子排阻层析或分子筛层析。凝胶层析的机理是分子筛效应,可以把物质按分子大小不同进行分离(图1-18)。不论是天然凝胶还是人工合成的凝胶,它们都是内部具有很细微的多孔网状结构的颗粒。凝胶颗粒浸泡后充分膨胀,装柱,当含有不同分子大小的蛋白质混合溶液流经凝胶层析柱时,大分子物质由于分子直径大,不易进入凝胶颗粒的微孔,被排阻在凝胶颗粒外部,沿凝胶颗粒的间隙以较快的速度流过凝胶柱。而小分子物质能够自由进入凝胶颗粒的微孔中,向下移动的速度较慢,要花费较长的时间流经柱床。蛋白质混合溶液中各组分按相对分子质量从大到小的顺序先后流出层析柱,从而达到分离的目的。

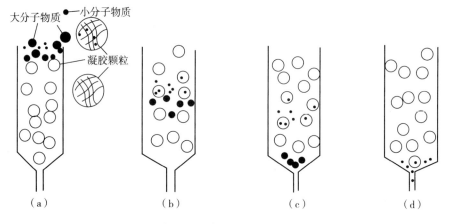

图1-18 凝胶层析的原理

常用于凝胶层析的凝胶有葡聚糖凝胶(商品名为 Sephadex)、琼脂糖凝胶(商品名为 Sepharose)和聚丙烯酰胺凝胶(商品名为 Bio-Gel P)等。一般,葡聚糖凝胶和聚丙烯酰胺凝胶更多地用来分离相对分子质量较小的生物高分子,其中以葡聚糖凝胶应用更为普遍,而琼脂糖凝胶更多地用于对大分子物质进行分离。

　　凝胶层析的优点主要有设备简便,操作容易,通常只要有一根层析柱就可以进行工作。分离效果较好,重复性高。最突出的是样品回收率高,接近100%。另外分离条件缓和,对分离物的活性没有不良影响,应用广泛。缺点是分辨率不高,由于凝胶层析是以物质相对分子质量的不同作为分离依据的,对于相对分子质量相差不多的物质难以达到很好的分离。

　　(二)根据蛋白质溶解度的差异进行分离

　　蛋白质在水溶液中的稳定性是有条件的、相对的。蛋白质的溶解度常会因环境 pH、离子强度、溶剂的介电常数及温度等因素的改变而改变。如果条件发生了改变,破坏了蛋白质的水化层或双电层,蛋白质就会从溶液中沉淀出来。不同的蛋白质具有不同的沉淀条件,可以依此分离溶解度不同的蛋白质。

　　1. 等电点沉淀

　　蛋白质、氨基酸等两性电解质的溶解度与它们所带电荷的多少相关。将经过初步分离的蛋白质提取液的 pH 调到目的蛋白质的等电点,此时它们所带的净电荷为零。一般来说,净电荷为零时,相邻蛋白质分子之间没有斥力,分子互相吸引聚集,溶解度降低而易于形成沉淀。因此,调节溶液的 pH 值至蛋白质的等电点,就可能把该蛋白质从溶液中沉淀出来,这就是等电点沉淀。不同蛋白质因组成氨基酸残基的种类和数量不同,因此等电点也不同。利用蛋白质这一特性,通过改变溶液的 pH,可以使要分离的蛋白质大部分或全部沉淀下来,而其他杂蛋白仍留在溶液中。这样分离得到的蛋白质仍能保持其天然构象和生物活性。等电点沉淀法的缺点是在等电点时蛋白质沉淀往往不完全,造成得率较低。因此,等电点沉淀适合于那些溶解度在等电点时较低的蛋白质。选用等电点沉淀时,应该了解所分离的物质在该 pH 条件下的稳定性。

　　2. 盐析

　　盐析法是根据不同蛋白质在一定浓度盐溶液中溶解度降低程度不同,而达到彼此分离的方法。中性盐对蛋白质的溶解度有显著影响。在盐浓度较低时,少量中性盐会使蛋白质溶解度增加,这种现象称为盐溶(salting in)。蛋白质颗粒上吸附某种无机盐离子后,蛋白质颗粒带同种电荷而相互排斥,同时与水分子的作用得到加强,减弱了蛋白质分子间的作用,故增加了蛋白质的溶解度。而随着中性盐浓度的增加,离子强度增加到一定程度时,大量的盐离子可与蛋白质竞争溶液中的水分子甚至破坏蛋白质颗粒表面的水化层,蛋白质分子发生聚集形成沉淀,这种现象称为盐析(salting out)。不同蛋白质盐析时所要求的盐离子浓度不同,因此分离蛋白质的混合溶液时,可以在蛋白质溶液中加入不同量的中性盐,使不同蛋白质分别沉淀,这种方法称为分级盐析。盐析操作时,蛋白质浓度、pH 值、温度等都会影响到盐析效果。用于盐析的中性盐有很多种,如(NH_4)$_2SO_4$、$MgCl_2$、NH_4Cl、$NaCl$

等,其中$(NH_4)_2SO_4$具有溶解度大、密度小且溶解度受温度影响小等优点,而在盐析中应用最广。

3. 有机溶剂沉淀

有机溶剂沉淀法是向水溶液中加入一定量亲水的有机溶剂,降低溶质的溶解度,使其沉淀析出。蛋白质、酶、核酸、多糖类和小分子生化物质的水溶液在加入乙醇、丙酮等与水能互溶的有机溶剂后,溶质的溶解度就显著降低,并从溶液里沉淀出来。有机溶剂的加入一方面会使溶液的介电常数降低,引起水溶液极性减小,导致蛋白质分子之间的静电作用大大增加,因相互吸引而聚合沉淀;另一方面,有机溶剂和蛋白质直接争夺水分子,破坏蛋白质表面的水化膜,蛋白质胶体因其水化层受到破坏而变得非常不稳定,致使蛋白质产生沉淀。有机溶剂沉淀法的优点在于分辨率比盐析法高,即一种蛋白质只能在一个比较狭窄的有机溶剂浓度范围内沉淀。沉淀不用脱盐,易过滤;但缺点是易引起蛋白质变性,注意避免局部有机溶剂浓度过高,另外操作要控制在较低温度。丙酮、乙醇、甲醇都是常用的有机溶剂,其中丙酮沉淀作用较强,但毒性大,应用范围不广。

(三)根据蛋白质电荷不同进行分离

蛋白质分子表面都分布有带电的氨基酸侧链,蛋白质表面特定环境会引起氨基酸侧链解离常数的微小变化。因此,即使那些根据组分而预测其电荷形式应相同的蛋白质,它们的电荷性质会存在微小的差异,这种差异已成为许多种蛋白质分离鉴定方法的基础。根据蛋白质的电荷不同分离蛋白质混合物的方法有电泳和离子交换层析两类。

1. 电泳

在外电场的作用下,带电颗粒向着与其带电性质相反的电极移动,这种现象称为电泳(electrophoresis)。各种蛋白质在一定的 pH 条件下,所带电荷的性质和数量不同,再加上相对分子质量、分子大小和形状均不同,使得它们在相同的电场中泳动方向和速度不同,从而使不同的蛋白质分离。根据电泳原理,已经形成多种电泳技术,如薄膜电泳、凝胶电泳、等电聚焦电泳和毛细管电泳等。电泳不仅是分离蛋白质和鉴定蛋白质纯度的重要手段,也是研究蛋白质性质很有用的一种物理化学方法。

目前对蛋白质分离有着高分辨率的电泳首推聚丙烯酰胺凝胶电泳。聚丙烯酰胺凝胶电泳可以在天然状态下分离蛋白质和其他生物分子的混合物,分离后仍可以保持生物活性。聚丙烯酰胺凝胶(polyacrylamide gel electrophoresis,PAGE)是由单体丙烯酰胺(acrylamide,Acr)和交联剂 N,N-甲叉双丙烯酰胺(methylene-bisacrylamide,Bis),在加速剂和催化剂的作用下聚合交联成三维网状结构的凝胶。与其他凝胶相比,聚丙烯酰胺凝胶化学性质很稳定,对 pH、温度和离子强度变化不敏感,可重复性好,透明、有弹性,另外可以通过改变单体及交联剂的浓度对其孔径进行调节,可以适合于不同大小的蛋白质的分级分离,同时样品在聚丙烯酰胺凝胶中不易扩散,兼有分子筛的作用,电泳分辨率高。PAGE 电泳根据电泳装置不同分为垂直的圆盘及板状两种。如果将凝胶装入玻璃管中,蛋白质的不同组分形成环状圆盘,称为圆盘电泳。在铺有凝胶的玻璃板上进行的电泳称为垂直板状电泳。

等电聚焦电泳也是比较常用的电泳方法,是根据蛋白质的等电点差异进行分离的方法。在支持介质中加入一种两性电解质,在电场中会形成一个由正极到负极逐步增加的 pH 梯度。蛋白质分子有一定的等电点,不同的蛋白质等电点不同,当蛋白质处在这样一个有着 pH 梯度的环境中进行电泳时,所有不同的蛋白质最终都聚焦在与其等电点相同的 pH 位置上,形成位置不同的区带而得到分离。

2. 离子交换层析

离子交换层析是分析性和制备性分离纯化混合物的液-固相层析技术。蛋白质是两性电解质,可以用离子交换层析分离纯化。当蛋白质混合物进入离子交换层析柱时,由于不同蛋白质所带电荷不同,与离子交换剂的可交换基团交换能力不同,当使用不同 pH 或离子强度的洗脱液进行洗脱时,由于各蛋白质与离子交换纤维素结合的牢固程度不同而以先后次序被洗脱下来,进行分步收集即可达到分离纯化的目的。

纯化蛋白质时常用的离子交换剂通常为离子交换纤维素和交联葡聚糖离子交换剂。根据离子交换纤维素所含离子交换基团的不同分为阳离子交换纤维素和阴离子交换纤维素两大类。离子交换纤维素具有松散的亲水性网状结构,表面积大,对蛋白质的交换容量大。市售品种多,可根据具体需要选用。常用的阳离子交换纤维素为羧甲基纤维素,常用的阴离子交换纤维素是二乙氨乙基纤维素。交联葡聚糖离子交换剂也常用于分离蛋白质的介质,它的性质与离子交换纤维素相似,但能结合更多的离子交换基团。在进行离子交换层析操作时,可以通过改变洗脱液的盐浓度和 pH 的方法来使蛋白质从介质上洗脱下来。

(四)根据蛋白质专一性的不同进行分离

一些蛋白质分子和其对应的配体之间有特异性的生物亲和力,例如,酶的活性中心和底物、抑制剂以及辅酶,抗体与抗原,激素、维生素等与其受体或运载蛋白,凝集素与对应糖蛋白之间都有类似的特性。这些生物对之间的特异性尽管存在高低差异,但它们之间都能够可逆地结合和解离。可以利用生物分子和其配体之间的特异性生物亲和力,对样品进行分离,最常用的方法就是亲和层析(图 1-19)。这些被作用的、可逆结合的特异性对象物质称为配基。将配基固定在固相载体上,当含有亲和生物分子的样品溶液通过它时,由于配基和相对应的蛋白质分子间有专一性的亲和作用,会被吸附到柱子上。而对于样品中的其他组分不产生专一性结合直接流出层析柱,从而可以将目的蛋白质与其他杂质分离。亲和层析的最大特点是高度选择性,因此在分离纯化特定生物分子时非常有效,其纯化程度有时可高达 1000 倍以上,并且操作条件温和,能有效地保持生物大分子的活性。

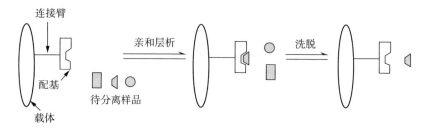

图 1-19 亲和层析示意图

三、蛋白质含量的测定与纯度鉴定

在蛋白质分离提纯过程中,还需要测定蛋白质的含量,并对蛋白质的纯度进行鉴定。

(一)蛋白质含量的测定

测定蛋白质含量的方法有很多种,如凯氏定氮法、双缩脲法、紫外吸收法和 Folin-酚试剂法(Lowry 法)、考马斯亮蓝法等。凯氏定氮法是最早的测定蛋白质含量的方法,它是将样品与硫酸一同加热消化,使有机态的氮转变成无机态的铵,也即释放出 NH_3,NH_3 与硫酸结合成硫酸铵留在溶液中。再结合蒸馏用氢氧化钠中和,生成的 NH_3 冷凝后用硼酸吸收,最后用标定的盐酸或硫酸滴定,从而计算出总氮量,再换算为蛋白质含量。凯氏定氮法是早期经典的蛋白质含量测定方法,在食品行业中应用较多。蛋白质中含有肽键,能起双缩脲反应,形成红紫色络合物。可以利用双缩脲反应将蛋白质溶液在 540nm 比色,测定蛋白含量,这个方法精确度并不是很高。蛋白质分子中酪氨酸具有共轭双键,在 280nm 处有最大吸收峰,可利用紫外吸收法测定蛋白质含量。考马斯亮蓝法也是测定蛋白质含量的常用方法,在一定范围内,蛋白质与考马斯亮蓝结合符合比尔定律,可以通过测定其在 595nm 下的光吸收增加量,测定蛋白质含量。这个方法具有简单快速,灵敏度高,干扰物少等优点。

(二)蛋白质的纯度鉴定

电泳分析、沉淀分析、末端分析、HPLC 法等方法因具有较高的分辨率,能够用于蛋白质制品纯度鉴定。对于蛋白质纯品,将它置于一系列不同的 pH 条件下进行电泳时,都会以单一的泳动率移动,电泳图谱只出现一个峰。同样地,若进行沉降分析,蛋白质纯品在离心力的影响下,会以单一的沉降速度运动。HPLC 法也常用于蛋白质的纯度鉴定,蛋白质纯品的洗脱图谱呈现单一的对称峰。

事实上,至今还没有一种方法能够正确地鉴定出蛋白质的纯度,往往是通过一种方法鉴定为均一的蛋白质,用另一种方法鉴定时又表现为不均一性。因此单独地采用任何一种方法都不能确定蛋白质的纯度,必须同时借助几种方法进行鉴定才能最终确定蛋白质纯度。

四、蛋白质分子量的测定方法

蛋白质的分子量是蛋白质的特征参数,对蛋白质研究具有重要意义。蛋白质分子量的测定方法有很多种,这里只介绍几种常用的方法。

(一)超离心分析法

超速离心法又称沉降法。蛋白质溶液在经高速离心力(25 万～50 万倍重力场)的作用下,蛋白质分子趋于下沉,形成清楚的界面。沉降速率与蛋白质分子的大小、密度和分子形状和溶剂的密度、黏度有关。蛋白质颗粒在离心场中的沉降速率用每单位时间内颗粒下沉的距离来表示。应用光学方法对蛋白质颗粒的沉降进行观测,得到蛋白质颗粒的沉降速率,根据沉降速率计算出蛋白质的相对分子质量。

在离心场中,单位离心场强度的沉降速率称为沉降系数(sedimentation coefficient),它表示沉降分子的大小特性,国际上采用 Svedberg 单位作为沉降系数的单位,用 S 表示,以纪念超速离心法的创始人瑞典蛋白质化学家 T. Svedberg。蛋白质分子的沉降系数一般在 $1\times10^{-13}\sim200\times10^{-13}$ s 范围内。一个 Svedberg 单位为 1×10^{-13} s。在生物化学中,常用 S 值来表示分子颗粒的大小。

(二)凝胶过滤法

凝胶过滤法是实验室常用的蛋白质纯化和分子量测定方法。凝胶颗粒内部具有很多微小的孔隙,较小的分子可以进入孔隙内部,而对于大分子则不能进入而被排阻在颗粒外面。用洗脱液洗脱时,蛋白质会按分子量的大小顺序依次洗脱,分子量大的蛋白质最先被洗脱下来,分子量小的后被洗脱下来。可以利用凝胶过滤法对蛋白质的分子量进行测定,实验时,先用几种已知相对分子质量的蛋白质为标准进行凝胶过滤,以每种蛋白质的洗脱体积对它们的相对分子质量的对数作图,绘制出标准洗脱曲线。再将待测蛋白质样品在同样的条件下进行色谱分析,根据它的洗脱体积,从标准洗脱曲线上可求出此未知蛋白质对应的相对分子质量。测定蛋白质相对分子质量一般用葡聚糖凝胶作为层析介质,它有多种型号可供选择。

(三)SDS - PAGE 法

SDS - PAGE 法是目前测定蛋白质相对分子质量最简便,也是最常用的方法。蛋白质在普通聚丙烯酰胺凝胶中的迁移率取决于蛋白质的相对分子质量、所带电荷的量以及分子形状。SDS - PAGE 是一种特殊的聚丙烯酰胺凝胶电泳,它是在样品及电泳缓冲溶液中加入了十二烷基硫酸钠(sodium dodecyl sulfate,SDS),此时蛋白质的迁移率主要取决于它的相对分子质量,而与所带电荷和分子形状无关。SDS 是一种阴离子去污剂,是一种很强的蛋白质变性剂,可使蛋白质变性并解离成亚基。带负电荷的 SDS 与蛋白质结合形成复合物,使蛋白质分子带上大量的负电荷,这些电荷量远远超过蛋白质分子原来所带的电荷量,因而掩盖了蛋白质分子之间原有的电荷差异。同时 SDS 和蛋白质结合后形成的复合物的形状近似于细杆状,不同蛋白质的 SDS 复合物的短轴是恒定的,而长轴的长度与蛋白质的相对分子质量大小成正比。这样,就消除了蛋白质之间原有的电荷和形状的差异,所以在 SDS - PAGE 中,蛋白质电泳迁移率只取决于它的相对分子质量,与所带电荷和分子形状无关,实际上也是一种分子筛效应。

在 SDS - PAGE 中,蛋白质的相对迁移率与相对分子质量的对数呈线性关系。蛋白质分子在电泳中的移动距离和前沿物质移动的距离之比值称为相对迁移率。实验时,以已知相对分子质量的标准蛋白质分子量的对数值和其相对迁移率作图,得到标准曲线。将未知蛋白质在同样条件下电泳,根据测得的样品相对迁移率,从标准曲线上便可查出其分子量。

(四)毛细管电泳法

毛细管电泳法(capillary electrophoresis,CE)是指带电粒子以毛细管为分离室,在高压直流电场的驱动下,依据样品中各组分间淌度和分配差异实现分离的液相分离技术。毛细管电泳法可以用积分仪或电脑联机精确定量,因此在测定蛋白质的相对分子质量,所需要的样品量很少,只需纳克级的蛋白质量,高效准确。

(五)质谱法

质谱测定蛋白质分子量是近年来发展的一项新技术,其分辨率和精确度都较前几项技术高。质谱技术的原理是样品分子离子化后,根据不同离子间的荷质比(m/e)的差异来分离并确定分子量。近几年发展起来的磁质谱可精确测定相对分子质量 2000 以下的多肽;而电喷雾分离质谱可以测得相对分子质量 50000 的蛋白质,而且只需要皮摩尔量的蛋白质,精确度为 0.01%。

第八节　废弃蛋白质资源的综合利用

废弃蛋白质是指在农副食品加工和轻工产品生产过程中产生的富含蛋白质的下脚料。例如,屠宰与肉制品加工行业所形成的动物毛发、碎肉、碎骨、动物血等;豆制品及淀粉加工行业所形成的废水;制革工业产生的大量固体废弃革渣;缫丝业产生的丝胶、茧衣；以及食品发酵工业所形成的发酵废液都富含大量的蛋白质。

在我国，废弃蛋白质资源十分丰富。据统计，仅每年我国畜牧家禽业中的猪、马、牛、羊等牲畜的毛、蹄角以及鸡、鸭、鹅等禽类的羽毛产量就在数百万吨左右。我国制革工业每年所形成的固体废弃革渣也在数十万吨左右。这些富含蛋白质的生产下脚料，如果未经处理便直接丢弃，会对环境造成污染，也浪费了蛋白质资源。因此，如何有效利用这些废弃蛋白质以开发相应产品，成了既利于环保，又符合可持续发展的绿色科研课题。

目前，对废弃蛋白质的加工利用，主要集中于水解氨基酸、蛋白质饲料以及氨基酸肥料等产品的生产。

一、利用废弃蛋白质生产水解氨基酸

近些年来，国内外氨基酸的主要生产方法是微生物发酵及化工合成。这两种方法生产氨基酸的种类十分有限，生产成本也较高。因此，利用废弃蛋白资源，以水解提取法生产某些尚不能用发酵法生产或发酵产率较低的氨基酸种类，就具有重要意义。目前，从人与动物毛发中提取胱氨酸、精氨酸，从丝纤蛋白中提取丝氨酸和酪氨酸，从废弃胶原蛋白中提取脯氨酸等相关生产工艺已应用于实际生产。

二、利用废弃蛋白质生产蛋白质饲料

目前，我国畜牧业和水产养殖业快速发展，饲料原料供应十分紧张。特别是作为动物蛋白质主要来源的蛋白质饲料，如鱼粉等价格昂贵，很大一部分份额依赖于进口。因此，如何开拓廉价而优质的动物蛋白源，是饲料加工业急切要解决的问题。

植物源废弃蛋白质如豆饼渣、菜籽饼渣等，以及动物源废弃蛋白如碎骨粉等，均可简单处理后，直接作为粗蛋白饲料饲喂牲畜或养殖鱼类。

另外，像制革工业中所产生的废弃皮革与皮屑，其中干重的 80% 为优质动物蛋白质。通过水解加工，将皮革中有害的金属铬加以去除，使皮革转化为无毒的蛋白粉。研究表明，经脱铬处理由皮革生产的蛋白粉，作为添加辅料加入鸡饲料中，明显提高了种鸡的生长速率和产蛋率，同时对种鸡的肉质与禽蛋品质均无不良影响。毒性试验也表明，脱铬水解皮革蛋白粉对动物无毒，安全可靠。将皮革蛋白粉添加于其他牲畜的饲料中，也取得了良好的效果。因此，利用水解皮革碎屑生产饲料蛋白粉，可以为饲料工业提供大量廉价的优良动物蛋白质。

三、利用废弃蛋白质生产氨基酸肥料

以动植物废弃蛋白如豆饼、菜饼、毛发、鱼虾加工下脚料等含蛋白质丰富的有

机物为原料,发酵生产富含氨基酸的固体或液体肥料,在常规农林业生产中具有广泛的应用。

另外,在有机农产品生产过程中,氨基酸螯合微肥是一种优质、高效、无公害的绿色肥料。氨基酸螯合微肥兼有微量元素肥料与氨基酸肥料的优点。但是,由于氨基酸原料紧缺,生产成本高,严重制约了氨基酸螯合微肥的生产推广应用。因此,利用废弃蛋白质水解制备复合氨基酸螯合微肥,提高蛋白质水解效率,既有利于环保,又符合可持续发展绿色农业要求。

开发废弃蛋白质生产氨基酸螯合微肥的生产工艺,需解决的问题包括:①筛选优化催化剂,以提高蛋白质水解效率,并降低氨基酸成本;②应用土壤化学和配位化学原理与方法,充分发挥氨基酸潜能,提高氨基酸螯合微肥的生物学效价和利用率;③在揭示氨基酸螯合微肥功能性作用机制基础上,进一步优化肥料的组成和结构,以发挥其广谱植物生长调节剂的作用。

将废弃蛋白,如杂鱼、动物血、碎肉等用蛋白酶水解,抽提其中蛋白质以供食用,也是开发蛋白质资源的一项有效措施,其中以杂鱼及鱼厂废弃物的利用最为瞩目。海洋中许多鱼类因其色泽、外观或味道欠佳等原因,都不能食用,而这类水产却高达海洋水产的80%左右。采用这项生物技术新成果,使其中绝大部分蛋白质溶解,经浓缩干燥可制成含氮量高、富含各种水溶性维生素的产品,其营养不低于奶粉,可掺入面包、面条中食用,或用作饲料,其经济效益十分显著。

思 考 题

1. 为什么说蛋白质是生命的物质基础?试述蛋白质的主要功能。

2. 组成蛋白质的基本单位是什么?其结构特点是什么?

3. 蛋白质分为哪几类?分类依据是什么?

4. 试述氨基酸的结构特点和基本氨基酸的分类。

5. 何谓肽键、肽链和氨基酸残基?

6. 某氨基酸在一定浓度的纯水溶液中pH为6.0,则此时的氨基酸带何种电荷?欲达到等电点应向溶液中加酸还是加碱?

7. 下列各蛋白质在电场中朝哪个方向移动(正极、负极、原点)?

(1)卵清蛋白(pI4.6),在pH为5.0时;

(2)胰凝乳蛋白酶原(pI9.5),在pH为5.0、9.5和11.0时;

(3)β-乳球蛋白(pI5.2),在pH5.0和7.0时。

8. 何谓蛋白质的一级结构?蛋白质的一级结构的测定方法有哪些?

9. 何谓蛋白质的二级结构?试述常见几种二级结构的结构特点。

10. 某一蛋白质分子具有α-螺旋及β-折叠两种构象,分子总长度为5.5×10^{-5}cm,该蛋白质相对分子质量为250000。试计算该蛋白质分子中α-螺旋及β-折叠两种构象各占多少?(氨基酸残基平均相对分子质量按100计算)。

11. 维系蛋白质各级结构的化学键是什么？

12. 为什么说蛋白质的高级结构取决于它的一级结构？

13. 试阐述蛋白质结构与功能的关系。

14. 何谓蛋白质变性？有哪些因素促使蛋白质变性？其基本原理是什么？变性蛋白质的特征有哪些？

15. 试述蛋白质分离纯化的原理与方法。

拓 展 阅 读

［1］BARRETT G C. Chemistry and biochemistry of the amino acids［M］. New York：Chapman and Hall,1985.

［2］PETSKO G A，RINGE D. Protein structure and function［M］. London：New Science Press,2004.

［3］HASCHEMEYER R H，HASCHEMEYER A E V. Proteins—a guide to study by physical and chemical methods［M］. New York：Wiley,1973.

［4］LESK A M. Introduction to protein architecture［M］. Oxford：Oxford University Press,2000.

［5］SHI Z,KRANTZ B A,KALLENBACH N,et al. Contribution of hydrogen bonding to protein stability estimated from isotope effects［J］. Biochemistry,2002,41(7)：2120.

第二章　核　酸

【本章要点】

　　核酸和蛋白质一样,是一切生物机体不可缺少的组成部分,是生命遗传信息的携带者和传递者。核酸分为两大类:DNA 和 RNA。核苷酸是组成核酸的基本结构单元。DNA 和 RNA 由核苷酸经 $3',5'$-磷酸二酯键链接而成的线性大分子。DNA 是由两条极性相反、能形成互补碱基对的多聚核苷酸链组成的双螺旋分子。核苷酸的排列顺序是 DNA 的一级结构,DNA 的二级结构有双螺旋、三股螺旋和四链结构。由于 DNA 分子具有一定的柔性,因此可以形成超螺旋,也就是 DNA 的三级结构。RNA 分子大多是单链结构,单链内局部形成双螺旋区,细胞内的 RNA 主要是 mRNA、tRNA 和 rRNA。

　　DNA 的热变性是一个重要的性质,具有特定的 T_m,变性的 DNA 在一定条件下可以复性。

　　由于核酸的种类和结构不同,因此导致它们的沉降特征和密度特征不同。碱基在 260nm 处有最大吸收,核酸同样具有紫外吸收特性。现代分子生物学实验技术就是利用核酸分子这些特性对 DNA 进行分离、纯化和含量测定。

　　早在 1869 年,米歇尔(J. F. Miescher,1844—1895)这位年轻的瑞士医师,从外科医院收集了一些废弃的外科绷带,将绷带上的脓细胞洗下来,经盐酸处理,从中提取到一种富含磷元素的酸性化合物,因存在于细胞核中而将它命名为"核素"(nuclein)。1889 年 R. Altman 制备了不含蛋白质的核酸制品,后来发现它有很强的酸性,命名为核酸 (nucleic acid)。早期的研究仅将核酸看成是细胞中的一般化学成分,没有人注意到它在生物体内有什么功能。

　　20 世纪初,核酸中的碱基大部分由科塞尔(Kossel,1853—1927)及其同事所鉴定。

　　1912 年列文(P. A. Levene,1869—1940)提出核酸中含有等量的 4 种核苷酸,核酸是由四种核苷酸聚合而成。

　　1944 年奥斯瓦尔德·艾弗里(Oswald Avery,1877—1955)通过细菌转化实验证明了核酸是重要的遗传物质,20 世纪 50 年代初核酸的重要性得到公认。1953

年沃森(James Dewey Watson,1928—)和克里克(Francis Harry Compton Crick,1916—2004)提出 DNA 的双螺旋结构。

随着技术的发展,现已证明除少数病毒以 RNA 为遗传物质外,多数生物体的遗传物质是 DNA。DNA 存在于细胞核,RNA 主要存在细胞质中,它们是动物、植物、细菌细胞共同的重要成分。

第一节 核酸的种类、分布与功能

一、核酸的种类与分布

从 1868 年瑞士的年青科学家米歇尔发现核酸起,经过不断地研究证明,所有生物细胞都含有核酸(nucleic acid),生物机体的遗传信息以密码形式编码在核酸分子上。核酸分为两类:脱氧核糖核酸(deoxyribonucleic acid,DNA)和核糖核酸(ribonucleic acid,RNA)。DNA 通常为双链结构,含有 D-2-脱氧核糖;RNA 通常为单链结构,含 D-核糖。

原核细胞中 DNA 集中在核区,真核细胞中 DNA 分布在核内。线粒体、叶绿体等细胞器也含有 DNA。病毒或只含 DNA,或只含有 RNA,目前未发现两者兼有的病毒。RNA 主要有三种:核糖体 RNA(ribosmal RNA,rRNA)、转运 RNA(transfer RNA,tRNA)及信使 RNA(messenger RNA,mRNA),RNA 存在于胞质中。20 世纪 80 年代以来,陆续发现许多新的 RNA,如核内小 RNA(small nuclear RNA,snRNA)、核仁小 RNA(small nucleoar RNA,snoRNA)等,无论是原核生物或是真核生物都有这三类 RNA。

二、核酸的生物学功能

细胞学的研究早就提示 DNA 可能是遗传物质。直接证明 DNA 是遗传物质的证据则来自艾弗里的细菌转化实验。正常肺炎双球菌有一层黏性发光的多糖荚膜,有致病性,称为光滑型(S 型);一种突变型称为粗糙型(R 型),无荚膜,没有致病性。用活的 R 型菌和加热灭活的 S 型菌混合液注射小鼠,可致病,而二者单独注射都无致病性。这说明加热灭活的光滑型菌体内有一种物质使粗糙型菌转化为光滑型菌。艾弗里将加热杀死的光滑型菌的无细胞抽提液分离纯化鉴定是核酸、蛋白质、多糖和脂类等组分,然后将活的粗糙型菌与各个组分的混合液分别单独注射小鼠,测定各组分的转化活性(即 R 型转化为 S 型的活性)。该实验表明,使 R 型肺炎双球菌遗传性状改变为 S 型的转化因子是 DNA,从而首次证明了基因的物质

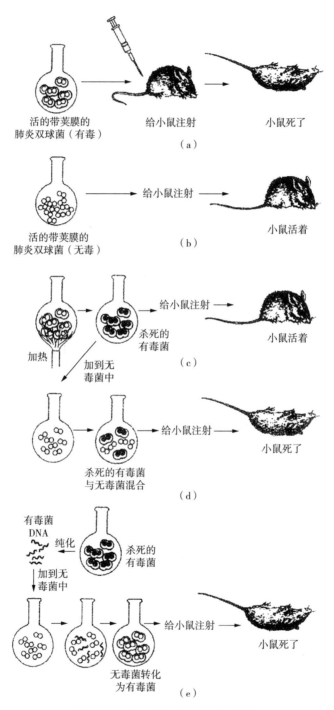

图 2-1 肺炎球菌的转化实验过程

基础是 DNA。1952 年，A. D. Herskey 和 M. Chase 进一步利用噬菌体感染时只有核酸进入受体细胞的特性，分别用 35S 标记其蛋白质和用 32P 标记其 DNA 的噬菌体感染大肠杆菌，发现 35S 的放射性在细胞外而 32P 的放射性在细胞内，使全世界最终相信了 DNA 是遗传物质。

　　DNA 是遗传信息的主要储存和携带者，DNA 携带的遗传信息以基因或特定顺序的核苷酸片段为单位转录到 RNA 分子中，再将特定顺序的核苷酸序列翻译为蛋白质，从而将遗传信息传递给子代。研究表明，RNA 具有诸多功能，核心作用是基因表达的信息加工和调节，如 mRNA、rRNA、tRNA，RNA 在 DNA 复制、转录、翻译中均有调节作用，也与胞内或胞间物质的运输和定位有关。此外，1981 年，Cech 发现了 RNA 的催化作用，并提出核酶（ribozyme）概念，现在发现的核酶大部分参与 RNA 的加工和成熟。此外，病毒中的 RNA 本身就是遗传物质。

三、核酸的化学组成

（一）核酸的元素组成

　　组成核酸的元素有 C、H、O、N、P 等，与蛋白质比较，其组成上有两个特点：一是核酸一般不含元素 S，二是核酸中 P 元素的含量较多并且恒定，占 9%～10%。

（二）核酸分步水解产物

　　核酸的基本构成单位是核苷酸（nucleotide），核酸由多个核苷酸连接而成，因此核酸又被称为多聚核苷酸（polynucleotide）。核苷酸是由核苷和磷酸组成的，核苷又是由碱基和戊糖组成的。

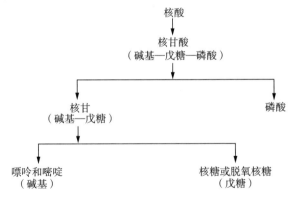

图 2 - 2　核酸连续水解的降解产物

1. 戊糖

　　核酸中的戊糖有两类：D - 核糖（D - ribose）和 D - 2 - 脱氧核糖（D-2-deoxyribose），均为 β - 呋喃型。核酸的分类就是根据两种戊糖种类不同而分为 RNA 和 DNA 的。RNA 中戊糖为 β - D - 呋喃核糖，DNA 分子中为 β - D - 2 - 脱氧呋喃核糖。脱氧核糖使得 DNA 的化学性质比 RNA 更加稳定。

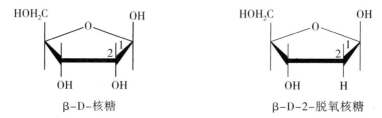

β-D-核糖   β-D-2-脱氧核糖

2. 碱基

核酸中的碱基分两类:嘧啶碱和嘌呤碱。嘧啶是一个含有 4 个碳和 2 个氮原子的杂环化合物,嘌呤是一个由嘧啶与咪唑融合在一起的双环结构。

嘧啶环   嘌呤环

RNA 中的碱基主要有四种:腺嘌呤、鸟嘌呤、胞嘧啶和尿嘧啶;DNA 中的碱基主要也为四种,胸腺嘧啶代替了尿嘧啶,其他与 RNA 的相同。

表 2-1 两类核苷酸的基本化学组成

	DNA	RNA
嘌呤碱 (Purine bases)	腺嘌呤(adenine) 鸟嘌呤(guanine)	腺嘌呤(adenine) 鸟嘌呤(guanine)
嘧啶碱 (pyrinidine bases)	胞嘧啶(cytosine) 胸腺嘧啶(thymine)	胞嘧啶(cytosine) 尿嘧啶(uracil)
戊糖 (pentose)	D-2-脱氧核糖 (D-2-deoxyribose)	D-核糖 (D-ribose)
酸 (acid)	磷酸 (phosphoric acid)	磷酸 (phosphoric acid)

稀有碱基除以上五类基本的碱基外,核酸中还有一些含量极少的碱基称为稀有碱基。它们大多数都是五类基本碱基衍生出的甲基化碱基。tRNA 中含有较多的稀有碱基。某些病毒中,一些碱基可能被羟基化或糖基化,这可能用于调节或保护遗传信息。

3. 核苷

嘌呤和嘧啶与核糖或脱氧核糖通过糖苷键连接形成核苷,糖的第 1 位碳原子与嘧啶碱的第 1 位氮原子或与嘌呤碱的第 9 位氮原子以糖苷键相连。核苷的名称都来自它们所含碱基的名称,因此核苷分为腺嘌呤核苷(adenosine)、鸟嘌呤核苷(guanoosine)、胞嘧啶核苷(cytidine)和尿嘧啶核苷(uridine),以上四种核苷常被称为腺苷(A)、鸟苷(G)、胞苷(C)和尿苷(U)。胸腺嘧啶很少出现在核糖核苷中,脱氧胸腺嘧啶核苷(deoxythymidine)简称胸苷(T)。腺嘌呤核苷和胞嘧啶脱氧核苷的结构式如下:

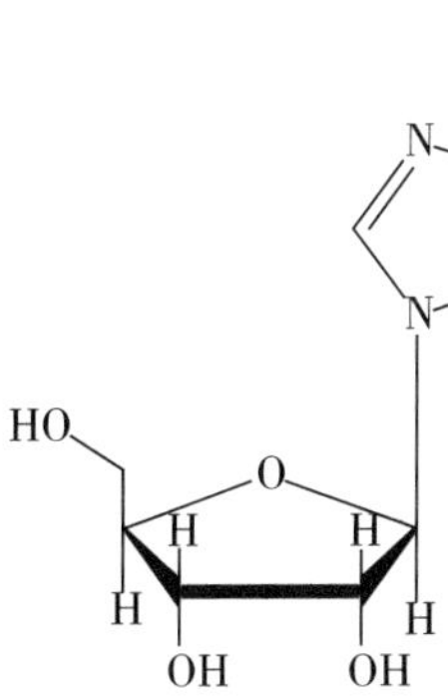

腺嘌呤核苷 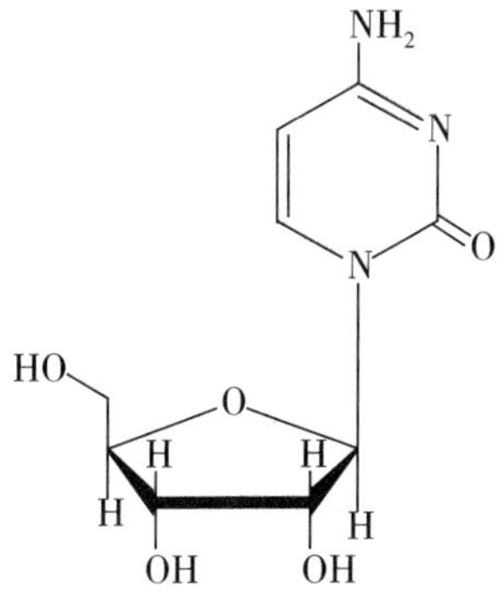　　　　　　　　　　胞嘧啶脱氧核苷

4. 核苷酸

核苷酸是核苷的磷酸酯。磷酸与核苷中的戊糖以磷酸酯键连接,形成一磷酸核苷(nucleoside monophosphate,NMP),也称为核苷酸(nucleotide),包括构成 RNA 的核苷酸和构成 DNA 的脱氧核苷酸。核糖核苷的糖环上有 3 个自由的羟基,能形成 3 种不同的核苷酸:$2'$-核糖核苷酸、$3'$-核糖核苷酸和 $5'$-核糖核苷酸。脱氧核苷的糖环上只有两个自由羟基,只能形成两种核苷酸:$3'$-脱氧核糖核苷酸和 $5'$-脱氧核糖核苷酸。生物体内存在的游离核苷酸多是 $5'$-核苷酸。下面为两种核苷酸结构式(见下页):

四、细胞内的其他核苷酸及其衍生物

(一)多磷酸核苷酸

生物体内有游离存在的多磷酸核苷酸,它们是核酸合成的前体、重要的辅酶和能量载体。核苷单磷酸($5'$- NMP,N 代表任意一种碱基)上的磷酸与另外一分子磷酸以磷酸酯键相连形成核苷二磷酸(NDP),后者再和一分子磷酸以磷酸酯键相连形成核苷三磷酸(NTP)。从邻近核糖的位置开始,三个磷酸基团分别用 α、β、γ 表示。α 与 β、β 与 γ 间的磷酸酯键水解释放出大量的自由能,称为高能磷酸键。

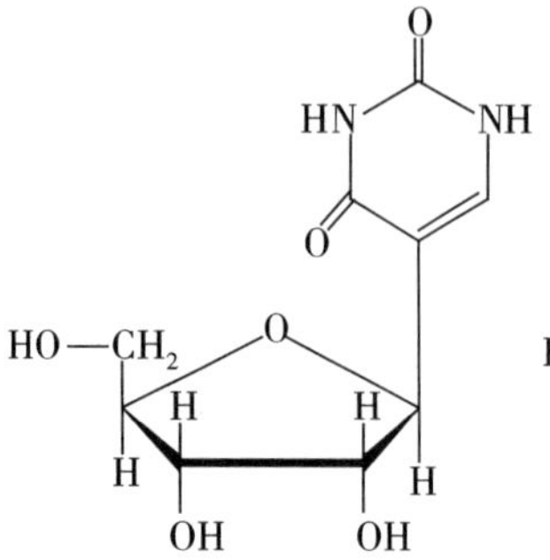

假尿嘧啶核苷 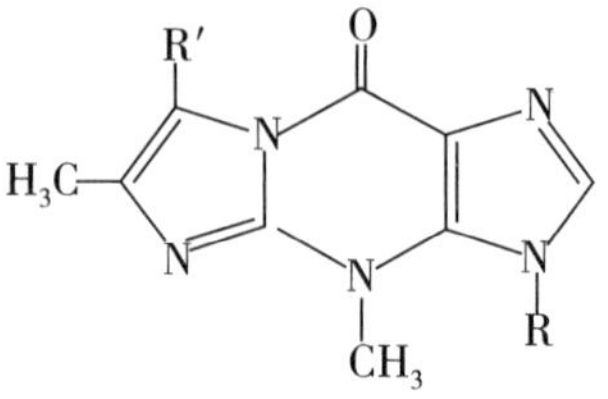   W（Y）核苷 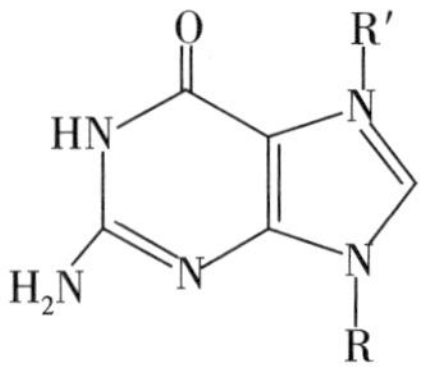   Q核苷

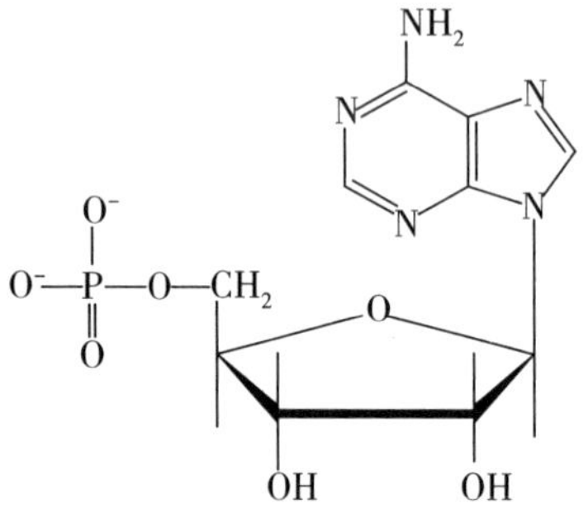

5′-腺嘌呤核苷酸（AMP） 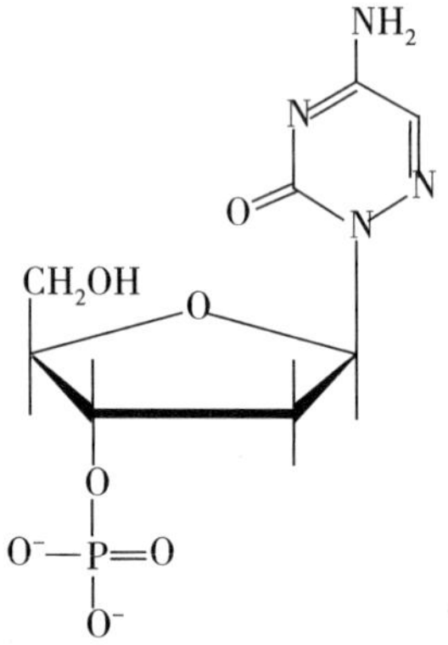   3′-胞嘧啶脱氧核苷酸（3′-dCMP）

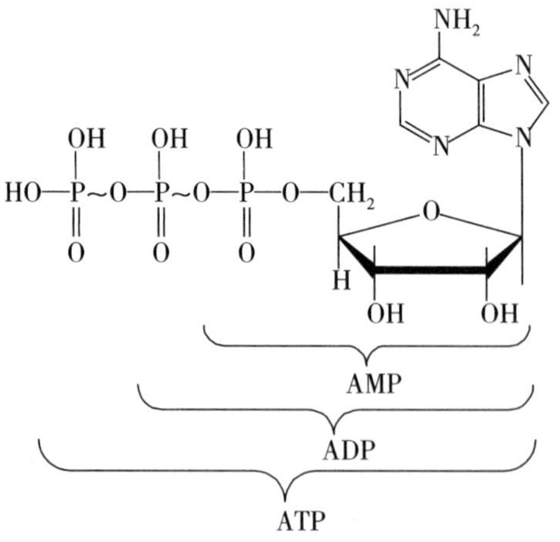

AMP

ADP

ATP

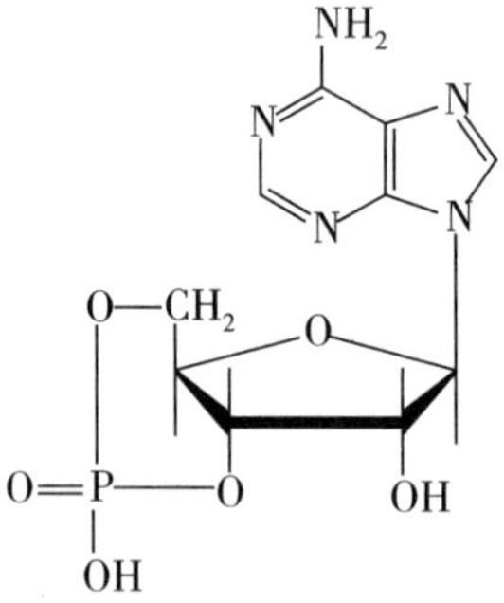

3′,5′-环腺苷酸（cAMP）

(二)环核苷酸

环核苷酸往往是细胞功能的调节分子和信号分子,如 $3',5'$-环化腺苷酸(cAMP)和 $3',5'$-环化鸟苷酸(cGMP),这两种环核苷酸在细胞代谢调节中具有重要作用,它们是传递激素作用的媒介物,不少激素是通过 cAMP 和 cGMP 而起作用的,故有时称之为"二级信使"。

$$ATP \xrightarrow{\text{腺苷酸环化酶}} cAMP + PPi$$

$$cAMP \xrightarrow{\text{cAMP 磷酸二酯酶}} 5-AMP$$

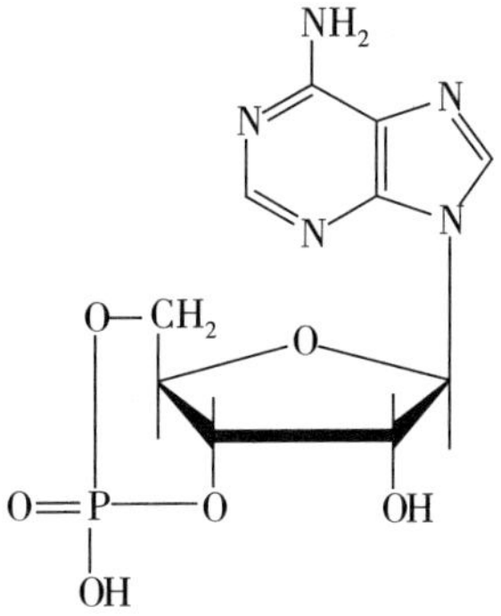

cAMP 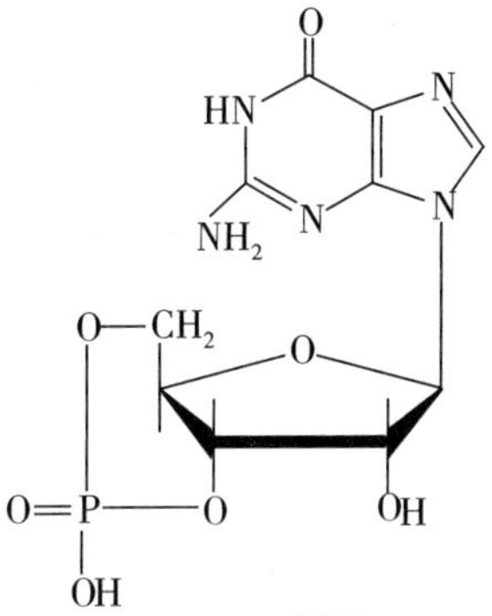　　　　　　　　　　cGMP

(三)辅酶类核苷酸

在生物体内还有一些参与代谢作用的重要核苷酸衍生物,如尼克酰胺腺嘌呤二核苷酸(辅酶Ⅰ,NAD)、尼克酰胺腺嘌呤二核苷酸磷酸(辅酶Ⅱ,NADP)、黄素单核苷酸(FMN)、黄素腺嘌呤二核苷酸(FAD)等与生物氧化作用的关系很密切,是重要的辅酶。

第二节　核酸的结构

一、DNA 的结构

(一)DNA 的一级结构

1. DNA 一级结构的概念

DNA 是由脱氧核苷酸通过 $3',5'$-磷酸二酯键连接起来形成的链状分子,其中脱氧核苷酸和磷酸构成 DNA 分子的主链,不同碱基突出形成分子的侧链。不同生物 DNA 有特定的碱基组成和特有的核苷酸排列顺序,即 DNA 一级结构。

2. DNA 一级结构的生物学意义

DNA 分子以密码子的方式蕴藏了所有生物的遗传信息,任何一段 DNA 序列都可以反映出它的高度个体性或种族特异性。DNA 一级结构决定了二级结构,这些高级结构又决定和影响着一级结构的信息功能。研究 DNA 的一级结构对阐明遗传物质结构、功能以及它的表达、调控都是极其重要的。

3. DNA 一级结构的测定方法

DNA 的一级结构决定了基因的功能,欲解释基因的生物学含义,首先必须知道其 DNA 碱基序列,从分子水平揭示生物遗传信息的化学本质。核酸的核苷酸序列测定方法较多,这里介绍两种。DNA 序列测定前,首先要制定 DNA 的片段。由于 DNA 分子量很大,自然界中最小的 DNA,即使是最小的病毒 DNA,也含有约 5000 个脱氧核苷酸残基,而人类的基因组(即一套染色组)含有 30 亿对脱氧核苷酸残基,因此测定前,需用限制性内切酶在某些特定位点将 DNA 链切断,产生一定长度(300～500bp)的 DNA 片段。

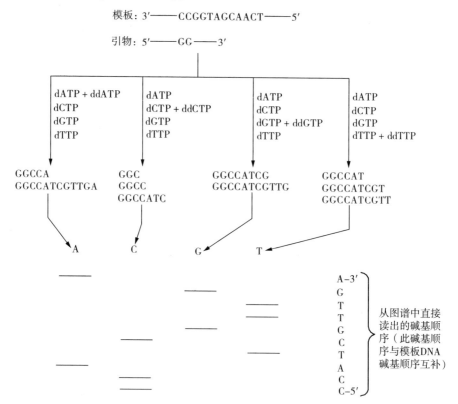

图 2-3　Sanger 法测定 DNA 碱基顺序基本过程

Sanger 在 1977 设计了末端终止法,也称作双脱氧末端终止法。测定原理即为 DNA 合成原理:在 DNA 聚合酶作用下,以单链 DNA 为模板,通过引物,将 dNTP 聚合成模板 DNA 的互补链。测定方法:建立 4 套 DNA 合成体系,每套分别含有一种带同位素(^{32}P 或^{35}S)标记的 dNTP 和 ddNTP,由于 ddNTP 缺少 $3'$ 位羟基,因此,当 ddNTP 竞争加入 DNA 链后,DNA 链合成即终止。这样就会合成长度只差一个核苷酸残基片段群,并带有标记的四组 DNA 片段,经电泳分离、X 片曝光后,可以直接由下到上($5' \rightarrow 3'$ 方向)读出待测 DNA 的序列。现在常用的 DNA 自动测序方法的设计原理是以 Sanger 法为基础,以荧光标记物代替同位素,再由相应的仪器检测系统识别和记录。

化学裂解法针对浓度较高 DNA 样品,原理是它直接裂解 DNA 本身以产生长度只差一个核苷酸残基的片段群。这一方法的基本步骤为:①先将 DNA 的末端之一进行标记(通常为放射性同位素^{32}P);②在多组互相独立的化学反应中分别进行特定碱基的化学修饰,在修饰碱基位置化学法断开 DNA 链,例如在温和条件下,用硫酸二甲酯处理 DNA 单链,分别得到嘌呤碱基的甲基化产物,甲基化的碱基在一定条件下水解脱嘌呤,脱去碱基的核糖磷酸酯键,在 0.1mol/L NaOH 碱性条件下水解断裂;DNA 单链用肼处理嘧啶碱基,生成糖腙衍生物,在哌啶存在下水解,核糖腙 $3'$-位的磷酸酯键则被水解断裂;③聚丙烯酰胺凝胶电泳不同长度的 DNA 链,将 DNA 链按长短分开;④根据放射自显影显示区带,直接读出 DNA 的核苷酸序列。

(二)DNA 的二级结构

1. DNA 二级结构的概念

DNA 的二级结构是在一级结构的基础上形成的。Watson 和 Crick 在确定 DNA 二级结构的研究中做出了重要贡献。DNA 的二级结构是指 DNA 的双螺旋结构,是 DNA 的两条链围绕着同一中心轴旋绕而成。

2. DNA 的碱基组成——Chargaff 定律

20 世纪 40 年代后期,Erwin Chargaff 等人观察到来自不同种属的 DNA 的 4 种碱基组成不同,例如来自人、猪、羊、牛、细菌和酵母菌的 DNA 的碱基的数量和相对比例很不相同,DNA 的碱基组成具有种属的特异性。但是同一物种不同组织和器官的 DNA 碱基组成是一样的,不受生长发育、营养状况以及环境条件的影响。

1950 年 Chargaff 总结出 DNA 碱基组成的规律,得出一个最重要的碱基定量关系——Chargaff 定律。

(1)腺嘌呤和胸腺嘧啶的数量相等,即 A=T。

(2)鸟嘌呤和胞嘧啶的数量也相等,即 G=C。

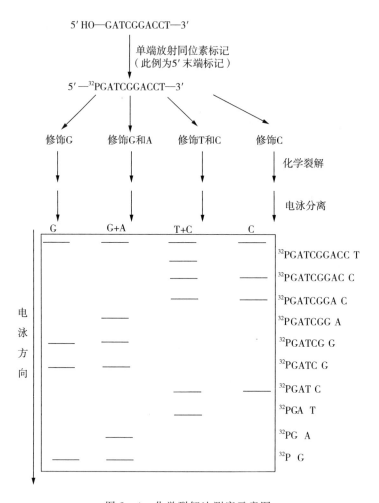

图 2-4　化学裂解法测序示意图

（3）含氨基的碱基(腺嘌呤和胞嘧啶)总数等于含酮基的碱基(鸟嘌呤和胸腺嘧啶)总数，即 A＋C＝G＋T。

（4）嘌呤的总数等于嘧啶的总数，即 A＋G＝C＋T。

所有 DNA 中碱基组成必定是 A＝T,G＝C,这一规律暗示 A 与 T,G 与 C 相互配对的可能性,为 Watson 和 Crick 提出 DNA 双螺旋提供了重要根据。

3.DNA 的双螺旋结构

肺炎球菌转化实验以及噬菌体感染实验证实了 DNA 是遗传物质,但遗传信息是如何贮存在 DNA 分子中,仍难以推测。

1951 年 Rosalind Franklin 和 Maurice Wilkins 利用 X 射线衍射方法分析了

DNA 的晶体，得到了一幅特征明显的 X 射线衍射图。1953 年 J. D. Watson 和 F. H. C. Crick 依据 X 射线衍射数据和 Chargaff 定律等 DNA 研究成果，建立了一个 DNA 分子的三维模型，称为 DNA 双螺旋结构模型。

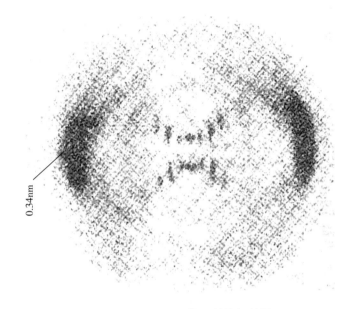

0.34nm

图 2-5　DNA 晶体 X 射线衍射图

DNA 双螺旋(B-DNA)结构要点：

(1)DNA 分子两条多聚脱氧核糖核苷酸链，即 DNA 单链组成，两条单链沿同一中心轴缠绕，形成右手双螺旋，一条是 $5'→3'$ 方向，另一条是 $3'→5'$ 方向。

(2)两条链上的嘌呤碱基与嘧啶碱基堆积在双螺旋的内部，一条链上的碱基通过氢键与另一条链上的碱基连接，形成碱基对，G 与 C 配对，A 与 T 配对。由于它们的疏水性和近似平面的环结构而紧密叠在一起，碱基平面与螺旋的长轴垂直。交替的脱氧核糖和带负电荷的磷酸基团骨架位于双螺旋的外侧，糖环平面几乎与碱基平面成直角。

(3)双螺旋的平均直径为 2nm（实测为 2.37nm），相邻碱基对的距离为 0.34nm（实测为 0.33nm），相邻核苷酸的夹角为 36°（实测为 34.6°）。沿螺旋的长轴每一转含有 10（实测为 10.4）个碱基对，其螺距为 3.4nm。DNA 分子的大小常用碱基对数(base pair,bp)表示，单链分子的大小常用碱基数(base,b)来表示。

(4)由于碱基对的堆积和糖-磷酸骨架的扭转，使双螺旋的表面形成了两条不等宽的沟，宽的、深的沟叫大沟；窄的、浅的称为小沟。在这些沟内，碱基对的边缘是暴露在外的，这有利于蛋白质等大分子与特殊序列的 DNA 结合。

(5)影响双螺旋 DNA 稳定的主要力为疏水相互作用、碱基堆积力、氢键和静电斥力。碱基对之间存在范德华力,此外诱导的偶极效应增强了堆积作用;碱基堆积力是层层堆积的芳香族碱基上 π 电子云交替形成的一种力,碱基对间的氢键也是稳定双螺旋的力;双螺旋骨架中磷酸基团的静电斥力可能导致双螺旋的不稳定,但是体内在 Mg^{2+} 等存在下,可以降低静电斥力。

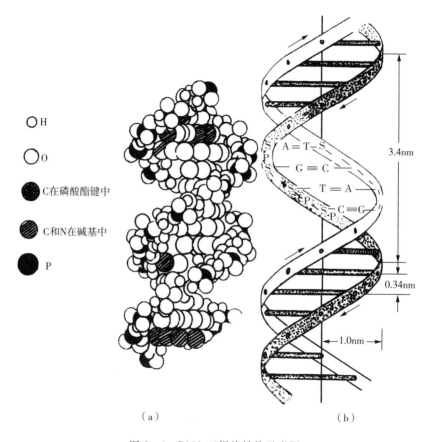

（a）　　　　　　　　　　　　（b）

图 2-6　DNA 双螺旋结构示意图

4. DNA 二级结构的多态性

天然 DNA 为线性长分子,非刚性结构,溶液的离子强度、相对湿度变化,DNA 螺旋结构的深浅、螺距、旋转角都会发生改变,这一现象称为 DNA 结构的多态性(polymorphism)。研究表明,天然状态下的 DNA 不以纯 B-DNA 存在,大多是以非常类似标准 B-DNA 构象存在,螺旋一定区域会出现短序列 A-DNA,每旋转一圈的螺距为 2.8nm,每圈包含 11 个碱基对,直径为 2.55nm,每对碱基转角为33°,碱基平面与轴夹角为 20°,这样使 A-DNA 的大沟变窄变深,小沟变宽变浅。

1979 年,Rich 等通过对人工合成的脱氧六核苷酸 dCGCGCG 的 X 射线晶体衍射分析,发现两分子的上述片段以左手双螺旋结构的形式存在于晶体中,其中碳与磷原子相连成锯齿形(zig-zag),因此被命名为 Z - DNA。尽管可以合成 Z - DNA,但在生物体的基因组中很少出现。

DNA 存在着不同构象,说明双螺旋结构本身具有一定柔性,不同构象在不同条件下起不同的生物学功能。在正常的 DNA 双螺旋结构基础上还可形成三股螺旋,DNA 的三股螺旋结构常出现于 DNA 复制、重组和转录的起始或调节位点,第三股链的存在可能使一些调控蛋白或 RNA 聚合酶等难以与该区段结合,从而阻遏有关遗传信息的表达。

染色体的端粒 DNA 上常有 T4 和 G4 重复序列。体外研究表明含有端粒重复序列的单链寡核苷酸可以形成四联体螺旋结构。由于该结构由鸟嘌呤之间的氢键所维系,故又称为 G -四联体螺旋(G - quadruplex)。

四链 DNA 的生物学功能可能在于参与端粒 DNA 的复制。另外研究表明,同一 DNA 双螺旋分子的不同区域的富 G 序列在折叠中也可能出现类似的四链结构。

(三)DNA 的三级结构

DNA 在二级结构基础上还可以形成三级结构。在真核生物细胞内,由于 DNA 分子与其他分子(特别是蛋白质)的相互作用,使 DNA 双螺旋进一步扭曲成三级结构。超螺旋是双链环状 DNA 三级结构中最常见的形式。自从 1965 年 Vinograd 等人发现多瘤病毒的环形 DNA 的超螺旋以来,现已知道绝大多数原核生物 DNA 分子都是共价封闭环(covalently closed circle,CCC)分子,这种双螺旋环状分子再度螺旋化成为超螺旋结构(superhelix 或 supercoil)。

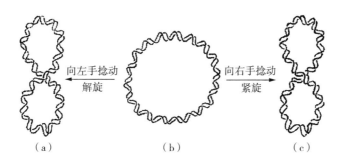

图 2 - 7　超螺旋 DNA 的形成

有些单链环形染色体(如 φ×174)或双链线形染色体(如噬菌体),在其生活周期的某一阶段,也必将其染色体变为超螺旋形式。超螺旋按其方向分为正超螺旋和负超螺旋两种,天然的 DNA 主要以负超螺旋结构存在,从而有利于基因的表达。

二、RNA 的结构

RNA 与 DNA 在结构上有明显差异,除核苷酸组成不同外,也表现在二级结构上。RNA 是单链分子,且并不遵守查尔夫定律,即分子的嘌呤碱基总数不一定等于嘧啶碱基总数。RNA 分子中,部分区域能形成双螺旋,也有可能形成突环结构。

(一)tRNA 的结构

tRNA 分子较小,它们都是很小的单链核酸,通常由数目不等(73~88)的核苷酸残基连接而成。来自不同生物的 tRNA,尽管一级序列不同,但都具有三叶草样的二级结构,分子中 A—U、G—C 碱基对构成的双螺旋区称臂,不能配对的称环。

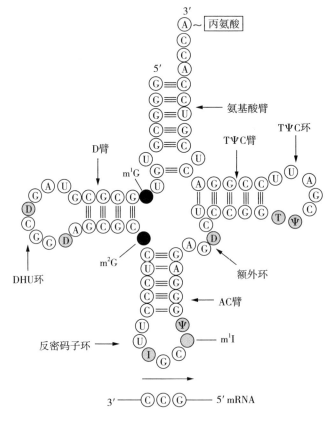

图 2-8 酵母丙氨酸 tRNA 的二级结构(三叶草形)

三叶草型结构的主要特征如下:

(1)氨基酸臂:是 tRNA 分子的 5′端和 3′端附近的碱基配对形成的臂。tRNA

分子的 3′端的核苷酸序列总是 CCA—OH(3′),其羟基可与该 tRNA 所携带的氨基酸形成共价键。

(2)反密码环,反密码臂:位于氨基酸臂对面的单链环(anticodon loop),该环含有由三个核苷酸残基组成的反密码子(anticodon),反密码子与 mRNA 中的互补密码结合,含有反密码子的臂。

(3)TΨC 臂,TΨC 环:含有胸腺嘧啶核苷酸(T)(在 RNA 中很少见到)、假尿嘧啶核苷酸(Ψ)和胞嘧啶核苷酸(C)残基的臂,环含 TΨC 得名。

(4)D 臂,D 环:含有二氢尿嘧啶核苷酸残基的臂,不同 tRNA 的 D 臂稍有不同,相应的环称为 D 环。

(5)可变环:在反密码臂和 TΨC 臂之间,由 3～21 个核苷酸组成。

在三维空间(tRNA 的三级结构),tRNA 分子折叠成倒 L 型,氨基酸臂位于 L 型分子的一端,反密码环则处于相反的一端,这样的结构更为紧凑、稳定。

(二)rRNA 的结构

核糖体由约 40%的蛋白质和 60%的 rRNA 组成,rRNA 占细胞 RNA 总量的 80%。rRNA 一般与核糖体蛋白质结合在一起,形成核糖体(ribosome),如果把 rRNA 从核糖体上除掉,核糖体的结构就会发生塌陷。核糖体可分为大小两个亚基,其亚基组成及 rRNA 的种类和沉降系数见表 2-2 所列。

表 2-2　*E. coli* 和动物细胞核糖体的组成层次

E. coli 核糖体(70S)		高等动物核糖体(80S)	
30S 亚基	50S 亚基	40S 亚基	60S 亚基
16SrRNA	23SrRNA	18SrRNA	28SrRNA
21 种蛋白质	5SrRNA	30 种蛋白质	5.8SrRNA
			5SrRNA
			40 种蛋白质

rRNA 是单链,它包含不等量的 A 与 U、G 与 C,但是有广泛的双链区域。在双链区,碱基因氢键相连,表现为发夹式螺旋。大肠杆菌 16SrRNA1542bp 的序列确定后,发现约有一半核苷酸形成链内碱基对,约形成 60 个螺旋,已发现 16S 的 rRNA3′端有一段核苷酸序列与 mRNA 的前导序列是互补的,这可能有助于 mRNA 与核糖体的结合。

真核生物的 18SrRNA 除多一些臂和环外,空间结构与 16SrRNA 十分相似。大肠杆菌 23SrRNA2094b 的序列已测定,一半以上核苷酸以分子内双链形式存在。23SrRNA 的构型与 50S 亚基相似,说明 RNA 自身的构象决定了核糖体亚基的形态。5SrRNA 发现有特定序列与 tRNA 分子上的 GTΨCG 互补。

(三)mRNA 的结构

从脱氧核糖核酸(DNA)转录合成的带有遗传信息的一类单链核糖核酸(RNA)。它在核糖体上作为蛋白质合成的模板,决定肽链的氨基酸排列顺序,这种 RNA 被称作 mRNA。mRNA 存在于原核生物和真核生物的细胞质及真核细胞的某些细胞器(如线粒体和叶绿体)中。

原核生物 mRNA 一般 5′端和 3′端有一段不翻译区,中间序列是蛋白质的编码区,一般一条 mRNA 链编码几种蛋白质。如大肠杆菌乳糖操纵子 mRNA 编码 3 条多肽链;色氨酸操纵子 mRNA 编码 5 条多肽链。也有单顺反子形式的细菌 mRNA,如大肠杆菌脂蛋白 mRNA。原核生物没有核膜,转录与翻译是连续进行的,往往转录未完成翻译已经开始了。因此原核生物中转录生成的 mRNA 没有特殊的转录后加工修饰过程。因而原核生物 mRNA 分子中一般没有修饰核苷酸。在原核生物 mRNA 的起始密码子(AUG)附近(5′方向上游)有一小段长短不等的顺序,含有较多的嘌呤核苷酸,被称为 SD 顺序。它能和核糖体小亚基上的 16SrRNA 的 3′端富含嘧啶核苷酸的区域配对结合,有助于带有甲酰甲硫氨酸的起始 tRNA 识别 mRNA 上的起始密码(AUG),使肽链合成从此开始。真核生物 mRNA(细胞质中的)为单顺反子,即一条 mRNA 只合成一种多肽,一般由 5′端帽

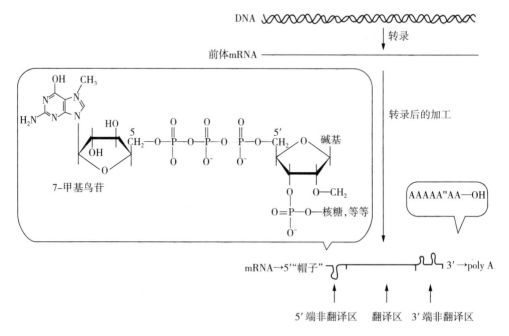

图 2-9 真核生物 mRNA 结构示意图

子结构、5′端不翻译区、翻译区(编码区)、3′端不翻译区和 3′端聚腺苷酸尾巴构成, 5′端的帽结构为 m⁷GpppNmpN,即 5′端为甲基化的 G,G 与后面的核苷酸的连接是通过三个磷酸的 5′—5′连接。研究表明,帽子的作用是作为蛋白质合成的起点, 保护 mRNA 防止 RNA 酶水解,同时 polyA 也保护 mRNA。

(四)其他 RNA

小核 RNA(small nuclear RNA,snRNA)存在于真核细胞的细胞核内,是一类称为小核核蛋白体复合体(snRNP)的组成成分,其功能是在 hnRNA (heterogeneous nuclear,是 mRNA 的前体)转变为 mRNA 的过程中,参与 RNA 的剪接,并且在将 mRNA 从细胞核运到细胞浆的过程中起着十分重要的作用。

小胞浆 RNA(small cytosol RNA,scRNA)又称为 7SL-RNA,长约 300 个核苷酸,主要存在于细胞浆中,是蛋白质定位合成于粗面内质网上所需的信号识别体(signal recognization particle)的组成成分。

反义 RNA(antisense RNA)是单链 RNA,碱基序列与有义 mRNA(sense mRNA)互补,研究表明,反义 RNA 可与 mRNA 形成双链,抑制 mRNA 作为模板进行翻译。这也是一种基因表达的调控机制,利用此机制可以调节基因如癌基因的表达。

第三节　核酸与蛋白质的复合体——核蛋白体

一、病毒

病毒(virus)是由一个核酸分子(DNA 或 RNA)与蛋白质构成的非细胞形态的生活的生命体,介于生物与非生物之间,本身不能进行繁殖,只有侵入寄主细胞内,才能利用寄主细胞进行繁殖。病毒颗粒很小,结构简单,多数病毒直径在 20～200nm,较大病毒直径 300～450nm,较小病毒直径仅为 18～22nm。病毒是一类非细胞生物体,单个病毒个体不能称作"单细胞",而被称作病毒粒或病毒体,病毒体呈杆状或球状。

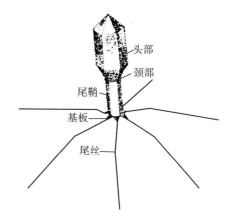

图 2-10　T4 噬菌体结构图

病毒的核酸可以是 DNA 或是 RNA,但是目前已知的病毒中未发现同时含 DNA 和 RNA 的病毒。在病毒中核酸位于病毒体的中心,外面包围着蛋白质,形成衣壳(casid)。这个衣壳起着保护的作用,使内部的核酸可以避免受酶的分解和机械破碎。衣壳也起着将病毒传至寄主细胞的作用。病毒的侵染性是由核酸引起的,衣壳无侵染性。

二、真核染色体

(一)染色体的结构

1879 年,德国生物学家 Walter Flemming 通过显微镜观察到染色的真核细胞中的核内存在"柱"状物,当时把这种物质称作染色质(chromation),1888 年,正式被命名为染色体。每一条染色单体可看作一条双螺旋的 DNA 分子,有丝分裂间期,DNA 解螺旋形成无限伸展的细丝,此时不易染色,称为染色质,有丝分裂时 DNA 高度螺旋化呈特定状态,易为碱性染料着色,称为染色体。人的细胞中含有 46 条这样的染色质纤维,或称染色体。

染色体的主要蛋白质的成分是碱性蛋白质(组蛋白,histones),大多数真核细胞中都含有 5 种不同的组蛋白,H1,H2A,H2B,H3 和 H4。这五组蛋白都是碱性蛋白,含大量的赖氨酸和精氨酸残基,在生理状态下带正电荷,这就使得组蛋白与带负电荷的 DNA 的糖-磷酸基团骨架结合。

Kornberg 根据生化资料,特别是根据电镜照相,提出了染色体结构的绳珠模型,并指出核小体是染色体的基本结构单位。核小体的核心是 4 种组蛋白(H2A,H2B,H3 和 H4)各两分子构成扁球状 8 聚体,DNA 双螺旋依次在每个组蛋白 8 聚体分子表面盘绕约 1.75 圈,有约 146 个 DNA 碱基处于与组蛋白复合体紧密结合的状态,形成核小体的核心。核心颗粒之间的"线"称为衔接 DNA 的片段,约 54 个碱基对长,组蛋白 H1 负责与衔接 DNA 片端结合,又和核小体核心颗粒连接。这样就似成串的珠子一样,DNA 为绳,组蛋白为珠,这样的绳珠模型,DNA 大约被压

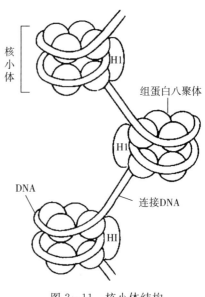

图 2-11 核小体结构

缩了 7 倍,这也即是染色体的一级结构。染色体的一级结构经螺旋化形成中空的线状体,称为螺旋体,即是染色体的"二级结构",螺旋体再进一步螺旋化,形成直径为 $0.4\mu m$ 的筒状体,称为超螺旋管,这就是染色体的"三级结构"。

（二）染色体的序列特征

染色体是遗传物质的储存和传递的表现形式,是遗传物质的载体,由 DNA 和蛋白质构成。遗传学中将 DNA 分子中最小的功能单位称作基因。为 RNA 或蛋白质编码的基因称为结构基因,还有一些序列并不转录成 RNA 的称为调节基因。

原核生物通常只有 1 个"染色体"DNA 分子,且 DNA 分子较小,在生物细胞内,DNA 以裸露闭环形式存在,多为单拷贝基因,少数如 rRNA 基因为多拷贝,所有的 DNA 序列几乎全部由功能基因与调控序列组成,每个基因都与转录的 RNA 序列呈线性对应状态。

真核细胞的染色体 DNA 在结构和组织上更加复杂,与转录的 RNA 序列之间不具有共线性关系,存在大量的重复序列,绝大多数为非编码序列。真核生物中某些序列可重复几十次到几千次,如 rRNA、tRNA 和某些蛋白质基因序列,中度重复序列在人细胞中占 DNA 总量的 $30\%\sim40\%$。有些小于 10bp 的序列可重复几百万次,这些序列不编码 RNA,可能与转录和复制调节有关,高度重复的序列富含 A—T 或 G—C 对。原核生物和真核生物的 DNA 序列一个基本的不同点是原核生物结构基因的编码序列为连续的,而真核生物往往是间隔构成的,称为断裂基因,即由编码蛋白的外显子和不编码蛋白的内含子构成。

端粒是真核细胞内线性染色体末端的一种特殊结构,由 DNA 简单重复序列以及同这些序列专一结合的蛋白质构成。端粒是短的多重复的非转录序列(TTAGGG)及一些结合蛋白质组成的特殊结构。当细胞分裂一次,每条染色体的端粒就会逐次变短一些,直至细胞终止其功能不再分裂。此外,端粒结构在维持基因组完整性和功能稳定性方面有着重要的作用。

第四节　核酸的理化性质

一、核酸的一般性质

（一）核酸的酸碱性质

核酸分子中既含有酸性基团(磷酸基)也含有碱性基团(氨基),因而具有两性,由于核酸分子中的磷酸是一个中等强度的酸,碱基是弱碱,因此核酸的等电点(pI)较低,酵母 RNA 在游离状态下的 pI 为 $2.0\sim2.8$,生理状态下,一般带负电荷,且与金属离子结合成可溶性盐。

(二)核酸的溶解度与黏度

核酸都是极性化合物,都微溶于水,而不溶于乙醇、乙醚、氯仿等有机溶剂。核酸溶于10%左右的氯化钠溶液,但在50%左右的酒精熔液中溶解度很小,核酸的提取时常利用这些性质。

二、核酸的紫外吸收特性

嘌呤碱和嘧啶碱具有共轭双键,使碱基、核苷、核苷酸和核酸在240～290nm的紫外波段有一强烈的吸收峰,因此核酸具有紫外吸收特性。DNA钠盐的紫外吸收在260nm附近有最大吸收值,其吸光率(absorbance)以A260表示,A260是核酸的重要性质,在核酸的研究中很有用处。在230nm处为吸收低谷,RNA钠盐的吸收曲线与DNA无明显区别。不同核苷酸有不同的吸收特性。所以可以用紫外分光光度计加以定量及定性测定。

三、核酸的变性与复性

在一定条件下,DNA双螺旋可以彻底地解链,分离成两条互补的单链,这种现象称为DNA变性。变性的DNA在适当条件下,分开的两条单链还可以重新形成双螺旋DNA,称为复性。核酸变性后,260nm处的紫外吸收值明显增加,表明DNA的两链开始分开,同时黏度下降,浮力密度升高。当吸光度增加约40%后,变化趋于平坦,表明两链完全分开,研究表明,DNA变性是个突变过程,将紫外吸收的增加量达最大量一半时的温度称熔解温度(T_m),变性DNA在缓慢冷却时,可以复性,此过程称为退火(annealing)。复性是一个缓慢的过程,因为在熔液中,互补的单链首先必须找到对方,然后以合适的取向形成碱基对。一旦形成一个短的一段双螺旋DNA区,其余的DNA通过紧扣机制(zippering mechanism)可以快速复性。

影响DNA的T_m值大小与下列因素有关:

(1)DNA的均一性。均一性愈高的样品,熔解过程愈是发生在一个很小的温度范围内。

(2)G—C之含量。G—C含3个氢键,G—C含量越高,T_m值越高。这是G—C对比A—T对更为稳定的缘故。所以测定T_m值可推算出G—C对的含量。其经验公式为:

$$G—C(\%) = (T_m - 69.3) \times 2.44$$

(3)离子强度较低的介质中,T_m较低。

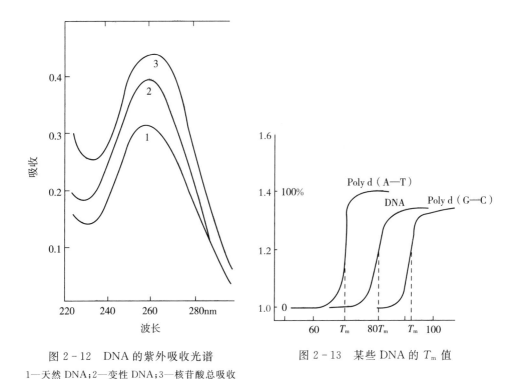

图 2-12 DNA 的紫外吸收光谱
1—天然 DNA;2—变性 DNA;3—核苷酸总吸收

图 2-13 某些 DNA 的 T_m 值

四、分子杂交

将不同来源的 DNA 放在试管中,经热变性后慢慢冷却复性时,DNA 可能与某些区域有互补序列的异源 DNA 单链形成双螺旋结构,这被称作分子杂交。DNA 单链与互补的 RNA 链之间也可以发生杂交。核酸的杂交在分子生物学和分子遗传学中已经得到广泛应用。

五、核酸的沉降特性

溶液中的核酸分子在引力场中可以下沉。不同构象的核酸(线形、开环、超螺旋结构)、蛋白质及其他杂质在超离心机的引力场中,沉降的速率有很大差异,所以可以用超离心法纯化核酸,或将不同构象的核酸进行分离。

应用不同介质组成密度梯度进行超离心分离核酸时,有很好的效果。RNA 分离常用蔗糖梯度。分离 DNA 时用得最多的是氯化铯梯度。应用啡啶溴红-氯化铯密度梯度平衡超离心,可将不同构象的 DNA、RNA 及蛋白质分开。这个方法是目前实验室中纯化质粒 DNA 时最常用的方法。

第五节　核酸的分离纯化及含量测定

一、DNA 的分离纯化

核酸研究的首要方法是分离和提取。核酸是生物大分子物质,抽提制备的过程中要防止核酸的降解和变性,实验过程中必须采用温和的条件,防止过酸、过碱,避免剧烈搅动,尤其是防止核酸酶的作用。

但是 DNA 分子种类(核或细胞器 DNA)、来源(不同生物)以及研究目的不同,提取纯化的方法也不尽相同,真核染色体 DNA 一般都要通过以下步骤处理:

(1)破碎组织,新鲜的组织置于干冰或液氮中冷冻后,研磨。

(2)破碎(或消化)细胞壁,释放出细胞内容物。用含有 CTAB(植物样品)或 SDS(动物、微生物等样品)的提取缓冲液使 DNA 与蛋白质解联。这一步通常用 SDS 或 CTAB 类去污剂完成,去污剂可以保护 DNA 免受内源核酸酶的降解,通常提取缓冲液中还包含 EDTA 和蛋白酶 K,EDTA 可以螯合大多数核酸酶所需的辅助因子——镁离子,蛋白酶 K 消化以使蛋白质裂解。

(3)通过缓冲液饱和的苯酚抽提以除去蛋白,或利用氯仿-异戊醇处理除去蛋白。在 DNA 的粗提物中往往含有大量 RNA、蛋白质、多糖、丹宁和色素等杂质,大多数蛋白可通过氯仿或苯酚处理后变性、沉淀去除,RNA 可通过 RNaseA 去除。

(4)加入一定量的 NaAc 或 LiCl,用 70%乙醇沉淀 DNA,用此方法可以得到纯的 DNA。

二、RNA 的分离纯化

RNA 比 DNA 更不稳定,且 RNA 是单链的,更容易受到核酸酶的攻击。因此 RNA 的分离纯化的操作要求比 DNA 更严格。

制备 RNA 通常需要注意一点:RNase 无处不在,所有制备 RNA 的玻璃器皿都要经过高温焙烤,或用 0.1%焦炭酸二乙酯(DEPC)处理过的水浸泡后再煮沸,或者购买无 RNA 酶污染的用具。为了进一步防止 RNA 降解,在破碎细胞的同时加入强变性剂使 RNase 失活。

真核生物 RNA 的分离纯化可参照上述分离纯化 DNA 的 CTAB 法进行,但 CTAB 缓冲液所含的成分不同。

分离 poly(A)mRNA 通常采用寡聚胸腺嘧啶核苷酸(oligo dT)或寡聚尿苷酸(oligo U)亲和层析法。当含有 mRNA 的溶液流经层析柱时,柱上的 oligo dT 或

oligo U 可和 mRNA 3′端的 ployA 配对,使 mRNA 吸附于层析柱上,再用缓冲液洗脱,可回收 mRNA。

三、核酸含量的测定

核酸含量的测定常见的方法有定磷法、紫外分光光度法、定糖法等。

(一)定磷法

元素分析表明,RNA 平均含磷量为 9.4%,DNA 为 9.9%,因此可以从测定核酸样品的含磷量计算 RNA 或 DNA 的含量。先用浓硫酸或过氯酸将有机磷水解成无机磷,酸性条件下磷酸与钼酸作用生成磷钼酸,磷钼酸被还原成钼兰,钼兰的最大吸收波长在 660nm,在一定浓度范围内,溶液的吸收值与无机磷的含量成正比,由此算出核酸含量。

(二)紫外分光光度法

核苷、核苷酸、核酸的组成成分中都有嘌呤、嘧啶碱基,这些碱基都具有共轭双键(—C—C $=$ C—C $=$ C—),在紫外光区的 250～280nm 处有强烈的光吸收作用,最大吸收值在 260nm 左右。常利用核酸的紫外吸收性进行核酸的定量测定。$1\mu g/mL$ 的 DNA 溶液的 A260nm 吸收值为 0.020,$1\mu g/mL$ 的 RNA 溶液的 A260nm 吸收值为 0.022,以此为标准,可测得溶液中的核酸含量。

(三)定糖法

核酸中的戊糖可在浓盐酸或浓硫酸作用下脱水生成醛类化合物,醛类化合物可与某些成色剂缩合成有色化合物,可用比色法或分光光度法测定其溶液中的吸收值,在一定浓度范围内,溶液的吸收值与核酸的含量成正比。RNA 与盐酸共热,核糖转变为糠醛,糠醛与甲基苯二酚反应呈绿色,在 670nm 处有最大吸收峰;DNA 在酸性溶液中与二苯胺共热,脱氧核糖生成蓝色化合物,最大吸收峰为 595nm。

第六节 废弃核酸资源的综合利用

核糖核酸(ribonucleic acid,RNA)是生命存在的重要基础物质。RNA 及其核酸酶分解产物肌苷酸、鸟苷酸等,在医药、食品、化妆品及农业等行业中具有重要的用途。从微生物中提取 RNA 是工业上最实际和最有效的方法,酵母中 RNA 不仅含量高,而且适合于工业化生产。近年来,在海洋资源的开发利用过程中,我国每年产生大量海洋生物废弃物,其中不少废弃物中含各种丰富的营养物,有的研究者从废弃的鱿鱼肝脏中提取核酸,进一步开发为生产医药和营养物的原料。就目前来说,企业已经利用核酸的水解物,如腺苷三磷酸、肌苷酸和环腺苷酸以及核酸水解后的核苷酸混合物用于医学(如 ATP、cAMP、核酸水解物"核酪")、工业(5 - IMP 用于增鲜剂)和农业等多方面。

思 考 题

一、名词解释

DNA 的变性与复性　增色效应　T_m　分子杂交

二、简答题

1. 某 DNA 样品含腺嘌呤 15.1%(按摩尔碱基计),计算其余碱基的百分含量。
2. 试述 DNA 双螺旋结构有哪些基本特点。
3. 简述核酸的种类、元素及其基本单位。
4. DNA 的二级结构有哪些类型?
5. 概述超螺旋 DNA 的生物学意义。
6. RNA 的主要类型及其功能有哪些?
7. 简述 PCR 技术及其原理。

拓 展 阅 读

[1] 王宇,刘景晶. 核酸的定量技术研究进展[J]. 药学进展,2006,30(9):385 - 390.

[2] 刘洪波,刘晓雷,罗小铭. 核酸提取方法进展[J]. 现代生物医学进展,2011,11(16):3187 - 3190.

[3] 唐学红,肖先举. 毛细管电泳在核酸分离分析中的应用[J]. 广西质量监督导报,2008(06):79 - 80.

[4] 李灵辉,李晖,林锦炎,等. 活禽市场甲型流感病毒核酸检测分析[J]. 中国公共卫生,2011,27(1):26 - 28.

[5] 郭蒙. 核酸与维生素金属络合物相互作用及其分析应用的研究[D]. 济南:山东大学,2007.

[6] LANDER E S,LINTON L M,BIRREN B,et al. Initial sequencing and analysis of the human genome[J]. Nature,2001,409(6822):860 - 921.

第三章　生物膜

【本章要点】

　　细胞的质膜和各种细胞器膜统称为生物膜。生物膜主要由脂质、蛋白质和糖类组成，其中脂质以脂双层结构构成膜的基质，膜蛋白以嵌入蛋白和外周蛋白与膜结合，糖类则与某些膜脂或膜蛋白结合生成糖脂和糖蛋白。生物膜最主要的特征是膜组分分布的不对称性和流动性。

　　生物膜具有多种功能，如物质运输、能量转换、信号传递、细胞识别等。其中，物质的跨膜运输是生物膜的主要功能之一。按物质运输过程中是否需要外加能量，可分为被动运输和主动运输两大类。

　　细胞是生物体的基本结构和功能单位，所有的细胞都以一层薄膜将其内含物与环境分开。另外，大多数细胞中还有许多内膜系统，构建成各种具有特定功能的亚细胞结构和细胞器，如细胞核、线粒体、内质网、溶酶体、高尔基体、过氧化物酶体、叶绿体等。细胞的质膜、内膜系统称为"生物膜"。

　　生物膜具有多种功能，如物质运输、能量转换、细胞识别、细胞免疫、神经传导、代谢调控等，生物学中许多重要过程以及激素、药物作用、肿瘤发生都与生物膜有关。

第一节　生物膜的组成

　　生物膜主要由脂质（主要是磷脂和胆固醇）、蛋白质（包括酶）和糖类构成，还有水和金属离子等。不同的生物膜中脂质和蛋白质占有的比例不同，从 1：4 到 4：1。组成上的差异与膜的功能密切相关，通常，生物膜的功能越复杂，其蛋白质的含量就越高。表 3-1 列出了几种生物膜的化学组成。

表 3-1 生物膜的化学组成

膜	蛋白质(%)	脂(%)	糖(%)
髓鞘	18	79	3
人红细胞膜	79	43	8
小鼠肝细胞膜	46	54	2～4
大鼠肝细胞核膜	59	35	2.9
内质网系膜	67	33	
线粒体外膜	52	48	2.4
线粒体内膜	76	24	(1～2)
菠菜叶绿体片层膜	70	30	

一、膜脂

生物膜中的脂质以磷脂为主体,还有胆固醇、糖脂、硫脂等。不同生物膜中脂质组成及含量差异较大。如神经髓鞘膜主要由脂类组成,而细菌细胞膜、线粒体和叶绿体膜中含较多的蛋白质;肝细胞质膜中富含胆固醇而几乎检测不到心磷脂的存在,而肝细胞的线粒体内膜中富含心磷脂而不含胆固醇。

(一)磷脂

膜磷脂主要是甘油磷酸二酯,它们以甘油为骨架,甘油分子中 C_1 和 C_2 处的羟基分别与两个脂肪酸的羧基酯化。C_3 羟基则与磷酸酯化,所得化合物称为磷脂酸(PA)(或二酰基甘油-3-磷酸),它是最简单的甘油磷脂,在膜中含量较少。但生物膜中主要的甘油磷脂都是从它衍生出来的,如磷脂酰胆碱(PC)、磷脂酰乙醇胺(PE)、磷脂酰丝氨酸(PS)、磷脂酰肌醇(PI)、磷脂酰甘油(PG)以及双磷脂酰甘油(DPG)等,它们的结构如下:

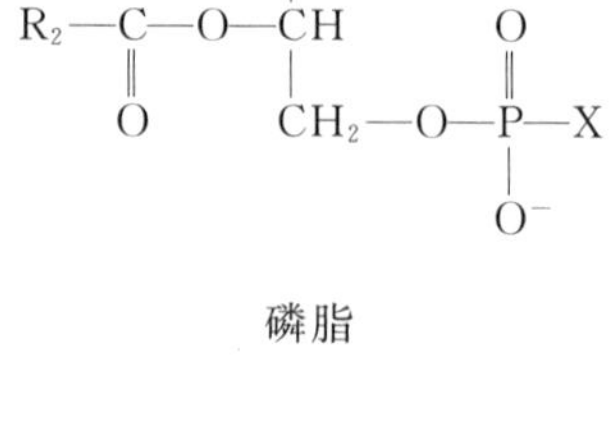

$$R_1-\overset{\overset{\textstyle O}{\|}}{C}-O-CH_2$$
$$R_2-\overset{\overset{\textstyle O}{\|}}{C}-O-CH$$
$$CH_2-O-\overset{\overset{\textstyle O}{\|}}{\underset{\underset{\textstyle O^-}{\|}}{P}}-X$$

磷脂

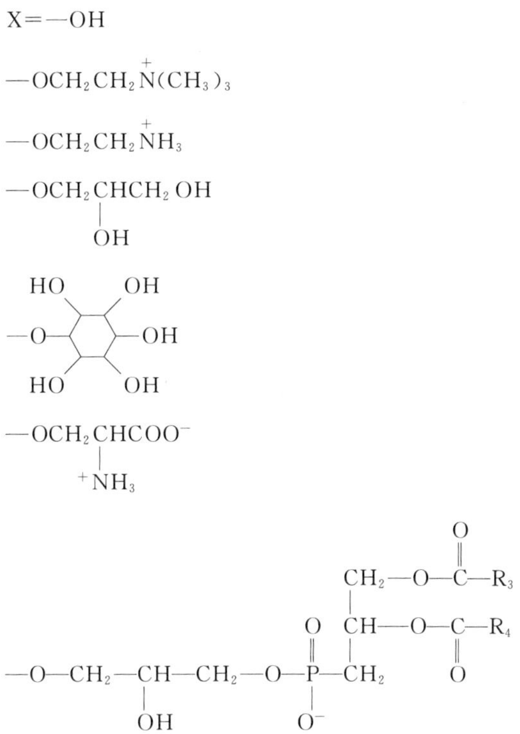

X＝—OH   磷脂酸

—OCH$_2$CH$_2$N$^+$(CH$_3$)$_3$ 磷脂酰胆碱(卵磷脂)

—OCH$_2$CH$_2$N$^+$H$_3$ 磷脂酰乙醇胺(脑磷脂)

—OCH$_2$CHCH$_2$OH
        |
        OH   磷脂酰甘油

磷脂酰肌醇

—OCH$_2$CHCOO$^-$
        |
       $^+$NH$_3$ 磷脂酰丝氨酸

二磷脂酰甘油酯
（心磷脂）

甘油磷脂的结构

除了甘油磷脂,生物膜中还含有另外一种磷脂,称为鞘磷脂,其结构如下:

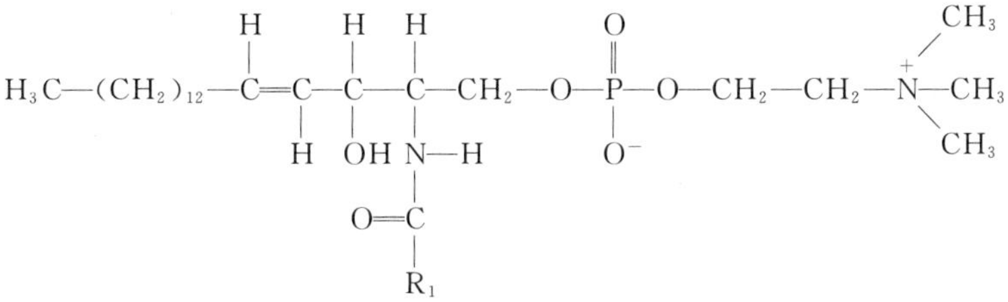

磷脂分子中含有亲水性的磷酸酯基和亲脂性的脂肪酸链,是优良的两亲性分子。因此磷脂分子在含水的环境中,亲水的头部与水相接触,并通过疏水作用力和范德华力使疏水的尾部尽可能靠近,将水从其邻近部位排除,而以微团或脂双层的形式存在。磷脂的这种性质,使它具有成为生物膜框架结构的化学基础。

(二)固醇类化合物

固醇是一类重要的膜脂。动物、植物及微生物细胞生物膜中所含固醇的种类是不同的。动物膜固醇主要是胆固醇。植物细胞膜系中胆固醇含量较低,其所含固醇类化合物主要是脂肪族支链不同于胆固醇的豆固醇和谷固醇,而真菌如酵母菌则以麦角固醇为主。固醇类以中性脂的形式分布在磷脂双层脂膜中,对生物膜中脂类的物理状态有一定的调节作用,维持膜的流动性和降低相变温度。它们的结构如下:

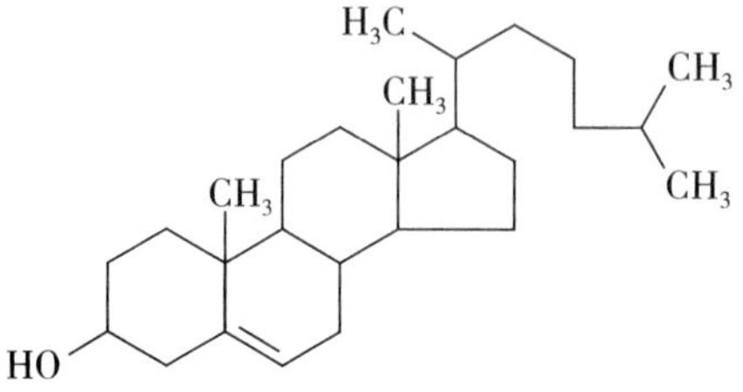

胆固醇

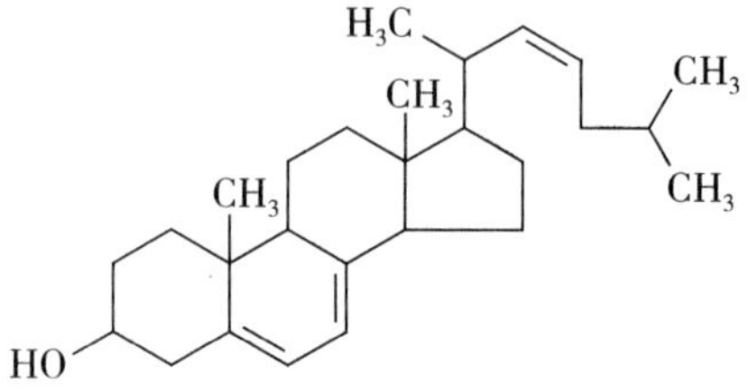

麦角固醇

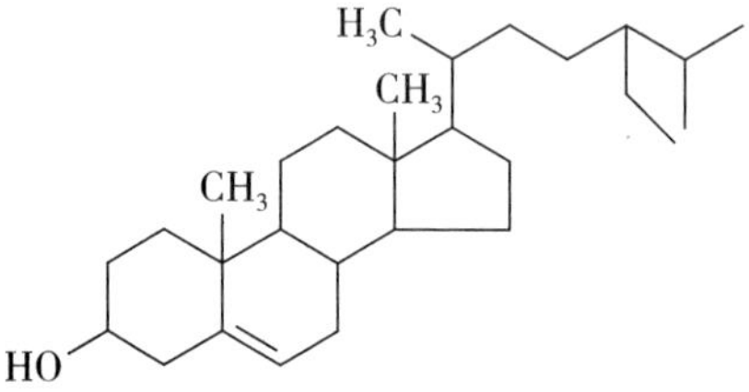

谷固醇

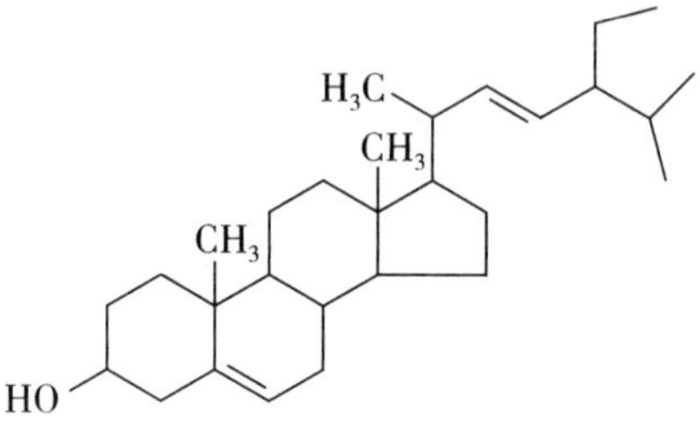

豆固醇

(三)糖脂

糖脂也是构成生物膜的结构物质。糖脂种类很多,不同糖脂分子中,不仅脂肪酸碳氢链的长短不一,饱和程度不同,而且所含糖的种类也差异较大,有单糖、多糖等。糖脂主要分布在细胞膜外侧。动物细胞膜所含的糖脂主要是脑苷脂。脑苷脂中的高级脂肪酸有二十四酸、二十四烯酸和 α-羟基二十四酸等。其结构如下:

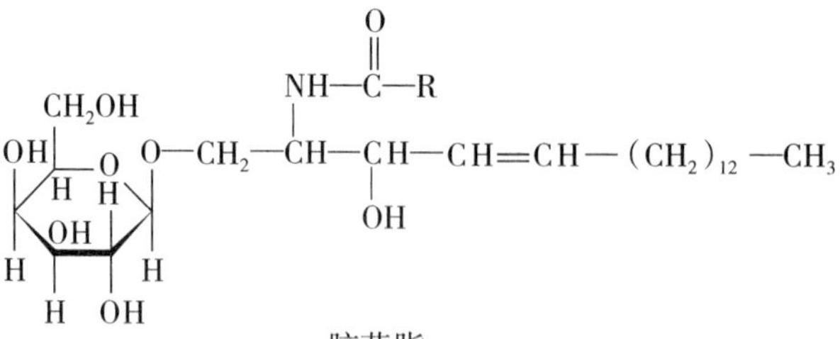

脑苷脂

植物和细菌的细胞膜中糖脂的含量较多。这类糖脂的结构较为复杂,主要为甘油的衍生物。

由上述可知,构成生物膜的脂质,磷脂、糖脂和固醇类等均具有共同的化学结构特征,即它们都有一个极性部分,称之为极性头;都有一个非极性部分,称之为非极性尾。因此,磷脂、糖脂和固醇类等均为两性脂类,是生物膜结构的逻辑基础。

二、膜蛋白

生物膜中存在的蛋白质称为膜蛋白。膜蛋白的含量、种类与膜的生物功能密切相关,膜的功能越丰富,膜蛋白的含量、种类越复杂。膜蛋白是生物膜实现功能的平台。

根据膜蛋白与膜脂相互作用的方式及其在膜上的定位,可将其分为嵌入蛋白和外周蛋白两类,如图 3-1 所示。

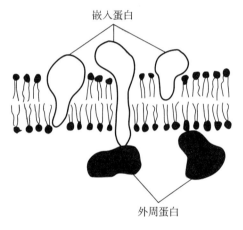

图 3-1　膜蛋白

(一)外周蛋白

外周蛋白也称外在蛋白,约占膜蛋白的 20%～30%。外周蛋白分布于膜的脂双层表面,它们通过极性氨基酸残基侧链以静电引力、氢键等次级键与膜脂的极性头部,或与某些膜蛋白的亲水部分相结合。外周蛋白质比较易于分离,通过改变介质的离子强度或 pH 或加入金属螯合剂即可提取。外周蛋白的特征是都能溶于水。

(二)内在蛋白

内在蛋白也称嵌入蛋白、内嵌蛋白,约占膜蛋白总量的 70%～80%。内在蛋白的特征是不溶于水。它们依靠非极性氨基酸残基侧链与膜脂分子的疏水部分以疏水作用力牢固结合,不同程度地插入或横跨脂双层。因此,这类蛋白质不易从膜上分离,只有用破坏膜结构的试剂如有机溶剂或去污剂才能把它们溶解下来。内在蛋白含有一个或多个富含疏水性氨基酸残基的跨膜区段,又缺乏水和它们之间形成氢键,这些肽段趋向于折叠成 α 螺旋或 β 片层结构,其中又以疏水 α 螺旋更为普遍。

三、糖类

生物膜中含有一定量的寡糖类物质。通常以糖蛋白和糖脂的形式存在。不同生物膜所含糖的量差异较大,一般在真核细胞的质膜上很丰富,但很少存在于细胞内膜上。生物膜中组成寡糖的单糖主要是葡萄糖、半乳糖、半乳糖胺、甘露糖和葡萄糖胺等。质膜中所有糖脂和糖蛋白中的糖基均暴露在细胞外表面并且呈现不对称分布。糖残基的这种定位分布,对生物膜的信息传递、细胞间的通信联络和相互识别具有重要意义。

四、其他膜组分

生物膜化学组成中除上述脂类、蛋白质和糖类等宏量物质外,还含有少量无机盐类。其中以金属离子的作用最为重要,在这里金属离子或以金属蛋白辅因子发挥作用,或以盐桥连接蛋白质与脂质,或以调节剂参与调节膜蛋白的生物功能,等等。

水作为生物膜的一种特殊成分存在并发挥作用。生物膜中的含水量约为膜物质重的 30%,其中大部分是呈液晶状的结合水,另有少量的自由水。水分子可能参与膜蛋白分子和脂质分子极性基团间氢键的形成,以维持膜的稳定性和有序排列。

第二节　生物膜的结构

生物膜是由蛋白质、脂类和糖类组装成的超分子体系。研究表明这一超分子体系具有多种重要的生物功能,如物质运输、能量转换、细胞识别、细胞免疫、神经传导、代谢调控等,生物学中许多重要过程以及激素、药物作用、肿瘤发生都与生物膜有关。更一般地说,生物膜具有推动生物体有序化的奇特性能。究竟是什么样特定的分子结构导致如此丰富多样的功能? 引发了人们长期对生物膜结构问题的关注探讨。膜研究的百余年历史间,有数十种膜结构模型被提出。本节就生物膜组分间的相互作用、具有代表性的生物膜结构模型以及生物膜的流动性做介绍。

一、生物膜组分间存在相互作用

大量实验结果说明,生物膜组分特别是蛋白质和膜脂之间存在有相互作用,这种相互作用直接影响到生物膜的功能。一般认为,生物膜中分子间存在的作用力有以下几种:静电力、氢键、范德华力和疏水相互作用。

(一)静电力

静电力是指生物分子中的某些基团在生理条件下能够解离成带电荷基团,带电基团之间存在着相互吸引或相互排斥作用。静电力存在于膜蛋白与膜脂、膜蛋白与膜蛋白之间,对稳定生物膜结构发挥着重要作用。

(二)氢键

膜蛋白、膜脂及膜糖等分子所含的各种基团,很多都可以形成氢键,其中主要是由氧或氮原子与氢原子之间形成的氢键。氢键的键能为 $16.7 \sim 33.6 kJ/mol$。氢键键能的大小与方向性有关。氢键的重要性在于维系生物膜结构及生物功能。

(三)范德华力

范德华力普遍存在于各种分子间,由较弱的取向力、诱导力和色散力构成,非特异性。这种力与原子间的距离相关,产生所谓范德华引力及范德华斥力。由于生物膜是超分子体系,因此范德华力是一种不可忽视的作用力。范德华引力倾向使膜中分子尽可能彼此靠近。

(四)疏水相互作用

所谓疏水相互作用是指分子中的非极性基团在水溶液中的缔合趋势。疏水相互作用对维持膜结构起主要作用。在水溶液条件下,膜蛋白、膜脂等生物大分子中的疏水部分能够相互缔合形成疏水区。膜中疏水区的介电常数较低,具有特殊的生物化学意义。

二、生物膜的分子结构

(一)脂双层模型

生物膜研究初期主要集中在膜的组成及其性质方面。1899 年 Overton 通过对细胞膜通透性的研究,提出脂质和胆固醇类物质是构成细胞膜的主要组分。1925 年,荷兰科学家 Gorter 和 Grendel 对红细胞膜进行了实验研究和理论分析计算。他们用丙酮抽提了红细胞膜的脂质,将这些脂质制成单分子层膜并测定了其表面积。同时根据显微观察数据计算了红细胞膜的表面面积,结果前者为后者的两倍。为了从膜的结构上解释这一差距,他们提出了著名的脂双层模型。这一模型认为,在生物膜中,磷脂、糖脂等分子形成了特有的脂双层结构——一层膜由两层膜脂分子组成,每一层中,膜脂分子都是极性头部朝向外侧,非极性尾部朝向内侧,形成纸片样结构,如图3-2所示。从热力学角度讲,这种结构具有最大的稳定性。

尽管脂双层模型十分简单粗糙,无法解释很多实验事实,但迄今为止,脂质双层结构是生物膜结构主体的论点依然被学界广泛接受。

图3-2 脂双层模型

(二)"三夹板"模型

随着膜研究的深入,脂双层模型无法解释的实验结果越来越多,主要表现在膜蛋白质的定位。1935年,Danielli与Davson提出,生物膜主要由蛋白质和脂质分子组成,球状蛋白质分子以单层覆盖在脂质双层两侧,因而形成蛋白质—脂质—蛋白质的"三明治"或"三夹板"式结构。如图3-3所示。

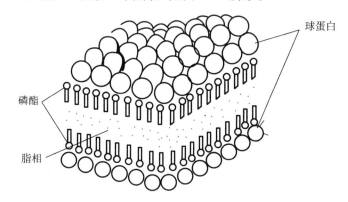

图3-3 "三夹板"模型

"三夹板"模型揭示了膜蛋白质定位问题,部分得到电镜观察和X射线衍射分析等实验结果的支持。

(三)单位膜模型

20世纪50年代末期,Robertson在"三夹板"模型的基础上,应用电子显微镜观察到膜具有三层结构,即在膜两侧呈现电子密度高而中间电子密度低的现象。经过大量实验积累,Robertson发现除细胞质膜外,内质网、线粒体、叶绿体、高尔基体等在电镜下都呈现相似的三层结构。因此,1964年Robertson提出了单位膜模型,以反映这种结构具有普遍性。单位膜模型与"三夹板"模型不同之处在于脂双层两侧蛋白质分子系以β折叠形式存在,而且呈不对称性分布,如图3-4所示。

随着膜研究的发展,逐渐发现大多数生物膜所含的脂质并不全是连续的,大多数膜蛋白都需要用比较剧烈的方法(如去垢剂、有机溶剂等)才能从膜上分离下来。这些都是Robertson的单位膜模型难以解释的,因此更多的膜模型不断被提出。

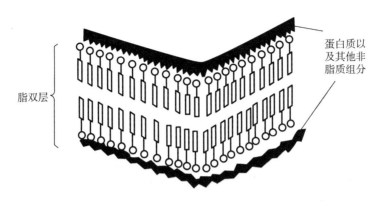

图 3-4　单位膜模型

(四) 流动镶嵌模型

在生物膜的流动性和膜蛋白分布不对称性等研究获得一系列重要成果的基础上，1972 年，美国科学家 Singer 与 Nicolson 提出生物膜结构的流动镶嵌模型，如图 3-5 所示。这个模型认为：①生物膜的基质是脂质双分子层结构；②膜脂质分子中的脂肪酸在细胞的正常温度下呈液体状态，因此，脂质双分子层具有流动性；③膜内嵌蛋白的表面具有疏水的氨基酸侧链，使这类蛋白"溶解"于双分子层的中心部分中；④膜外周蛋白的表面主要含有亲水性侧链，借助静电与带电荷的脂质双分子层的极性头部连接；⑤膜蛋白可在脂质双分子层表面或内部做横向移动。流动镶嵌模型与过去提出的各种膜模型的主要区别在于：一是突出了膜流动性，认为膜是由脂质和蛋白质分子按二维排列的流体；二是突出了膜蛋白分布的不对称性。

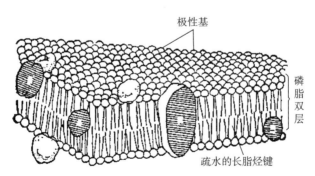

图 3-5　流动镶嵌模型

流动镶嵌模型至今一直是最为广泛地被接受的膜结构理论，而且成为后继诸多模型的基础。Singer 与 Nicolson 提出生物膜结构的流动镶嵌模型虽然可以解释膜的许多物理、化学、生物学性质，但问题远未解决。

(五)板块镶嵌模型

随着流动镶嵌模型无法满意解释的实验事实的逐渐出现,膜专家提出了不少模型,大多数是对流动镶嵌模型的修正和改进,其中具有代表性的是 Jain 和 White 于 1977 年提出的板块镶嵌模型,如图 3-6 所示。这个模型认为,在流动的脂质双分子层中存在着许多大小不同、刚度较大的彼此独立移动的脂质"板块"(有序结构区)。"板块"之间由无序的流动的脂质(无序结构"板块")所分割,这种无序结构区的"板块"和有序结构区的"板块"之间,可能处于一种连续的动态平衡之中。分布于膜内两半层的"板块"彼此相对独立,呈不对称性,但也可能某些"板块"延伸到全部双分子层。板块内的各组分之间以疏水力相互作用。蛋白和脂质两者也可能形成另一种不同性质的长距离的有序组织。因此,膜平面实际上是同时存在不同组织结构和性质的许多"板块",它们的变化主要由"板块"内组分的构象和相互作用的特异性所决定。而膜功能的多样性也可能与"板块"的性质和变化有关。板块镶嵌模型的贡献在于强调了生物膜结构和功能的区域化特点。

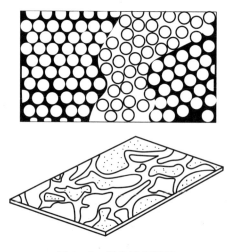

图 3-6　板块镶嵌模型

三、生物膜结构的组分分布不对称性和流动性

生物膜结构最主要的特征是膜组分的不对称分布和膜具有流动性。

(一)膜组分为两侧不对称分布

实验证明,构成膜的组分在膜两侧的分布是不对称的。首先,在脂双层内外两侧脂质的种类、分布是不对称的;如真核细胞膜中,鞘磷脂和磷脂酰胆碱在外层分布较多,而磷脂乙醇胺和磷脂酰丝氨酸则在内侧较多。其次,膜蛋白在膜上的分布也是不对称的;如线粒体内膜上的细胞色素 C 定位于膜外侧,而其上的细胞色素氧化酶及琥珀酸脱氢酶则定位于膜内侧。第三,糖类在膜上的分布也是不对称的。无论是质膜还是细胞内膜系的糖脂和糖蛋白中的寡糖都分布于膜的非细胞质一侧。总之,组成生物膜的脂质、蛋白质和糖类在膜两侧的分布都是不对称的;膜脂、膜蛋白和糖的不对称分布,必然导致膜内外两侧生物功能的差异。这一特性具有重要的生理意义。

(二)膜的流动性

膜的流动性主要是指膜蛋白及膜脂的运动状态。流动性是生物膜结构的主要特征。大量研究表明,适度的流动性对生物膜实现其正常功能具有十分重要的作用。如物质的运输、能量的转换、信息的传递和细胞的识别等都与膜的流动性密切相关。

1. 蛋白的流动性

膜蛋白的流动性包括膜蛋白的侧向扩散和膜蛋白的旋转扩散。许多实验证明,膜蛋白在生物膜上是可以侧向流动的。其中最著名的例子是 Frye 和 Edidin 于 1970 年所做的细胞融合实验。其他实验证明膜蛋白还可以围绕与膜平面相垂直的轴进行旋转运动。膜蛋白的运动状况与温度相关,当温度降低到 15℃ 以下时,膜蛋白的运动可以被抑制。

2. 膜脂的流动性

膜脂的基本组分是磷脂,膜脂的流动性主要决定于磷脂。磷脂的运动有以下几种方式:第一,烃链围绕 C—C 键旋转而导致异构化运动;第二,围绕与膜平面相垂直的轴左右摆动;第三,围绕与膜平面相垂直的轴做旋转运动;第四,在膜内做侧向扩散或侧向移动;第五,在脂双层中做翻转运动。如图 3-7 所示。

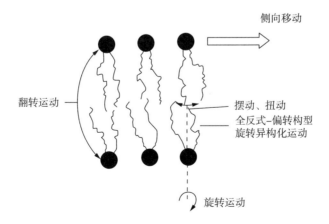

图 3-7 膜脂的流动方式

影响磷脂流动性的因素很多,如磷脂脂酰链的长度和不饱和的程度,胆固醇和鞘磷脂的含量,膜蛋白以及温度、pH、离子强度、金属离子,等等。

在生理条件下,磷脂大多呈液晶态,当温度降至一定值时,磷脂从流动的液晶态转变为高度有序的凝胶态,这个温度称为"相变温度"。凝胶状态也可以再"溶解"为液晶态。不同的脂膜相变温度也各不相同。

第三节　生物膜的功能

过去人们曾认为膜仅仅起着一种包裹作用,防止内部物质流出,以维持细胞内部各组分的相对稳定性。可是,随着对生物膜研究的不断深入,人们越来越清楚地认识到,膜的生物功能远非如此。细胞内很多生命活动都直接或间接与膜有关。除保护作用外,生物膜的主要功能可归纳为:物质运输、能量转换、信号传递和细胞识别等作用。

一、物质运输作用

细胞生长过程中,需要不断地与环境发生物质交换,即需将细胞和细胞器需要的物质从膜外运输到膜内,也需将细胞内分泌物质运出细胞。因此,生物膜的物质运输作用是生物膜的重要功能之一。根据被运输物质分子的大小,物质运输可分为小分子的运输与生物大分子的运输两类。

生物膜作为选择通透性屏障,维持着细胞独特的内环境。有些小分子(如水、尿素、乙醇等)可以自动跨膜,不需要能量的输入,有些(如葡萄糖)需要内在转运蛋白的协助,并且有时还需要输入能量去跨越不通透的膜(如葡萄糖、氨基酸、Na^+、K^+、Cl^-、Ca^{2+})。因此,根据运输过程中是否需要消耗能量,把膜对物质的运输分为被动运输和主动运输两种类型,如图 3-8 所示。

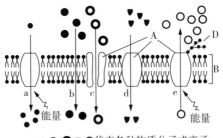

图 3-8　膜的被动运输和主动运输

（一）被动运输

物质从高浓度一侧，通过膜运输到低浓度一侧，即顺浓度梯度的方向跨膜运送，不需要能量的输入，称为被动运输。运输的速度与膜两侧物质的浓度差成比例。

物质的被动运输，根据是否需要专一性载体，可分为简单扩散和易化扩散两种。

1. 简单扩散

这是许多脂溶性小分子运送的主要方式。物质通过本身的扩散作用，由高浓度一侧穿过膜到达低浓度一侧，其特点在于不依赖特定载体，不具有特异性，亦不具有饱和性，扩散的终极结果使物质在膜两侧浓度相等。

简单扩散的速度与溶质在油/水两相中的分配系数、在膜中的扩散系数、溶质在膜两侧的浓度梯度以及溶质分子大小等因素有关，如果溶质是离子，简单扩散速度还和膜两侧的电位梯度（即电位差）有关。

2. 易化扩散

有些物质在顺浓度梯度扩散时，依赖于特定载体，称易化扩散，也称为协助扩散。其速度比简单扩散大大提高，例如，葡萄糖进入红细胞，实际扩散速度约为简单扩散速度的 10^5 倍。

研究发现，这些载体主要是镶嵌在膜上的多肽或蛋白质，属于透性酶系。而物质是通过载体蛋白构象的变化而被运输。膜的两侧都能结合或释放被运送的物质，这完全取决于该物质的内外两侧的浓度。以这种方式运输的分子包括亲水分子如葡萄糖、其他糖和氨基酸。转运蛋白对于某特定分子或一组结构相似分子具有专一性。如图 3-9 所示。

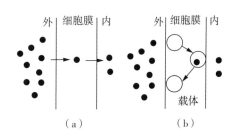

图 3-9　膜的被动运输
（a）自由扩散；（b）协助扩散

另外一些大的有机分子形成的离子载体，如缬氨霉素等其运输机理也属于易化扩散。

易化扩散与简单扩散在动力学性质上的显著差别是前者有明显的饱和效应，即当被运送物质的浓度不断增加时，运送速度会出现一个极限值。同时，受温度和 pH 及抑制剂影响，这与酶促反应中达到的最大反应速度相似。

（二）主动运输

主动运输是在外加能量驱动下，物质从膜的一侧跨越到另一侧的转运过程，是细胞膜的重要功能之一。即凡物质逆浓度梯度、需要专一性的载体蛋白协助并需要供给能量的运输过程叫主动运输。主动运输的物质可以是离子、小分子化合物,也可以是大分子物质(如蛋白质或酶等)。主动运输的基本过程如图 3-10 所示。

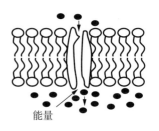

能量

图 3-10 膜的主动运输

主动运输具有的特点为:第一,膜具有专一性。细胞膜对于主动运输的物质有选择性。如有的细胞膜能运输葡萄糖,但不能运输氨基酸;而有的细胞膜能运输氨基酸,但不能运输葡萄糖。第二,有载体蛋白参与。物质的主动运输需要载体蛋白的参与,而载体蛋白具有专一性,通常,一种载体只能运输一种或一类物质。第三,物质运输具有方向性。主动运输可以使物质逆浓度梯度或电化学梯度进行运输,如生物为了维持细胞膜内外的 Na^+ 和 K^+ 离子的浓度梯度以保证正常生理活动的需要。细胞借助主动运输,向细胞外泵出 Na^+,向细胞内泵入 K^+。第四,主动运输过程所需要的外加能量,一般由生物能 ATP 提供(有些物质的主动运输的能量可来源于离子梯度储存的能量)。第五,主动运输过程可以被某些抑制剂抑制。

(三)大分子物质的跨膜运输

大量的研究证明,小分子物质的跨膜运输主要通过膜上的载体蛋白系统来完成。然而,大多数蛋白质等生物大分子甚至颗粒物的运送,则主要是通过膜泡运输——内吞作用和外排作用来完成的,如图 3-11 所示。而内吞作用根据被吞物质的大小及是否需要表面受体又可分为吞噬作用、胞饮作用及受体介导的内吞作用。

二、能量转换作用

生物体内的能量转换主要有氧化磷酸化和光合磷酸化两种不同的形式。氧化磷酸化,即通过生物氧化作用,将有机物中储存的化学能转变成生物能(ATP),以提供生命运动需要。光合磷酸化,即通过光合作用,将太阳能转换成生物能(ATP),再利用 ATP 的能量合成糖类物质。

氧化磷酸化和光合磷酸化共同特征在于都与生物膜紧密联系在一起,即生物膜在能量转换中发挥重要作用。真核细胞的氧化磷酸化主要在线粒体膜上进行,原核细胞的氧化磷酸化则是在细胞质膜上进行。光合磷酸化主要在叶绿体膜上进行。

细胞的内膜体系不仅为能量的传递和转换提供了必要的场所,而且还在时间上、空间上对能量的传递和转换起着调节和控制作用。

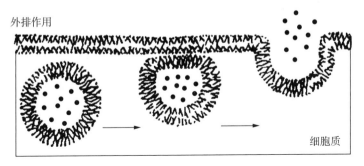

外排作用

细胞质

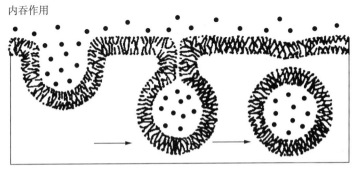

内吞作用

图 3-11 细胞的内吞作用和外排作用

三、信息传递作用

生物体内的信息传递,如神经传导、激素刺激等,主要是在细胞膜上进行的。细胞膜上有接受不同信息的专一性蛋白质受体,这些受体能识别和接受各种特殊信息,然后将不同的信息分别传递给有关的靶细胞并产生相应的效应以调节代谢和其他生理活动。

研究发现,信息传递的基本过程可概括为:细胞能分泌一定的化学物质,专门负责调节其他细胞(有些也调节细胞自身)的代谢和功能,这些化学物质称为信息物质(第一信使),包括生长因子、细胞因子、神经递质和激素等。信息物质发挥作用时,必须先与细胞上的特异性受体结合。信息物质与受体的结合在很多方面类似于底物结合于酶上。具有相应受体的细胞称为该信息物质的靶细胞;靶细胞内有复杂的信号转换过程,信息物质与受体结合后启动这个过程,并刺激产生调控信号物质(第二信使)。第二信使通过与代谢酶的作用对代谢过程起调控作用,最终表现出对细胞的调节效应。激素信息通过质膜传递到膜内的过程称为信息传导,其中重要的第二信使是 cAMP 和 cGMP。

四、细胞识别作用

生命活动中,细胞有识别异己的能力谓之细胞识别。生殖细胞和免疫细胞的识别能力更为突出。通常,细胞识别作用是一种发生在细胞表面的现象,其本质是细胞借助膜上特定的受体或抗原与外来信号物质的特异(专一性)结合,从而做出相应的反应。例如,淋巴细胞依赖细胞膜上特定的抗原受体识别并结合外来抗原,产生相应的抗体引起免疫反应。现已证明,细胞的识别功能是通过生物膜上的糖蛋白来实现的,细胞之间的结合涉及一个细胞表面的糖蛋白与另一个细胞表面特异的寡糖受体之间的相互作用。因此,细胞识别的分子基础在于糖链的特异性。

思 考 题

1. 何谓生物膜?研究生物膜有何意义?
2. 生物膜的主要成分是什么?分别叙述它们的主要作用。
3. 举例说明生物膜膜脂分布的不对称性。
4. 什么是膜的流动性?试述膜蛋白的运动形式。
5. 叙述膜脂的运动形式及意义。
6. 生物膜分子结构的模型主要有哪几种?
7. 试述流体镶嵌模型的要点。
8. 物质跨膜运输有哪些形式?
9. 主动运输有哪些基本特点?
10. 为什么磷脂具有形成双层脂膜的趋势?

拓 展 阅 读

[1] 林其谁. 生物膜的结构与功能[M]. 北京:科学出版社,1982.

[2] 张志鸿,刘文龙. 膜生物物理学[M]. 北京:高等教育出版社,1987.

[3] 杨福愉. 生物膜[M]. 北京:科学出版社,2005.

[4] 程时. 生物膜与医学[M]. 北京:北京大学医学出版社,2000.

[5] B. D. 冈珀茨. 质膜[M]. 北京:科学出版社,1981.

第四章　酶

【本章要点】

酶作为生物催化剂,与其他催化剂相比,具有高效性、专一性、反应条件温和性、可调控性等催化特点。除具有催化活性的 RNA 外,酶的化学本质是单纯蛋白质或是带有辅因子的蛋白质。根据各种酶所催化反应的类型可把酶分为 6 大类:氧化还原酶类、转移酶类、水解酶类、裂合酶类、异构酶类和连接酶类。

酶的活性中心是与酶活力直接相关的三维实体,通常位于酶分子的疏水裂缝内,分为结合部位和催化部位。

影响酶催化效率的因素主要有:酶和底物的邻近与定向效应、底物分子敏感键扭曲变形、酸碱催化、共价催化、金属离子催化和低介电微环境。

影响酶促反应速度的主要因素有:底物浓度、酶浓度、温度、pH、激活剂和抑制剂。

酶的分离纯化是酶学研究的基础。由于绝大多数酶是蛋白质,因此常用分离提纯蛋白质的方法来分离纯化酶。在酶的制备过程中,每一步骤都应测定留用以及准备弃去部分中所含酶的总活力和比活力,以了解经过某一步骤后酶的回收率、纯化倍数,从而决定这一步的取舍。

生物体内进行着许多复杂而有规律的化学反应,例如,氧化、还原、合成与分解等。这些化学反应如果在体外进行,则大都需要剧烈的物理或化学条件和较长的时间才能完成。但在体内温和条件下,却能迅速而有规律地进行,这是因为体内含有催化新陈代谢中各种反应的酶。

第一节　酶的概述

一、酶的概念

酶(enzyme)是由活细胞产生的,具有高度催化效能的一类生物大分子,所以又称为生物催化剂。迄今为止,除具有催化活性的 RNA 外,酶的化学本质是蛋白质,所以酶具有蛋白质的一切典型性质。在酶的作用下,许多生物化学反应过程可以在温和的条件下以很高的速率和效率进行。所以,酶是维持生命体内正常的生理活动和新陈代谢的基本条件。可以说,没有酶就没有生物体的生理活动和新陈代谢,也就没有生命。

酶催化的生物化学反应称为酶促反应。在酶促反应中,被酶催化的物质称为底物;经酶催化所产生的物质称为产物;酶所具有的催化能力称为酶活力或酶活性,如果酶丧失催化能力称为酶失活。

二、酶的催化特点

酶作为生物催化剂和一般催化剂相比有其共同性,首先酶和其他催化剂一样,都能显著地改变化学反应速率,使之加快达到平衡,但不能改变反应的平衡常数,酶本身在反应前后也不发生变化。这意味着一个酶对正、逆反应按同一倍数加速。

在一个化学反应体系中,因为各个分子所含的能量高低不同,每一瞬间并非全部反应物都能进行反应。只有那些具有较高能量,处于活化状态的分子即活化分子(activation molecule)才能在分子碰撞中发生化学反应。反应物中活化分子越多,则反应速率越快。活化分子要比一般分子高出一定的能量——活化能(activation energy),活化能的定义为,在一定温度下 1mol 底物全部进入活化态所需要的自由能(free energy),单位为 kJ/mol。在有催化剂参与反应时,由于催化剂能瞬时地与反应物结合成过渡态,因而降低了反应所需的活化能。从图 4-1 可以看出,在有催化剂时反应所需活化能降低,只需较少的能量就可使反应物变成活化

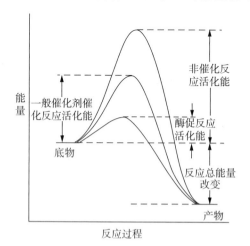

图 4-1　催化过程与非催化过程自由能的变化

分子,和非催化反应相比,活化分子数量大大增加,因而使反应速率加快。

例如,在没有催化剂存在的情况下,过氧化氢分解所需活化能为 75.4kJ/mol,用无机物液态钯做催化剂时,所需活化能降低为 48.9kJ/mol;当用过氧化氢酶催化时,则活化能只需 8.4kJ/mol。由此可见,酶作为催化剂比一般催化剂能更显著地降低活化能,催化效率更高。

酶是活细胞所产生的,受多种因素调节控制的具有催化能力的生物催化剂,与一般非生物催化剂相比较有以下几个特点:

(一)酶催化具有高效性

生物体内的大多数反应,在没有酶的情况下,几乎是不能进行的。即使像 CO_2 水合作用这样简单的反应也是通过体内碳酸酐酶催化的。

$$CO_2 + H_2O \Longleftrightarrow H_2CO_3$$

每个酶分子在 1s 内可以使 6×10^5 个 CO_2 发生水合作用,这样以保证使细胞组织中的 CO_2 迅速进入血液,然后再通过肺泡及时排出,这个经酶催化的反应,要比未经催化的反应快 10^7 倍。再如刀豆脲酶催化尿素水解的反应:

$$H_2N-\overset{\overset{\textstyle O}{\|}}{C}-NH_2 + 2H_2O + H^+ \longrightarrow 2NH_4^+ + HCO_3^-$$

在 20℃酶催化反应的速率常数是 $3 \times 10^4 \, s^{-1}$,尿素非催化水解的速率常数为 $3 \times 10^{-10} \, s^{-1}$,因此,脲酶催化反应的速率比非催化反应速率大 10^{14} 倍。据报道,如果在人的消化道中没有各种酶类参与催化作用,那么,在体温 37℃ 的情况下,要消化一餐简单的午饭,大约需要 50 年。经过实验分析,动物吃下的肉食,在消化道内只要几小时就可完全消化分解。再如将唾液淀粉酶稀释 100 万倍后,仍具有催化能力。由此可见,酶的催化效率是极高的。

(二)酶催化具有高度专一性

所谓高度专一性是指酶对催化的底物有严格的选择性。酶往往只能催化一种或一类反应,作用于一种或一类物质,而一般催化剂没有这样严格的选择性。氢离子可以催化淀粉、脂肪和蛋白质的水解,而淀粉酶只能催化淀粉糖苷键的水解,蛋白酶只能催化蛋白质肽键的水解,脂肪酶只能催化脂肪酯键的水解,而对其他类物质则没有催化作用。酶作用的专一性,是酶最重要的特点之一,也是和一般催化剂最主要的区别。

(三)酶催化的反应条件温和

酶是由细胞产生的生物大分子,凡能使生物大分子变性的因素,如高温、强碱、强酸、重金属盐等都能使酶失去催化活性,因此酶所催化的反应往往都是在比较温和的常温、常压和接近中性酸碱条件下进行。例如,生物固氮在植物中是由固氮酶催化的,通常在27℃和中性 pH 下进行,每年可从空气中将1亿吨左右的氮固定下来。而在工业上合成氨,需要在500℃,几百个大气压下才能完成。

(四)酶活性的可调控性

酶的催化活性在体内受到多种因素的调节和控制,这是酶区别于一般催化剂的重要特征。有机体的生命活动表现了它内部化学反应历程的有序性,这种有序性是受多方面因素调节控制的,一旦破坏了这种有序性,就会导致代谢紊乱,产生疾病,甚至死亡。细胞内酶的调节和控制有多种方式,主要有酶浓度的调节,即基因表达的调节;酶活性的调节主要包括别构调节、共价修饰调节、酶原激活、抑制剂及酶分子的聚合与解聚调节。

三、酶的组成

酶的化学本质除有催化活性的 RNA 之外几乎都是蛋白质。到目前为止,被人们分离纯化研究的酶已有数千种,经过物理和化学方法的分析证明了酶的化学本质是蛋白质。但是,不能说所有的蛋白质都是酶,只是具有催化作用的蛋白质才称为酶。

(一)简单蛋白酶和结合蛋白酶

酶是一类具有催化功能的蛋白质。根据其化学组成,可把酶分为简单蛋白酶(simply enzyme)和结合蛋白酶(conjugated enzyme)两类。

1. 简单蛋白酶

简单蛋白酶又称为单纯蛋白酶,除了蛋白质外,不含其他物质,如脲酶、蛋白酶、淀粉酶、脂肪酶和核糖核酸酶等。

2. 结合蛋白酶

结合蛋白酶除了蛋白质外,还要结合一些对热稳定的非蛋白质小分子物质或金属离子。前者称为酶蛋白(apoenzyme),后者称为辅因子(cofactor),酶蛋白与辅因子结合后所形成的复合物称为"全酶"(holoenzyme),即全酶＝酶蛋白＋辅因子。在酶催化时,一定要有酶蛋白和辅因子同时存在才起作用,一旦各自单独存在时,均无催化作用。

酶的辅因子,包括金属离子及有机化合物。根据它们与酶蛋白结合的松紧程度不同又可分为两类,即辅酶(coenzyme)和辅基(prosthetic group)。通常辅酶是指与酶蛋白结合比较松弛的小分子有机物质,通过透析方法可以除去。辅基是以共价键和酶蛋白结合,不能通过透析除去,需要经过一定的化学处理才能与蛋白分开,如细胞色素氧化酶中的铁卟啉,丙酮酸氧化酶中的黄素腺嘌呤二核苷酸(FAD),都属于辅基。所以辅酶和辅基的区别只在于它们与酶蛋白结合的牢固程度不同,并无严格的界线。

（二）单体酶、寡聚酶和多酶复合体

根据酶蛋白分子的特点，又可将酶分为以下三类：

1. 单体酶

单体酶（monomeric enzyme）一般是由一条肽链组成，如牛胰核糖核酸酶、溶菌酶、胰蛋白酶等。但有的单体酶是由多条肽链组成，如胰凝乳蛋白酶是由三条肽链组成，肽链间以二硫键相连构成一个共价整体。

2. 寡聚酶

寡聚酶（oligomeric enzyme）是由两个或两个以上亚基组成的酶，这些亚基可以是相同的，也可以是不相同的。绝大部分寡聚酶都含偶数亚基，如 3-磷酸甘油醛脱氢酶含两个亚基，L-乳酸脱氢酶含四个亚基。但个别寡聚酶含奇数亚基，如荧光素酶、嘌呤核苷磷酸化酶均含三个亚基。亚基之间靠次级键结合，彼此容易分开。大多数寡聚酶，其聚合形式是活性型，解聚形式是失活型。相当数量的寡聚酶是调节酶，在代谢调控中起重要作用。

3. 多酶复合体

多酶复合体（multienzyme enzymes）是由体内几种参与链锁反应的酶靠非共价键彼此嵌合而成。这种复合体可使所有反应依次连接，有利于一系列反应的连续进行，如丙酮酸脱氢酶复合体、脂肪酸合成酶复合体。

四、酶的底物专一性

酶的底物专一性（specificity）是指在一定条件下，一种酶只能催化一种或一类结构相似的底物进行某种类型的化学反应。酶的底物专一性是酶最重要的特点之一，酶对底物的专一性可分为三种类型：

（一）绝对专一性（absolute specificity）

有些酶对底物的要求非常严格，只作用于一种底物，而不作用于任何其他物质，这种专一性称为绝对专一性。例如脲酶只能水解尿素，而对尿素的各种衍生物不起作用。此外，如麦芽糖酶只作用于麦芽糖，而不作用于其他双糖；碳酸酐酶只作用于碳酸等均属于绝对专一性的例子。

（二）相对专一性（relative specificity）

有些酶对底物的要求比上述绝对专一性要低一些，可作用一类结构相近的底物，这种专一性称为相对专一性。根据具有相对专一性的酶作用于底物时，对链两端的基团要求程度的不同，又可分为键专一性和基团专一性。

1. 键专一性

有些酶只要求作用于底物一定的键，而对键两边的基团并无严格要求，这种相对专一性称为键专一性。例如酯酶催化酯键的水解，对底物中的 R 及 R′ 基团都没有严格的要求。只是对于不同的酯类,水解速率有所不同。

2. 基团专一性

有些酶对其中一个基团要求严格,而对另一个则要求不严格,这种专一性称为族专一性或基团专一性。例如 α-D-葡萄糖苷酶不但要求 α-糖苷键,并且要求α-糖苷键的一端必须有葡萄糖残基,即 α-葡糖苷,而对键的另一端 R 基团则要求不严,因此它可催化各种 α-D-葡糖苷衍生物 α-糖苷键的水解。

(三)立体专一性(stereospecificity)

当底物具有立体异构体时,酶只能作用于其中的一种,这种专一性称为立体异构专一性。酶的立体异构专一性是相当普遍的现象。

1. 旋光异构专一性

有些酶只作用于旋光异构体中的一种,例如 L-氨基酸氧化酶只能催化 L-氨基酸氧化,而对 D-氨基酸无作用,称为旋光异构专一性。

2. 几何异构专一性

有的酶对于有顺反异构体的物质,只能作用于其中的一种。例如,琥珀酸脱氢酶只能催化琥珀酸脱氢生成延胡索酸(反丁烯二酸),而不能生成顺丁烯二酸,称为几何异构专一性。

酶的立体异构专一性在实践中很有意义,例如某些药物只有某一种构型才有生理效应,其异构体可能没有活性,或具有毒副作用。而有机合成的药物一般为两种异构体的消旋产物,利用酶则可进行不对称合成或不对称拆分。如用乙酰化酶制备 L-氨基酸时,将有机合成的 L-氨基酸、D-氨基酸经乙酰化后,再用乙酰化酶处理,这时只有乙酰-L-氨基酸被水解,于是便可将 L-氨基酸与 D-氨基酸分开。

第二节 酶的命名与分类

一、酶的命名

迄今为止已发现 4000 多种酶,实际上在生物体中的酶的数量远远大于这个数量。随着生物化学、分子生物学等生命科学的发展,会发现更多的新酶。为了研究和使用的方便,需要对已知的酶加以分类,并给以科学的名称。

(一)习惯命名法

1961 年以前使用的酶的名称都是按照习惯沿用的,称为习惯命名法。主要依据两个原则:

(1)根据酶作用的底物命名,如催化水解淀粉的酶叫淀粉酶,催化水解蛋白质的酶叫蛋白酶。有时还加上来源以区别不同来源的同一类酶,如胃蛋白酶、胰蛋白酶。

(2)根据酶催化反应的性质及类型命名,如水解酶、转移酶、氧化酶等。有的酶结合上述两个原则来命名,如琥珀酸脱氢酶是催化琥珀酸脱氢反应的酶。

习惯命名法比较简单,尽管缺乏系统性和科学性,有时会出现一酶数名或一名数酶的情况,但由于应用历史较长,而且使用方便,目前还被人们使用。

(二)系统命名法

1961 年国际生物化学学会酶学委员会推荐了一套新的系统命名方案及分类方法,已被国际生物化学学会接受。系统命名法的原则是以酶所催化的整体反应为基础的,规定每种酶的名称应当明确标明酶的底物及催化反应的性质,如果一种酶催化两个底物起反应,应在它们的系统名称中包括两种底物的名称,并以":"号将它们隔开。若底物之一是水时,可将水略去不写(表 4 - 1)。

表 4 - 1　酶系统命名法举例

习惯名称	系统名称	催化的反应
乙醇脱氢酶	乙醇:NAD$^+$ 氧化还原酶	乙醇+NAD$^+$→乙醛+NADH
谷丙转氨酶	丙氨酸:α-酮戊二酸氨基转移酶	丙氨酸+α-酮戊二酸→谷氨酸+丙酮酸
脂肪酶	脂肪:水解酶	脂肪+H_2O→脂肪酸+甘油

二、酶的分类

国际酶学委员会根据各种酶所催化反应的类型,把酶分为 6 大类,即氧化还原酶类、转移酶类、水解酶类、裂合酶类、异构酶类和连接酶类。

(一)氧化还原酶类(oxido-reductase)

氧化还原酶类是一类催化氧化还原反应的酶,可以分为氧化酶和脱氢酶两类。其催化反应通式为:

$$AH_2+B \rightleftharpoons A+BH_2$$

例如,乳酸脱氢酶(EC1.1.1.27)以 NAD$^+$ 为辅酶将乳酸氧化成丙酮酸,即

$$HO-\overset{\overset{\displaystyle CH_3}{|}}{\underset{\underset{\displaystyle COO^-}{|}}{C}}-H + NAD^+ \xrightarrow{\text{乳酸脱氢酶}} \overset{\overset{\displaystyle CH_3}{|}}{\underset{\underset{\displaystyle COO^-}{|}}{C}}=O + NADH + H^+$$

乳酸　　　　　　　　　　　　　丙酮酸

(二)转移酶类(transferase)

转移酶类催化化合物某些基团的转移反应,即将一种分子上的某一基团转移到另一种分子上的反应。其反应通式为:

$$AX + B \rightleftharpoons A + BX$$

如谷丙转氨酶(EC2.6.1.2)属于转移酶类中的转氨基酶。该酶需要以磷酸吡哆醛为辅基,使谷氨酸上的氨基转移到丙酮酸上,使之成为丙氨酸,而谷氨酸成为α-酮戊二酸。

$$
\begin{array}{ccccccc}
\text{COOH} & & & & \text{COOH} & & \text{COOH} \\
| & & & & | & & | \\
(\text{CH}_2)_2 & \text{CH}_3 & & & (\text{CH}_2)_2 & \text{CH}_3 \\
| & | & \xrightarrow{\text{谷丙转氨酶}} & & | & | \\
\text{H—C—NH}_2 + \text{C=O} & & & \text{C=O} & + & \text{H—C—NH}_2 \\
| & | & & | & & | \\
\text{COOH} & \text{COOH} & & \text{COOH} & & \text{COOH} \\
\text{谷氨酸} & \text{丙酮酸} & & \text{α-酮戊二酸} & & \text{丙氨酸}
\end{array}
$$

这一大类中还有转移羧基、醛或酮基、酰基、糖苷基和磷酸基的酶。

(三)水解酶类(hydrolase)

水解酶类催化底物的加水分解反应。水解酶类大都属于细胞外酶,在生物体内分布最广,数量也多,包括水解酯键、糖苷键、酸酐键及其他 C—N 键的酶,共 11 个亚类,常见的有蛋白酶、淀粉酶、核酸酶和脂肪酶等。反应通式为:

$$AB + HOH \rightleftharpoons AOH + BH$$

例如,磷酸二酯酶(EC3.1.4.1)催化磷酸酯键水解,即

$$
\begin{array}{cccc}
\text{O} & & & \text{O} \\
\| & & & \| \\
\text{R—O—P—O—R} + \text{H}_2\text{O} & \xrightarrow{\text{磷酸二酯酶}} & \text{ROH} + & \text{RO—P—OH} \\
| & & & | \\
\text{OH} & & & \text{OH} \\
\text{磷酸二酯} & & \text{醇} & \text{磷酸单酯}
\end{array}
$$

(四)裂合酶类(lyase)

裂合酶类催化从底物移去一个基团而形成双键的反应或其逆反应,反应可用下式表示:

$$AB \rightleftharpoons A + B$$

这类酶最常见的为 C—C、C—O、C—N、C—S 裂合酶亚类。例如醛缩酶

(EC4.1.2.7)可催化果糖-1,6-二磷酸成为磷酸二羟丙酮及甘油醛-3-磷酸,是糖酵解过程中的一个关键酶。

$$
\begin{array}{c}
CH_2OPO_3^{2-} \\
| \\
C=O \\
| \\
HO-C-H \\
| \\
H-C-OH \\
| \\
H-C-OH \\
| \\
CH_2OPO_3^{2-}
\end{array}
\xrightleftharpoons{醛缩酶}
\begin{array}{c}
CH_2OPO_3^{2-} \\
| \\
C=O \\
| \\
CH_2OH
\end{array}
+
\begin{array}{c}
H-C=O \\
| \\
H-C-OH \\
| \\
CH_2OPO_3^{2-}
\end{array}
$$

果糖-1,6-二磷酸　　　　　磷酸二羟丙酮　　甘油醛-3-磷酸

(五)异构酶类(isomerase)

异构酶类催化各种同分异构体之间的相互转变,即分子内部基团的重新排列,其反应通式为:

$$A \rightleftharpoons B$$

这类酶包括消旋酶、差向异构酶、顺反异构酶、分子内氧化还原酶、分子内转移酶和分子内裂合酶等亚类。例如,葡糖-6-磷酸异构酶(EC5.3.1.9)可催化葡糖-6-磷酸转变成果糖-6-磷酸。

$$
\begin{array}{c}
CHO \\
| \\
H-C-OH \\
| \\
HO-C-H \\
| \\
H-C-OH \\
| \\
H-C-OH \\
| \\
CH_2OPO_3^{2-}
\end{array}
\xrightleftharpoons{葡萄糖-6-磷酸异构酶}
\begin{array}{c}
CH_2OPO_3^{2-} \\
| \\
C=O \\
| \\
HO-C-H \\
| \\
H-C-OH \\
| \\
H-C-OH \\
| \\
CH_2OPO_3^{2-}
\end{array}
$$

葡萄糖-6-磷酸　　　　　　　　　　　果糖-6-磷酸

(六)连接酶类(ligase)

连接酶类[也称合成酶类(synthetase)]催化有腺苷三磷酸(ATP)参与的合成反应,即由两种物质合成一种新物质的反应。简式如下:

$$A+B+ATP \rightleftharpoons AB+ADP+Pi$$

或

$$A+B+ATP \rightleftharpoons AB+AMP+PPi$$

例如,L-酪氨酰 tRNA 合成酶(EC6.1.1.1)催化 L-Tyr-tRNA 的合成,这类酶在蛋白质生物合成中起重要作用。

$$
\begin{array}{c}
\text{COOH} \\
| \\
\text{H—C—NH}_2 \\
| \\
\text{CH}_2 \\
\end{array}
\quad +\text{ATP}+\text{tRNA} \xrightleftharpoons{\text{L-酪氨酸 tRNA 合成酶}} \text{AMP}+\text{PPi}+\text{L-Tyr-tRNA}
$$

| 酪氨酸 | 转移 RNA | | 焦磷酸 | L-酪氨酸-转移 RNA |

该类酶包括生成 C=O、C—S、C—N、C—C 和磷酸酯键的 5 个亚类。

三、酶的标码

国际酶学委员会根据各种酶所催化反应的类型,把酶分成的 6 大类,即氧比还原酶类、转移酶类、水解酶类、裂合酶类、异构酶类和连接酶类,分别用 1、2、3、4、5、6 来表示。再根据底物中被作用的基团或键的特点将每一大类分为若干个亚类,每一个亚类又按顺序编成 1、2、3、4…等数字。每一个亚类可再分为亚亚类,仍用 1、2、3、4…编号。每一个酶的分类编号由 4 个数字组成,数字间由“.”隔开。第一个数字指明该酶属于 6 个大类中的哪一大类;第二个数字指出该酶属于哪一个亚类;第三个数字指出该酶属于哪一个亚亚类;第四个数字则表明该酶在亚亚类中的排号。编号之前冠以 EC(为 Enzyme Commission 的缩写)。

例如醇脱氢酶的系统编号为 EC 1.1.1.1,其中第一个数字“1”表示该酶属于氧化还原酶(第一大类);第二个数字“1”表示属于氧化还原酶的第一亚类,作用于供体的 CHOH 基团;第三个数字“1”表示该酶属第一亚类的第一小类,受体是 NAD^+ 或 $NADP^+$ 为氢受体;第 4 个数字表示该酶在小类中的特定序号。这种系统命名原则及系统编号是相当严格的,一种酶只可能有一个名称和一个编号。一切新发现的酶,都能按此系统得到适当的编号,从酶的编号可了解到该酶的类型和反应性质。

四、核酶及酶内涵的拓展

自从 1926 年 Sumner 首次从刀豆中获得脲酶结晶并证明其是蛋白质以来,现已有数千种酶经研究证明是蛋白质。因此长期以来人们一直认为酶的化学本质就是蛋白质。20 世纪 80 年代初期,英国科学家 Cech 在研究四膜虫 rRNA 的基因转录问题时和 Altman 的研究细菌核糖核酸酶时,各自独立地发现了具有生物催化功能的 RNA,即核酶(ribozyme),从而改变了生物体内所有的酶都是蛋白质的传统观念。这个发现曾被认为是多年来生化领域内最令人鼓舞的发现之一,为此 Cech 和 Altman 共同获得了 1989 年度诺贝尔化学奖。

具有催化功能 RNA 的重大发现,表明 RNA 是一种既能携带遗传信息又有生物催化功能的生物分子。因此很可能 RNA 早于蛋白质和 DNA,是生命起源中首先出现的生物大分子。酶活性 RNA 的发现,提出了生物大分子和生命起源的新概念,无疑将促进对生物进化和生命起源的研究。

第三节 酶的作用机理

一、酶的活性中心

(一)活性中心的概念

通过各种研究证明,酶的特殊催化能力只局限在酶分子的一定区域,也就是说只有少数特异的氨基酸残基参与底物结合及催化作用。这些特异的氨基酸残基比较集中的区域,即与酶活力直接相关的区域称为酶的活性部位(active site)或活性中心(active center)。

(二)催化部位和结合部位

通常又将活性中心分为催化部位和结合部位,前者负责催化底物键的断裂形成新键,决定酶的催化能力;后者负责与底物的结合,决定酶的专一性。对于需要辅酶的酶来说,辅酶分子或辅酶分子上的某一部分结构,往往也是酶活性中心的组成部分。

(三)必需基团

酶的活性中心含有多种不同的基团,其中一些基团是酶的催化活性所必需的,称为必需基团。在酶的催化过程中,这些必需基团与底物分子通过非共价力(氢键、离子键等)、质子迁移或形成共价键等方式,起催化作用。如果这些必需基团被修饰或置换,酶的催化活性将降低或丧失。常见的有组氨酸的咪唑基、丝氨酸和苏氨酸的羟基、半胱氨酸的巯基、赖氨酸的 δ-氨基、精氨酸的胍基、天冬氨酸和谷氨酸的羧基以及游离的氨基和羟基等。

(四)活性中心的特点

虽然酶在结构、专一性和催化模式上差别很大,但其活性中心具有一些共同的特点。

(1)活性中心在酶分子的总体上只占相当小的部分,通常只占整个酶分子体积的 1%～2%。已知几乎所有的酶都由 100 多个氨基酸残基所组成,相对分子质量在 10kDa 以上,直径大于 2.5nm,而活性中心只由几个氨基酸残基所构成。酶分子的催化部位一般只由 2～3 个氨基酸残基组成,而结合部位的残基数目因不同的酶而异,可能是一个,也可能是数个。

(2)酶的活性中心是一个三维实体。酶的活性中心不是一个点、一条线,甚至也不是一个面。活性中心的三维结构是由酶的一级结构所决定且在一定外界条件下形成的。活性中心的氨基酸残基在一级结构上可能相距甚远,甚至位于不同的肽链上,通过肽链的盘绕、折叠而在空间结构上相互靠近。可以说没有酶的空间结构,也就没有酶的活性中心。一旦酶的高级结构受到物理因素或化学因素影响时,酶的活性中心遭到破坏,酶即失活。

(3)酶的活性部位并不是和底物的形状正好互补的,而是在酶和底物结合的过程中,底物分子或酶分子,有时是两者的构象同时发生了一定的变化后才互补的,这时催化基团的位置也正好在所催化底物键的断裂和即将生成键的适当位置。这个动态的辨认过程称为诱导契合(induced fit)。

(4)酶的活性部位位于酶分子表面的一个裂缝内。底物分子(或一部分)结合到裂缝内并发生催化作用。裂缝内是疏水能力较强的区域,非极性基团较多,但在裂缝内也含有某些极性的氨基酸残基,以便与底物结合并发生催化作用。其非极性性质在于产生一个微环境,提高与底物的结合能力而有利于催化。在此裂缝内底物有效浓度可达到很高。

(5)底物通过次级键较弱的力结合到酶上。酶与底物结合成 ES 复合物主要靠次级键,即氢键、盐键、范德华力和疏水相互作用。

(6)酶活性部位具有柔性或可运动性。我国著名生物化学家邹承鲁对酶分子变性过程中的构象变化与活性变化进行了比较研究,发现在酶的变性过程中,当酶分子的整体构象还没有受到明显影响之前,活性部位已大部分被破坏,因而造成活性的丧失。说明酶的活性中心,相对于整个酶分子来说更具柔性,这种柔性或可运动性,很可能正是表现其催化活性的一个必要因素。

二、酶与底物分子的结合

(一)中间产物学说

1903 年 Henri 和 Wurtz 提出了酶底物中间产物学说,该学说认为当酶催化某一化学反应时,酶首先和底物结合生成中间复合物(ES),然后生成产物(P),并释放出酶。反应用下式表示:

$$S+E \longrightarrow ES \longrightarrow P+E$$

酶与底物分子结合的中间产物学说,已得到许多实验证明。

(二)锁钥学说和三点附着学说

1894 年,H. E. Fisher 在对酶作用专一性进行研究的基础上提出了"锁钥学说"(lock and key theory)。Fisher 认为酶分子表面具有特定的可与底物互补的结构,酶与底物的结合如同一把钥匙对一把锁一样,也就是说两个生物分子之间特定的相互作用是通过分子表面的互补结构来完成的,如图 4-2 所示。锁钥学说对生物化学的发展产生了深刻影响,其不足之处在于认为酶的结构是刚性的,若如此,就难以解释一个酶可以催化正逆两个反应,因为产物(或逆反应的底物)的形状、构象和底物完全不同。

在此理论的基础上还衍生出一个三点附着学说,专门解释酶的立体专一性。该学说认为酶只能与那些至少有三个结合点都互相匹配的底物才能发生催化作用。

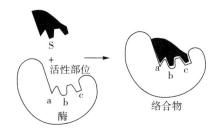

图 4-2 酶与底物的锁钥学说示意图

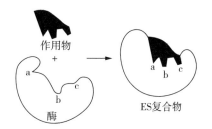

图 4-3 酶与底物的诱导契合学说

(三)诱导契合学说

随着研究的深入,人们发现底物与酶互补结合时,酶分子本身不是固定不变的。1958 年,D. Koshland 提出了解释酶作用专一性的"诱导契合学说"(induced-fit hypothesis)。该学说认为酶与底物的结合是动态的契合,当酶分子与底物接近时,酶蛋白受底物分子的诱导,其构象发生有利于底物结合的变化,酶与底物在此基础上互补契合,进行反应,如图 4-3 所示。近年来,X 射线晶体结构分析的实验结果支持了这一假说,证明酶是一种具有高度柔性、构象动态变化的分子,酶与底物结合时确有显著的构象变化,如图 4-4 所示。因此人们认为这一假说较好地说明了酶的专一性。

三、影响酶催化效率的因素

酶是专一性强、催化效率很高的生物催化剂,这是由酶分子的特殊结构决定的。经各种途径的研究,发现有多种因素可以使酶反应加速,但很难确切地说它们的贡献有多大。现将影响酶高催化效率的有关因素讨论如下:

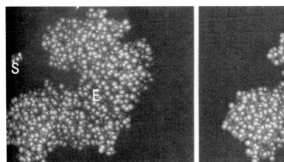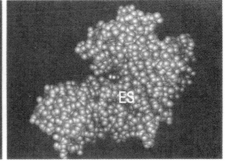

图 4 - 4　酶和底物相互作用的诱导契合模型

(一)酶和底物的邻近与定向效应

酶和底物复合物的形成过程既是专一性的识别过程,更重要的是分子间反应变为分子内反应的过程。在这一过程中包括两种效应:邻近效应和定向效应。

邻近效应(approximation)是指酶与底物结合形成中间复合物以后,使底物和底物(如双分子反应)之间、酶的催化部位与底物之间结合于同一分子而使有效浓度得以极大地升高从而使反应速率大大增加的一种效应。有实验数据显示某底物在溶液中的浓度为 0.001mol/L,而在酶的活性中心的浓度竟高达 100mol/L,比溶液中的浓度高 10 万倍。

酶不仅可通过邻近效应有效地增加活性中心区域的底物浓度,还可通过使酶的催化基团与底物的反应基团严格地定向来加速催化反应的速度。定向效应(orientation)是指反应物的反应基团之间和酶的催化基团与底物的反应基团之间的正确取位而产生的效应,如图 4 - 5 所示。正确定向取位问题在游离的反应物体系中很难解决,但当反应体系由分子间反应变为分子内反应后,这个问题就有了解决的基础。酶所催化的反应,当底物与活性中心结合时,酶的构象会发生一定的变化,使得反应所需的酶的催化部位和结合部位可以正确地排列定向,从而促使底物与酶"邻近"和"定向",达到提高反应速度的目的。

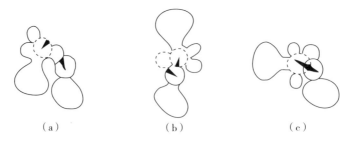

（a）　　　　　　　　（b）　　　　　　　　（c）

图 4 - 5　底物的"邻近"和"定向"效应示意图

（二）底物分子敏感键扭曲变形

当酶遇到其专一性底物时，酶中某些基团或离子可以使底物分子内敏感键中的某些基团的电子云密度增高或降低，产生"电子张力"，导致底物分子发生形变，使得底物比较接近它的过渡态，底物的敏感键更易于断裂，从而降低反应的活化能，使反应易于发生。

例如，乙烯环磷酸酯的水解速率是磷酸二酯水解速率的 10^8 倍，这是因为环磷酸的构象更接近于过渡态。再如，溶菌酶与底物结合时引起 D-糖环构象改变，由椅式变成半椅式。上述例子已为 X 射线晶体结构分析证实。

同时，在酶促反应中，由于底物的诱导，酶分子的构象也会发生变化，使得酶与底物分子都发生了形变（图 4-6），从而形成一个互相契合的酶-底物复合物，进一步转换成过渡态，大大增加了酶促反应速率。

图 4-6　底物与酶结合时的构象变化示意图
(a)底物分子发生形变；(b)底物分子和酶都发生形变

（三）酸碱催化（acid-base catalysis）

酸碱催化是通过瞬时的向反应物提供质子或从反应物接受质子以稳定过渡态，加速反应的一类催化机制。在水溶液中通过高反应性的质子和氢氧离子进行的催化称为狭义的酸碱催化（specific acid-base catalysis）；而通过 H^+ 和 OH^- 以及能提供 H^+ 和 OH^- 的供体进行的催化称为广义的酸碱催化（general acid-base catalysis）。

在生理条件下，因 H^+ 和 OH^- 的浓度甚低，故体内的酶反应以广义的酸碱催化作用较为重要。在很多酶的活性部位存在几种参与广义酸碱催化作用的功能基（表 4-2），如氨基、羧基、疏基、酚羟基及咪唑基。它们能在近中性 pH 的范围内，作为催化性的质子供体或受体而参与广义的酸或碱催化作用，可将反应速率提高 $10^2\sim10^5$ 倍。在生物化学中，这类反应有：羧基的加成作用、酮基和烯醇的互变异构、肽和酯的水解以及磷酸和焦磷酸参与的反应等。

影响酸碱催化反应速率的因素有两个，第一个因素是酸碱的强度。在这些功能基团中组氨酸的咪唑基是最有效、最活泼的催化功能基团。咪唑基的解离常数约为 6.0，表明从咪唑基上解离下来的质子浓度与水中的氢离子浓度相近，因此它在接近生理 pH 的条件下，即在中性条件下，有一半以酸形式存在，另一半以碱形式存在。也就是说咪唑基既可以作为质子供体,又可以作为质子受体在酶促反应中发挥作用。第二个因素是功能基团供出质子或接受质子的速度。咪唑基在这方面又是一个很重要的基团,它供出或接受质子的速度十分迅速,其半衰期小于10^{-10} s,并且供出和接受质子的速度几乎相等。由于咪唑基有如此特点,所以虽然组氨酸在大多数蛋白质中含量很少,却很重要。

表4-2 酶分子中可起酸碱催化作用的功能基团

氨基酸残基	广义酸基团(质子供体)	广义碱基团(质子受体)
Glu,Asp	—COOH	—COO$^-$
Lys,Arg	—NH$_3^+$	—NH$_2$
Tyr	—〇—OH	—〇—O$^-$
Cys	—SH	—S$^-$
His	咪唑基(质子供体形式)	咪唑基(质子受体形式)

参与总酸碱催化作用的酶很多,例如溶菌酶、牛胰核糖核酸酶、牛胰凝乳蛋白酶等。

(四)共价催化(covalent catalysis)

共价催化又称亲核催化(nucleophilic catalysis)或亲电子催化(electrophilic catalysis),在催化时,亲核催化剂或亲电子催化剂能分别放出电子或汲取电子并作用于底物的缺电子中心或负电中心,迅速形成不稳定的共价中间复合物,降低反应活化能,使反应加速。

在酶分子活性中心上的某些基团含有非共用电子对,可以对底物进行亲核攻击,形成共价催化反应。酶分子上最主要的亲核攻击基团为丝氨酸的羟基、半胱氨酸的巯基、组氨酸的咪唑基,这些基团容易攻击底物的亲电中心,形成酶-底物共价结合的中间物。底物中典型的亲电中心,包括磷酰基、酰基和糖基。

酶分子上的亲核基团被质子化的共轭酸,如—NH$_3^+$即为亲电基团,它可从底物中吸取一对电子,发生亲电催化。在酶的亲电催化过程中,有时其必需的亲电子物质不是共轭酸,而是酶的辅因子,其中金属离子就是很重要的一类,如 Mg^{2+}、Mn^{2+}、Fe^{3+}等。

现已知100多种酶在催化过程中形成共价中间复合物,表4-3列举了某些典型的例子。底物与酶分子中亲核基团分别形成酰基-丝氨酸、酰基-半胱氨酸、磷酸-丝氨酸、磷酸-组氨酸和西佛碱(Schiff's base)。

表 4-3 形成共价 ES 中间复合物的一些酶

酶	反应基团	共价键中间产物
胰蛋白酶(trypsin) 胰凝乳蛋白酶(chymotrypsin) 酯酶类(esterase)	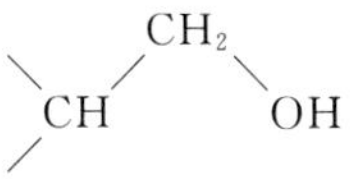 (Ser)	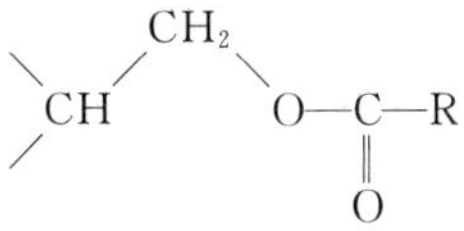 (酰基-Ser)
木瓜酶(papain)	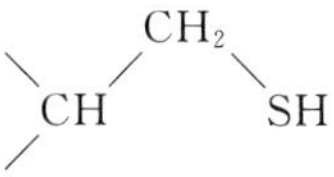 (Cys)	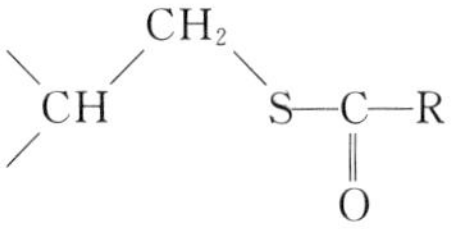 (酰基-Cys)
碱性磷酸酶(alkaline phosphatase) 葡萄糖磷酸变位酶 (phosphoglucomutase)	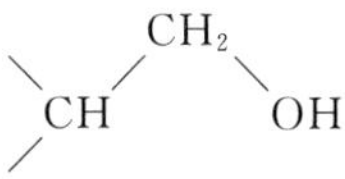 (Ser)	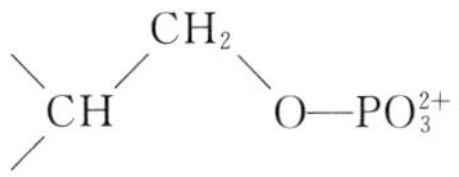 (磷酸-Ser)
磷酸甘油酸变位酶 (phosphoglycerate mutase) 琥珀酰-CoA 合成酶 (succinyl CoA symthetase)	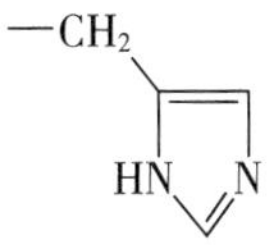 (His)	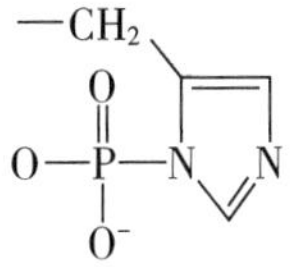 (磷酸-His)
醛缩酶(alddolase) 脱羧酶类(decarboxylases)	$R—NH_3^+$ (氨基)	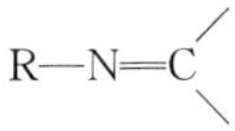 $R—N=C$ (西佛碱)

(五)金属离子催化

几乎 1/3 的酶的催化活性需要金属离子,根据金属离子-蛋白质相互作用强度可将需要金属的酶分两类,即金属酶(metalloenzymes)和金属-激活酶(metal-activated enzyme)。金属酶含紧密结合的金属离子,多属于过渡金属离子,如 Fe^{2+}、Fe^{3+}、Cu^{2+}、Zn^{2+}、Mn^{2+} 或 Co^{3+}。金属-激活酶含松散结合的金属离子,通常为碱和碱土金属离子,如 Na^+、K^+、Mg^{2+} 或 Ca^{2+}。

金属离子以三种主要途径参加催化过程:①通过结合底物为反应定向;②通过可逆地改变金属离子的氧化态调节氧化还原反应;③通过静电稳定或屏蔽负电荷。

金属离子的催化作用往往和酸的催化作用相似,但有些金属离子不止带一个正电荷,作用比质子要强;另外,不少金属离子有络合作用,并且在中性 pH 溶液中,H^+ 浓度很低,但金属离子却容易维持一定浓度。

金属离子通过电荷的屏蔽促进反应,如激酶的真正底物是 Mg^{2+} - ATP 复合物而不是 ATP,如:

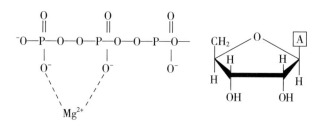

在这里,Mg^{2+} 的作用除了它的定向效应外,还静电屏蔽磷酸基的负电荷,否则这些电荷将排斥特别是那些具有阴离子性质的电子对攻击亲核体。

(六)低介电微环境

在酶分子的表面有一个裂缝,而活性部位就位于疏水环境的裂缝中。化学基团的反应活性和化学反应的速率在非极性介质与水性介质有显著差别。这是由于在非极性环境中的介电常数较在水介质的介电常数为低。在非极性环境中两个带电基团之间的静电作用比在极性环境中显著增高。当底物分子与酶的活性部位相结合时,就被埋没在疏水环境中,这里底物分子与催化基团之间的作用力将比活性部位极性环境的作用力要强得多。这一疏水的微环境大大有利于酶的催化作用。

上面讨论了与酶高催化效率有关的几个因素,必须指出上述诸因素,不是同时在一个酶中起作用,也不是一种因素在所有的酶中起作用。更可能的情况是对不同的酶,起主要作用的因素不同,各自都有其特点,可能分别受一种或几种因素的影响。

四、酶的催化机理举例

以上介绍了酶催化作用的一般原则,下面就以胰凝乳蛋白酶为例说明酶的催化机制。

(一)胰凝乳蛋白酶的结构特点

胰凝乳蛋白酶(EC 3.4.4.5)是研究的最早最彻底的蛋白酶,可断裂 Phe、Trp、Tyr 等疏水氨基酸羧基形成的肽键。它的一级结构如图 4 - 7 所示。胰凝乳蛋白酶由 A、B、C 三条肽链通过 5 对二硫键连接而成。在此

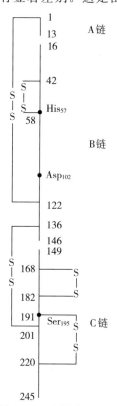

图 4 - 7　胰凝乳蛋白酶
一级结构示意图

一级结构基础上胰凝乳蛋白酶分子形成一个紧密的椭球体,大小为 5.1nm×4.0nm×4.0nm。多数芳香和疏水氨基酸残基包埋在蛋白质内部,而多数带电或亲水的残基分布在分子表面。通过对酶分子进行特异性的化学修饰研究了胰凝乳蛋白酶的活性中心结构。实验证实胰凝乳蛋白酶的活性中心由 3 个极性氨基酸残基,即 His57、Asp102 和 Ser195 构成。His57、Asp102 和 Ser195 之所以能形成酶的活性中心,可能是由于酶分子肽链的卷曲盘绕成立体结构,使这些在一级结构上相距较远的氨基酸残基能够相互靠近(图 4-8)。

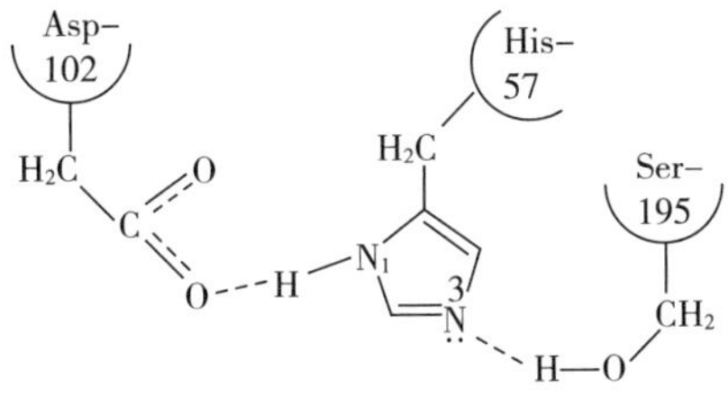

图 4-8　胰凝乳蛋白酶的活性中心

近年来使用高分辨率的 X 射线衍射分析已证明这 3 个氨基酸残基在三维结构中的确十分靠近。

(二)胰凝乳蛋白酶的催化作用机制

胰凝乳蛋白酶催化肽键水解的可能机制如图 4-9 所示,主要分为酰化和脱酰化两个阶段。

第一阶段:酰化反应阶段。当底物的骨架结合到催化三联体上后,催化三联体的 Asp102 通过一个氢键定位并固定 His57。然后,His57 作为一个广义的碱从 Ser195 吸取一个质子,促进 Ser195 亲核攻击要断裂肽键的羰基碳,这是一个协调步骤。Ser195 攻击羰基碳前质子转移,将留下一个相当不稳定的 Ser 氧的负电荷,形成酰基酶共价复合物。在下一步骤中,His57 作为质子供体将质子提供给肽的酰胺氮,得到共价的质子化胺,形成四面体中间物,随后促进键的断裂和产物胺的解离。肽上氧的负电荷是不稳定的,这个四面体中间物是短暂的,能迅速地断裂除去产物胺。

第二阶段:脱酰化阶段。胺从底物中释放出去以后,水进入活化中心,作为亲核试剂攻击羰基碳,产生另一个过渡态四面体中间物。在这一步中 His57 作为广义碱从攻击的水分子接受一个质子,随后把这个质子提供给 Ser 氧,以协调的方式帮助四面体中间物瓦解。羧基脱去质子,并从活性部位脱离,完成了整个反应。这时酶又恢复自由状态,再去进行下一轮催化。

对胰凝乳蛋白酶的作用机制研究不仅说明了过渡态稳定性原理,同时也提供了一个阐明酸碱催化和共价催化的典型例子。

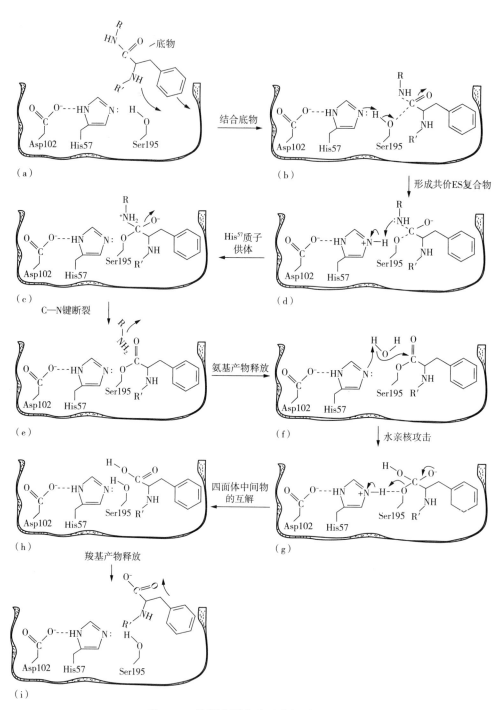

图 4 - 9   胰凝乳蛋白酶反应的详细机制

第四节 影响酶促反应速度的因素

一、底物浓度对酶促反应速度的影响

(一)底物浓度与酶促反应速度的关系

1903年,V. Henri在前人工作的基础上利用蔗糖酶水解蔗糖,研究底物浓度与反应速度之间的关系。当酶浓度固定不变时,可以测出一系列不同底物浓度[S]下的反应初速度v,以v对[S]作图,可以得到图4-10的曲线。

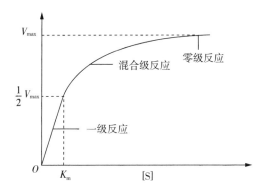

图4-10 底物浓度对酶反应速度的影响

从图4-10中可以看到,当底物浓度很低时,酶未被底物饱和,这时反应速度取决于底物浓度,底物浓度越大,反应速度也越快,反应速度与底物浓度成正比关系,表现为一级反应。随着底物浓度的不断增加,酶逐渐被底物饱和,反应速度的加快和底物浓度不再成正比关系,这一阶段的反应表现为混合级反应。如果继续加大底物浓度,达到某一定值后,再增加底物浓度,酶促反应速度也不再增加,而是趋于恒定。说明此时酶已经被底物所饱和,酶促反应速度不再随底物的变化而变化,表现为零级反应。根据这一实验结果,Henri和Wurtz提出了酶-底物中间产物学说,即酶和底物结合形成ES是酶促反应的必需步骤。

现已充分证明底物是通过酶的活性中心和酶相结合的。

(二)米氏方程

1913年L. Michaelis和M. Menten在前人工作的基础上,根据酶反应的中间复合物学说,提出酶促反应动力学的基本原理,并归纳总结成一个数学公式加以表达,即

$$v = \frac{V_{max}[S]}{K_m + [S]}$$

式中 v 为反应速率，V_{max} 为酶完全被底物饱和时的最大反应速率，$[S]$ 为底物浓度，K_m 为米氏常数，所有这些参数都可以通过实验测得。该方程定量地描述了酶促反应速率与底物浓度之间的关系。

1925 年，G. E. Briggs 和 J. B. S. Haldane 提出了稳态理论，根据"稳态平衡假说"对米氏方程进行了数学推导。

典型的酶促反应如下式所示：

$$E + S \underset{k_2}{\overset{k_1}{\rightleftharpoons}} ES \overset{k_3}{\rightleftharpoons} P + E$$

式中 k_1、k_2、k_3 代表相关反应的反应速率常数。

酶促反应的速率与酶-底物复合物(ES)的形成和分解速率直接相关。

ES 形成速率：

$$v_1 = k_1[S][E_0 - ES]$$

式中 E_0 表示酶的初始浓度，即体系中酶的总浓度。

ES 分解成底物的速率：

$$v_2 = k_2[ES]$$

ES 分解成产物的速率：

$$v_3 = k_3[ES]$$

当反应达到平衡时，ES 形成速率和分解速率相等：

$$v_1 = v_2 + v_3$$

即

$$k_1[S][E_0 - ES] = k_2[ES] + k_3[ES]$$

整理，得

$$k_1[S][E_0 - ES] = (k_2 + k_3)[ES]$$

移项

$$\frac{[S][E_0 - ES]}{[ES]} = \frac{k_2 + k_3}{k_1}$$

令

$$K_m = \frac{k_2 + k_3}{k_1} \quad (K_m 即为米氏常数)$$

则

$$\frac{[S][E_0 - ES]}{[ES]} = K_m$$

整理，得

$$K_m[ES] = [S][E_0] - [S][ES]$$

$$K_m[ES] + [S][ES] = [S][E_0]$$

$$[ES](K_m + [S]) = [S][E_0]$$

即

$$[ES] = \frac{[S][E_0]}{K_m} + [S]$$

由于生成产物的反应速率(v_3)实际上代表了总的反应速率 v：

$$v = v_3 = k_3[ES]$$

即得

$$v = \frac{k_3[S][E_0]}{K_m + [S]} = k_3[E_0] \times \frac{[S]}{K_m + [S]}$$

当酶全部都与底物结合时$([E_0] = [ES])$，反应速率达到最大值(V_{max})。即

$$V_{max} = k_3[ES] = k_3[E_0]$$

改写为

$$v = \frac{V_{max}[S]}{K_m + [S]}$$

上式即为米氏方程。

根据米氏方程，可以知道酶促反应速率与底物浓度之间的关系。

（1）当$[S] \ll K_m$时，米氏方程变为：

$$v = \frac{V_{amx}[S]}{K_m}$$

由于V_{max}和K_m为常数，两者的比值可看作一常数，因此反应速率与底物浓度成正比，表现为一级反应特征。

(2)当[S]≫K_m值时,米氏方程变为:

$$v = \frac{V_{max}[S]}{[S]}$$

$$v = V_{max}$$

表示此时酶全部被底物所饱和,反应速率已达到最大,此时再增加底物浓度,反应速率不再增加,表现为零级反应。

(3)当[S]=K_m时,米氏方程变为:

$$v = \frac{V_{max}[S]}{[S]+[S]} = \frac{V_{max}}{2}$$

也就是说,当底物浓度等于K_m值时,反应速率为最大速率的一半。因此K_m值就代表反应速率达到最大反应速率一半时的底物浓度。米氏常数的单位为 mol/L。

(三)米氏常数的意义

1.K_m是酶的一个特性常数

K_m的大小只与酶的性质有关,而与酶浓度无关。K_m值随测定的底物、反应的温度、pH 及离子强度而改变。因此,K_m值作为常数只是对一定的底物、pH、温度和离子强度等条件而言。各种酶的K_m值相差很大,大多数酶的K_m值介于 10^{-6}～10^1 mol/L 之间。

2.K_m值可以判断酶的专一性和天然底物

有的酶可作用于几种底物,因此就有几个K_m值,其中K_m值最小的底物称为该酶的最适底物也就是天然底物。如谷氨酸脱氢酶可作用于谷氨酸、α-酮戊二酸、NAD^+、NADH,它们的K_m值依次为 1.2×10^{-4}、2.0×10^{-3}、2.5×10^{-5} 和 1.8×10^{-5} mol/L,显然 NADH 为谷氨酸脱氢酶的最适底物。$1/K_m$可近似地表示酶对底物亲和力的大小,$1/K_m$愈大,达到最大反应速率一半所需要的底物浓度就愈小,表明酶与底物的亲和力越大。显然,最适底物时酶的亲和力最大,K_m最小。

3.若已知某个酶的K_m值,就可以根据已知的底物浓度,求出该条件下的反应速度

例如,当[S]=$3K_m$时,代入米氏方程,得:

$$v = \frac{V_{max} \cdot 3K_m}{K_m + 3K_m} = 0.75 V_{max}$$

4.K_m值可以帮助推断某一代谢反应的方向和途径

催化可逆反应的酶,对正逆两向底物K_m值往往是不同的,例如谷氨酸脱氢酶(glutamate dehydrogenase),NAD^+的K_m值为 2.5×10^{-5} mol/L,而 NADH 为 1.8×10^{-5} mol/L。测定这些K_m值的差别以及细胞内正逆两向底物的浓度,可以大致

推测该酶催化正逆两向反应的效率,这对了解酶在细胞内的主要催化方向及生理功能有重要意义。

5. 根据 K_m 寻找代谢途径的限速步骤

当一系列不同的酶催化一个代谢途径的连锁反应时,如能确定各种酶的 K_m 值及其相应底物的浓度,有助于寻找代谢途径的限速步骤。

6. K_m 值可以帮助判断抑制类型

测定不同抑制剂对某个酶的 K_m 及 V_{max} 的影响,可以区别该抑制剂是竞争性还是非竞争性抑制剂。

(四)米氏常数的求法

对于米氏方程的形式变换有多种,其中最常用的为 Lineweaver Burk 法,即双倒数作图法(double-reciprocal plot)。

将米氏方程两边取倒数,得到下面的方程式:

$$\frac{1}{v} = \frac{K_m}{V_{max}} \times \frac{1}{[S]} + \frac{1}{V_{max}}$$

以 $1/v$ 对 $1/[S]$ 作图,得出一直线,如图 4-11 所示。其斜率为 K_m/V_{max},横轴截距 $-1/K_m$,纵轴截距为 $1/V_{max}$。

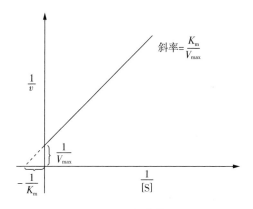

图 4-11 双倒数作图法

二、酶浓度对酶促反应速度的影响

在酶促反应中,酶首先要与底物形成中间复合物,如果底物浓度足够大,足以使酶饱和,反应达到最大速度,这时增加酶浓度可增加反应速度,反应速度与酶浓度成正比。这种正比关系也可以由米氏方程推导出来。

$$v = \frac{V_{max}[S]}{K_m + [S]}$$

因为
$$V_{\max} = k_3[E]$$
所以
$$v = \frac{k_3[S]}{K_m + [S]}[E]$$

如果初始底物浓度[S]固定,则 $k_3[S]/(K_m + [S])$ 是常数,用 K' 表示,则 $v = K'[E]$,即反应速度与酶量成正比。V 对[E]作图为一直线。

三、温度对酶促反应速度的影响

温度对酶促反应速率的影响表现在两个方面,如图 4 - 12 所示。一方面是在较低的温度范围内,随着温度的升高,反应速率加快。反应温度每提高 10℃,对大多数酶来讲酶反应速率为原反应速率的 2 倍。另一方面是超过一定温度后,由于酶是蛋白质,随着温度升高,使酶蛋白逐渐变性而失活,引起酶反应速率下降。因此只有在某一温度下,反应速率才能达

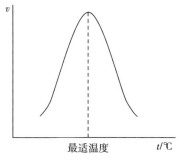

图 4 - 12　温度与酶活性的关系

到最大值,这个温度通常就称为酶反应的最适温度(optimum temperature)。一般来讲,动物细胞内的酶最适温度为 35～40℃,植物细胞中的酶最适温度稍高,通常为 40～50℃,微生物中的酶最适温度差别较大,如 Taq DNA 聚合酶的最适温度可高达 70℃。最适温度不是酶的特征物理常数,常受到其他条件如底物种类、作用时间、pH 和离子强度等因素影响而改变。

四、pH 对酶促反应速度的影响

酶的活力受环境 pH 的影响,如图 4 - 13所示。在一定 pH 下,酶表现出最大活力,高于或低于此 pH,酶活力降低,通常表现出酶最大活力的 pH 称为该酶的最适 pH(optimum pH)。各种酶在一定条件下都有其特定的最适 pH,因此最适 pH 是酶的特性之一。大多数酶的最适 pH 为

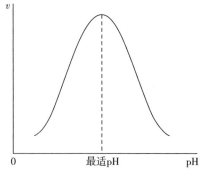

图 4 - 13　pH 与酶活性的关系

5～8,动物体内的酶最适 pH 多为 6.5～8.0,植物及微生物中的酶最适 pH 多为 4.5～6.5。但也有例外,如胃蛋白酶的最适 pH 为 1.5。

　　pH 影响酶活力的原因可能有以下几个方面：

　　(1)过酸或过碱可以使酶的空间结构破坏,引起酶构象的改变,酶活性丧失。

　　(2)当 pH 改变不很剧烈时,酶虽未变性,但活力受到影响。pH 影响了底物的解离状态,或者使底物不能和酶结合,或者结合后不能生成产物。

　　(3)pH 影响维持酶分子空间结构的有关基团解离,从而影响了酶活性部位的构象,进而影响酶的活性。

　　由于酶活力受 pH 的影响很大,因此在酶的提纯及测活时要选择酶的稳定pH,通常在某一 pH 缓冲液中进行。

五、激活剂对酶促反应速度的影响

　　凡是能提高酶活性的物质都称为激活剂(activator),其中大部分是无机离子或简单的有机化合物。

　　(一)无机离子

　　作为激活剂的金属离子有 K^+、Na^+、Ca^{2+}、Mg^{2+}、Zn^{2+} 及 Fe^{2+} 等离子,无机阴离子如 Cl^-、Br^-、I^-、CN^-、PO_4^{3-} 等都可作为激活剂。如 Mg^{2+} 是多数激酶及合成酶的激活剂,Cl^- 是唾液淀粉酶的激活剂。

　　无机离子作为激活剂可能有以下几方面的原因：

　　(1)与酶分子中的氨基酸侧链基团结合,稳定酶催化作用所需的空间结构；

　　(2)作为底物(或辅酶)与酶蛋白之间联系的桥梁；

　　(3)作为辅酶或辅基的组成部分协调酶的催化作用。

　　(二)中等大小的有机分子

　　有些小分子有机化合物可作为酶的激活剂,例如半胱氨酸、还原型谷胱甘肽等还原剂对某些含巯基的酶有激活作用,使酶中二硫键还原成巯基,从而提高酶活性。木瓜蛋白酶和甘油醛-3-磷酸脱氢酶都属于巯基酶,在它们的分离纯化过程中,往往需加上述还原剂,以保护巯基不被氧化。再如一些金属螯合剂如 EDTA(乙二胺四乙酸)等能除去重金属离子对酶的抑制,也可视为酶的激活剂。

　　(三)具有蛋白质性质的大分子

　　酶原可被一些蛋白酶选择性水解肽键而被激活,这些蛋白酶也可用作激活剂。

　　激活剂对酶的作用具有一定的选择性,即一种酶的激活剂对另一种酶而言很可能起抑制作用。不同浓度的激活剂对酶活性的影响也不相同。

六、抑制剂对酶促反应速度的影响

　　酶是蛋白质,凡能使酶蛋白变性而引起酶活力丧失的作用称为失活作用

(inactivation);由于酶的必需基团化学性质的改变,而引起酶活力的降低或丧失,但酶未变性的作用称为抑制作用(inhibition);引起抑制作用的物质称为抑制剂(inhibitor)。变性剂对酶的失活作用无选择性,而一种抑制剂只能对一种酶或一类酶产生抑制作用,由此抑制剂对酶的抑制作用是有选择性的;所以,抑制作用与变性作用是不同的。

研究酶的抑制作用是研究酶的结构与功能、酶的催化机制以及阐明代谢途径的基本手段,也可以为医药设计新药物和为农业生产新农药提供理论依据,因此抑制作用的研究不仅有重要的理论意义,而且在实践上有重要价值。

根据抑制剂与酶的作用方式及抑制作用是否可逆,可把抑制作用分为不可逆的抑制作用和可逆的抑制作用两大类。

(一)不可逆的抑制作用

抑制剂与酶的必需基团以共价键结合而引起酶活力丧失,不能用透析、超滤等物理方法除去抑制剂而使酶复活,称为不可逆抑制(irreversible inhibition)。由于被抑制的酶分子受到不同程度的化学修饰,故不可逆抑制也就是酶的修饰抑制。

按照不可逆抑制作用的选择性不同,可将不可逆抑制剂分为两类,即非专一性的不可逆抑制剂和专一性的不可逆抑制剂。前者作用于酶的一类或几类基团,这些基团中包含了必需基团,作用后引起酶的失活;后者专一性地作用于某一种酶活性部位的必需基团而导致酶的失活,它是研究酶活性部位的重要试剂。

非专一性不可逆抑制剂,主要有以下几类。

1. 有机磷化合物

常见的有神经毒气二异丙基氟磷酸(diisopropyl fluorophosphate,DFP)、农药敌敌畏、敌百虫、对硫磷(parathion)等。这些有机磷化合物能抑制某些蛋白酶及酯酶活力,与酶分子活性部位的丝氨酸羟基共价结合,从而使酶失活。这类化合物强烈地抑制与神经传导有关的胆碱酯酶活力,使乙酰胆碱不能分解为乙酸和胆碱,引起乙酰胆碱的积累。从而使一些以乙酰胆碱为传导介质的神经系统处于过度兴奋状态,引起神经中毒症状,因此这类有机磷化合物又称为神经毒剂。有机磷制剂与酶结合后虽不解离,但用解磷定(pyridine aldoximine methiodide,PAM)或氯磷定能把酶上的磷酸根除去,使酶复活。在临床上它们作为有机磷中毒后的解毒药物。其作用过程如下:

有机磷杀虫剂　　胆碱酯酶　　磷酰化胆碱酯酶

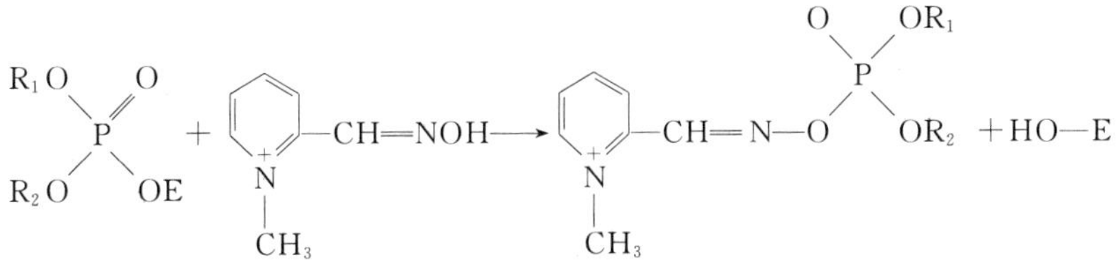

磷酰化胆碱酯酶　　解磷定(PAM)　　　磷酰化(PAM)　　　　　胆碱酯酶

2. 有机汞、有机砷化合物

这类化合物与酶分子中半胱氨酸残基的巯基作用,抑制含有巯基酶的活性。如路易斯毒气(Lewisite,$CHCl \!=\! CHAsCl_2$),与酶的巯基结合而使人畜中毒。这类抑制作用可通过加入过量的含巯基化合物而解除,如二巯基丙醇和二巯基丁二酸钠等。

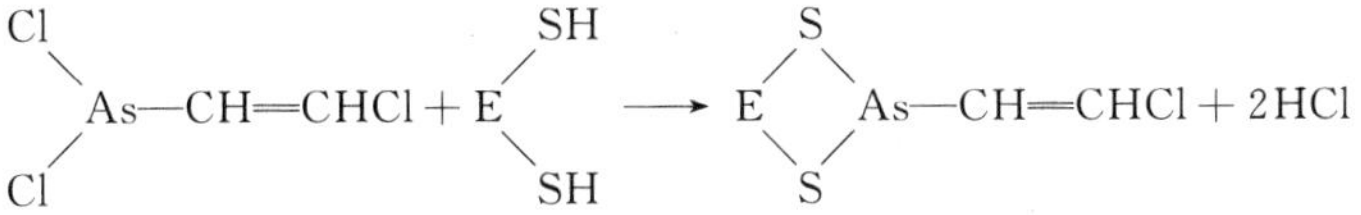

路易斯毒气　　　　巯基酶　　　　失活的酶　　　　　　酸

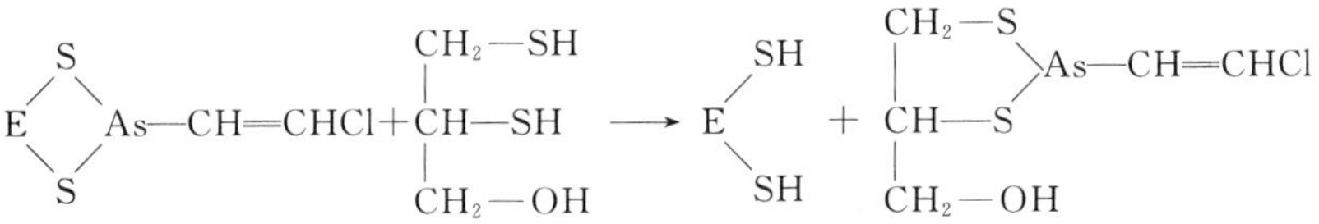

失活的酶　　　　　二巯基丙醇　　　复活的酶　　　二巯基丙醇与砷剂结合物

3. 重金属盐

含 Ag^+、Cu^{2+}、Hg^{2+}、Pb^{2+} 的重金属盐在高浓度时,能使酶蛋白变性失活。在低浓度时对某些酶的活性产生抑制作用。一般可以使用金属螯合剂如 EDTA、半胱氨酸等螯合剂除去有害的重金属离子,恢复酶的活力。

4. 烷化试剂

这一类试剂往往含一个活泼的卤素原子,如碘乙酸、碘乙酰胺和 2,4 -二硝基氟苯等,被作用的基团有巯基、氨基、羧基和咪唑基等。例如与含巯基酶的作用:

$$E \cdot SH + ICH_2CONH_2 \longrightarrow E-S-CH_2-CONH_2 + HI$$

5. 氰化物、硫化物和 CO

这类物质能与酶中金属离子形成较为稳定的络合物,使酶的活性受到抑制。如氰化物作为剧毒物质与含铁卟啉的酶(如细胞色素氧化酶)中的 Fe^{2+} 结合,使酶失活而阻止细胞呼吸。

(二)可逆的抑制作用

抑制剂与酶以非共价键结合而引起酶活力降低或丧失,能用透析或超滤等物理方法除去抑制剂而使酶复活,这种抑制作用是可逆的,称为可逆抑制(reversible inhibition)。

根据可逆抑制剂与底物的关系,可逆抑制作用可以分为竞争性、非竞争性和反竞争性抑制作用。

1. 竞争性抑制作用

(1)竞争性抑制作用及其动力学

竞争性抑制(competitive inhibition)是最常见的一种可逆抑制作用。抑制剂(I)和底物(S)竞争酶(E)的结合部位,从而影响了底物与酶的正常结合(图 4 - 14)。因为酶的活性部位不能同时既与底物结合又与抑制剂结合,从而在底物和抑制剂之间产生竞争,形成一定的

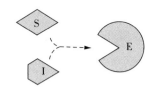

图 4 - 14　竞争性抑制剂与酶的结合

平衡关系。大多数竞争性抑制剂的结构与底物结构类似,因此能与酶的活性部位结合,与酶形成可逆的 EI 复合物,但 EI 不能分解成产物 P,因此酶反应速率下降。其抑制程度取决于底物及抑制剂的相对浓度,这种抑制作用可以通过增加底物浓度而解除。

在竞争性抑制中,底物或抑制剂与酶的结合都是可逆的,存在着下面平衡式:

$$\mathrm{E+S} \underset{k_2}{\overset{k_1}{\rightleftharpoons}} \mathrm{ES} \overset{k_3}{\longrightarrow} \mathrm{E+P}$$
$$+$$
$$\mathrm{I}$$
$$k_{i1} \Big\Vert k_{i2}$$
$$\mathrm{EI}$$

式中,K_i 为抑制剂常数(inhibitor constant),$K_i = \dfrac{k_{i2}}{k_{i1}}$,因此 K_i 为 EI 的解离常数。

酶不能同时与 S、I 结合,所以,有 ES 和 EI,而没有 ESI。

$$[\mathrm{E}] = [\mathrm{E_f}] + [\mathrm{ES}] + [\mathrm{EI}]$$

式中,$[\mathrm{E_f}]$ 为游离酶的浓度,$[\mathrm{E}]$ 为酶的总浓度。

根据 $V_{max} = k_3[\mathrm{E}]$,$v = k_3[\mathrm{ES}]$ 两式,所以

$$\frac{V_{max}}{v} = \frac{[\mathrm{E}]}{[\mathrm{ES}]} = \frac{[\mathrm{E_f}] + [\mathrm{ES}] + [\mathrm{EI}]}{[\mathrm{ES}]}$$

为了消去[ES]项,根据 K_m 和 K_i 平衡式求出[E_f]项及[EI]项:

因为 $\quad K_m = \dfrac{[E_f][S]}{[ES]}$ 所以 $\quad [E_f] = \dfrac{K_m}{[S]}[ES]$

因为 $\quad K_i = \dfrac{[E_f][I]}{[EI]}$ 所以 $\quad [EI] = \dfrac{[E_f][I]}{K_i}$

将[E_f]代入[EI]式中,则

$$[EI] = \frac{K_m[I]}{K_i[S]}[ES]$$

再将[E_f]及[EI]代入,则

$$\frac{V_{max}}{v} = \frac{\dfrac{K_m}{[S]}[ES] + [ES] + \dfrac{K_m[I]}{K_i[S]}[ES]}{[ES]}$$

整理后得

$$v = \frac{V_{max}[S]}{K_m\left(1 + \dfrac{[I]}{K_i}\right) + [S]}$$

双倒数方程

$$\frac{1}{v} = \frac{K_m}{V_{max}}\left(1 + \frac{[I]}{K_i}\right)\frac{1}{[S]} + \frac{1}{V_{max}}$$

将抑制剂[I]固定,改变底物浓度[S],测定相应[S]下的反应速率 v,将 $\dfrac{1}{v}$ 对 $\dfrac{1}{[S]}$ 作图,在不同的抑制剂浓度情况下,得一簇直线相交于 $\dfrac{1}{v}$ 轴上一点,如图 4-15 所示。

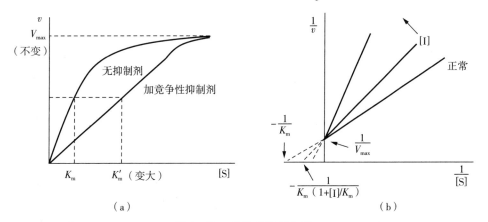

（a）   （b）

图 4-15 竞争性抑制曲线

从图 4-15 中可以看出,加入竞争性抑制剂后,不管[I]如何,其双倒数图的纵截距不变,即 V_{max} 不变,而 K_m 变大,$K'_m > K_m$,而且抑制程度与[I]成正比,与[S]成反比,即竞争性抑制可以通过增加底物浓度来解决。

(2)竞争性抑制剂

① 底物类似物

一些竞争性抑制剂与天然代谢物在结构上十分相似,能选择性地抑制病菌或癌细胞在代谢过程中的某些酶,而具有抗菌和抗癌作用,这类抑制剂可称为抗代谢物或代谢类似物。例如 5'-氟尿嘧啶是一种抗癌药物,它的结构与尿嘧啶十分相似,能抑制胸腺嘧啶合成酶的活性,阻碍胸腺嘧啶的合成代谢,使体内核酸不能正常合成,使癌细胞的增殖受阻,起到抗癌作用。

磺胺类药物,以对氨基苯磺酰胺为例,它的结构与对氨基苯甲酸十分相似,是对氨基苯甲酸的竞争性抑制剂。对氨基苯甲酸是叶酸结构的一部分,叶酸和二氢叶酸则是核酸的嘌呤核苷酸合成中的重要辅酶四氢叶酸的前身,如果缺少四氢叶酸,细菌生长繁殖便会受到影响。人体能直接利用食物中的叶酸,某些细菌则不能直接利用外源的叶酸,只能在二氢叶酸合成酶的作用下,利用对氨基苯甲酸为原料合成二氢叶酸。而磺胺药物可与对氨基苯甲酸相互竞争,抑制二氢叶酸合成酶的活性,影响二氢叶酸的合成,导致细菌的生长繁殖受抑制,从而达到治病的效果。

对氨基苯甲酸　　　　　　　　对氨基苯磺酰胺

可利用竞争性抑制的原理来设计药物,如抗癌药物阿拉伯糖胞苷、氨基叶酸等都是利用这一原理而设计出来的。

② 过渡态底物类似物

所谓过渡态底物是指底物和酶结合成中间复合物后被活化的过渡形式,由于能障小,和酶结合就紧密得多,这是酶具有高度催化效力的原因之一。可以设想,如抑制剂的化学结构能类似过渡态底物,则其对酶的亲和力就会远大于底物,可达到 $10^2 \sim 10^6$ 倍,从而引起酶的强烈抑制。随着酶作用机制研究的进展,目前已报道了各种酶反应的几百种过渡态底物类似物,它们都属于竞争性抑制剂,其抑制效率比其基态底物类似物高得多。

例如,1,6-二氢肌苷是小牛肠腺苷脱氨酶反应过渡态 1-氢-6-羟基腺苷的类似物,是该酶的强抑制剂,它对腺苷脱氨酶的抑制常数为 $K_i = 3 \times 10^{-13}\,mol/L$。

乳酸脱氢酶(底物为乳酸)、草酰乙酸脱氢酶(底物为草酰乙酸)、丙酮酸羧化酶

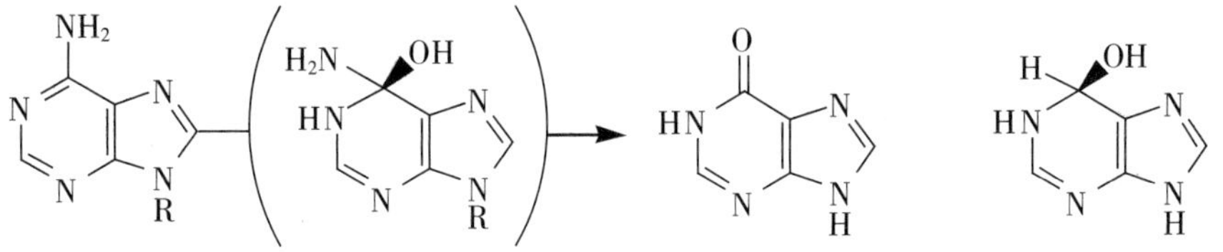

腺苷 过渡态 肌苷 1，6-二氢肌苷

$K_m=3\times10^{-5}\text{mol}\cdot\text{L}^{-1}$ $K_m=2\times10^{-17}\text{mol}\cdot\text{L}^{-1}$ $K_m=3\times10^{-4}\text{mol}\cdot\text{L}^{-1}$ $K_m=1.5\times10^{-13}\text{mol}\cdot\text{L}^{-1}$

（底物为丙酮酸）和丙酮酸激酶（底物为磷酸）都有共同的过渡态——烯醇式丙酮酸。烯醇式丙酮酸的过渡态类似物为草酸，因此，草酸对上述四种酶都有强竞争性抑制作用。

③ 其他

有些化合物的平面结构与底物并不相似，但立体构象具有相似性，也可以成为竞争性抑制剂。例如，环氧合酶抑制剂消炎痛和底物花生四烯酸的三维结构，包括整个分子的立体构象、羧基和双键的位置等有一定的相似性，因而能竞争性地与环氧合酶结合。

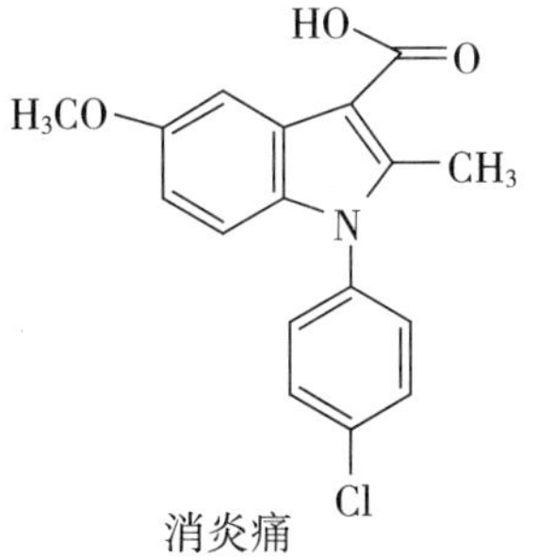

消炎痛 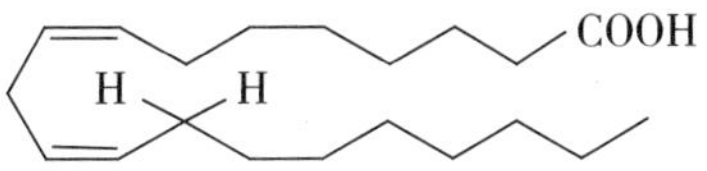 花生四烯酸

某些竞争性抑制剂的化学结构与底物的结构没有任何关系，其作用机制是抑制剂与酶活性中心的金属离子络合，妨碍了底物的进入，从而起到抑制酶活性的作用。例如 5-脂氧合酶（LOX）的活性中心含有一个非血红素铁原子，通过 Fe^{2+} 与 Fe^{3+} 的循环实现其催化功能。该酶的抑制剂（CGS-23885 和 A-76745）就是通过与铁的螯合来同底物竞争与酶活性中心的结合。

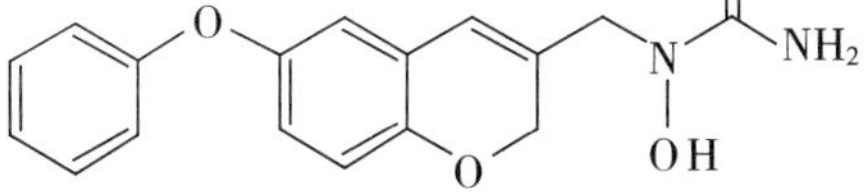

CGS-23885 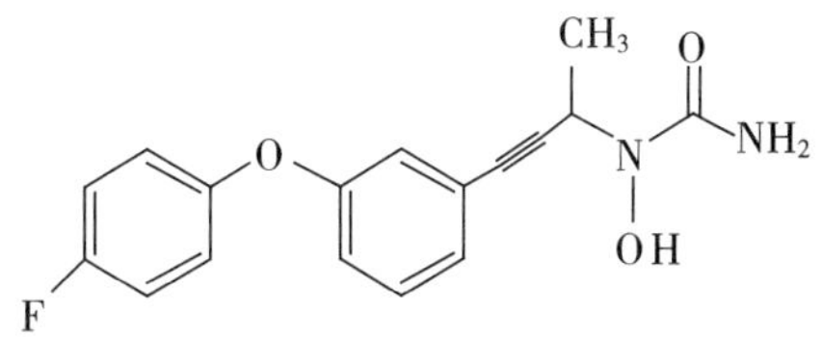 A-76745（fenleuton）

2. 非竞争性抑制作用

非竞争性抑制(noncompetitive inhibition)的特点是底物和抑制剂可以同时与酶结合,两者之间没有竞争作用。底物可以与游离酶结合生成 ES,也可以与酶和抑制剂的复合物结合生成 IES。同样抑制剂可以与游离酶结合生成 EI,也可以与酶和底物的复合物结合生成 IES。但是 IES 不能再分解为产物,因此酶活力降低。

这类抑制剂与酶活性部位以外的基团相结合(图 4 - 16),其结构与底物无相似之处,这种抑制作用不能通过增加底物浓度来解除抑制,故称为非竞争性抑制。例如亮氨酸是精氨酸酶的一种非竞争性抑制剂;某些对酶有抑制作用的重金属离子 Ag^+、Cu^{2+}、Hg^{2+}、Pb^{2+} 等均属于这类抑制剂。

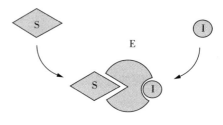

图 4 - 16 非竞争性抑制剂与酶的结合

在非竞争性抑制中存在如下的平衡:

$$
\begin{array}{ccc}
E + S & \xrightleftharpoons{K_m} & ES \longrightarrow E + P \\
+ & & + \\
I & & I \\
\Big\Updownarrow K_i & & \Big\Updownarrow K_i \\
EI + S & \xrightleftharpoons{K_m} & IES
\end{array}
$$

酶与底物结合后,可再与抑制剂结合,酶与抑制剂结合后,也可再与底物结合。与酶结合的中间产物有 ES、EI 和 IES。

所以

$$[E] = [E_f] + [ES] + [EI] + [EIS]$$

$$\frac{V_{max}}{v} = \frac{[E]}{[ES]} = \frac{[E_f] + [ES] + [EI] + [IES]}{[ES]}$$

经过推导后,得

$$v = \frac{V_{max}[S]}{(K_m + [S])\left(1 + \dfrac{[I]}{K_i}\right)}$$

双倒数方程

$$\frac{1}{v} = \frac{K_\mathrm{m}}{V_\mathrm{max}}\left(1 + \frac{[\mathrm{I}]}{K_\mathrm{i}}\right)\frac{1}{[\mathrm{S}]} + \frac{1}{V_\mathrm{max}}\left(1 + \frac{[\mathrm{I}]}{K_\mathrm{i}}\right)$$

由图 4 - 17 可以看出,加入非竞争性抑制剂后,K_m 值不变,V_max 变小,而且 K'_m = K_m。V'_max 随[I]的增加而减小,双倒数作图直线相交于横轴,这是非竞争性抑制作用的特点。表明非竞争性抑制程度只与[I]成正比,而与[S]无关。

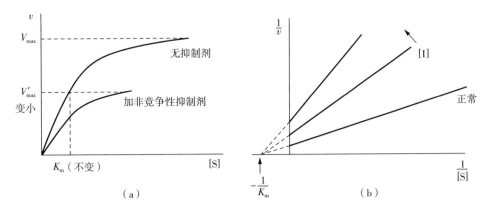

图 4 - 17 非竞争性抑制曲线

3. 反竞争性抑制作用

反 竞 争 性 抑 制 (uncompetitive inhibition)是指酶只有与底物结合后才能与抑制剂结合生成 IES 复合物,但 IES 不能分解形成产物(图 4 - 18)。反竞争性抑制作用常见于多底物反应中,而在单底物反应中比较少见。有人证明,L - Phe、L - 同型精氨酸等多种氨基酸对碱性磷酸酶的作用是反竞争性抑制,肼类化合物抑制胃蛋白酶,氰化物抑制芳香硫酸酯酶的作用也属于反竞争性抑制。

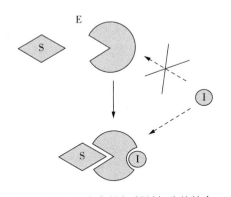

图 4 - 18 反竞争性抑制剂与酶的结合

反竞争性抑制存在时,有以下平衡:

$$\mathrm{E} + \mathrm{S} \rightleftharpoons \mathrm{ES} \longrightarrow \mathrm{E} + \mathrm{P}$$
$$+$$
$$\mathrm{I}$$
$$\big\updownarrow K_\mathrm{i}$$
$$\mathrm{IES}$$

这类抑制作用与酶结合的中间产物有 ES、ESI,而无 EI,因此

$$[E]=[E_f]+[ES]+[EIS]$$

所以

$$\frac{V_{max}}{v}=\frac{[E]}{[ES]}=\frac{[E_f]+[ES]+[IES]}{[ES]}$$

经过推导后得

$$v=\frac{V_{max}[S]}{K_m+[S]\left(1+\dfrac{[I]}{K_i}\right)}$$

双倒数方程

$$\frac{1}{v}=\frac{K_m}{V_{max}}\cdot\frac{1}{[S]}+\frac{1}{V_{max}}\left(1+\frac{[I]}{K_i}\right)$$

由图 4-19 可以看出,加入反竞争性抑制剂后,K_m 及 V_{max} 都变小,而且 $K_m'<K_m$,$V_{max}'<V_{max}$,即表现为 K_m 和 V_{max} 都随[I]的增加而减小。双倒数作图为一组平行线,这是反竞争性抑制作用的特点。这种反竞争抑制程度既与[I]成正比,也与[S]成正比。

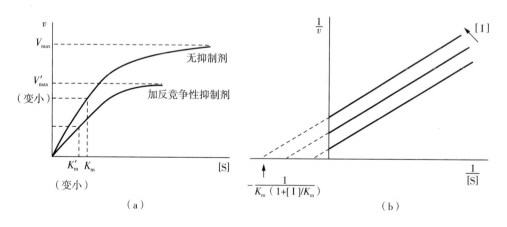

图 4-19 反竞争性抑制曲线

现将无抑制剂和有抑制剂时的米氏方程和 V_{max} 和 K_m 的变化,归纳于表 4-4 中。

表 4-4 不同类型可逆抑制作用的米氏方程和常数

类型	方程式	V_{max}	K_m
无抑制剂	$v = \dfrac{V_{max}[S]}{K_m + [S]}$	V_{max}	K_m
竞争性抑制	$v = \dfrac{V_{max}[S]}{K_m\left(1 + \dfrac{[I]}{K_i}\right) + [S]}$	不变	增加
非竞争性抑制	$v = \dfrac{V_{max}[S]}{(K_m + [S])\left(1 + \dfrac{[I]}{K_i}\right)}$	减小	不变
反竞争性抑制	$v = \dfrac{V_{max}[S]}{K_m\left(1 + \dfrac{[I]}{K_i}\right)[S]}$	减小	减小

第五节 别构酶

一、别构酶的概念、结构特点及别构效应

(一)别构酶的概念

别构酶(allosteric enzyme)又称为变构酶,是一类重要的调节酶。在代谢反应中催化第一步反应或交叉处反应的酶多为别构酶。它由两个以上亚基组成,具有复杂的空间构象,其活性可以由某些小分子物质以非共价键与酶分子上活性中心以外的部位结合而受到影响,这一类酶称为别构酶。

(二)别构酶的结构特点及别构效应

别构酶多为寡聚酶,亚基之间以次级键相互联系,具有复杂的空间构象。别构酶分子包括两个中心,即活性中心(active center)和别构中心(allosteric center)。活性中心负责与底物结合及催化底物生成产物,别构中心与效应物(effector)结合,进而调节酶促反应速度,也称调节部位(regulative site)。别构酶的两个中心可能位于同一亚基的不同位置,也可能位于不同亚基上。在后一种情况中,与底物结合,起催化作用的亚基叫催化亚基(catalytic subunit),别构中心存在的亚基称为调节亚基(regulative subunit)。

别构酶通过酶分子本身构象的变化来改变酶的活性,酶的构象变化是由酶的别构中心与效应物结合引起的。效应物又称调节物、变构剂或别构剂,一般是酶作用的底物、底物类似物或代谢的终产物。效应物可以与别构酶的别构中心发生非共价结合,引起酶分子构象的改变。效应物与别构中心结合后,诱导或稳定住酶分子的某种构象,使酶的活性中心对底物的结合与催化作用受到影响,从而调节酶促反应速度和代谢过程,此效应称为酶的别构效应(allosteric effect)。有些物质与别构酶的别构中心结合导致酶活力升高,称为正效应物(positive effector)、正调节物或别构激活剂(allosteric activitor);反之,与别构酶的别构中心结合导致酶活力降低,称为负效应物(negative effector)、负调节物或别构抑制剂(allosteric inhibitor)。

一般一种别构酶有多种效应物分子,酶活性既能受底物分子的调节,又能受底物以外的其他小分子(如终产物)的调节,而且,酶分子构象中一般存在多个效应物分子结合的位点,即一个别构酶分子上可以有一个以上的活性中心和别构中心,可以结合一个以上的底物分子和效应物分子,而且活性中心和别构中心之间可以通过构象的变化互相影响,产生协同效应。一个效应物分子与别构酶的别构中心结合后,影响到第二个效应物分子与别构中心的结合速率,这种效应称为协同效应(cooperative effect)。

协同效应又分为正协同效应和负协同效应。有些别构酶与效应物结合后,酶的构象发生变化,有利于后续的底物分子或效应物分子与酶结合,称为具正协同效应(positive cooperative effect)的别构酶。但是,有些别构酶,当一分子效应物与之结合后,构象发生变化,这种新的构象不利于后续的底物分子或效应物分子继续与酶结合,称为具负协同效应(negative cooperative effect)的别构酶。

例如,血红蛋白(Hb)与氧(O_2)的结合具有正协同效应,即在血红蛋白分子中,一个亚基与 O_2 结合后可促进其他亚基对 O_2 的结合,从而大大促进血红蛋白的氧结合能力。而 2,3 -二磷酸甘油酸(2,3 - bisphosphate glycerate,BPG)与血红蛋白的结合具有负协同效应,氧和 BPG 与 Hb 分子的结合是相互排斥的。即血红蛋白四聚体分子中只有一个 BPG 结合部位,是由 4 个亚基缔合形成的中央空穴。高负电荷的 BPG 分子结合于 Hb 分子上后,BPG 把两个 β 亚基交联在一起,稳定去氧形式(T 态)的 Hb 分子构象,促进氧的释放。而氧合 Hb 分子(R 态)由于氧的结合可引起 Hb 构象变化,中央空穴变小,不能容纳 BPG。

二、别构酶的动力学

为了解释别构酶协同效应的机制,曾提出多种酶分子模型,其中最重要的有两种,分别介绍如下:

(一)协同模式或齐变模型

协同模型或齐变模型(concerted or symmetry model,也称 MWC 模型)是 J. Monod、J. Wyman 和 J. P. Changeux 于 1965 年提出的,是用别构酶的构象改变来解释协同效应的最早分子模式(图 4-20)。此模型的要点如下:

(1)别构酶是由确定数目的亚基组成的寡聚酶,各亚基占有相等的地位,因此每个别构酶都有一个对称轴。

(2)每一个亚基对一种效应物只含一个结合位点。

(3)每种亚基有两种构象状态,一种为有利于结合底物或调节物的松弛型构象(relaxed state,R 型),另一种为不利于底物或效应物结合的紧张型构象(tensed state,T 型)。这两种形式在三级和四级结构上,在催化活力上都有所不同。这两种状态可以互变,酶处于哪种构象,既取决于外界条件,也取决于亚基间的相互作用。按此模式,构象的转变采取同步协同方式或者说采取齐变方式,即各亚基在同一时间内均处于相向的构象状态。如果是一亚基从 T 态变为 R 态,则其他亚基也几乎同时转变成 R 态,不存在 T、R 杂合态。

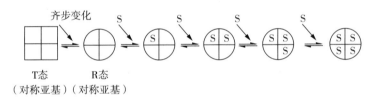

图 4-20 别构酶的齐变模型

根据此模式,正效应物(如底物)与负效应物浓度的比例决定别构酶究竟处于哪一种状态。当无小分子效应物存在时,平衡趋向于 T 态;当有少量底物时,平衡即向 R 态移动;当构象已转为 R 态后,又进一步大大地增强对底物的亲和性,给出 S 形动力学曲线。

(二)顺序模式或序变模型

顺序模式或序变模型(sequential model,也称 KNF 模型)是 D. Koshland、G. Nemethyl 和 D. Filmer 于 1966 年提出来的模型,是 Adair 模型(血红蛋白与 O_2 结合的模型)与诱导契合学说在别构酶研究上的一种发展。此模型的要点如下:

(1)当效应物不存在时,别构酶只有一种构象状态存在(T),而不是处于 R—T 的平衡状态,只有当效应物与之结合后才诱导 T 态向 R 态转变。

(2)别构酶的构象是以序变方式进行的,而不是齐变。当效应物与一个亚基结合后,可引起该亚基构象发生变化,并使邻近亚基易于发生同样的构象变化,即影响对下一个效应物的亲和力。当第二个效应物结合后,又可导致第二个亚基发生类似变化,如此顺序传递,直至最后所有亚基都处于同样的构象。序变机制的特点是有各种 TR 型杂合态,如图 4-21 所示。

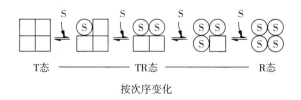

图 4-21　别构酶的序变模型

(3)亚基间的相互作用可能是正协同效应,也可能是负协同效应,前者导致下一亚基对效应物有更大的亲和力,后者则降低亲和力。

非底物调节的效应,用序变模式说明较好。例如钙调蛋白与 Ca^{2+} 的结合是以序变方式进行的正协同效应。该模型可适用于大多数别构酶。

三、别构酶调节实例

天冬氨酸转氨甲酰酶(aspartate transcarbamylase,ATCase)是具有正协同效应的别构酶,ATCase 是嘧啶核苷酸(CTP)生物合成途径多酶体系反应序列中的第一个酶。其正常底物为天冬氨酸和氨甲酰磷酸,催化的反应如下:

$$氨甲酰磷酸 + 天冬氨酸 \xrightarrow{\text{天冬氨酸转氨甲酰酶}} 氨甲酰天冬氨酸$$

J. C. Gerhart 和 A. B. Pardee 发现了 ATCase 被终产物 CTP 反馈抑制的现象,而且还发现 N-氨甲酰磷酸和天冬氨酸与酶的结合具有协同性,其反应速率对底物浓度的曲线为 S 形(图 4-22),氨甲酰磷酸和天冬氨酸既是酶的底物又是酶的正效应物,二者与酶的协同结合使得底物浓度在一个很窄的范围内就能启动 N-氨甲酰天冬氨酸的合成。

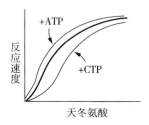

图 4-22　天冬氨酸转氨甲酰酶的别构效应
ATP 为正效应物,CTP 为负效应物

ATP 则相反,它是 ATCase 的激活剂,可增强酶与底物的亲和性,也不影响 V_{max}。ATP 与 CTP 相互竞争调节部位,高水平的 ATP 可阻止 CTP 对酶的抑制作用。这种非底物分子的调节物对别构酶的调节作用,称为异促效应(heterotropic effect)。

第六节 酶的分离提纯与酶的活力测定

一、酶分离提纯的一般原则

酶的分离纯化是酶学研究的基础。研究酶的性质、作用、反应动力学、结构与功能关系、阐明代谢途径、作为工具酶等都需要高度纯化的酶制剂,以免除其他的酶或蛋白质的干扰。例如基因工程中所使用的各种工具酶都有高纯度的要求,内切酶中不能含有外切酶,反之一样,否则结果无法判断。再如要区别一个酶催化两种不同的反应是酶本身的特点还是由于该酶制剂中污染了其他的酶杂质,可以用许多方法来进行判断,但是必须是在该酶制剂纯化后才能做出结论。出于使用酶制剂的目的不同,对酶制剂的纯度要求不同,要根据不同的需要采用不同的方法纯化酶制剂。

生物细胞产生的酶分两类,一类是在细胞内产生然后分泌到细胞外进行作用的酶,称为胞外酶,这类酶大多都是水解酶类。另一类酶是在细胞内合成后并不分泌到细胞外,而只在细胞内起催化作用的,称为胞内酶。这类酶数量较多,一般而言,胞外酶比胞内酶更易于分离纯化。

已知绝大多数酶是蛋白质,因此酶的分离提纯方法,也就是常用来分离提纯蛋白质的方法。酶的提纯常包括两方面的工作,一是把酶制剂从很大体积浓缩到比较小的体积,二是把酶制剂中大量的杂质蛋白和其他大分子物质分离出去。酶的分离纯化一般包括以下步骤。

1. 选材

尽量选择酶含量丰富的新鲜生物材料,目前常用微生物为材料制备各种酶制剂。酶的提取工作应在获得材料后立即开始。否则应在低温下保存,以$-70\sim$ $-20℃$为宜。或将生物组织做成丙酮粉保存。

2. 破碎

细胞破碎的方法有很多,如机械破碎法、物理破碎法、化学破碎法、酶学破碎法。选择哪一种破碎方法一般视生物材料破碎难易程度及量的多少而定。动物组织细胞较易破碎,通过一般的研磨器、匀浆器、高速组织捣碎机就可达到目的。微生物及植物细胞壁较厚,需要用超声波、细菌磨剂、反复冻融、溶菌酶或某些化学溶剂如甲苯、去氧胆酸钠、去垢剂等处理加以破碎,制成组织匀浆。

3. 抽提

在低温下,以水或低盐缓冲液,从组织匀浆中抽提酶,得到酶的粗提液。

4. 分离及纯化

酶是生物活性物质,在分离纯化时必须注意尽量减少酶活性损失,操作条件要温和。全部操作一般在 $0\sim5℃$ 间进行。

根据酶大多属于蛋白质这一特性,用一系列分离蛋白质的方法,如盐析、等电点沉淀、有机溶剂分级、选择性热变性等方法可从酶粗提液中初步分离酶。然后再采用吸附层析、离子交换层析、凝胶过滤、亲和层析、疏水层析及高效液相色谱法等层析技术或各种制备电泳技术进一步纯化酶,以得到纯的酶制品。为得到比较理想的纯化结果,往往采用几种方法配合使用,这要根据各种酶的特点,通过实验选择合适的方法。

盐析法根据酶和杂蛋白在不同盐浓度的溶液中溶解度的不同而达到分离的目的,盐析法简便安全,大多数酶在高浓度盐溶液中相当稳定、重复性好。

有机溶剂分级法分离酶时,最重要的是严格控制温度,要在 $-20\sim-15℃$ 下进行,冰冻离心得到的沉淀应立刻溶于适量的冷水或缓冲液中,以使有机溶剂稀释至无害的浓度,或将它在低温下透析。

选择性热变性方法是酶分离纯化工作中常用的一类简便有效的方法,通过热变性可以除去大量杂蛋白。只要控制好 pH 和保温时间,应用得当,就可较大地提高酶的纯度。

使用各种柱层析技术分级分离酶时,要根据所分离酶的性质选择合适的层析介质,柱大小要适当,特别要注意作为洗脱用缓冲液的 pH 和离子强度,要控制一定的流速。

制备电泳多采用凝胶电泳,要选择好电泳缓冲液,根据电泳设备条件选择一定的上样量,电泳后及时将样品透析,冰冻干燥保存。

在过滤或搅拌等操作过程中,要尽量防止泡沫的生成,以避免酶蛋白在溶液的表面变性。

重金属离子对于某些酶有破坏作用,为此制备这类酶时,在提取液中加入少量金属螯合剂 EDTA 或 EGTA 以防止重金属离子对酶的破坏作用。有些含巯基的酶在分离提纯过程中,往往需要加入某种巯基试剂,如巯基乙醇、二硫苏糖醇(1,4 - dithiothreitol,DTT)等,可防止酶的巯基在制备过程中被氧化。有时为了防止内源蛋白酶对酶的水解作用,应在提取液加入少量蛋白酶抑制剂,如对甲苯磺酰氟(PMSF)、亮抑酶肽(Leupeptin)、抑蛋白酶肽(aprotinin)等。

在酶的制备过程中,每一步骤都应测定留用以及准备弃去部分中所含酶的总活力和比活力,以了解经过某一步骤后酶的回收率、纯化倍数,从而决定这一步的取舍。

$$总活力＝(活力单位数/mL 酶液)×总体积(mL)$$

比活力＝活力单位数/mg 蛋白(氮)＝总活力单位数/[总蛋白(氮)(mg)]

纯化倍数＝每次比活力/第一次比活力

回收率(产率)＝(每次总活力/第一次总活力)×100%

5. 结晶

通过各种提纯方法获得较纯的酶溶液后,就可将酶进行结晶。酶的结晶过程进行得很慢,如果要得到好的晶体也许需要数天或数星期。通常的方法是把盐加入一个比较浓的酶溶液中至微呈混浊为止。有时需要使用改变溶液的 pH 及温度、轻轻摩擦玻璃壁等方法以达到结晶的目的。

6. 保存

通常将纯化后的酶溶液经透析除盐后冰冻干燥得到酶粉,低温下可较长时期保存。或将酶溶液用饱和硫酸铵溶液反复透析后在浓盐溶液中保存。也可将酶制成 25% 或 50% 甘油溶液分别贮于−25℃ 或 −50℃ 冰箱中保存。注意酶溶液浓度越低越易变性,因此切记不能保存酶的稀溶液。

二、酶活力的测定

(一)酶活力测定的条件

酶的催化作用受测定环境的影响,因此测定酶活力应在最适条件下进行,即最适温度、最适 pH、最适底物浓度和最适缓冲液离子强度等,只有在最适条件下测定才能真实反映酶活力的大小。测定酶活力时,为了保证所测定的速率是初速率,通常以底物浓度的变化在起始浓度的 5% 以内的速率为初速率。底物浓度太低时,5% 以下的底物浓度变化实验上不易测准。所以在测定酶的活力时,往往使底物浓度足够大,这样整个酶反应对底物来说是零级反应,而对酶来说却是一级反应,测得的速率就能比较可靠地反映酶的含量。

(二)酶活力的表示

酶活力(enzyme activity)也称为酶活性,酶的活力测定就是酶的定量测定,在研究酶的性质、酶分离纯化及酶的应用工作中都需要测定酶的活力。检查酶的含量及存在,不能直接用重量或体积来衡量,通常是用酶催化某一化学反应的能力来表示,即用酶活力大小来表示。

1. 反应速度

酶活力是指酶催化某一化学反应的能力,酶活力的大小可以用在一定条件下所催化的某一化学反应的反应速率(reaction velocity 或 reaction rate)来表示,两者呈线性关系。酶催化的反应速率愈大,酶的活力愈高;反应速率愈小,酶的活力就愈低。所以测定酶的活力就是测定酶促反应的速率。酶催化的反应速率可用单位时间内底物的减少量或产物的增加量来表示。在酶活力测定实验中底物往往是过量的,因此底物的减少量只占总量的极小部分,测定时不易准确。而相反产物从无到有,只要测定方法足够灵敏,就可以准确测定。由于在酶促反应中,底物减少与产物增加的速率相等,因此在实际酶活测定中一般以测定产物的增加量为准。

2. 酶的活力单位与酶的比活力

酶活力的大小即酶含量的多少,用酶活力单位表示,即酶单位(U)。酶单位的定义是:在一定条件下,一定时间内将一定量的底物转化为产物所需的酶量。这样酶的含量就可以用每克酶制剂或每毫升酶制剂含有多少酶单位来表示(U/g或U/mL)。

为使各种酶活力单位标准化,1961年国际生物化学协会酶学委员会及国际纯化学和应用化学协会临床化学委员会提出采用统一的"国际单位"(IU)来表示酶活力。规定为:在最适反应条件(温度25℃)下,每分钟内催化1微摩尔(μmol)底物转化为产物所需的酶量定为一个酶活力单位,即$1IU=1\mu mol/min$。

1972年国际酶学委员会又推荐一种新的酶活力国际单位,即Katal(简称Kat)单位。规定为:在最适条件下,每秒钟能催化1摩尔(mol)底物转化为产物所需的酶量,定为1Kat单位。$1Kat=1mol \cdot s^{-1}$,$1Kat=6 \times 10^6 IU$,$1IU=1/60\mu Kat$。

酶的比活力(specific activity)代表酶的纯度,根据国际酶学委员会的规定,比活力用每毫克蛋白质所含的单位数表示。对同一种酶来说,比活力愈大,表示酶的纯度愈高。

$$比活力=活力\ U/mg\ 蛋白=总活力\ U/[总蛋白(mg)]$$

有时用每克酶制剂或每毫升酶制剂含有多少个活力单位来表示(U/g或U/mL)。比活力大小可用来比较每单位质量蛋白质的催化能力。比活力是酶学研究及生产中经常使用的数据。

(三)酶活力的测定方法

通过两种方式可进行酶活力测定,其一是测定完成一定量反应所需的时间,其二是测定单位时间内酶催化的化学反应量。测定酶活力就是测定产物增加量或底物减少量,主要根据产物或底物的物理或化学特性来决定具体酶促反应的测定方法,现将最常用的方法介绍如下:

1. 分光光度法(spectrophotometry)

这一方法主要利用底物和产物在紫外或可见光部分的光吸收的不同,选择一适当的波长,测定反应过程中反应进行的情况。这一方法的优点是简便、灵敏,节省时间和样品,可检测到纳摩尔水平的变化。该方法可以连续地读出反应过程中光吸收的变化,已成为酶活力测定中一种最重要的方法。几乎所有的氧化还原酶都可用此法测定,如脱氢酶的辅酶 NAD(P)H 在 340nm 有吸收高峰,而氧化型则无,因此对于这类酶的活力测定,可以测定 340nm 处光吸收的变化。

如果酶促反应的产物可以与特定的化学试剂反应生成稳定的有色物质,该有色物质在某一可见光波长处有最大光吸收,其颜色深浅在一定范围内与酶促反应的产物浓度有线性关系,也可以用分光光度法测定酶活力,如蛋白酶活力测定。蛋白酶水解酪蛋白,产生的酪氨酸可与 Folin -酚试剂反应生成稳定的蓝色化合物,其最大吸收波长为 680nm,在一定范围内蓝色化合物颜色的深浅与酪氨酸的量之间有线性关系,可用于定量测定。

2. 荧光法(fluorometry)

该法主要是根据底物或产物的荧光性质的差别来进行测定。由于荧光方法的灵敏度往往比分光光度法要高若干个数量级,而且荧光强度和激发光的光源有关,因此在酶学研究中,越来越多地被采用,特别是一些快速反应的测定方法。荧光测定方法的一个缺点是易受其他物质干扰。有些物质如蛋白质能吸收和发射荧光,这种干扰在紫外区尤为显著,故用荧光法测定酶活力时,应尽可能选择可见光范围的荧光进行测定。

3. 同位素测定方法

用放射性同位素的底物,经酶作用后所得到的产物,通过适当的分离,测定产物的脉冲数即可换算出酶的活力单位。该方法的优点是灵敏度极高,可达飞摩尔或更高水平。已知的六大类酶几乎都可以用此方法测定。通常用于底物标记的同位素有[3]H、[14]C、[32]P、[35]S 和[131]I 等。例如测定蛋白激酶的活力,可以通过蛋白激酶催化组蛋白的磷酰化反应,用[γ - 32P]- ATP 作为底物,用三氯乙酸沉淀法把磷酰化的组蛋白和未反应的[γ - 32P]- ATP 分开,然后经洗涤烘干,计数。通过放射性同位素计数的改变就能计算出蛋白激酶的活力。

4. 电化学方法(electrochemical method)

电化学方法也称 pH 测定法,是用高灵敏度的 pH 计,跟踪反应过程中 H^+ 的浓度变化情况,用 pH 的变化来测定酶的反应速率。也可以用恒定 pH 法来测定,即在酶反应过程中引起的 H^+ 的浓度变化,用不断加入碱或酸来保持其 pH 恒定,以加入的碱或酸的速率来表示反应速率。用此法可以测定许多酯酶的活力。

此外还有一些测定酶活力的方法,例如旋光法、量气法、量热法和层析法等,但这些方法使用范围有限,灵敏度较差,只能应用于个别酶活力的测定。

第七节 酶工程学及其在环境保护中的应用

一、酶工程的概念及研究内容

酶的开发和利用是现代生物技术的重要内容。酶工程(enzyme engineering)是在 1971 年第一届国际酶工程会议上才得到命名的一项新技术。酶工程主要研究酶的生产、纯化、固定化技术,酶分子结构的修饰和改造以及在工农业、医药卫生和理论研究等方面的应用。根据研究和解决问题的手段不同将酶工程分为化学酶工程和生物酶工程。化学酶工程是通过对酶的化学修饰或固定化处理,改善酶的性质以提高酶的效率和降低成本,或通过化学合成法制造人工酶;生物酶工程是用基因重组技术生产酶以及对酶基因进行修饰或设计新基因,从而生产性能稳定,具有新的生物活性及催化效率更高的酶。因此酶工程可以说是把酶学基本原理与化学工程技术及基因重组技术有机结合而形成的新型应用技术。

(一)酶的应用

1. 应用于工业

利用微生物发酵的方法成功地大规模制备酶制剂之后,许多酶制剂在工业上得到了广泛和深入的应用。例如,纤维素酶(cellulase)是一组能催化天然或再生纤维素形成葡萄糖的酶类的总称,可用于棉麻织物的抛光和仿旧处理。淀粉酶(amylase)是能水解淀粉的酶类的总称,用于织物表面的退浆处理,这两类酶应用于纺织工业,具有加工质量好、织物损伤小和环境污染小等优点。果胶酶(pectinase)能分解织物组织中的果胶质,用于果汁、果酒工业,可提高得率,使产品更加澄清。碱性蛋白酶(alkaline protease)是一种蛋白水解酶,属丝氨酸蛋白酶家族,能水解蛋白质分子肽键生成多肽或氨基酸,具有较强的分解蛋白质的能力。碱性蛋白酶对血渍、汗渍、奶渍等蛋白类污垢具有独特的洗涤效果,具有延长织物寿命、洗涤时间短、去污力强等优点。

2. 应用于制药

酶在制药领域的应用越来越广泛。青霉素酰化酶(penicillin acylase)可以裂解青霉素得到 6 -氨基青霉烷酸(6 - APA),即无侧链青霉素,6 - APA 抑菌活力很小,但在 6 - APA 分子上引入不同侧链,可以获得阿莫西林、氨苄西林等重要的半合成青霉素药物。6 - APA 是 β -内酰胺抗生素工业中的重要中间体,用于生产 6 - APA 的青霉素酰化酶是重要的医药用酶。

绝大多数的药物由手性(chirality)分子构成,手性分子的两种异构体可能具有明显不同的生物活性。手性制药就是将其中单一对映体分离开,开发出药效高、副作用小的药物。手性药物除了从天然产品中提取以外,拆分外消旋体(等量对应异构体的混合物)是最常用的方法。酶催化手性药物合成具有高度立体异构专一性、反应条件温和等特点,如脂肪酶对抗炎药物萘普生(naproxen)的拆分,对用于治疗高血压和心肌梗死类疾病的 β-阻断剂普萘洛尔(propranolol,俗名"心得安")的中间体进行拆分等。

3. 应用于科学研究

酶在生物学、医学等研究领域有广泛的应用。

溶菌酶(lysozyme)又称胞壁质酶(muramidase)或 N-乙酰胞壁质聚糖水解酶(N-acetylmuramide glycanohydrlase),是一种能水解致病菌中黏多糖的碱性酶。主要通过破坏细胞壁中的 N-乙酰胞壁酸和 N-乙酰氨基葡萄糖之间的 β-1,4 糖苷键,使细胞壁不溶性黏多糖分解成可溶性糖肽,导致细胞壁破裂内容物逸出而使细菌溶解。可用于细胞工程研究中原生质体的制备。

Taq 酶(Taq DNA polymerase)是目前实验室最常用的 DNA 聚合酶之一。Taq 酶是一种来源于嗜热菌(*Thermus aquaticus*)的高度热稳定的 DNA 聚合酶,95℃孵育时的半寿期大于 40min,可用于 PCR、DNA 标记和测序。

T4 连接酶(T4 DNA ligase)能催化相邻 DNA 或 RNA 链 $5'-P$ 端和 $3'-OH$ 端形成磷酸二酯键的反应,可连接 DNA—DNA、DNA—RNA、RNA—RNA 和双链 DNA 黏端或平端,广泛应用于分子生物学研究。

DNA 限制性内切核酸酶(DNA restriction endonuclease)是从细菌中分离出来的一种能在特异位点切割 DNA 分子的核酸内切酶,目前已从多种细菌中分离出 400 余种,能识别各自不同的核苷酸顺序,如 *Hind*Ⅲ、*Eco*RⅠ、*Not*Ⅰ等,广泛应用于基因克隆研究中。

4. 应用于疾病诊断

许多酶在疾病诊断中发挥着重要作用。诊断试剂工具酶的研制是酶制剂工业中的一个分支,与工业用酶相比较,其对底物的专一性更严格,纯度要求更高。

乳酸脱氢酶(LDH)主要存在于心、肾、肝和肌肉组织中,当这些组织遭损害时,会导致 LDH 的升高,LDH 的升高与心肌梗死、肾损伤、肝炎及肌肉疾病有关。

肌酸激酶(creatine kinase,CK)同工酶主要分布在心肌中,病毒性心肌炎、皮肌炎、肌肉损伤、肌营养不良、心包炎、脑血管意外及心脏手术等都可以使 CK 增高。它与天冬氨酸转氨酶(aspartate transaminase,AST)、LDH 的测定结合进行,有助于急性心肌梗死的诊断和鉴别。

尿酸氧化酶(urate oxidase)用于测定血清和尿中的尿酸,有助于检查肾病、痛风症等疾病。

转氨酶(aminotransferase)是体内氨基酸代谢过程中必不可少的。重要的转氨酶有两种,即丙氨酸转氨酶(alanine aminotransferase,ALT)和天冬氨酸转氨酶(AST),主要存在于肝脏、心脏和骨骼肌中。ALT 首先进入血中,当肝细胞严重损伤、危及线粒体时,AST 也会进入血中。因此测定血清转氨酶活性是检查肝功能的重要指标。

5. 应用于食品加工

应用于食品加工中的酶制剂是指从生物体中提取,用于加速食品加工过程和提高食品产品质量的制剂。在我国已批准用于食品工业的酶制剂有 α-淀粉酶、糖化酶、固定化葡萄糖异构酶、木瓜蛋白酶、果胶酶、β-葡聚糖酶、葡萄糖氧化酶、α-乙酰乳酸脱羧酶等,主要被应用于果蔬加工、酿造、焙烤、肉禽加工等方面。

糖化酶(glucoamylase)又称葡萄糖淀粉酶,能将淀粉从非还原型末端水解 α-1,4 葡萄糖苷键产生葡萄糖,也能缓慢水解 α-1,6 葡萄糖苷键,转化为葡萄糖,广泛应用于需要对淀粉进行酶水解的酿酒和味精等行业。

木瓜蛋白酶(papain protease)能将食物中的蛋白质部分水解为肽和氨基酸,广泛应用于肉制品加工中的嫩化过程,可有效转化肉质汤料,生产高级方便调味肉酱。

葡萄糖异构酶(glucose isomerase)可催化葡萄糖转变为果糖,果糖是葡萄糖的同分异构体,它的甜度比葡萄糖高。葡萄糖经葡萄糖异构酶的作用一部分转化为果糖,所得的混合物称为果葡糖浆(high fructose corn syrup,HFCS),甜度大大增加。果葡糖浆是应用广泛的甜味剂。

(二)化学酶工程

化学酶工程也可称为初级酶工程(primary enzyme engineering),是指天然酶、化学修饰酶、固定化酶及人工模拟酶的研究和应用。

1. 天然酶

工业用酶制剂多属于通过微生物发酵而获得的粗酶,价格低,应用方式简单,产品种类少,使用范围窄。例如,洗涤剂、皮革生产等用的蛋白酶;纸张制造、棉布退浆等用的淀粉酶;漆生产用的多酚氧化酶;乳制品用的凝乳酶;等等。天然酶的分离纯化随着各种层析技术及电泳技术的发展,得到长足的进展,目前医药及科研用酶多数从生物材料中分离纯化得到。

2. 化学修饰酶

通过对酶分子的化学修饰可以改善酶的性能,以适用于医药的应用及研究工作的要求。化学修饰的途径有两种,即对酶分子表面进行修饰和对酶分子的内部进行修饰。其主要方法有:

(1)化学修饰酶的功能基

最经常修饰的氨基酸残基既可是亲核的(Ser、Cys、Thr、Lys、His),也可是亲电的(Tyr、Trp),或者是可氧化的(Tyr、Trp、Met)。例如通过脱氨基作用,酰化反应可修饰抗白血病药物天冬酰胺酶(asparaginase)的游离氨基,使该酶在血浆中的稳定性提高若干倍。再如,将 α-胰凝乳蛋白酶(α-chymotrypsin)表面的氨基修饰成亲水性更强的—NHCH₂COOH,使酶抗不可逆热失活的稳定性在 60℃时提高1000 倍,在更高温度下,稳定化效应更好。

(2)交联反应

用某些双功能试剂能使酶分子间或分子内发生交联反应。如将人 α-半乳糖苷酶 A(α-galactosidase A)经交联反应修饰后,其酶活性比天然酶稳定,对热变性与蛋白质水解酶的稳定性也明显增加。用戊二醛将胰蛋白酶和碱性磷酸酶(basic phosphatase)交联而成杂化酶,可作为部分代谢途径的有用模型,测定复杂的生物结构。若将两种大小、电荷和生物功能不同的药用酶交联在一起,则有可能在体内将这两种酶同时输送到同一部位,提高药效。

(3)大分子修饰作用

可溶性高分子化合物如肝素(heparin)、葡聚糖(dextran)、聚乙二醇(polyethylene glycol)等可修饰酶蛋白的侧链,提高酶的稳定性,改变酶的一些重要性质。如 α-淀粉酶(α-amylase)与葡聚糖结合后热稳定性显著增加,在65℃结合酶的半寿期为 63min,而天然酶的半寿期只有 2.5min。

再如用葡聚糖修饰 SOD,聚乙二醇修饰天冬酰胺酶,肝素、葡聚糖或聚乙二醇修饰尿激酶,修饰过的酶在血液中的半寿期无一例外的成几倍、几十倍的增长,抗原性消失,耐热性提高,并具有耐酸、耐碱和抗蛋白酶的作用。还有报道,将聚乙二醇联到脂肪酶(lipase)、胰凝乳蛋白酶上,所得产物溶于有机溶剂,可在有机溶剂中有效地起催化作用。

3. 固定化酶

固定化酶(immobilized enzyme)是 20 世纪 60 年代发展起来的一种新技术。通常酶催化反应都是在水溶液中进行的,而固定化酶是将水溶性酶用物理或化学方法处理,使之成为不溶于水的,但仍具有活性的酶。

酶的固定化方法大致分为物理法和化学法,物理法有吸附法和包埋法;化学法有共价偶联法和交联法。经过固定化的酶不仅仍具有高的催化效率和高度专一性,而且固定化酶提高了对酸碱和温度的稳定性,增加了酶的使用寿命;可简化工艺,反应后易与反应产物分离,减少了产物分离纯化的困难,而提高了产量和质量。由于它具有上述优点,固定化酶已成为酶应用的一种主要形式,据报道,已有 100多种酶进行了固定化。

目前,固定化酶已经在工农业、医药、分析、亲和层析、能源开发、环保和理论研究等方面得到了广泛应用,取得了丰硕成果。例如我国已用固定化氨基酰化酶拆分 D-氨基酸和 L-氨基酸,用固定化的葡糖异构酶生产高果糖玉米糖浆,用固定化酶法生产脂肪酸、半合成新青霉素,等等。自 20 世纪 60 年代以来,为了检测目的,制出了附有固定化酶的酶电极,其中应用的电极部分包括各种离子电极、氧电极和 CO_2 电极等,酶电极兼有酶的专一性、灵敏性及电位测定的简单性的双重优点,目前已有 80 种固定化酶用于酶电极中。模拟生物体内的多酶体系,将完成某一组反应的多种酶和辅因子固定化,可制作特定的生物反应器。近年来,以固定化微生物组成的生物反应器已获得工业应用。

4. 人工模拟酶

在深入了解酶的结构和功能以及催化作用机制的基础上,十多年来,有许多科学家模拟酶的生物催化功能,用化学半合成法或化学全合成法合成了人工酶(artificial enzyme)催化剂。根据方法不同可分为半合成酶和全合成酶。

例如,将电子传递催化剂[Ru(NH$_3$)$_3$]$^{3+}$ 与巨头鲸肌红蛋白结合,产生了一种半合成的无机生物酶,这样把能与 O_2 结合、而无催化功能的肌红蛋白转变成能氧化各种有机物(如抗坏血酸)的半合成酶。它接近于天然的抗坏血酸氧化酶的催化效率。

全合成酶不是蛋白质,而是一些有机物。它们通过引入酶的催化基团与控制空间构象,从而像天然酶那样专一性地催化化学反应。例如,利用环糊精成功地模拟了胰凝乳蛋白酶、RNase、转氨酶、碳酸酐酶等。实验表明,模拟酶催化简单酯反应的速率与天然酶相近,但模拟酶的热稳定性与 pH 稳定性大大优于天然酶,模拟酶至少在 80℃仍能保持活力,在 pH2～13 的大范围内都是稳定的。1993 年曾报道了人工合成了两种"肽酶"(pepzyme),每种仅含有 29 个氨基酸,但分别具有胰凝乳蛋白酶及胰蛋白酶的催化活性。人工模拟酶的研究虽已取得一些可喜的成果,但是达到实际应用还有很长的距离。

(三)生物酶工程

生物酶工程是酶学和以 DNA 重组技术为主的现代分子生物学技术相结合的产物,因此,亦可称为高级酶工程(advanced enzyme engineering)。主要包括三个方面内容:

1. 克隆酶

酶基因的克隆和表达技术的应用,已有可能克隆出各种天然酶。在克隆酶的制备过程中,先在特定的酶的结构基因前加上高效的启动基因序列和必要的调控序列,再将此片段克隆到一定的载体中,然后将带有特定酶基因的上述杂交表达载体转化到适当的受体细菌或酵母中,通过发酵方法可以大量地生产所需要的酶。目前,在酶生产的基因工程研究中,已成功地实现 α-淀粉酶基因的克隆,使产酶能力提高 3～5 倍,这是第一个获得美国食品药品管理局(FDA)批准用基因工程菌生产的酶制剂。此外青霉素酰胺酶基因和耐热菌亮氨酸合成酶基因已在 *E. coli* 中表达成功。

2. 突变酶

通过有控制地对天然酶基因的剪切、修饰或突变，可改变酶的催化活性、底物专一性、最适 pH；改变含金属酶的氧化还原能力；改变酶的别构调节功能；改变酶对辅酶的要求；可提高酶的稳定性。

3. 新酶

DNA 合成技术的迅速发展为酶的遗传设计开创了令人鼓舞的美好前景。只要有遗传设计蓝图，就能人工合成酶基因，并导入适当的微生物中表达，产生自然界不曾有的新酶。

酶工程作为现代生物工程的支柱，有着广阔的发展前景。不论是早期发展的化学酶工程还是近年来发展起来的生物酶工程，随着酶学、分子生物学基础理论的研究，化学工程技术和基因工程技术的不断发展和更新，酶工程必将发展成为一个更大的生物技术产业。

二、酶工程学在环境保护中的应用

(一)环境监测

环境监测是了解环境情况、掌握环境质量变化和进行环境保护的一个重要环节。酶在环境监测方面的应用越来越广泛，已经在农药污染的监测、重金属污染的监测、微生物污染的监测等方面取得重要成就。例如可以利用胆碱酯酶监测有机磷农药污染，利用乳酸脱氢酶的同工酶监测重金属污染，通过 β-葡聚糖苷酸酶监测大肠杆菌污染，利用亚硝酸还原酶监测水中亚硝酸盐浓度，等等。

(二)污染治理

酶在污染治理方面的应用主要有废水处理、消除白色污染等。在废水处理的应用上，废水中的有毒物质的成分十分复杂，包括各种酚类、氰化物、重金属、有机汞、酸、磷、醛、醇及蛋白质等。其中含有淀粉、蛋白质、脂肪等各种有机物质的废水可以通过固定化淀粉酶、蛋白酶、脂肪酶等进行处理；冶金工业产生的酚废水可以采用固定化酚氧化酶进行处理；含有硝酸盐、亚硝酸盐的地下水或废水，可以采用固定化硝酸还原酶、亚硝酸还原酶、一氧化氮还原酶进行处理；等等。消除白色污染上，目前应用于各个领域的高分子材料，大多是生物不可降解或不可完全降解的材料。这些高分子材料使用后，成为固体废弃物，对环境造成严重的影响。一方面我们可以利用酶在有机介质中的催化作用，合成可生物降解材料来替代原有的难降解材料，如利用脂肪酶的有机介质催化合成聚酯类物质、聚糖酯类物质，利用蛋白酶或脂肪酶合成多肽类或聚酰胺类物质等；另一方面可以广泛地分离筛选能够降解塑料和农膜的优势微生物,构建高效降解菌。

(三)能源开发

第二代生物燃料主要以秸秆、草和木材等农林废弃物为原料,比第一代生物燃料更加经济环保,并且不占用耕地。但是如何分解秸秆、草和木材等植物原料细胞壁内的纤维素是其开发所面临的难题,研究人员通过对牛的消化机制的研究,从中找到可用于生产生物燃料的酶。未来可以利用生物化学方法大量生产这种酶,并用这种酶大规模生产第二代生物燃料。

(四)环境友好材料

环境友好材料是指可降解材料。这类材料在光、水或其他条件的作用下,会产生分子量下降、物理性能降低等现象,并逐渐被环境消纳。酶作为高效的催化剂,不论是在环境友好材料的制造还是在最后对其降解的过程中都扮演着非常重要的角色。

思 考 题

1. 酶作为生物催化剂的特点有哪些?

2. 影响酶促反应的因素有哪些?用曲线表示并说明它们各有什么影响?

3. 酶作为催化剂的重要特点是催化效率高,请举出 3 种以上解释酶催化高效率的理论学说。

4. 什么是酶的专一性?它可分为几种类型?试各举一例说明。

5. 简述酶的化学本质及分类。

6. 辅酶和金属离子在酶促反应中有何作用?

7. 有淀粉酶制剂 1g,用水溶解成 1000mL,从中取出 1mL 测定淀粉酶活力,测知每 5min 分解 0.25g 淀粉,计算每克酶制剂所含的淀粉酶活力单位数(淀粉酶活力单位规定:在最适条件下,每小时分解 1g 淀粉的酶量为一个活力单位)。

8. 什么是米氏方程,米氏常数 K_m 的意义是什么?试求酶反应速度达到最大反应速度的 99% 时,所需求的底物浓度(用 K_m 表示)。

9.(1)对于一个遵循米氏动力学的酶而言,当 $[S] = K_m$ 时,若 $v = 35 \mu mol/min$ 时,V_{max} 是多少 $\mu mol/min$?

(2)当 $[S] = 2 \times 10^{-5} mol/L$,$v = 40 \mu mol/min$ 时,这个酶的 K_m 是多少?

(3)若 I 表示竞争性抑制剂,$K_I = 4 \times 10^{-5} mol/L$,当 $[S] = 3 \times 10^{-2} mol/L$ 和当 $[I] = 3 \times 10^{-5} mol/L$ 时,v 是多少?

(4)若 I 表示非竞争性抑制剂,在 K_I、$[S]$ 和 $[I]$ 条件与(3)中相同时,v 是多少?

10. 举例说明酶活性中心的结构与功能特点,研究酶活性中心的主要方法及原理。

11. 试比较酶的竞争性抑制作用与非竞争性抑制作用的异同。

12. 举例说明某种酶在环境保护中的应用。

拓 展 阅 读

［1］许根俊．酶的作用原理［M］．北京:科学出版社,1983.

［2］金长振．酶学的理论与实际［M］．北京:北京科学技术出版社,1989.

［3］陈蕙黎,李文杰．分子酶学［M］．北京:人民卫生出版社,1983.

［4］袁勤生．现代酶学［M］．上海:华东理工大学出版社,2001.

［5］罗贵民．酶工程［M］．北京:化学工业出版社,2003.

第五章　维生素与辅酶

【本章要点】

维生素是参与生物生长发育和代谢所必需的一类微量有机物质。根据其溶解性质可分为脂溶性和水溶性两大类。各大类中均包含了多种维生素,各种维生素的结构、性质和功能不同。各种维生素均有其辅酶、辅基形式,并且在生物体的酶促反应中的发挥了重要作用。

第一节　维生素的概念与分类

一、概念

维生素是参与生物生长发育和代谢所必需的一类微量有机物质。这类物质由于体内不能合成或者合成量不足,所以虽然需要量很少,每日仅以 mg 或 μg 计算,但必须由食物供给。维生素在生物体内的作用不同于糖类、脂肪和蛋白质,它不是作为碳源、氮源或能源物质,也不是用来供能或构成生物体的组成部分,但却是代谢过程中所必需的。已知绝大多数维生素作为酶的辅酶或辅基的组成成分,在物质代谢中起重要作用。

机体缺乏维生素时,物质代谢会发生障碍。因为各种维生素的生理功能不同,缺乏不同的维生素会产生不同的疾病,这种由于缺乏维生素而引起的疾病称为维生素缺乏症。

生物对维生素的需要量是非常小的,例如正常人每天所需维生素 A 0.8~1.6mg,维生素 B_1 1~2mg、维生素 B_2 1~2mg、泛酸 3~5mg、维生素 B_6 2~3mg、维生素 B_{12} 2~6mg、生物素 0.2mg、叶酸 0.4mg、维生素 D 10~20μg、维生素 C 60~100mg。

二、命名与分类

(一)命名

维生素是由 vitamin 一词翻译而来,其名称一般是按发现的先后,在"维生素"

(简式用 V 表示)之后加 A、B、C、D 等拉丁字母来命名。初发现时以为是一种,后来证明是多种维生素混合存在,便又在拉丁字母右下方注以 1、2、3…等数字加以区别,例如 B_1、B_2、B_6 及 B_{12} 等。

(二)分类

维生素都是小分子有机化合物,它们在化学结构上无共同性,有脂肪族、芳香族、脂环族、杂环和甾类化合物等。通常根据其溶解性质分为脂溶性和水溶性两大类。

1. 水溶性维生素

水溶性维生素包括维生素 B 族、硫辛酸和维生素 C。属于 B 族的主要维生素有维生素 B_1、B_2、PP、B_6、泛酸、生物素、叶酸及 B_{12} 等。维生素 B 族在生物体内通过构成辅酶而对物质代谢产生影响。这类辅酶在肝脏内含量最丰富。进入体内的多余水溶性维生素及其代谢产物均自尿中排出,体内不能多储存。当机体饱和后,食入的维生素越多,尿中的排出量也越大。

2. 脂溶性维生素

脂溶性维生素包括维生素 A、D、E、K 等,它们不溶于水,但溶于脂肪及脂溶剂(如苯、乙醚及氯仿等)中,故称为脂溶性维生素。在食物中,它们常和脂质共同存在,因此在肠道吸收时也与脂质的吸收密切相关。当脂质吸收不良时,脂溶性维生素的吸收大为减少,甚至会引起缺乏症。吸收后的脂溶性维生素可以在体内,尤其是在肝内储存。

在生物体内维生素多以辅酶和辅基的形式存在,现将各种维生素的辅酶、辅基形式以及在酶促反应中的主要作用列于表 5-1。

表 5-1 各种维生素的辅酶(辅基)形式及酶反应中的主要功能

类 型	辅酶、辅基或其他活性形式	主要功能
水溶性维生素		
维生素 B_1(硫胺素)	焦磷酸硫胺素(TPP)	醛基转移和 α-酮酸的脱羧作用
维生素 B_2(核黄素)	黄素单核苷酸(FMN)	氧化还原反应
	黄素腺嘌呤二核苷酸(FAD)	氧化还原反应
维生素 PP	烟酰胺腺嘌呤二核苷酸(NAD)	氢原子(电子)转移
(烟酸和烟酰胺)	烟酰胺腺嘌呤二核苷酸磷酸(NADP)	氢原子(电子)转移
泛酸	辅酶 A(CoA)	酰基转移作用
维生素 B_6 [吡哆醛(醇、胺)]	磷酸吡哆醛、磷酸吡哆胺	氨基酸转氨基、脱羧作用

(续表)

类　　型	辅酶、辅基或其他活性形式	主要功能
生物素	生物胞素	传递 CO_2
叶酸	四氢叶酸	传递一碳单位
维生素 B_{12}(钴胺素)	脱氧腺苷钴胺素(辅酶 B_{12})、甲基钴胺素	氢原子1,2交换(重排作用),甲基化
硫辛酸	硫辛酸赖氨酸	酰基转移、氧化还原反应
维生素 C(抗坏血酸)		羟基化反应辅助因子
脂溶性维生素		
维生素 A	视黄醛	视循环
维生素 D	1,25-二羟胆钙甾醇	调节钙、磷代谢
维生素 E		保护膜脂质、抗氧化剂
维生素 K		羧化反应的辅助因子、参与氧化还原反应

第二节　水溶性维生素与辅因子

一、维生素 B_1 与焦磷酸硫胺素

(一)结构

维生素 B_1 为抗神经炎维生素(又名抗脚气病维生素),化学结构是由含硫的噻唑环和含氨基的嘧啶环组成,故称硫胺素(thiamine)(图 5-1)。在生物体内多以焦磷酸硫胺素(thiamine pyrophosphate,TPP)的辅酶形式存在(图 5-2)。硫胺素在氧化剂存在时易被氧化产生脱氢硫胺素(硫色素),后者在紫外光照射下呈现蓝色荧光,利用这一特性可进行定性和定量分析。

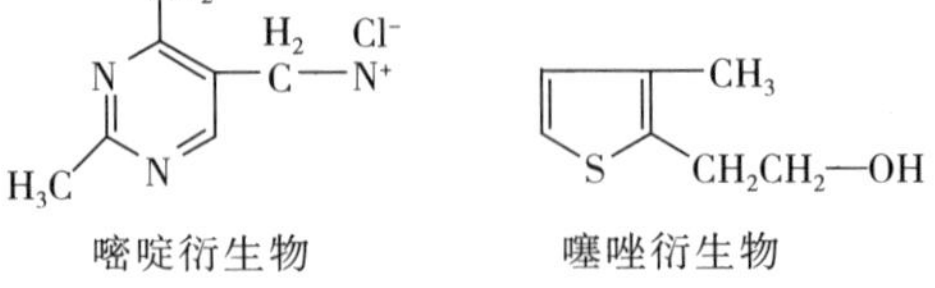

嘧啶衍生物　　　　噻唑衍生物

图 5-1　维生素 B_1 的结构

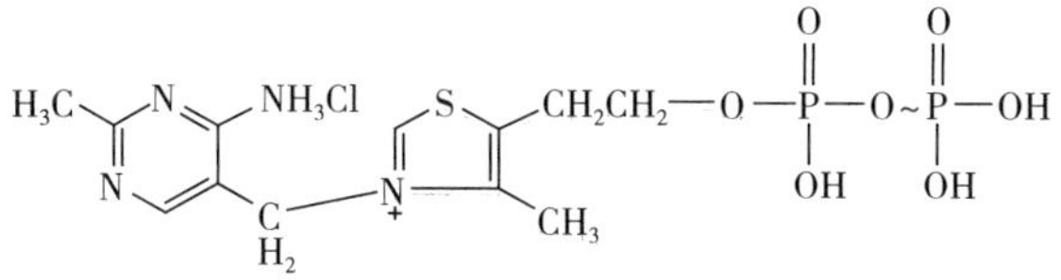

图 5-2 TPP 的结构

(二)功能

焦磷酸硫胺素(TPP)是涉及糖代谢中羰基碳(醛和酮)合成与裂解反应的辅酶。特别是 α-酮酸的脱羧和 α-羟酮的形成与裂解都依赖于焦磷酸硫胺素。例如,在乙醇发酵过程中,TPP 作为脱羧酶的辅酶,丙酮酸通过酵母丙酮酸脱羧酶产生 CO_2 和乙醛;在糖分解代谢过程中,TPP 作为丙酮酸脱氢酶复合体和 α-酮戊二酸脱氢酶复合体中脱氢酶的辅酶分别参加丙酮酸和 α-酮戊二酸的氧化脱羧作用(详见糖代谢)。

TPP 之所以具有脱羧功能是由于其噻唑环上 C_2 上的氢可以解离成 H^+ 和碳负离子,碳负离子是一个有效的亲核基团,能参与共价催化作用。例如,丙酮酸脱羧形成乙醛的反应中,TPP 噻唑环上 C_2 碳负离子作为亲核基团进攻丙酮酸分子中的羰基碳,形成不稳定的中间产物,经电子重排发生脱羧反应,生成乙醛(图 5-3)。

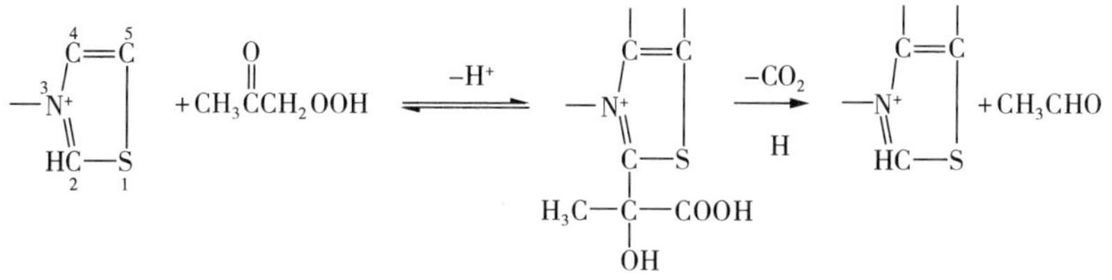

图 5-3 TPP 催化丙酮酸脱羧反应

由于维生素 B_1 和糖代谢关系密切,当维生素 B_1 缺乏时,糖代谢受阻,丙酮酸积累,使病人的血、尿和脑组织中丙酮酸含量增多,出现多发性神经炎、皮肤麻木、心力衰竭、四肢无力、肌肉萎缩及下肢浮肿等症状,临床上称为脚气病。

根据研究,维生素 B_1 可抑制胆碱酯酶的活性,当维生素 B_1 缺乏时,该酶活性升高,乙酰胆碱水解加速,使神经传导受到影响。可造成胃肠蠕动缓慢,消化液分泌减少,食欲不振,消化不良等消化道症状。

维生素 B_1 主要存在于种子外皮及胚芽中,米糠、麦麸、黄豆、酵母、瘦肉等食物中含量最丰富。

二、维生素 B₂ 与 FAD、FMN

(一)结构

维生素 B₂ 又名核黄素(riboflavin),是核醇与 7,8 -二甲基异咯嗪的缩合物(图 5 - 4)。由于在异咯嗪的 1 位和 5 位 N 原子上具有两个活泼的双键,易起氧化还原反应,故维生素 B₂ 有氧化型和还原型两种形式,在生物体内氧化还原过程中起传递氢的作用。

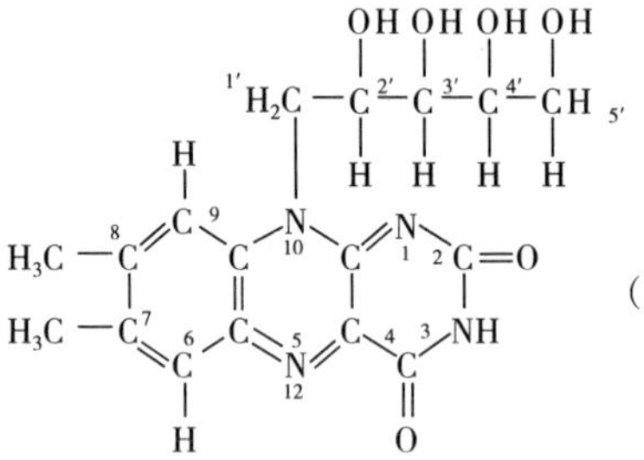

图 5 - 4　维生素 B₂ 的结构

在体内核黄素是以黄素单核苷酸(flavin mononucleotide,FMN)和黄素腺嘌呤二核苷酸(flavin adenine dinucleotide,FAD)形式存在(图 5 - 5,图 5 - 6),是生物体内一些氧化还原酶(黄素蛋白)的辅基,与蛋白部分结合很牢。

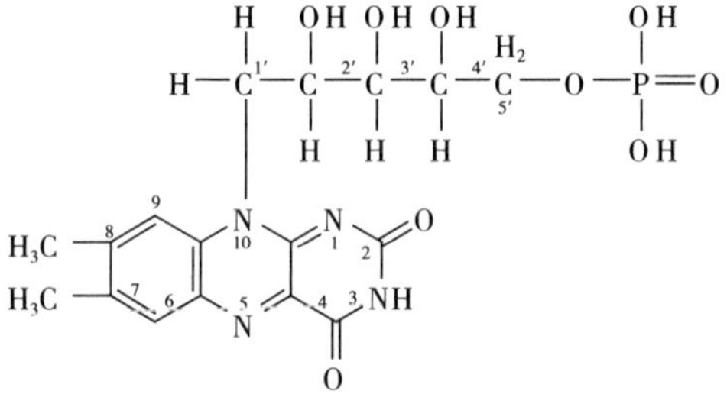

图 5 - 5　FMN 的结构

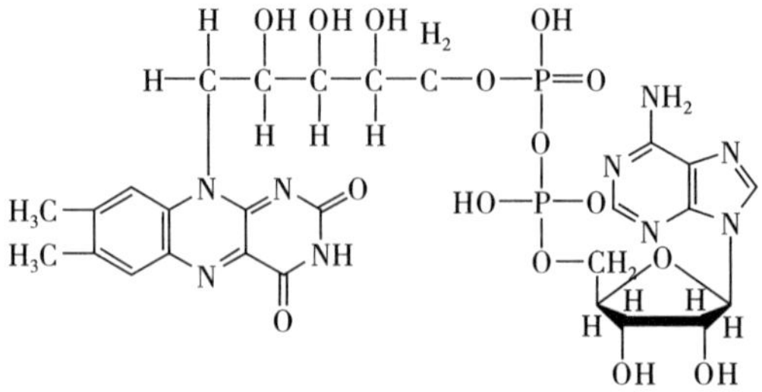

图 5 - 6　FAD 的结构

(二)功能

由于 FMN、FAD 广泛参与体内各种氧化还原反应,因此维生素 B_2 能促进糖、脂肪和蛋白质的代谢,对维持皮肤、黏膜和视觉的正常机能均有一定的作用。当维生素 B_2 缺乏时,引起口角炎、舌炎、唇炎、阴囊皮炎、眼睑炎、角膜血管增生等症状。

维生素 B_2 广泛存在于动植物中,在酵母、肝、肾、蛋黄、奶及大豆中含量丰富。所有植物和很多微生物都能合成核黄素。

三、维生素 B_5 与 NAD^+、$NADP^+$

(一)结构

维生素 B_5,即维生素 PP,包括烟酸(nicotinic acid)和烟酰胺(nicotinamide),又称抗癞皮病维生素,二者均属于吡啶衍生物。烟酸为吡啶-3-羧酸,烟酰胺为烟酸的酰胺,在生物体内维生素 B_5 主要以烟酰胺形式存在(图 5-7)。

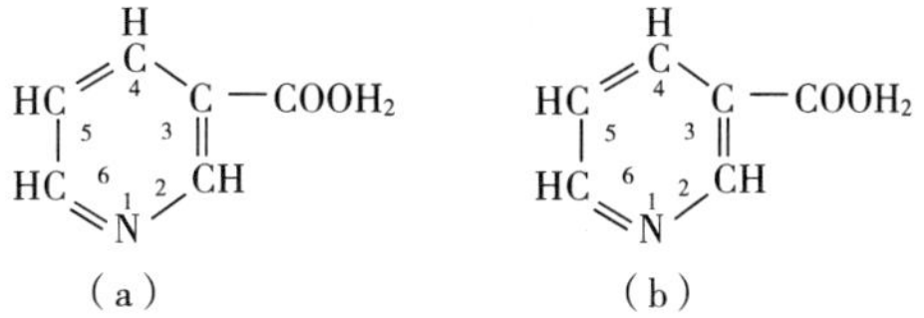

图 5-7 烟酸和烟酰胺的结构
(a)烟酸;(b)烟酰胺

(二)功能

在生物体内烟酰胺与核糖、磷酸、腺嘌呤组成脱氢酶的辅酶,主要以烟酰胺腺嘌呤二核苷酸(nicotinamide adenine dinucleotide,NAD^+,辅酶 I)和烟酰胺腺嘌呤二核苷酸磷酸(nicotinamide adenine dinucleotide phosphate,$NADP^+$,辅酶 Ⅱ)的形式存在(图 5-8),其还原形式为 NADH 和 NADPH。

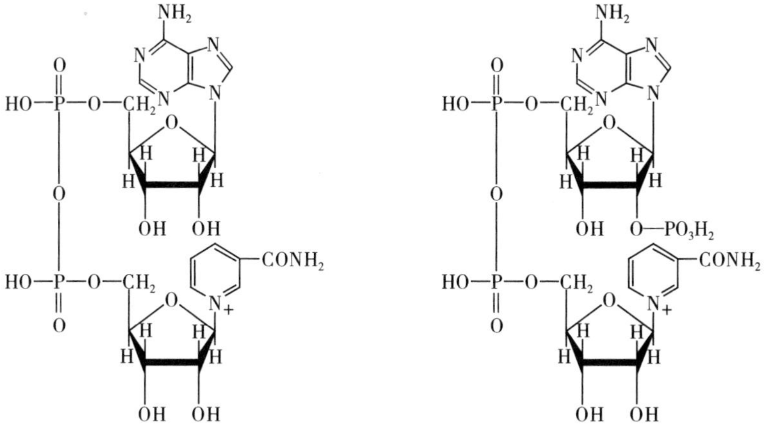

图 5-8 NAD^+ 和 $NADP^+$ 的结构
(a)NAD^+;(b)$NADP^+$

烟酰胺辅酶是电子载体,在各种酶促氧化还原反应中起着重要的递氢作用。NAD^+ 在氧化途径(分解代谢)中是电子受体,而 NADH 在还原途径(生物合成)中是电子供体。这些反应涉及转移氢负离子给 NAD^+,或者从 NADH 转移出。促进这种转移的酶类是熟知的脱氢酶类。氢负离子含两个电子,这样 NAD^+ 和 $NADP^+$ 起两个电子载体的作用。吡啶环的 C_4 位置是 NAD^+ 和 $NADP^+$ 的反应中心,能接受或给出氢离子,分子中的腺嘌呤部分不直接参与氧化还原过程(图5 -9)。

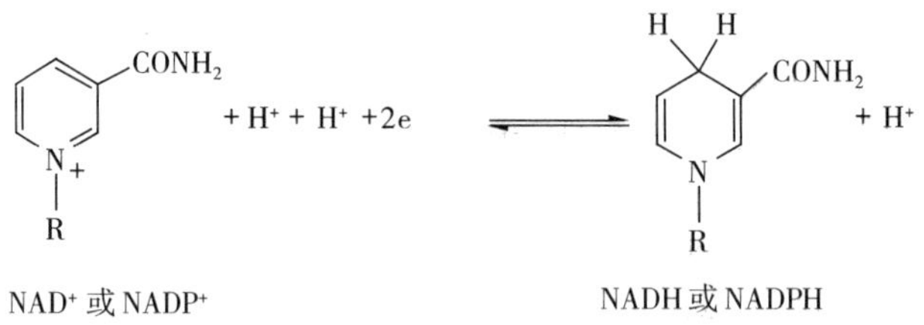

图 5 - 9　NAD^+ 和 $NADP^+$ 氧化还原反应式

R 代表 NAD^+ 和 $NADP^+$ 分子的其余部分

依赖于 NAD^+ 和 $NADP^+$ 的脱氢酶至少催化 6 种不同类型的反应:简单的氢转移,氨基酸脱氨生成 α-酮酸,β-羟酸氧化随后 β-酮酸中间物脱羧,醛的氧化,双键的还原,碳—氮键的氧化。

维生素 B_5 广泛存在于自然界中,以酵母、花生、谷类、豆类、肉类和动物肝中含量丰富,在体内色氨酸能转变为维生素 B_5。

四、维生素 B_6 与磷酸吡哆醛

(一)结构

维生素 B_6 又称吡哆素(pyridoxine),包括吡哆醇(pyridoxine)、吡哆醛(pyridoxal)、吡哆胺(pyridoxamine)三种物质,它们在生物体内可相互转化。维生素 B_6 在体内经磷酸化作用转变为相应的磷酸酯,即磷酸吡哆醛(PLP)和磷酸吡哆胺(PMP),又统称为磷酸吡哆素,是氨基酸代谢中多种酶的辅酶。

(二)功能

磷酸吡哆素作为转氨酶和氨基酸脱羧酶的辅酶,在氨基酸和蛋白质代谢中起重要作用,主要参与氨基酸的转氨、脱羧、消旋化等反应。例如,在转氨反应中,磷酸吡哆醛作为转氨酶的辅酶,先接受氨基酸的氨基生成醛亚胺,再转变为磷酸吡哆胺,然后将所携带的氨基转给另一个酮酸生成相应的氨基酸。

维生素 B_6 为无色晶体,易溶于水及乙醇,在酸液中稳定,在碱液中易破坏,吡哆醇耐热,吡哆醛和吡哆胺不耐高温。

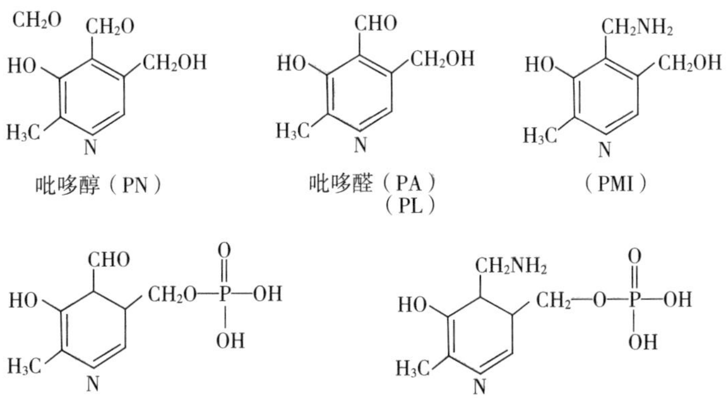

吡哆醇（PN）　吡哆醛（PA）（PL）　（PMI）

磷酸吡哆醛（PLP）　（PMP）

图 5-10　维生素 B_6 及其辅酶的结构

维生素 B_6 在酵母菌、肝脏、谷粒、肉、鱼、蛋、豆类及花生中含量较多。肠道细菌可以合成维生素 B_6，故生物体缺少维生素 B_6 的情况比较少见。

五、泛酸与辅酶 A

(一)结构

泛酸(pantothenic acid)又称遍多酸、维生素 B_3，由 α，γ-二羟基-β-二甲基丁酸和一分子 β-丙氨酸缩合而成。泛酸在体内转化为辅酶 A(CoA)。

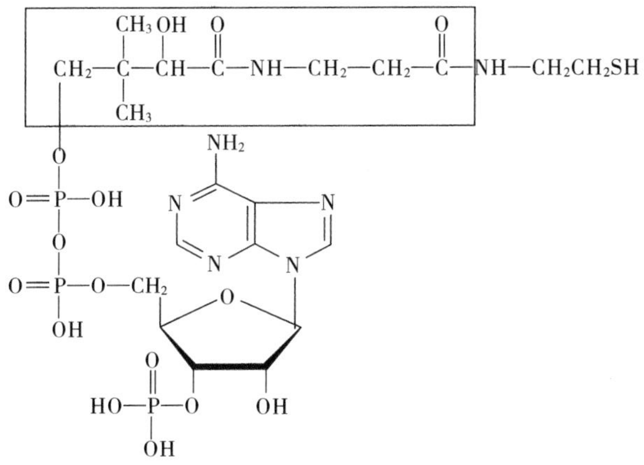

图 5-11　辅酶 A 的结构(方框内为泛酸)

(二)功能

辅酶 A 的主要功能是传递酰基，是形成中间代谢产物的重要辅酶。例如，乙酸与辅酶 A 的—SH 基结合形成乙酰辅酶 A，是糖代谢的重要中间产物。

六、生物素

(一)结构

生物素(biotin)即维生素 B_7,是由噻吩环和尿素结合而成的一个双环化合物,左侧链上有一分子戊酸(图 5-12)。

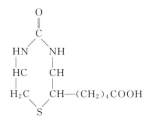

图 5-12　生物素的结构

(二)功能

生物素是多种羧化酶的辅酶,通过生物素的羧基与专一酶蛋白中赖氨酸残基的 ε-氨基以酰胺键共价结合到酶上。在代谢过程中生物素起 CO_2 载体的作用,首先与尿素环上的一个氮原子结合,然后生物素再将其所结合的 CO_2 转移给适当的受体(图 5-13)。

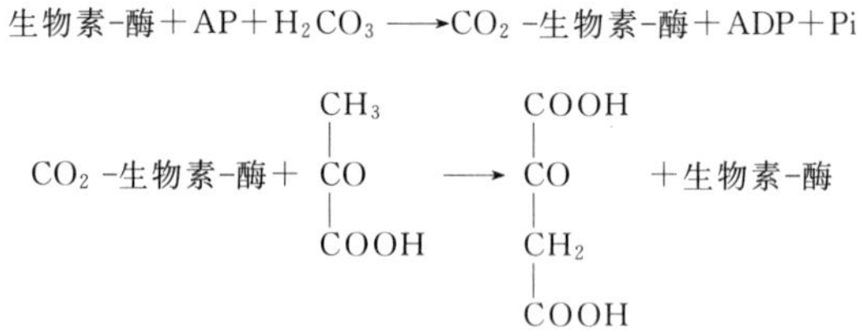

$$生物素\text{-}酶 + AP + H_2CO_3 \longrightarrow CO_2\text{-}生物素\text{-}酶 + ADP + Pi$$

$$CO_2\text{-}生物素\text{-}酶 + \overset{CH_3}{\underset{COOH}{CO}} \longrightarrow \overset{COOH}{\underset{\underset{COOH}{CH_2}}{CO}} + 生物素\text{-}酶$$

图 5-13　生物素参与丙酮酸的羧化反应

生物素来源广泛,在肝、肾、蛋黄、酵母、蔬菜和谷类中都含有。肠道细菌也可以自行合成供人体需要,故一般很少出现缺乏症。但大量食用生鸡蛋清可引起生物素缺乏。因为在新鲜鸡蛋中含有抗生物素蛋白,它能与生物素结合成无活性又不易消化吸收的物质,鸡蛋加热后这种蛋白质即被破坏。另外,长期服用抗生素可抑制肠道正常菌群,也可造成生物素缺乏。

七、叶酸与四氢叶酸

(一)结构

叶酸(folic acid)即维生素 B_{11},最初是由肝脏中分离出的,后来发现绿叶中含量十分丰富,因此命名为叶酸。它是由 2-氨基-4-羟基-6-甲基蝶啶、对氨基苯甲酸和 L-谷氨酸三部分组成,又称蝶酰谷氨酸,其结构如图 5-14 所示。

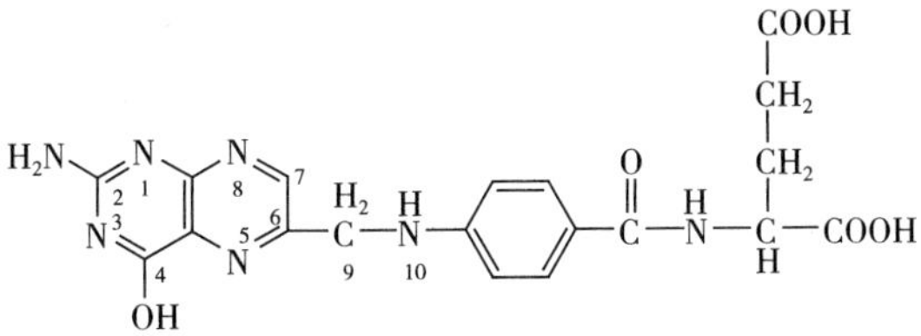

图 5-14　叶酸的结构

四氢叶酸(tetrahydrofolate,THF)是叶酸的活性辅酶形式,称为辅酶 F(CoF),是通过二氢叶酸还原酶连续地还原叶酸而成(图 5-15)。

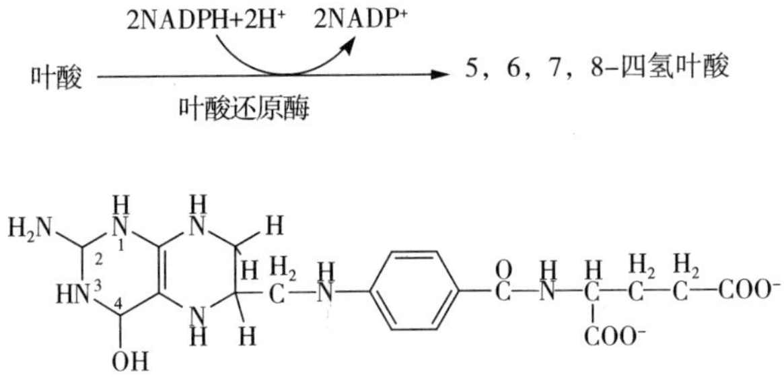

5, 6, 7, 8-四氢叶酸

图 5-15　四氢叶酸的形成及结构

(二)功能

叶酸是除了 CO_2 之外的所有一碳基团转移酶的辅酶。如甲基、亚甲基、甲酰基、次甲酰基等一碳基团可结合在它的 N^5 位或 N^{10} 位(表 5-2),继而参与体内多种物质,如嘌呤、嘧啶、丝氨酸、甲硫氨酸、胆碱等的合成,同时也影响到核酸和蛋白质的合成。

表 5-2　以四氢叶酸为载体的一碳单位

结合体	一碳单位
N^5-甲酰-FH_4	—CHO
N^{10}-甲酰-FH_4	—CHO
N^5-亚氨甲基-FH_4	—CH=NH
N^5-甲基-FH_4	—CH_3—
$N^{5,10}$-亚甲基-FH_4	—CH_2—
$N^{5,10}$-次甲基-FH_4	—CH=

由于叶酸与核酸的合成有关,当叶酸缺乏时,DNA 合成受到抑制,骨髓红细胞中 DNA 合成减少,细胞分裂速度降低,细胞体积较大,细胞核内染色质疏松,称为巨红细胞。这种红细胞大部分在骨髓内成熟前就被破坏造成贫血,称作巨红细胞性贫血(macrocytic anemia)。因此叶酸在临床上可用于治疗巨红细胞性贫血。叶酸广泛存在于肝、酵母及蔬菜中,人类肠道细菌也能合成叶酸,故一般不易发生缺乏症。

八、维生素 B_{12}

(一)结构

维生素 B_{12} 又称作氰钴胺素(cyanocobalamin),是体内唯一含有金属元素的维生素。

维生素 B_{12} 的结构(图 5 - 16)比较复杂,分子中除含有钴原子外,还有 5,6 -二甲基苯咪唑、3 -磷酸核糖、氨基异丙醇和类似卟啉环的咕啉环成分。5,6 -二甲基苯咪唑的氮原子与 3 -磷酸核糖形成糖苷键,然后和氨基异丙醇通过磷脂键相连,氨基异丙醇的氨基再与咕啉环的丙酸支链连接。钴原子位于咕啉环的中央,并与环上氮原子和 5,6 -二甲基苯咪唑的氮原子以配位键结合。在钴原子上结合不同

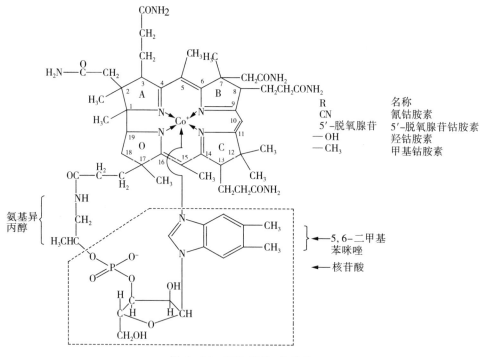

图 5 - 16 维生素 B_{12} 的结构

的基团,如—CN、—OH、—CH₃或 5′-脱氧腺苷,就分别得到氰钴胺素、羟钴胺素、甲钴胺素和 5′-脱氧腺苷钴胺素。其中 5′-脱氧腺苷钴胺素是主要的辅酶形式。

(二)功能

维生素 B_{12} 在体内以辅酶的形式参加代谢反应,如分子内重排、核苷酸还原成脱氧核苷酸和甲基转移。前两种反应是由 5′-脱氧腺苷钴胺素调节的,而甲基转移是通过甲基钴胺素来实现的。

维生素 B_{12} 对维持正常生长和营养、上皮组织细胞的正常新生、神经系统髓磷脂的正常等有极其重要的作用。维生素 B_{12} 参与 DNA 的合成,对红细胞的成熟很重要,当缺少维生素 B_{12} 时,巨红细胞中 DNA 合成受到阻碍,影响了细胞分裂而不能分化成红细胞,易引起恶性贫血。

维生素 B_{12} 广泛来源于动物性食品,特别是肉类和肝中含量丰富。人和动物的肠道细菌都能合成,故一般情况下不会缺少维生素 B_{12}。

九、硫辛酸

(一)结构

硫辛酸(lipoic acid)是一种含硫的脂肪酸,又称 6,8-二硫辛酸,以闭环氧化型二硫化物形式和开链还原形式两种结构混合物存在(图 5-17),这两种形式通过氧化—还原循环相互转换。像生物素一样,硫辛酸事实上常常不游离存在,而是同酶分子中赖氨酸残基的 $\varepsilon - NH_2$ 以酰胺键共价结合。

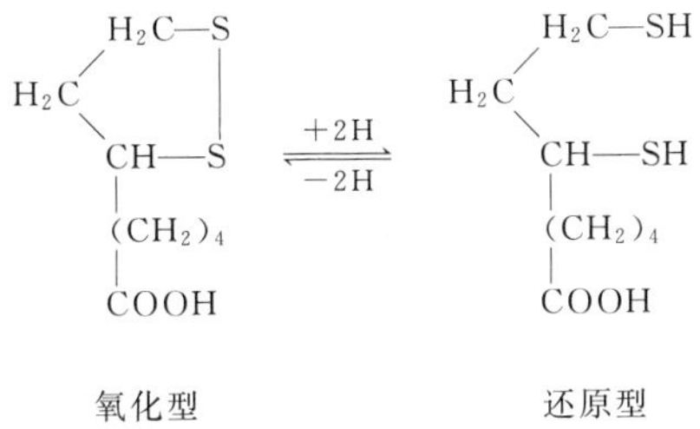

图 5-17　硫辛酸的氧化型和还原型的互变

(二)功能

硫辛酸是一种酰基载体,存在于丙酮酸脱氢酶(pyruvat dehydrogenase)和 α-酮戊二酸脱氢酶(α-ketoglutarate dehydrogenase)中,是涉及糖代谢的两种多酶复合体。硫辛酸在 α-酮酸氧化作用和脱羧作用时行使偶联酰基转移和电子转移的功能。

硫辛酸在自然界广泛分布,肝和酵母中含量尤为丰富。在食物中硫辛酸常和维生素 B_1 同时存在。

十、维生素 C

(一)结构

维生素 C 具有防治坏血病的功能,故又称为抗坏血酸(ascorbic acid)。维生素 C 是一种含有 6 个碳原子的酸性多羟基化合物,分子中 C_2 及 C_3 位上两个相邻的烯醇式羟基易解离而释放 H^+,而被氧化成为脱氢抗坏血酸,氧化型抗坏血酸和还原型抗坏血酸可以相互转变,所以维生素 C 虽无自由羧基,但仍具有有机酸的性质(图 5-18)。

由于维生素 C 的 C_4 及 C_5 是两个不对称碳原子,因此有光学异构体,其中包括 D 型和 L 型。D 型维生素 C 一般不具抗坏血酸的生理功能,自然界存在的具有生理活性的是 L 型抗坏血酸。

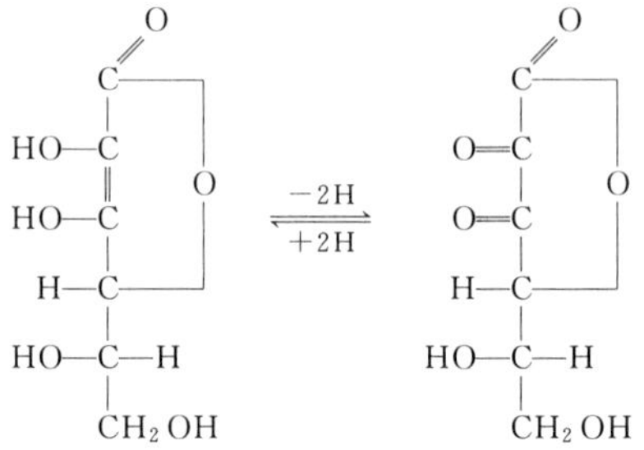

L-抗坏血酸(还原型)　　脱氢抗坏血酸(氧化型)

图 5-18　维生素 C 的氧化性和还原性的互变

(二)功能

维生素 C 的生理功能主要有以下几个方面。

1. 参与体内的氧化还原反应

由于维生素 C 既可以以氧化型,又可以以还原型存在于体内,所以它既可以作为氢供体又可作为氢受体,在体内极其重要的氧化还原反应中发挥作用。维生素 C 能使酶分子中的—SH 维持在还原状态,从而使巯基酶保持活性;维生素 C 在谷胱甘肽还原酶的催化下可使氧化型谷胱甘肽(GSSG)还原,使还原型谷胱甘肽(GSH)不断得到补充。GSH 与重金属离子结合排出体外,具有解毒作用;维生素 C 与红细胞内的氧化还原过程有密切联系。红细胞中的维生素 C 可直接还原高铁血红蛋白(HbM)成为血红蛋白(Hb),恢复其运输氧的能力;维生素 C 能促进肠道内铁的吸收,因为它能使难以吸收的三价铁(Fe^{3+})还原成易于吸收的二价铁(Fe^{2+});维生素 C 能保护维生素 A、B 及 E 免遭氧化,还能促进叶酸转变为有生理活性的四氢叶酸。

2. 参与体内多种羟化反应

代谢物的羟基化是生物氧化的一种方式,而维生素 C 在羟化反应中起着必不可少的辅助因子的作用。当胶原蛋白合成时,多肽链中的脯氨酸及赖氨酸等残基分别在胶原脯氨酸羟化酶及胶原赖氨酸羟化酶催化下羟化成为羟脯氨酸及羟赖氨酸残基。维生素 C 是羟化酶维持活性所必需的辅因子之一,因而在缺乏时对胶原合成有一定的影响,将导致毛细血管壁通透性和脆性增加,易破裂出血,称为坏血病。所以维生素 C 能防治坏血病,故得名抗坏血酸;缺乏维生素 C 还可造成牙齿易松动、骨骼脆弱而易折断及创伤时伤口不易愈合;维生素 C 与胆固醇的代谢有关,缺乏维生素 C 可能影响胆固醇的羟基化,使其不能变成胆酸而排出体外;维生素 C 还参与了芳香族氨基酸的代谢。

3. 维生素 C 的其他功能

维生素 C 有防止贫血的作用,也可防止若干转运金属离子毒性的影响;维生素 C 另外一个重要作用是涉及组胺代谢和变态反应。在铜离子存在下,维生素 C 可防止组胺的积累,有助于组胺的降解和清除;也有证据表明,维生素 C 可调节前列腺素的合成,以便调节组胺敏感性和影响舒张;维生素 C 可影响刺激免疫系统,防止和治疗感染。单核白细胞对免疫系统是重要的,维生素 C 可抑制白细胞的氧化破坏,增加它们的流动性。

第三节　脂溶性维生素

一、维生素 A

(一)结构

维生素 A 又名视黄醇(retinol),是一个具有脂环的不饱和一元醇,通常以视黄醇酯(retinol ester)的形式存在,醛的形式称为视黄醛(retinal 或 retinaldehyde)。维生素 A 包括 A_1 和 A_2 两种。A_1 存在于哺乳动物及咸水鱼的肝脏中,即一般所说的视黄醇;A_2 存在于淡水鱼的肝脏中。A_1 和 A_2 的生理功能相同,但 A_2 的生理活性只有 A_1 的一半,A_2 比 A_1 在化学结构上多一个双键,维生素 A_1 和 A_2 的结构如图 5-19 所示。

(二)功能

维生素 A 是构成视觉细胞内感光物质的成分。当维生素 A 缺乏时,视网膜不能很好地感受弱光,在暗处不能辨别物体,暗适应能力降低,严重时可出现夜盲症。维生素 A 除了视觉功能之外,在刺激组织生长及分化中也起重要作用,这一方面

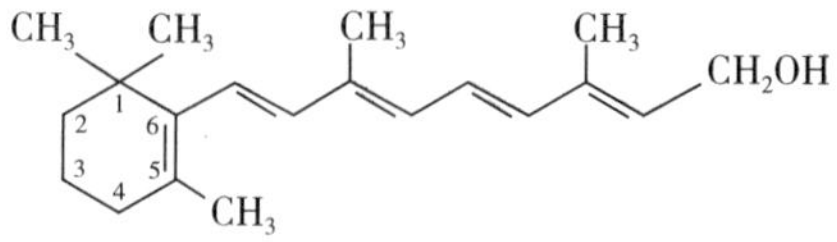

维生素A_1

λ_{max}325nm（乙醇溶液）

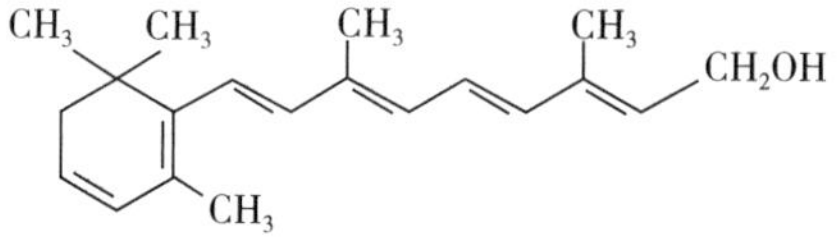

维生素A_2

λ_{max}325nm（乙醇溶液）

图 5－19　维生素 A_1 和 A_2 的结构

还缺少了解。例如视黄酸能刺激实验动物生长，但在视觉过程中不能代替视黄醛；维生素 A 也能刺激许多组织中的 RNA 合成；视黄醇衍生物可在特异的糖蛋白的合成中作为糖的携带者；被维生素 A 影响的其他生化过程是免疫反应，当维生素 A 缺乏时机体的免疫功能会降低；细胞的黏附也受维生素 A 的影响，当某些类型的细胞在无维生素 A 的介质中培养生长时，加入维生素 A，则恢复生长的接触性抑制，并提高细胞之间的黏附。

维生素 A 主要来自动物性食品，以肝脏、乳制品及蛋黄中含量最多。维生素 A 原即 β－胡萝卜素主要来自植物性食品，以胡萝卜、绿叶蔬菜及玉米等含量较多。正常成人每日维生素 A 生理需要量为 2600～3300 国际单位（IU），过多摄入维生素 A，如长期每日超过 500000 国际单位可以引起中毒症状，严重危害健康。

二、维生素 D

（一）结构

维生素 D 为类甾醇衍生物，具有抗佝偻病作用，故称为抗佝偻病维生素。维生素 D 家族最重要的成员是麦角钙化（甾）醇（ergocalciferol，即维生素 D_2）及胆钙化（甾）醇（cholecalciferol，即维生素 D_3）。因为人类能通过太阳作用于皮肤产生维生素 D_3，因此“维生素 D”严格地说不是一种维生素。

（二）功能

维生素 D 主要含于肝、奶及蛋黄中，而以鱼肝油中含量最丰富。其主要功能是促进肠壁对钙和磷的吸收，调节钙磷代谢，有助于骨骼的钙化和牙齿形成。维生素 D 可防治佝偻病、软骨病和手足抽搐症等，但在使用维生素 D 时应先补充钙。

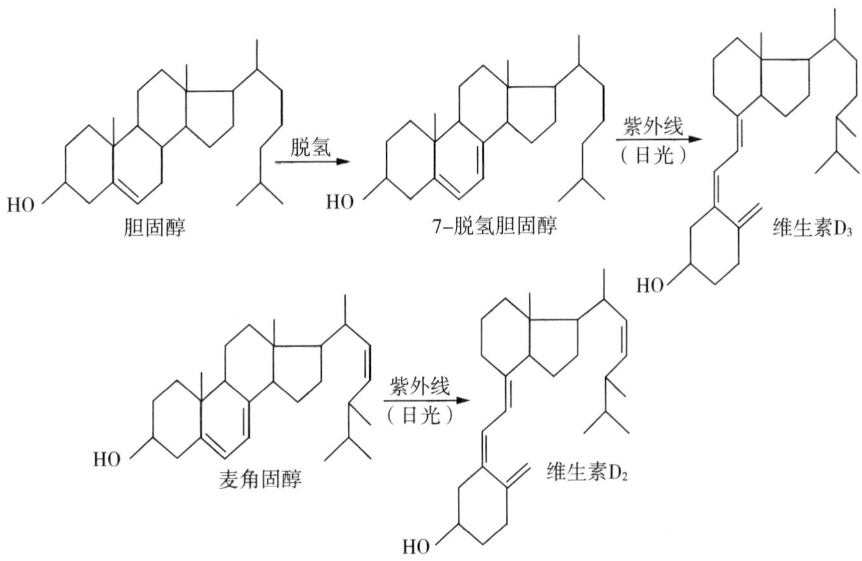

图 5－20 维生素 D_2、维生素 D_3 的结构及其生成

三、维生素 E

（一）结构

维生素 E 与动物生育有关，故称生育酚（tocopherol）。主要存在于植物油中，尤以麦胚油、大豆油、玉米油和葵花籽中含量为最丰富，豆类及蔬菜中含量也较多。天然的生育酚共有 8 种，在化学结构上，均系苯骈二氢吡喃的衍生物。根据其化学结构分为生育酚及生育三烯酚两类，每类又可根据甲基的数目和位置不同，分为 α、β、γ、δ 几种（图 5－21）。

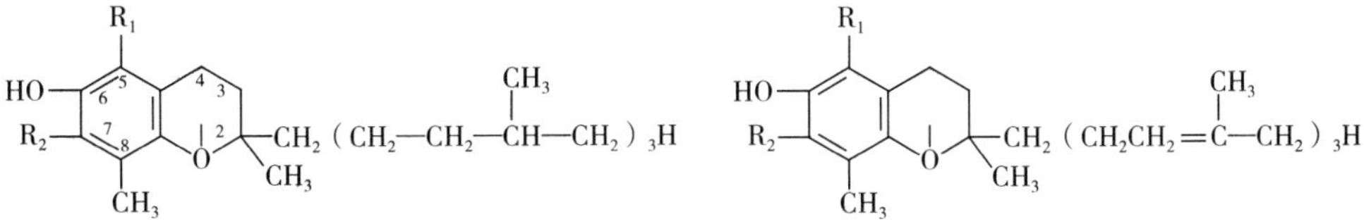

生育酚　　　　生育三烯酚

	R_1	R_2
α-生育酚（α-生育三烯酚）	$—CH_3$	$—CH_3$
β-生育酚（β-生育三烯酚）	$—CH_3$	—H
γ-生育酚（γ-生育三烯酚）	—H	$—CH_3$
δ-生育酚（δ-生育三烯酚）	—H	—H

图 5－21 维生素 E 的种类和结构

(二)功能

维生素 E 极易被氧化而保护其他物质不被氧化,是动物和人体中最有效的抗氧化剂。它能对抗生物膜磷脂中不饱和脂肪酸的过氧化反应,因而避免脂质中过氧化物产生,保护生物膜的结构和功能;维生素 E 还可与硒(Se)协同通过谷胱甘肽过氧化酶发挥抗氧化作用;维生素 E 与动物生殖功能有关,动物缺乏维生素 E 时,其生殖器官受损而不育。临床上常用维生素 E 治疗先兆流产和习惯性流产;维生素 E 还能促进血红素合成。

维生素 E 能提高血红素合成过程中的关键酶 δ-氨基酮戊酸(δ-amino levulinic acid,ALA)合成酶和 ALA 脱水酶的活性,从而促进血红素合成。研究证明,当人体血浆维生素 E 水平低时,红细胞增加氧化性溶血,若供给维生素 E 可以延长红细胞的寿命。这是由于维生素 E 具有抗氧化剂的功能,保护了红细胞膜不饱和脂肪酸免于氧化破坏,因而防止了红细胞破裂而造成溶血。

维生素 E 一般不易缺乏,正常血浆维生素 E 质量浓度为 $0.9 \sim 1.6 \text{mg}/100 \text{mL}$。若低于 $0.5 \text{mg}/100 \text{mL}$ 则可出现缺乏症。主要表现为红细胞数量减少,寿命缩短。体外实验见到红细胞脆性增加,常表现为贫血或血小板增多症。

四、维生素 K

(一)结构

维生素 K 具有促进凝血的功能,故又称凝血维生素。天然的维生素 K 有两种:维生素 K_1 和 K_2。K_1 在绿叶植物及动物肝中含量较丰富,K_2 是人体肠道细菌的代谢产物,它们都是 2-甲基-1,4-萘醌的衍生物。目前临床上最常用的为维生素 K_3。2-甲基萘醌的含氮类似物即 4-亚氨基-2-甲基萘醌的凝血活性比 K_1 高 3~4 倍,称为 K_4。维生素 K_1、K_2、K_3 和 K_4 的结构如下(图 5-22):

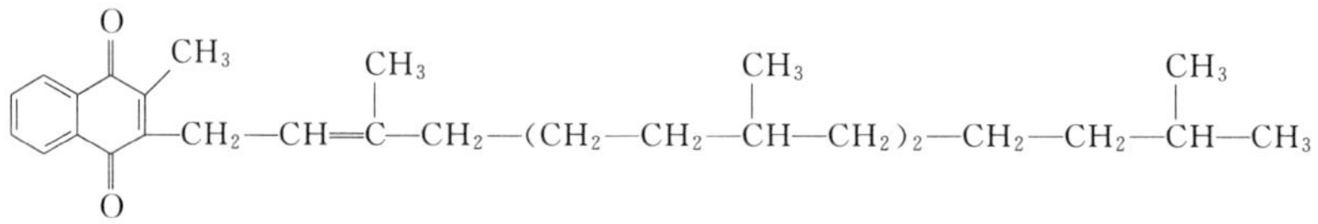

维生素 K_1

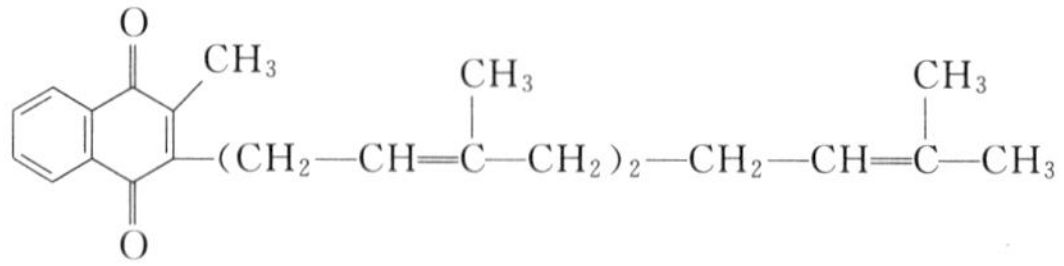

维生素 K_2

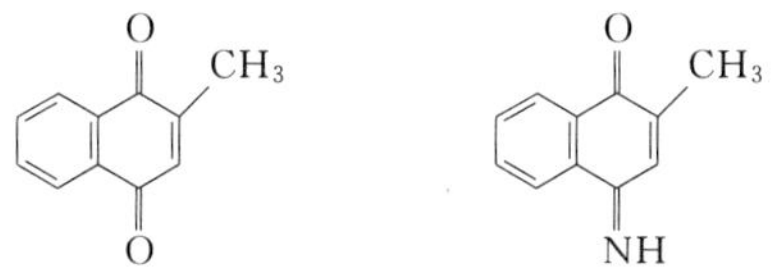

维生素 K₃　　　　　　维生素 K₄

图 5-22　维生素 K 的种类和结构

(二)功能

维生素 K 是凝血酶原和其他蛋白质中谷氨酸残基羧化作用的辅因子,因此维生素 K 的主要生理功能是促进肝脏合成凝血酶原(凝血因子Ⅱ)。调节另外三种凝血因子Ⅶ、Ⅸ及Ⅹ的合成。缺乏维生素 K 时,血中这几种凝血因子均减少,因而凝血时间延长,常发生肌肉及肠胃道出血。

思　考　题

1. 维生素与激素的主要区别是什么?

2. 概述维生素与辅因子的关系。

3. 简述 B 族维生素在代谢反应中的作用。

4. 脂溶性维生素包括哪几种,其主要作用是什么? 机体缺乏时会表现出哪些症状?

5. 列举水溶性维生素与辅酶的关系及其主要生物学功能。

拓　展　阅　读

[1] 张迅捷. 维生素全书[M]. 北京:中国民航出版社,2005.

[2] 王三根. 维生素与健康[M]. 上海:上海科学普及出版社,1998.

[3] 张科生. 维生素 C 发现之旅:揭秘我们为什么会生病[M]. 南京:东南大学出版社,2012.

[4] DUARTE T L,LUNEC J. Review:when is an antioxidant not an antioxidant? a review of novel actions and reactions of vitamin C[J]. Free Radical Research,2005,39(7):671-686.

[5] BRIGELIUS-FLOHE R, TRABER M G. Vitamin E: function and metabolism[J]. FASEB Journal,1999,13(10):1145-1155.

第六章 激　素

【本章要点】

激素是由特定细胞分泌的对特定靶细胞的物质代谢或生理功能起调控作用的一类微量化学信息分子。激素作用具有高效性、高专一性、多层次性、信使性和平衡性的特点。激素分为动物激素和植物激素两大类。激素对机体的生长、发育、分化、适应、代谢、免疫和生殖等生命现象发挥着重要的调节作用。根据激素的化学结构和调节功能，激素分为氨基酸衍生物类激素、多肽类激素、蛋白质类激素、类固醇激素及脂肪酸衍生物类激素。环境激素是指干扰动物与人体正常内分泌机能的外源性化学物质，由于它具有类似雌激素的作用，近年来备受关注。

激素（hormone）来源于希腊文，原意为"奋起活动"。1904 年 William Bayliss 与 Ernest Starling 首先使用这个词描述由生物体特定细胞分泌的一类调节性物质。人们对激素的认识经过了很长时间的实践才逐渐清晰起来。激素是生物体内特殊组织或腺体产生的，直接分泌到体液或空气中，通过体液或空气运送到特定作用部位，从而引起特定刺激效应的一群微量的有机化合物。因此，激素也可以被看作生物体和生态系统内的化学信息。

研究发现，激素具有三个主要的功能：第一，处理激素之间以及激素与神经系统、血流、血压以及其他因素之间的相互关系；第二，控制各种组织生长类型和速率以及形态形成；第三，维持细胞内环境恒定，进而实现对机体的生长、发育、分化、适应、代谢、免疫和生殖等生命现象的调节作用。激素是我们生命中的重要物质。

第一节　激素概述

一、激素的概念

激素的定义：激素是由特定细胞分泌的对特定靶细胞的物质代谢或生理功能起调控作用的一类微量化学信息分子。

二、激素的作用特点

1. 高效性

激素的分泌均极微量,为毫微克(十亿分之一克)水平,但其调节作用均极明显。机体对激素的需要量很少,激素在血液中的浓度很低,一般蛋白质激素的浓度为 $10^{-10} \sim 10^{-12}$ mol/L,其他激素在 $10^{-6} \sim 10^{-9}$ mol/L。激素的作用有的十分迅速(如肾上腺素等),有的则较为缓慢(如甲状腺素及雌激素等)。

2. 高专一性

激素专一性包括组织专一性和效应专一性,前者指激素作用于特定的靶细胞、靶组织、靶器官;后者指激素有选择地调节某一代谢过程的特定环节。例如,胰高血糖素、肾上腺素、糖皮质激素都有升高血糖的作用,但胰高血糖素主要作用于肝细胞,通过促进肝糖原分解和加强糖异生作用,直接向血液输送葡萄糖;肾上腺素主要作用于骨骼肌细胞,促进肌糖原分解,间接补充血糖;糖皮质激素则主要通过刺激骨骼肌细胞,使蛋白质和氨基酸分解,以及促进肝细胞糖异生作用来补充血糖。

3. 多层次性

内分泌的调控是多层次的。下丘脑是内分泌系统的最高中枢,它通过分泌神经激素,即各种释放因子(RF)或释放抑制因子(RIF)来支配垂体的激素分泌。垂体又通过释放促激素控制甲状腺、肾上腺皮质、性腺、胰岛等的激素分泌。相关层次间是施控与受控的关系,但受控者也可以通过反馈机制反作用于施控者。如下丘脑分泌促甲状腺素释放因子(TRF),刺激垂体前叶分泌促甲状腺素(TSH),使甲状腺分泌甲状腺素。当血液中甲状腺素浓度升高到一定水平时,甲状腺素也可反馈抑制 TRF 和 TSH 的分泌。激素的作用不是孤立的。内分泌系统不仅有上下级之间控制与反馈的关系,在同一层次间往往是多种激素相互关联地发挥调节作用。激素的合成与分泌是由神经系统统一调控的。

4. 信使性

激素只是充当"信使"(messenger)启动靶细胞固有的、内在的一系列生物效应,而不作为某种反应成分直接参与细胞物质与能量代谢的环节。因为早就发现,激素与酶不一样,只对完整细胞起作用。激素作为"第一信使"与靶细胞受体结合后,再通过细胞内的"第二信使"激发与细胞固有反应相联系的一种或多种信号传导途径,调节原有的生理生化过程,加强或减弱细胞的生物效应和生理功能。在发挥作用过程中,激素对其所作用的细胞,既不提供额外能量,也不添加新功能,而只是在体内细胞之间传递生物信息。

5. 平衡性

正常情况下,生物体内的激素处于高度的平衡状态,激素之间的相互作用,有协同,也有拮抗。例如,在血糖调节中,胰高血糖素等使血糖升高,而胰岛素则使血糖下降。它们之间相互作用,使血糖稳定在正常水平。对某一生理过程实施正反调控的两类激素,保持着某种平衡,一旦被打破,将导致内分泌疾病。

三、激素的分类

根据生物的不同激素分为动物激素和植物激素两大类。植物激素亦称植物生长调节物质,是指一些对植物的生理过程起促进或抑制作用的物质。动物激素又分为脊椎动物激素和无脊椎动物激素。脊椎动物激素指动物腺体细胞和非腺体组织产生分泌的激素,前者称为腺体激素,后者称为组织激素。无脊椎动物激素包括甲壳类激素和昆虫激素。

四、激素的化学本质

激素是一类化学信息分子。激素按其化学成分主要可以分为两大类。第一类为含氮激素,主要包括氨基酸衍生物类激素、多肽及蛋白质类激素;第二类为非含氮激素,主要包括类固醇激素(肾上腺皮质激素、性激素)及脂肪酸衍生物类激素。

第二节 脊椎动物激素

一、动物激素概述

脊椎动物激素是动物的某些器官、组织或细胞所产生的一类微量但高效的调节代谢的化学物质。高等动物激素是激素研究的起点,也是激素生物化学研究的主体内容。

脊椎动物组织激素按化学本质大体分为四类:第一类为氨基酸衍生物类激素,如甲状腺素、肾上腺髓质激素、松果体激素等;第二类为肽与蛋白质激素,如下丘脑激素、垂体激素、胃肠激素、降钙素等;第三类为类固醇激素,如肾上腺皮质激素、性激素等;第四类为脂肪酸衍生物激素,如前列腺素等。

二、重要的脊椎动物激素

(一)氨基酸衍生物激素

1. 甲状腺激素

甲状腺激素主要是甲状腺素(T_4)和三碘甲腺原氨酸(T_3),由甲状腺分泌。其主要功能是促进蛋白质、糖及脂的代谢;促进机体的生长发育及组织分化;对肌肉活动、造血过程、循环系统、中枢神经系统及智力和体质的发育等都有显著的作用。三碘甲腺原氨酸(T_3)的活性为甲状腺素(T_4)的 $5\sim10$ 倍。实验证明,幼年动物甲状腺机能减退或切除甲状腺,会引起发育迟缓,身材矮小,行动呆笨;而成年人甲状腺机能减退时,会出现基础代谢率低,厚皮病,心搏减慢及性机能低下等。相反,甲状腺机能亢进,基础代谢率增高,心跳加快,消瘦,眼球突出,神经系统兴奋性提高,表现为神经过敏等,临床称"突眼病"。甲状腺素(T_4)和三碘甲腺原氨酸(T_3)的结构如下:

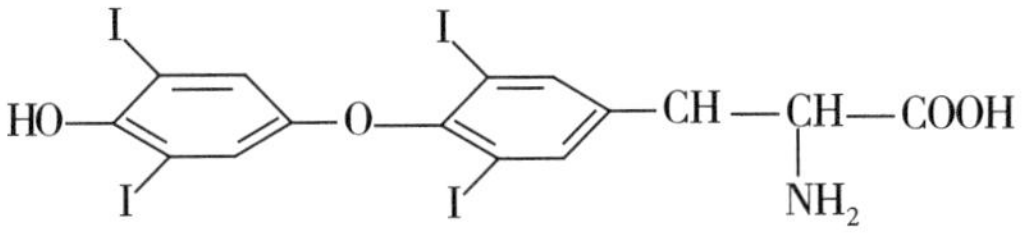

甲状腺素

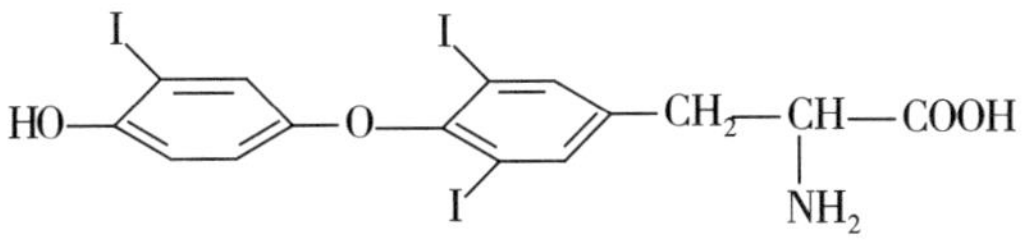

三碘甲腺原氨酸

2. 肾上腺激素

肾上腺激素主要是肾上腺素和去甲肾上腺素,由肾上腺髓质分泌(去甲肾上腺素主要由交感神经末梢分泌)。其主要功能是促进肝糖原和肌糖原的分解,增加血糖和血中乳酸含量;促进蛋白质、氨基酸和脂肪分解;肾上腺素有和交感神经兴奋相似的作用,使心脏活动加强,血管收缩,血压升高。因此临床上用于抗休克。去甲肾上腺素的作用较弱。肾上腺素和去甲肾上腺素的结构如下:

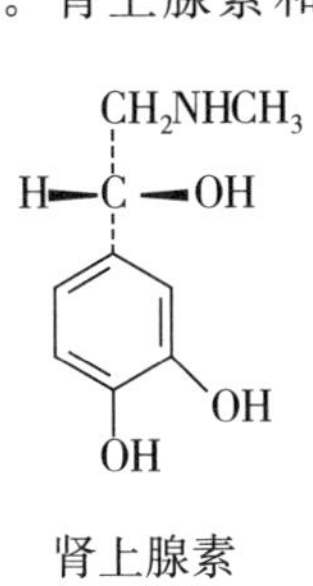

肾上腺素 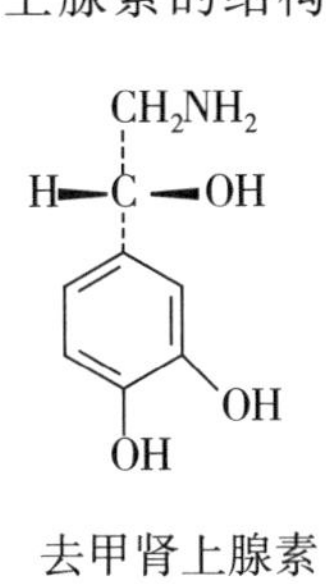   去甲肾上腺素

(二)多肽与蛋白质激素

由下丘脑、脑垂体、胰腺、甲状旁腺、胸腺以及胃肠黏膜等分泌的激素大多属于多肽和蛋白质激素。这些激素的生理功能十分丰富。

1. 下丘脑激素

下丘脑分泌的激素主要包括释放激素(释放因子)和释放抑制激素(释放抑制

因子),这些激素经垂体门静脉到达脑垂体,作用于垂体细胞发生调控作用。目前被认识的主要的下丘脑激素的化学本质及生理功能见表 6-1 所列。

表 6-1 下丘脑激素

激素名称	化学本质	生理功能
促肾上腺皮质激素释放激素(CRH)	41 肽	促进促肾上腺皮质激素的释放
促卵泡素释放激素(FRH)	40~44 肽	促进促卵泡素的释放
促黄体生成素释放激素(LRH)	10 肽	促进促黄体生成素的释放
生长素释放激素(GRH)	10 肽	促进生长素的释放
生长素释放抑制激素(GRIH)	14 肽	抑制生长素的释放
促黑色细胞激素释放激素(MRH)	多肽	促进促黑色细胞激素的释放
促黑色细胞激素释放抑制激素(MRIH)	多肽	抑制促黑色细胞激素的释放
催乳素释放激素(PRH)	多肽	促进催乳素的释放
催乳素释放抑制激素(PRIH)	多肽	抑制催乳素的释放
促甲状腺素释放激素(TRH)	3 肽	促进促甲状腺素的释放

下丘脑分泌的激素主要功能是对脑垂体中叶及前叶激素起控制作用,有的起促进作用,有的起抑制作用,有的成对出现,而且以抑制作用为主。例如生长素释放激素(GRH)和生长素释放抑制激素(GRIH),前者促进垂体生长素的释放,而后者则抑制垂体生长素的释放,而且以抑制作用为主,从而构成一个负反馈系统。猪的 GRH 和 GRIH 的结构如下:

Val—His—Lue—Ser—Ala—Glu—Glu—Lys—Glu—Ala
GRH 结构

Ala—Gly—Cys—Lys—Asn—Phe—Phe—Trp—Lys—Thr—Phe—Thr—Ser—Cys
GRIH 结构

2. 脑垂体激素

脑垂体在神经系统的控制下,调节着机体各种内分泌腺,是各种内分泌腺分泌活动的推动者。脑垂体由前叶、中叶和后叶三部分构成。前叶和中叶能够合成激素,而后叶分泌的激素则由下丘脑合成。脑垂体由垂体柄与下丘脑相连接,分泌的激素一共有十几种,其化学本质及生理功能见表 6-2 所列。

表 6-2 脑垂体激素

脑垂体	激素名称	化学本质	生理功能
前叶	生长素(GH)	蛋白质(191 个氨基酸)	促进生长,促进代谢(蛋白质合成、脂肪分解)
	促甲状腺素(TSH)	糖蛋白(约 220 个氨基酸)	促进甲状腺发育及分泌激素
	促肾上腺皮质激素(ACTH)	39 肽	促进肾上腺皮质分泌激素
	催乳素(LTH)	蛋白质(198 个氨基酸)	促进乳腺分泌乳汁
	促卵泡素(FSH)	糖蛋白	促进卵巢发育及产生卵
	黄体生成素(LH)	糖蛋白	促进性腺分泌激素,促进排卵与黄体生成
中叶	促黑色细胞素(MSH)	α-MSH,13 肽 β-MSH,18 肽	促进黑色素生成和沉着
后叶	催产素	9 肽	促进子宫收缩
	加压素	9 肽	升高血压,抗利尿作用

　　脑垂体激素的主要功能是调节和控制其他类型激素,对于机体生长发育和促进其他腺体分泌激素具有重要影响作用。例如,人的生长素是一种蛋白质,分子量为 21500,含 191 个氨基酸,一级结构已经解析,其两个末端氨基酸都是苯丙氨酸,含有两个分子内二硫键。生长素的功能非常广泛,其主要功能是促进糖和脂的代谢;促进 RNA 的生物合成,直接影响蛋白质的合成和骨骼生长。幼儿时期,如果生长素的分泌不足,则生长发育迟缓,身材矮小,患"侏儒症"。反之,如果生长素的分泌过多,身体各部分过度生长,患"巨人症"。

　　3. 甲状旁腺激素

　　甲状旁腺激素主要是甲状旁腺素和降钙素,它们都是多肽激素。甲状旁腺素由 84 个氨基酸残基构成,其主要功能是促进骨骼脱钙、增高血钙等作用。降钙素由 32 个氨基酸残基构成,其主要功能是降低血钙。甲状旁腺素和降钙素二者的生理功能相反,都是调节钙磷代谢的激素,共同维持血钙平衡。如果甲状旁腺机能亢进,则会导致脱钙性骨炎和骨质疏松症。

　　4. 胰岛激素

　　胰岛激素主要是胰岛素和胰高血糖素。人的胰岛主要由 α、β 和 δ 三种细胞组成。α-细胞分泌胰高血糖素,β-细胞分泌胰岛素。

　　胰岛素由 51 个氨基酸构成,分子由两条多肽链,A 链含 21 个氨基酸残基,B 链含 30 个氨基酸残基,整个分子存在三个二硫键,其一级结构见图 1-7。胰岛素的主要功能是提高细胞摄取葡萄糖,抑制肝糖原分解,促进肝糖原和肌糖原的合成。因此胰岛素有降低血糖含量的作用,产生所谓"低血糖效应"。胰岛素的生理功能与肾上腺素的作用相反。

胰高血糖素由 29 个氨基酸构成,人和猪的胰高血糖素的一级结构如下:

His—Ser—Gln—Gly—Thr—Phe—Thr—Ser—Asp—Tyr—Ser—Lys—Tyr—Leu—Asp—

Ser—Arg—Arg—Ala—Gln—Asp—Phe—Val—Gln—Trp—Leu—Met—Asp—Thr

胰高血糖素的主要功能是促进肝糖原分解,使血糖升高。胰高血糖素的生理功能与肾上腺素的作用相似。

5. 其他多肽与蛋白质激素

其他较为重要的多肽和蛋白质激素有血管紧张肽Ⅱ(8 肽)、血管舒缓激肽(9 肽)、促胃酸激素(17 肽)、促胰液激素(27 肽)和肠抑胃素(43 肽)等。

(三)类固醇激素

脊椎动物的类固醇激素分为肾上腺皮质激素和性激素两类,它们在结构上都是环戊烷多氢菲衍生物。

1. 肾上腺皮质激素

肾上腺皮质激素由肾上腺皮质分泌。从肾上腺皮质提取分离出的类固醇化合物已不下 30 种,其中有 7 种有生理活性,它们的结构如下:

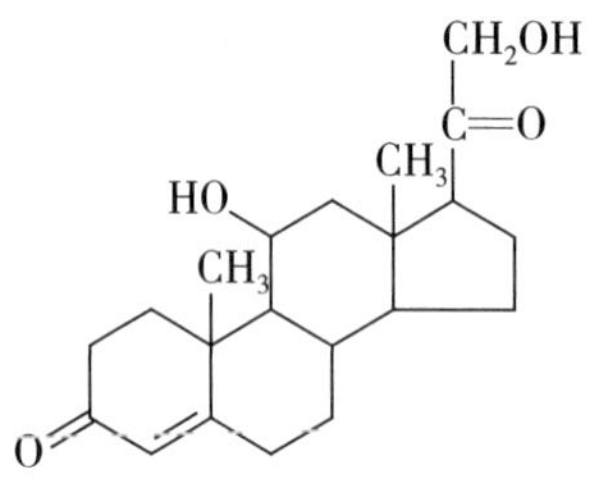

皮质酮

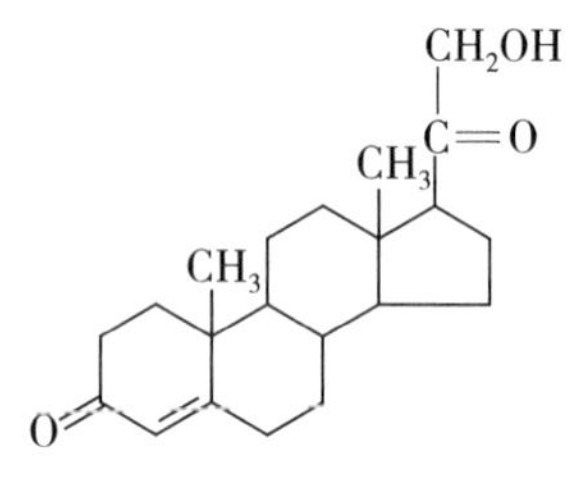

11-脱氧皮质酮

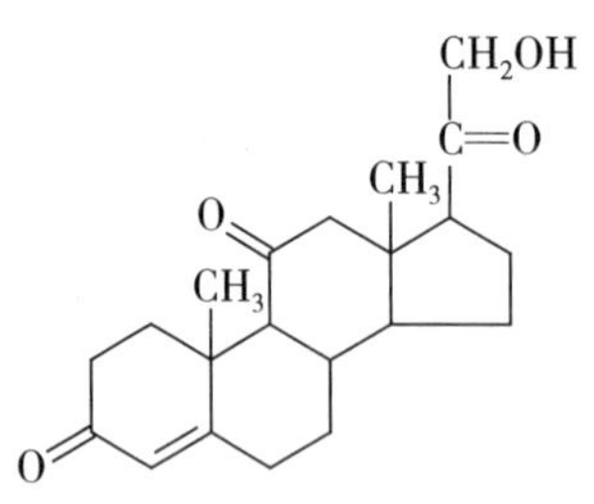

11-脱氢皮质酮

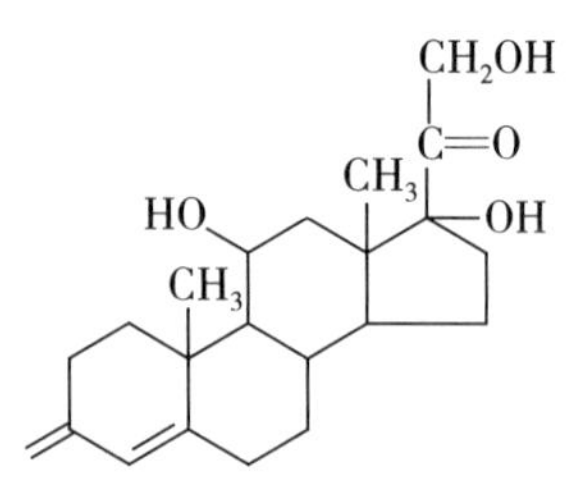

17-羟基皮质酮

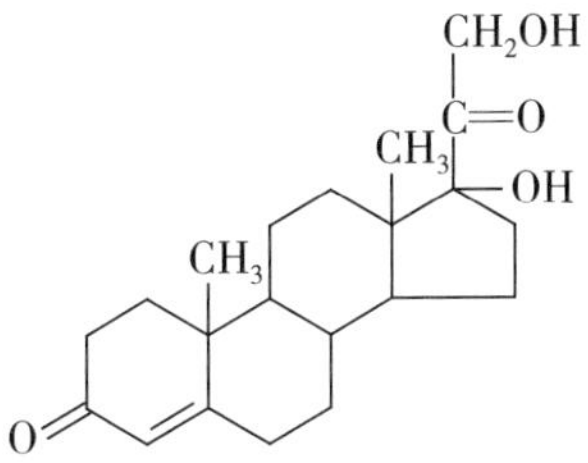

17-羟基-11-脱氧皮质酮

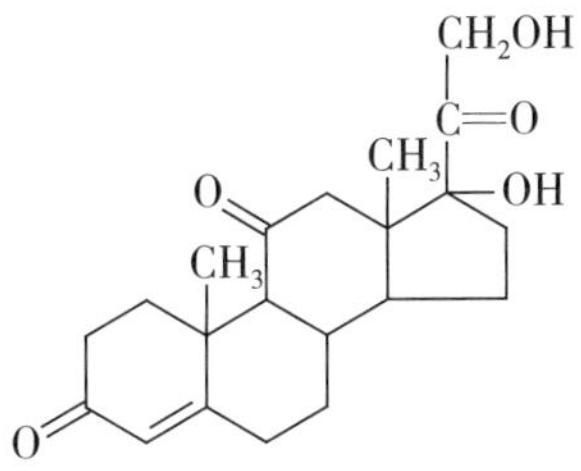

17-羟基-11-脱氢皮质酮

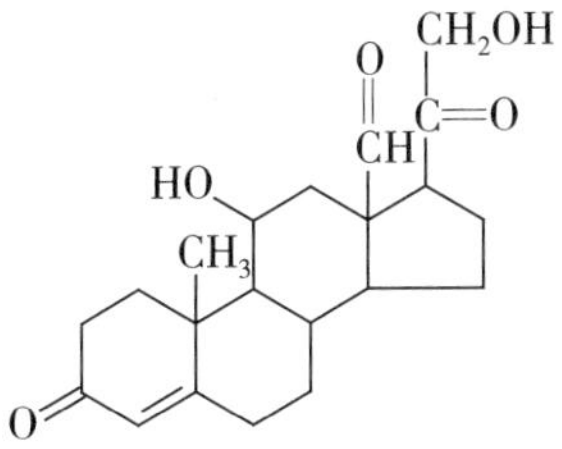

醛皮质酮

肾上腺皮质激素按其生理功能可以分为糖皮质激素和盐皮质激素两类。它们结构相似,生理活性也有所交叉。

肾上腺皮质激素的生理功能主要表现在两个方面:一是调节糖代谢——抑制糖的氧化,使血糖升高;促进蛋白质转化为糖。这类激素包括皮质酮、11-脱氢皮质酮、17-羟基皮质酮和17-羟基-11-脱氢皮质酮等,可归为糖皮质激素类。二是调节水盐代谢——促使体内保留钠离子及排出过多的钾离子,调节水盐代谢。这类激素包括11-脱氧皮质酮、17-羟基-11-脱氧皮质酮和醛皮质酮等,可归为盐皮质激素类。

2. 性激素

性激素可分为雌性激素和雄性激素两类,与动物的性别及第二性征发育有关。脑垂体的促性腺激素对性激素的分泌进行着高效控制。

雌性激素可分为卵泡素和黄体激素两类。前者由卵巢分泌,包括雌酮、雌二醇及雌三醇,其主要功能是促进雌性性器官的发育、排卵,促进第二性征发育等。后者由卵巢的黄体分泌,主要是黄体酮,其主要功能是促进子宫及乳腺发育,防止流产等。雌性激素的结构如下:

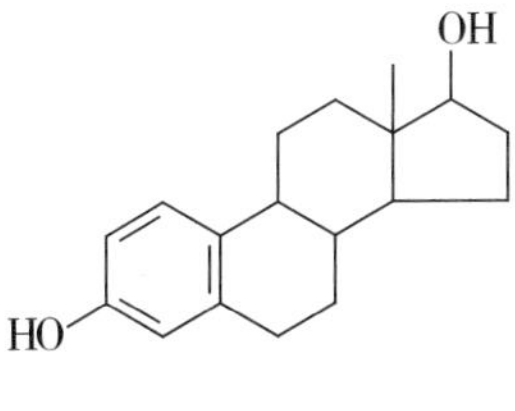

雌二醇

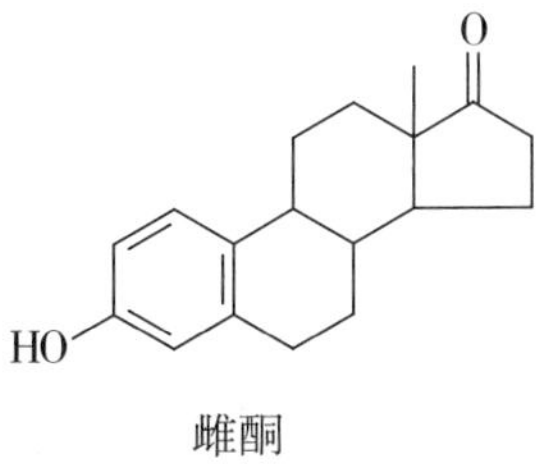

雌酮

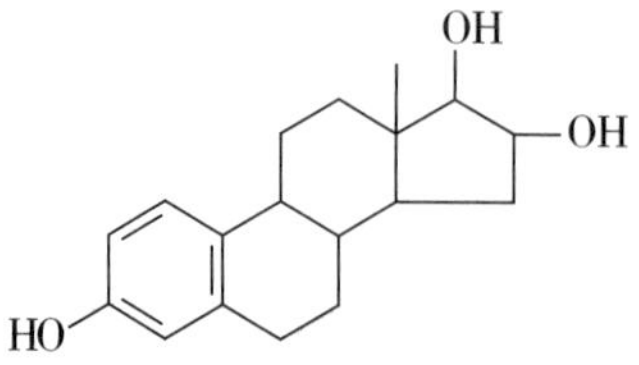

雌三醇 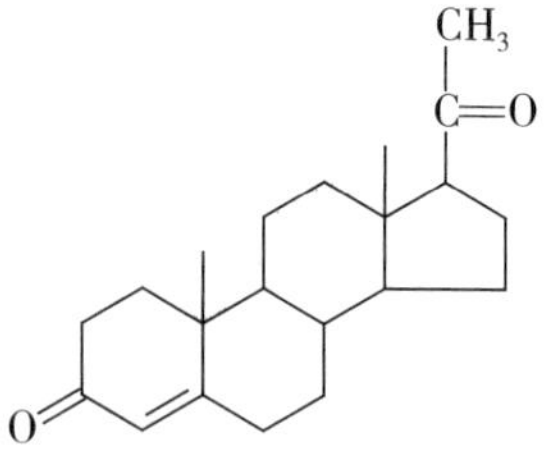　　　　　　　　　　　　　黄体酮

雄性激素中比较重要的有睾酮、雄酮、雄二酮和脱氢异雄酮。睾酮是体内最重要的雄性激素,由睾丸的间质细胞分泌。雄酮、雄二酮和脱氢异雄酮则是睾酮的代谢产物。雄性激素的主要功能是促进雄性动物性器官和第二性征的发育和维持;促进蛋白质生物合成,使肌肉发达。雄性激素的结构如下:

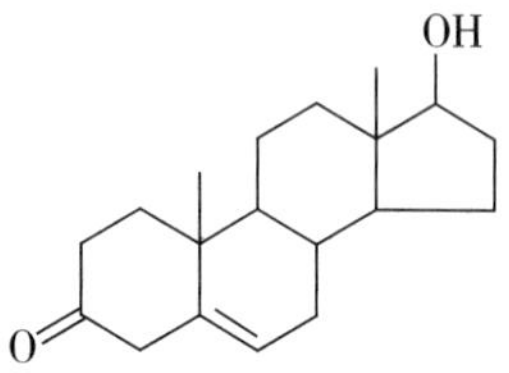

睾酮 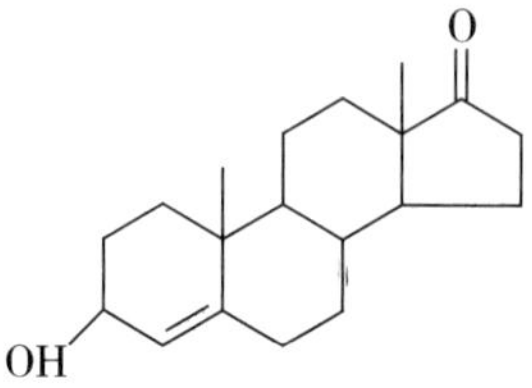　　　　　　　　　　　雄酮 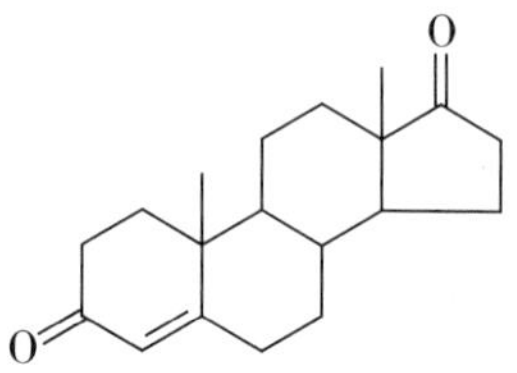　　　　　　　　　　　雄二酮

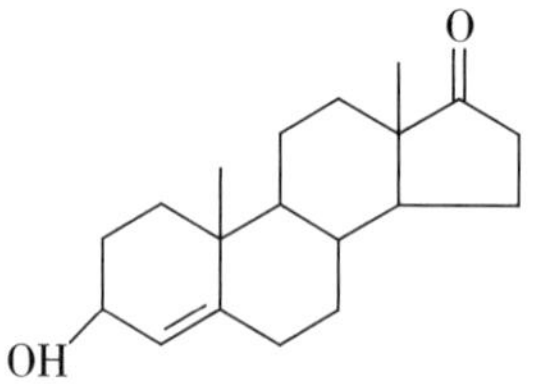

脱氢异雄酮 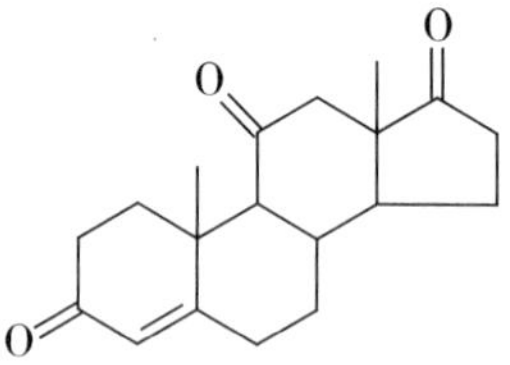　　　　　　　　　　　肾上腺雄酮

雄性激素和雌性激素的功能很不相同,但是它们在结构上却很相似。

由于类固醇激素特殊的生理功能使之具有了重要的药用价值。目前类固醇激素在抗炎和抗过敏、治疗男性或女性疾病和避孕、改善代谢功能等方面得到广泛应用。

(四)脂肪酸衍生激素——前列腺素

脂肪酸衍生激素最主要的是前列腺素,是一类具有生理活性物质的总称。目前已发现的前列腺素有几十种,广泛存在于生殖系统和其他组织中。前列腺素是人体内分布最广、效应最大的生物活性物质之一。已经证明,前列腺素对生殖、心血管、呼吸、消化及神经系统等有显著的作用。前列腺素母体的结构如下:

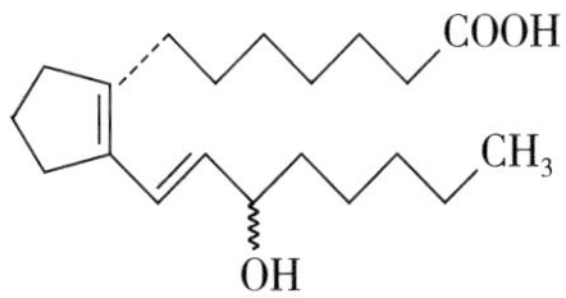

前列腺素母体结构

前列腺素母体是含有一个环戊烷及两个脂肪侧链的二十脂肪酸。根据环戊烷上双键位置和取代集团的不同可分为 A、B、E、F 等四种类型。

第三节　植物激素

一、植物激素概述

植物激素是指植物体内合成的对植物生长发育（发芽、开花、结果和落叶）及代谢有显著作用的几类微量有机化合物。由于植物激素对植物生长有调节能力，故又被称为植物生长调节剂。

二、重要的植物激素

目前已知的植物激素主要有六类：脱落酸、植物生长素、细胞分裂素、乙烯、赤霉素和油菜素内酯。

(一)植物生长素

植物体内普遍存在的天然植物生长素是吲哚乙酸。其主要功能是促进植物抽枝或芽、苗等的顶部芽端的形成。植物生长激素浓度低时可以促进植物生长，而高浓度时则抑制植物生长。吲哚乙酸的结构如下。

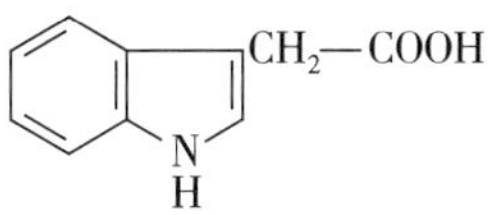

吲哚-3-乙酸

(二)赤霉素

赤霉素是一类含有赤霉烷骨架结构的植物生长调节剂，已分离出的赤霉素超过四十余种。依发现先后顺序编号为 A_1、A_2、A_3…其主要功能是促进萌发茎叶生长，加速植株发育，防止果实脱落，等等。赤霉烷和赤霉素 A_3 结构如下。

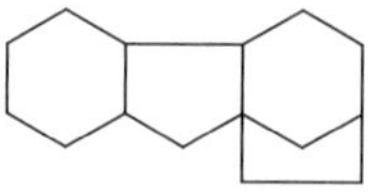

赤霉烷 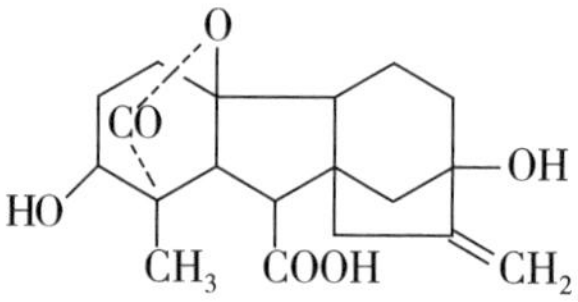　　　　　　　　　　赤霉素A₃

(三)细胞分裂素

细胞分裂素由植物根部产生,又名细胞激动素。其主要功能是促进蛋白质和核酸的生物合成,促进细胞分裂和分化,延缓和防止植物器官衰老等。重要的细胞分裂素玉米素的结构如下。

(四)脱落酸

脱落酸是植物生长抑制剂,在衰老及休眠的植物组织中,只有脱落酸的单独存在。其主要功能是引起植物休眠和落叶。脱落酸的结构如下。

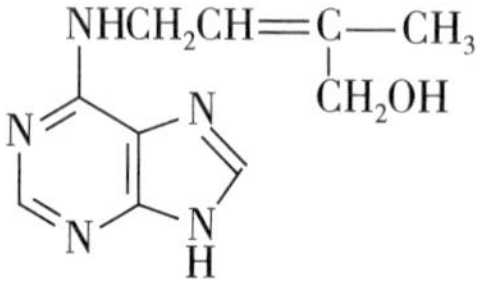

玉米素 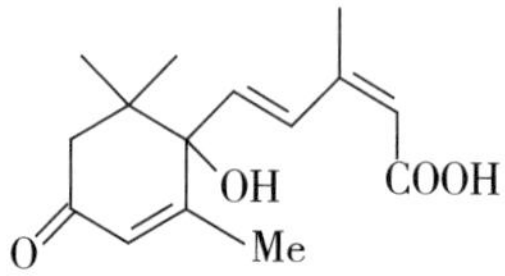　　　　　　　　　　脱落酸

(五)乙烯

许多植物及植物的果实能产生乙烯。其主要功能是降低植物生长速度,促进果实成熟。

(六)油菜素内酯

油菜素内酯是在高等植物中发现的类固醇类植物激素。其主要功能是刺激植物细胞伸长和分裂,促进整株生长,提高坐果率及结实率。另外还能提高农作物的抗病性及抗寒性。油菜素内酯的结构如下。

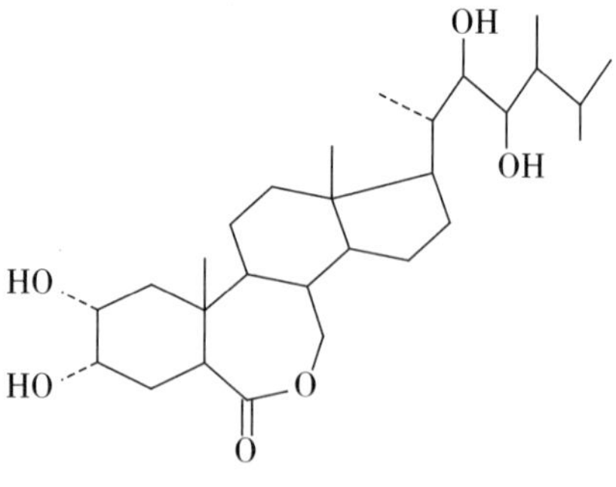

油菜素内酯

第四节　昆虫激素

一、昆虫激素概述

昆虫激素是昆虫的内分泌腺分泌的激素,它们调节控制昆虫的生长发育、蜕皮、变态、生殖等过程。昆虫激素对某一生理过程起调节作用时,常常由几种激素共同组成内分泌调节系统。例如,脑激素—蜕皮激素—保幼激素调节系统共同控制昆虫的变态过程。

二、重要的昆虫激素

昆虫激素种类很多,根据作用情况的不同分为昆虫内激素和昆虫外激素两大类。其中较为重要的有脑激素、保幼激素、蜕皮激素和性外激素。

(一)脑激素

脑激素由昆虫的前脑神经细胞分泌,是一种昆虫内激素。其主要功能是促进昆虫的前胸腺分泌蜕皮激素。其化学本质是多肽或蛋白质。

(二)保幼激素

保幼激素由昆虫的咽侧体分泌,是一种昆虫内激素。其主要功能是保持昆虫幼虫时期的特性,防止昆虫内部器官的分化与变态而出现成虫性状。保幼激素结构如下:

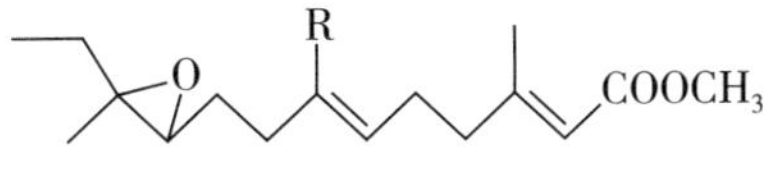

R=CH$_2$CH$_3$,保幼激素Ⅰ;R=CH$_3$,保幼激素Ⅱ

(三)蜕皮激素

蜕皮激素由前胸腺分泌,有α和β两种,是一种昆虫内激素。其主要功能是促进昆虫幼虫的内部器官分化、变态及蜕皮。α-蜕皮激素结构如下:

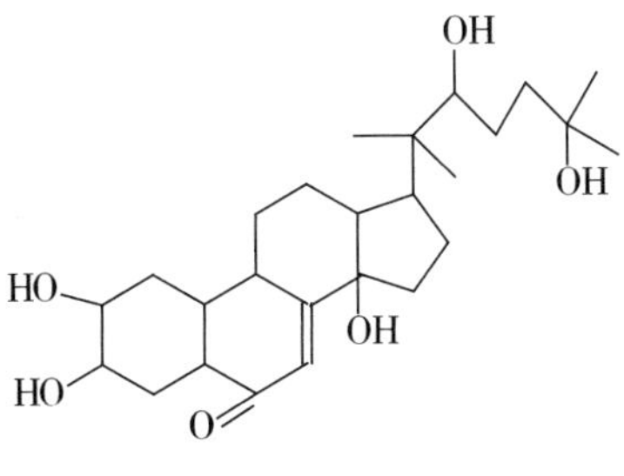

α-蜕皮激素

(四)性外激素

性外激素由雌虫性腺分泌,是一种昆虫外激素。其主要功能是对雄虫进行性刺激与引诱。舞毒蛾性诱剂结构如下:

舞毒蛾性外激素

三、昆虫激素在农业生产中的应用

昆虫激素首次发现于 1934 年,生态化学的发展极大地促进了对它的研究。昆虫激素的应用研究对现代农业意义重大,体现在对害虫的生物防治领域:有激素型杀虫剂、不育剂和引诱剂。

第五节　环境激素——自然环境中的隐形杀手

20 世纪后期,野生动物和人类的内分泌系统、免疫系统、神经系统出现了各种各样的异常现象。人类内分泌系统异常的突出表现是生育异常,除了个别现象之外,总的趋势是"阴盛阳衰"。

生物学家惊呼:动物世界已面临雌性化的危险!

究竟是什么原因造成了上述异常现象呢?经过大量实际调查,学者们发现,重要原因是环境中存在一些能够像激素一样影响人体和动物体内分泌功能的物质,即环境激素。

一、环境激素概述

(一)环境激素的概念

所谓环境激素是指干扰动物与人体正常内分泌机能的外源性化学物质,由于它往往具有类似雌激素的作用,故又称环境雌激素。它包括人工合成的化合物和植物天然雌激素。由于这些化合物能干扰人体内分泌系统,因此,通常又将环境激素称为"干扰内分泌化合物"。

(二)环境激素的特点

环境激素的内分泌干扰效应往往表现出时机性、滞后性、后代性、胚胎性、发育性,并集中表现为性发育异常,有很大的不确定性。

研究表明,环境激素具有如下特点:①延迟性。生物在胚胎、幼年时所造成影响可能到成年和晚年才显露出来。②时段性。不同生长阶段对生物个体会造成不同方式的影响与后果。③复杂性。不同计量、不同暴露方式对不同器官可能造成不同影响,其毒性有时有协同或拮抗作用。④另外,环境激素的去除比较困难,主要原因是:环境激素在环境中不易分解;环境激素会通过食物链蓄积放大;环境激素通常具有脂溶性,进入生物体后不易排除。

二、环境激素的类型

已知和怀疑的环境激素主要是人工合成的化学物质。1996 年,美国环保局列出 60 种;1996 年,美国疾病防治中心列出 48 种;1996 年,美国科学家 T. Colborn 博士在其著作《我们被偷窃的未来》(*Our Stolen Future*)一书列出 50 种;1997 年,世界野生动物基金会(WWF)把上述 50 种扩展为 68 种;1997 年,日本环境厅《关于外因性扰乱内分泌化学物质问题的研究班中间报告》列出 65 种。目前世界上大多数文献都以 WWF 的研究结果为基础。环境激素主要存在于农药、除草剂、染料、香料、涂料、洗涤剂、去垢剂、表面活性剂、塑料制品的原料或添加剂、药品、食品添加剂、化妆品等物质中。

目前习惯把环境激素主要分为以下几类。

(一)农药

1. 除草剂:甲草胺(杂草索、澳特拉索)、杀草强(氨三唑)、阿特拉津(莠去津)、草克净、除草醚、氟乐(茄科宁)、2,4 -滴(2,4 -二苯氧乙酸)、2,4,5 -滴(2,4,5 -三氯苯氧乙酸)、嗪草酮等。

2. 杀虫剂:β-六氯化苯(β-六六六)、氯丹、硫丹、西维因(胺甲萘)、开乐散、狄氏剂、异狄氏剂、灭蚁灵、对硫磷、灭多虫(乙肪威、甲胺差威)、毒杀酚(氯化莰)、甲氧滴滴涕、林丹(γ-六六六)、苄氯菊酯、七氯(七氯化茚)、七氯环氧化物、拟除虫菊酯类等。

3. 杀线虫剂:滴灭威(丁醛肪威)、呋喃丹、1,2 -二溴 -3 -氯丙烷等。

4. 杀真菌剂:苯菌灵、多菌灵、六氯苯、代森锰、代森锌、代森锰锌、赴美新(锌来特、什来特)等。

(二)工业有机化合物

苯并芘、二苯酮、双酚 A(2,2 -双酚丙烷)、烷基酚、正丁苯、邻苯二甲酸丁苄酯、2,4 -二氯苯酚、酞酸二环己酯(邻苯二甲酸二环己酯)、邻苯二甲酸二环乙酯、邻苯二甲酸二(2 -乙基己基)酯、邻苯二甲酸二己酯、邻苯二甲酸二正丁酯、邻苯二甲酸二正戊酯、邻苯二甲酸二丙酯、八氯苯乙烯、多氯联苯类、五氯苯酚、三丁基氧化锡、2,3,7,8 -四氯代二苯 -并-对二噁英等。

（三）重金属

铅、镉、汞等。

（四）天然或合成的激素药物

己烯雌酚、雌三醇、雌酮、雌二醇等。

（五）植物雌激素

拟雌内酯、芒柄花黄素等。

三、环境激素进入生物体的途径

环境激素可经食物、呼吸、水生动物和体表进入人类和动物体内，食物和职业接触是人类接受环境激素的主要途径。

（一）直接食用进入人体

人工合成的环境激素当中有很多种是农药的成分，它们残留在农产品上，被人类直接食用；畜禽食用了含有环境激素的牧草和添加激素的配合饲料，向人类提供含有环境激素的肉、蛋、奶，从而将环境激素代入人体。

（二）食物链浓缩

环境激素一般脂溶性好、微溶于水，在食物链中进行浓缩后进入人体，在脂肪中存留，使浓度进一步增大。母体通过胎盘或乳汁把环境激素传给子女，使之进一步在人体中积累。

（三）垃圾焚烧

垃圾的焚烧会释放出二噁英等多种环境激素，所以目前人们对垃圾焚烧这种处理方法一直存在争议。含有环境激素的生物体死亡以后，经腐败分解，再次进入土壤、水体，通过多种渠道进入人体。

（四）塑料制品

婴幼儿用品很多是塑料制品，当聚碳酸酯的塑料奶瓶里倒进开水，水里双酚 A 的含量可达到 $3.1 \sim 5.5 \mu g/L$。酞酸酯类用作塑料制品的增塑剂；塑料微波炉餐具、薄膜中都有酞酸酯类。一次性餐具、发泡方便面碗和一次性塑料杯都能溶解出苯乙烯的单体和低聚物。

（五）环境激素类物质的生产厂排放出的废物

北京医科大学在一个农药厂做过检测，30 个生产工人的精液与正常工种的同龄人对比，精液量少、精子密度小、活性降低、畸形率高。

（六）日常生活所用物品

人们日常生活中大量使用的洗涤剂、消毒剂以及口服避孕药中都含有多种环境激素，这些物质排入水体后会对水体产生污染。美国动物学家科尔·伯恩发现，在美国受化学污染严重的格雷特湖栖息的鱼类、鸟类、哺乳类等六种动物的后代大都长不到成年,少数发育成熟的也不能繁衍后代。科学家从湖水中化验出多种环境激素。

四、环境激素对人类及生态系统的危害

(一)环境激素对动物和人体的影响

(1)对生殖能力的影响。表现为雌性动物的性早熟和雄性动物的性逆转,由此导致动物种群性比的失衡和数量的下降。人类精子数量的下降也是环境激素作用的结果。

(2)对免疫系统产生影响。生物个体的免疫系统受损,肌体免疫能力下降,并诱发肿瘤。普通传染病已成为发展中国家居民的最大杀手,这可能是由于人们长期暴露于杀虫剂中所致。众多的研究结果表明精巢癌、前列腺癌以及乳腺癌等都与环境激素有关。

(3)损害神经系统。日本学者对"集体自杀"的海豚尸体进行了检验,发现海豚尸体中含有三丁基锡和三苯基锡等有机锡(一种船底涂料和鱼网防腐剂)。据推测,可能是因为鲸和海豚喜欢追逐海船,而引起了中毒。中毒后,海豚的神经细胞受到有机锡的损害,失去了辨别方向的能力,盲目冲上海滩,结果搁浅在海滩上,从而表现为"集体自杀"。

(二)环境激素的生态效应

环境激素不易被生物降解,它通过食物链在生态系统中进行生物富集。在环境中不易测出的微量雌激素,经过 3~4 营养级的富集即可达到惊人的浓度。

环境因素可改变群落结构。由于某些动物的生殖、免疫和神经系统受到影响,这些动物的生存竞争力下降,数量减少;食物链中较上营养级和较下级动物的数量比受到影响,从而改变群落结构。

在遗传水平上,环境激素通过作用于遗传物质 DNA 而改变遗传信息,影响后代个体的遗传性状。

思 考 题

1. 何谓激素?其作用有何特点?

2. 按照化学本质的不同激素分为哪几类?

3. 垂体激素与其他内分泌腺的关系如何?

4. 试述甲状腺素、肾上腺素、催产素的结构与功能。

5. 试述植物激素在农业上的应用前景。

6. 试述昆虫激素在生产实际中的意义。

7. 胰岛素为什么能降低血糖浓度?

8. 下丘脑—垂体前叶—靶腺体体系中包含哪些激素?

9. 何谓环境激素?

10. 环境激素主要包括哪些物质?

拓 展 阅 读

[1] 王明运. 激素生物化学[M]. 北京:人民卫生出版社,1987.

[2] 沈孝宙,刘展环,蒋正齐,等. 激素的生物化学[M]. 北京:科学出版社,1983.

[3] 增田芳雄,胜见允行,今关英雅. 植物激素[M]. 北京:科学出版社,1976.

[4] 曾北危,姜平. 环境激素[M]. 北京:化学工业出版社,2004.

[5] 许智宏,薛红卫. 植物激素作用的分子机理[M]. 上海:上海科学技术出版社,2012.

第七章　生物氧化

【本章要点】

生物体在生命活动中所需要的能量是通过有机物在体内的氧化实现的。要掌握生物氧化的概念,高能化合物的类型,ATP 的结构及其在生物能量转换中的作用。呼吸链又叫电子传递链,由线粒体内膜上的一系列电子传递体所组成,在电子传递过程中释放出的能量则使 ADP 和无机磷酸结合形成 ATP。要理解呼吸链的概念、组成及其功能,两条氧化呼吸链中传递体的排序,呼吸链的电子传递抑制剂。氧化磷酸化是在生物氧化的过程中相伴而生的磷酸化作用,即将生物氧化分解过程中释放的自由能,用以生成 ATP 的过程。氧化磷酸化是需氧细胞生命活动的基础,是生物体主要的能量来源。要掌握氧化磷酸化的概念及类型,氧化磷酸化的过程及机理。熟悉生物氧化过程中二氧化碳、水的生成方式。丙酮酸氧化脱羧和三羧酸循环等过程在线粒体中进行,生成的 NADH 可以直接在内膜上进行传递来释放能量。但糖酵解是发生在细胞质中的过程,生成的 NADH 必须运输进入线粒体才能进一步进行电子传递。要理解胞质中 NADH 的两种运输方式。

第一节　生物氧化的概述

一、生物氧化概念、特点与方式

所有生物生长发育、繁殖、运动等,都离不开能量。生物体所需要的能量,究其本质来源于太阳能。光合自养生物利用光能和无机化合物合成自身所需要的糖类、脂肪和蛋白质等,而异养生物则通过摄食自养生物获得各种营养成分。所有生物体的有机物中都储存着由太阳能转变而来的化学能,当生物进行各种生命活动时,必须把糖、脂肪和蛋白质等有机物氧化分解,释放出其中的能量,满足生命活动的需要。

我们把有机物质在机体内氧化分解成二氧化碳和水,并释放出能量的过程称为生物氧化。由于生物氧化是在细胞内进行的一系列氧化还原反应,所以又称为细胞氧化或细胞呼吸。

生物氧化和物质在体外的氧化,如燃烧等,在化学本质上虽然是一致的,最终产物都是生成二氧化碳和水,所释放的总能量也完全相等。但两者进行的方式却大不相同。有机分子在体外燃烧需要高温,而且产生大量的热量是爆发式释放出来的。而生物氧化是在体内进行的,反应条件温和,如常温、常压及生理 pH 的条件,通过酶的催化作用使有机物发生一系列的化学变化,能量是逐步释放出来的。这种逐步的放能方式,可以提高能量的利用率,不会造成更多的浪费而引起体温的突然升高。

二、高能化合物

(一)高能化合物的概念

生物体从太阳或营养物中获取能量,驱动体内各种生命活动的进行,如物质的运输、肌肉的收缩等。生物体在能量的吸收和能量的利用之间,存在着一种重要的能量转换机制,以保证能量的有效利用。高能化合物在这种能量转换机制中占有重要的地位。

具有高能键的化合物即为高能化合物。化合物中的高能键,在标准条件下水解时会产生大量的自由能。高能键指的是水解这个键时的 $\Delta G^{\circ\prime}$,而不是断裂该键时所需的能量。一般水解释放的能量等于或大于 5kcal/mol(约为 21kJ/mol)的共价键为高能键。

(二)生物体中高能化合物的类型

生物体内有许多磷酸化合物,当其磷酰基水解时,释放出大量的自由能。这类物质为高能磷酸化合物,体内一些重要磷酸化合物水解时的标准自由能变化见表 7-1 所列。当然,生物体内高能化合物的种类是很多的,根据其键型的特点,可将高能化合物分为以下几种类型。

1. 磷氧键型

磷氧键型又包括:酰基磷酸化合物(3-磷酸甘油酸磷酸、氨酰腺苷酸等),焦磷酸化合物(无机焦磷酸、ATP、ADP 等),烯醇式磷酸化合物(磷酸烯醇式丙酮酸)。

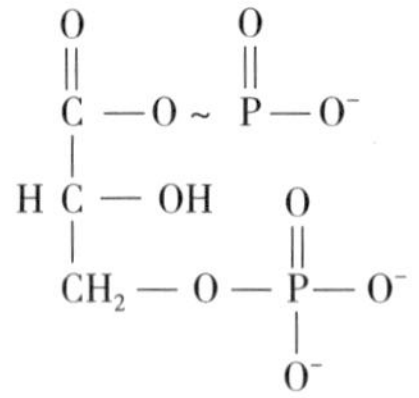

3-磷酸甘油酸磷酸 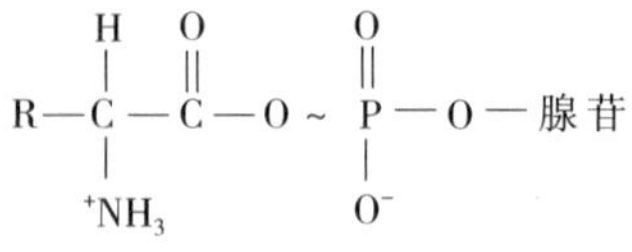   氨酰腺苷酸

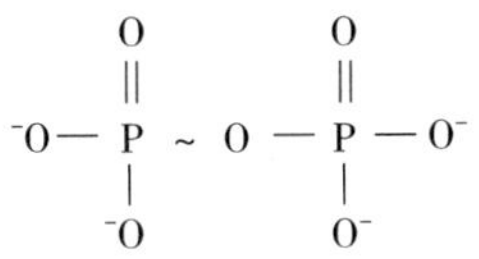

$$\overset{O}{\underset{O^-}{\overset{\|}{{}^-O-P}}}\sim\overset{O}{\underset{O^-}{\overset{\|}{O-P-O^-}}}\qquad 腺苷-\overset{O}{\underset{O^-}{\overset{\|}{O-P}}}\sim\overset{O}{\underset{O^-}{\overset{\|}{O-P}}}\sim\overset{O}{\underset{O^-}{\overset{\|}{O-P-O^-}}}\qquad \overset{COO^-}{\underset{CH_2}{\overset{|}{\underset{|}{C-O}}}}\sim\overset{O}{\underset{O^-}{\overset{\|}{P-O^-}}}$$

无机焦磷酸 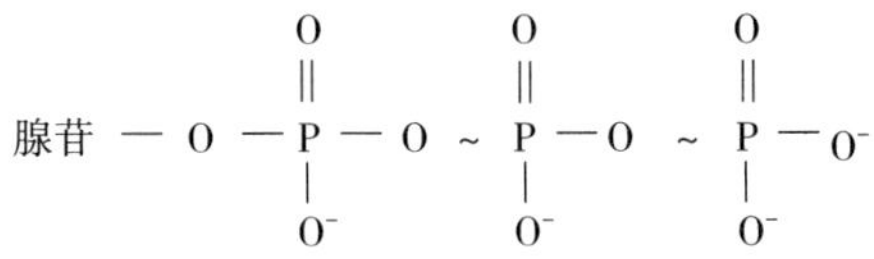　　　　　　　　　　　　　ATP 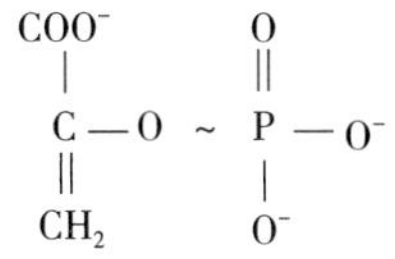　　　　　　　　　　磷酸烯醇式丙酮酸

2. 氮磷键型

氮磷键型主要是指胍基磷酸化合物,如磷酸肌酸和磷酸精氨酸。

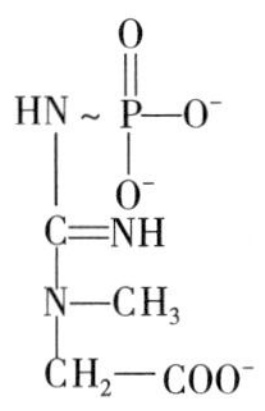

磷酸肌酸 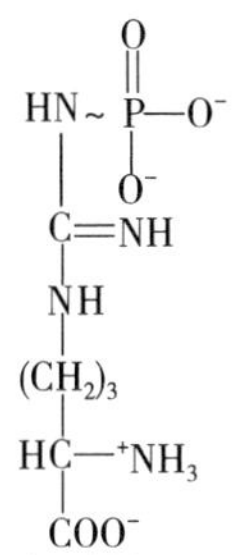　　　　　磷酸精氨酸

3. 硫酯键型

硫酯键型的典型代表有:酰基 CoA。

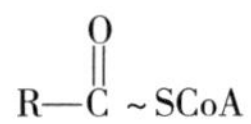

$$R-\overset{O}{\overset{\|}{C}}\sim SCoA$$
酰基辅酶A

4. 甲硫键型

甲硫键型的典型代表有:S-腺苷甲硫氨酸。

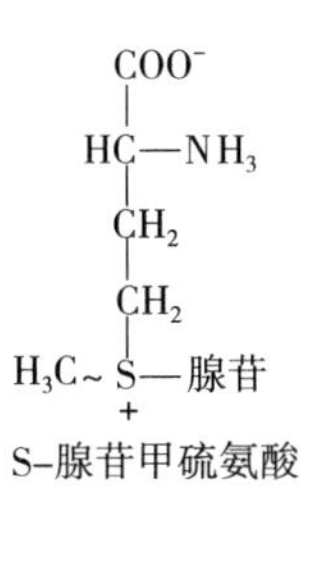

$$\overset{COO^-}{\underset{\underset{\underset{\underset{H_3C\sim\overset{+}{S}-腺苷}{|}}{CH_2}}{CH_2}}{\overset{|}{\underset{|}{HC-NH_3}}}}$$
S-腺苷甲硫氨酸

表7-1 一些重要磷酸化合物水解时的标准自由能变化

化合物	$\Delta G^{\circ\prime}(kJ/mol)$
磷酸烯醇式丙酮酸	-61.9
氨甲酰磷酸	-51.4
3-磷酸甘油酸磷酸	-49.3
磷酸肌酸	-43.1
乙酰磷酸	-42.3
磷酸精氨酸	-32.2
ATP→ADP+Pi	-30.5
ADP→AMP+Pi	-30.5
AMP→腺苷+Pi	-14.2
果糖-6-磷酸	-15.9
葡萄糖-6-磷酸	-13.8
3-磷酸甘油	-9.2

(三)高能磷酸化合物——ATP 的结构及其在生物能量转换中的作用

生物体内有很多高能化合物,腺苷三磷酸(ATP)就是这类高能化合物的典型代表,它广泛地分布在细胞内,直接参与细胞内各种代谢反应的能量转换,在生物体内能量转换中占有重要的地位。

ATP 可从 γ 端依次移去两个磷酸基团而生成 ADP 和 AMP。ATP 在细胞的产能和需能过程中起着重要的桥梁作用。生物体在维持生命活动需要能量时,ATP 水解生成 ADP 释放能量;ADP 又可接受代谢反应释放的能量,重新生成 ATP,从而形成 ATP 循环,在细胞的能量循环过程中起携带能量的作用,所以我们形象地称 ATP 为能量流通的货币。ATP 的结构如图 7-1 所示。

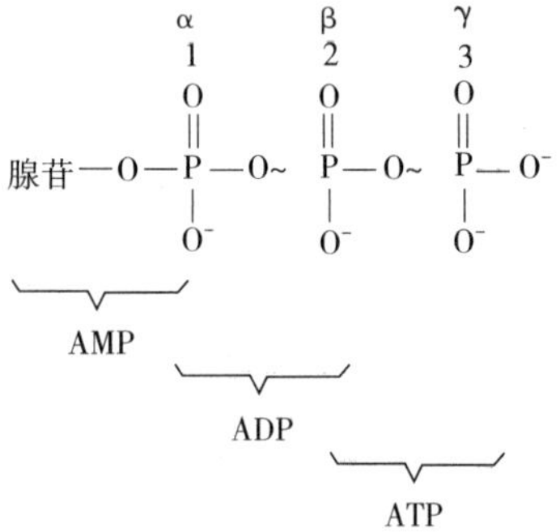

在生理 pH 的条件下,ATP 和 ADP 的磷酸基团几乎完全解离,而生成带有多个电荷的负离子形式:ATP^{4-} 和 ADP^{3-}。在细胞内,因为有大量 Mg^{2+} 存在,它与 ATP、ADP 结合成为 $MgATP^{2-}$ 和 $MgADP^{-}$ 复合

图7-1 ATP 的结构

物形式(图 7-2)。所以在酶促反应中,真正的底物是 $MgATP^{2-}$,它水解释放的自由能比单个 ATP 水解释放的能量大。

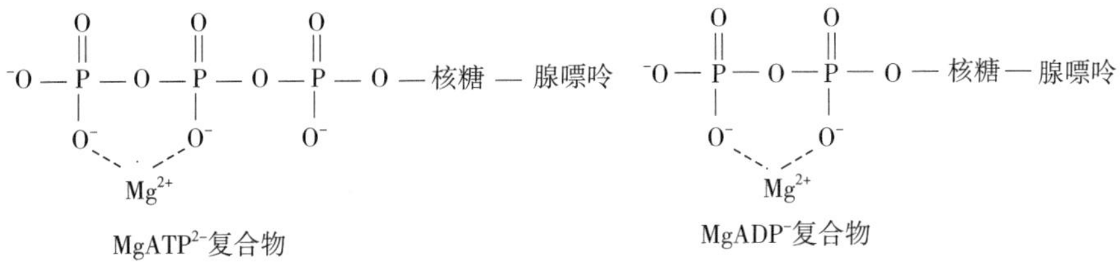

图 7-2 $MgATP^{2-}$ 和 $MgADP^-$ 复合物

从表 7-1 中可以看出,$\Delta G^{\circ\prime}$ 的绝对值是逐步下降的。ATP 所释放的自由能正处在表中间的位置。在 ATP 以上的任何一种高能磷酸化合物,都倾向于将磷酸基团转移给 ADP 而生成 ATP。而 ATP 则倾向于将其磷酸基团转移给在它以下的受体,如 D-葡萄糖,而生成葡萄糖-6-磷酸。

第二节 呼吸链(电子传递链)

一、呼吸链的概念、组成及其功能

(一)呼吸链的概念

呼吸链又叫电子传递链,是由线粒体内膜上的一系列电子传递体所组成的。糖、脂肪、氨基酸等有机化合物在体内脱氢氧化分解,其脱下的氢由辅酶所接受,形成还原型辅酶,包括 NADH 和 $FADH_2$ 等。再通过线粒体内膜上的电子传递体,最后把氢传递给氧而生成水。在电子传递过程中释放出的能量则使 ADP 和无机磷酸结合形成 ATP。

(二)呼吸链的组成

1. 烟酰胺脱氢酶

烟酰胺脱氢酶是一类不需氧的脱氢酶,以 NAD^+ 或 $NADP^+$ 为辅酶。脱氢酶脱掉底物上的两个氢原子,其中一个氢原子转移到 NAD^+ 或 $NADP^+$ 的吡啶环氮对位的碳原子上;另外一个分裂为质子和电子两部分,电子与吡啶环的氮原子结合,使 5 价氮原子变为 3 价,质子以氢离子(H^+)形式游离到溶液中。

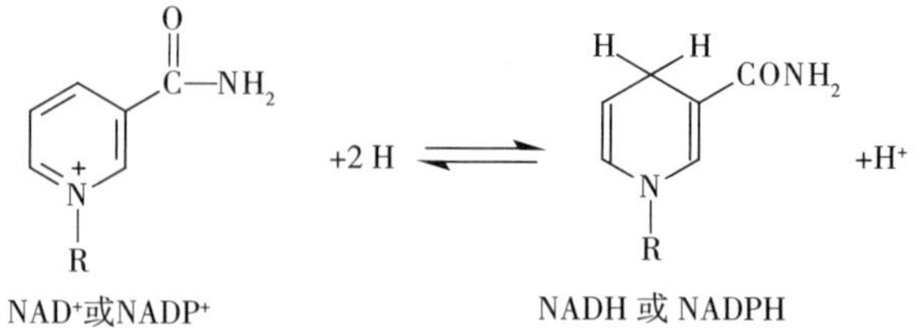

NAD$^+$或NADP$^+$　　　　　　NADH 或 NADPH

以 NAD$^+$ 为辅酶的脱氢酶可将各种不同底物的氢脱下,形成 NADH＋H$^+$,以 NADP$^+$ 为辅酶的脱氢酶也可将底物的氢脱下,形成 NADPH＋H$^+$,催化反应如下:

$$NAD^+ + 2H \Longrightarrow NADH + H^+$$

$$NADP^+ + 2H \Longrightarrow NADPH + H^+$$

2. 黄素酶

黄素酶是一类以 FMN 或 FAD 为辅基的不需氧的脱氢酶。该酶催化氧化还原反应,脱掉底物上的两个氢原子,加到 FMN 或 FAD 的异咯嗪第 1 和 10 号位的氮上,转变成还原态的 FMNH$_2$ 或 FADH$_2$,使得黄色的 FMN 或 FAD 转变成无色。

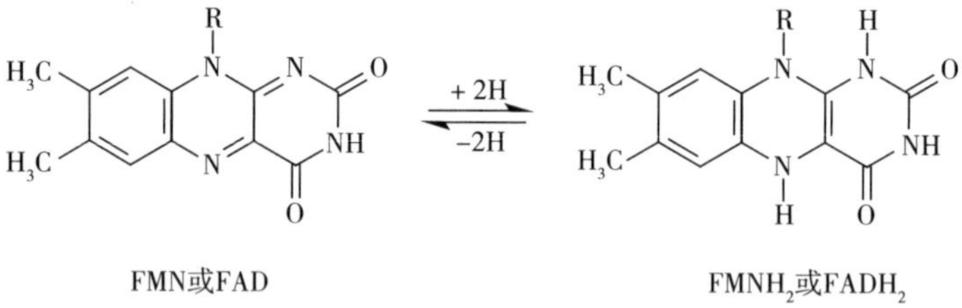

FMN或FAD　　　　　　　　FMNH$_2$或FADH$_2$

3. 铁硫蛋白

铁硫蛋白最早从厌氧菌中发现,后来又在高等植物中分离出铁氧还蛋白,是存在于线粒体内膜上的一种与电子传递有关的非血红素铁蛋白。铁硫蛋白存在于叶绿体中,参与光合作用中的电子传递。

铁硫蛋白中含有非血红素铁和对酸不稳定的硫,所以也称铁硫中心。其包括三种类型:第一种为[Fe—S],其中的铁以四面体形式与蛋白质的 4 个半胱氨酸上—SH 配位相连;第二种为[2Fe—2S],每个铁原子分别与两个半胱氨酸上—SH 相连,同时又与两个无机硫原子相连;第三种为[4Fe—4S],每个铁原子除分别与一个半胱氨酸上—SH 相连外,还与 4 个无机硫原子中的 3 个相连。

铁硫蛋白在生物界广泛存在,铁原子可以进行 Fe^{2+} 和 Fe^{3+} 之间的价变而传递电子,它是一种单电子传递体。

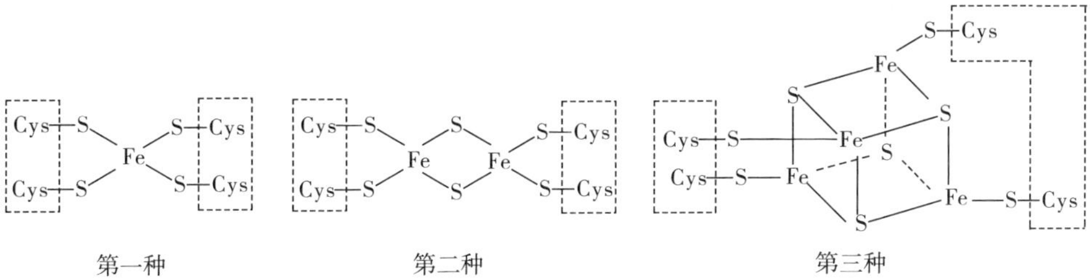

第一种　　　　　　　第二种　　　　　　　　　第三种

图 7 - 3　铁硫中心示意图

4. 泛醌

泛醌又称辅酶 Q(CoQ),是一种脂溶性的醌类化合物。它带有一个长的异戊二烯侧链,动物和高等植物的泛醌含有 10 个异戊二烯单位,所以又称为 CoQ_{10}。微生物的泛醌含有 $6\sim9$ 个异戊二烯单位,为 $CoQ_{6\sim9}$。辅酶 Q 所催化的反应如下:

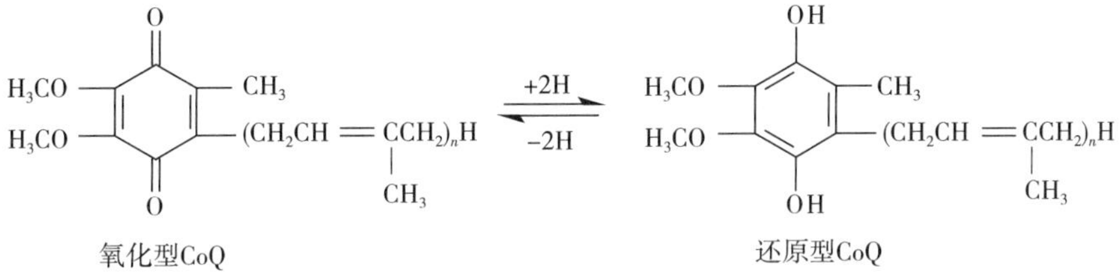

氧化型CoQ　　　　　　　　　　　　　　　还原型CoQ

辅酶 Q 由于它的非极性性质,可结合到线粒体内膜上,也有游离存在的。辅酶 Q 不只接受 NADH 脱氢酶的氢,还接受线粒体中其他脱氢酶脱下的氢,所以辅酶 Q 在电子传递链中处于中心地位。它既可以携带电子和质子,又是呼吸链中唯一一个和蛋白质结合不紧的传递体,所以它在呼吸链中能够作为一种特殊灵活的载体而起重要作用。

5. 细胞色素

细胞色素类都以血红素作为辅基,而使这类蛋白质具有红色或褐色,因其有色,故命名为细胞色素。细胞色素是含铁的电子传递体,可以通过铁卟啉中铁原子的氧化还原而传递电子,它是呼吸链中将电子从辅酶 Q 传递到氧的专一电子传递体。

现在发现的细胞色素类有 30 多种,但在细胞内参与生物氧化的细胞色素有 3 类,即 a、b、c。线粒体的电子传递链包含 5 种不同的细胞色素:Cyt b、Cyt c、Cyt c_1、Cyt a、Cyt a_3。细胞色素 a 和 a_3,含有一个被修饰的血红素,称为血红素 A,它和细胞色素 b 中的血红素 B 的不同,在第 2 位以一个长的疏水链代替乙烯基,在第 8 位以一个甲酰基代替甲基(图 7 - 4)。细胞色素 c 中的色素为血红素 C,这些血红素的区别主要是卟啉的侧链基团不同。

当前了解最透彻的细胞色素蛋白质是细胞色素 c,它是唯一可溶于水的细胞色素。细胞色素 c 的相对分子质量为 13000,是比较小的球形蛋白质。它的氨基酸顺序已经在生物界中进行了广泛地测定,可用来判断进化中物种之间的关系。

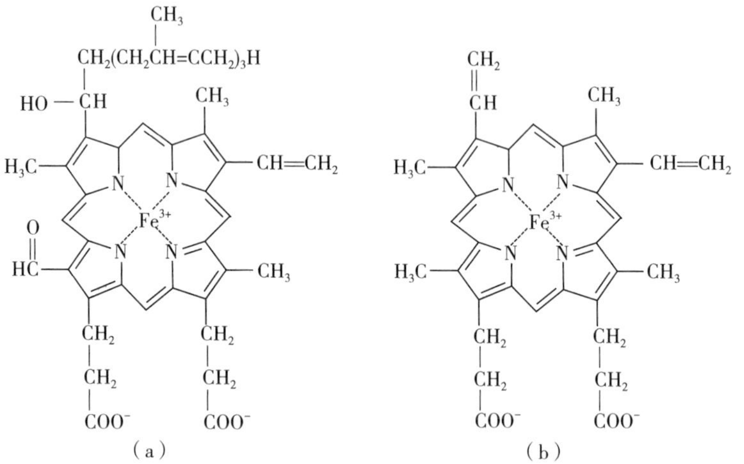

图 7-4　血红素 A 和血红素 B 结构图

(a)血红素 A;(b)血红素 B

二、呼吸链中传递体的排序

在生物氧化过程中,脱下的氢和电子经过一系列呼吸链传递体的传递,最后传递给氧而生成水。具有线粒体的生物中,普遍存在两条氧化呼吸链:NADH 氧化呼吸链和琥珀酸氧化呼吸链(图 7-5)。

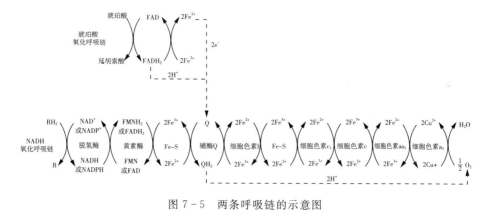

图 7-5　两条呼吸链的示意图

(一)NADH 氧化呼吸链

NADH 氧化呼吸链是细胞内最主要的呼吸链,它传递氢和电子的过程如下:
RH_2 在脱氢酶的催化下脱氢,生成 NADH 和 H^+(或 NADPH 和 H^+);NADH 和

H^+（或 NADPH 和 H^+）被黄素酶氧化,脱下的氢由其辅酶接受,生成 $FMNH_2$ 或 $FADH_2$；$FMNH_2$ 或 $FADH_2$ 脱下的氢以质子和电子的形式出现,电子通过铁硫中心传递给辅酶 Q,质子由线粒体基质传递给辅酶 Q,两者结合而生成 QH_2；QH_2 脱下的氢再分裂成质子和电子,电子通过一系列的细胞色素（依次为 Cyt b、Cyt c_1、Cyt c、Cyt a、Cyt a_3）的传递,交给氧,使氧活化成 O^{2-},再与基质中的两个质子（$2H^+$）结合生成水。

(二)琥珀酸氧化呼吸链(FAD 呼吸链)

琥珀酸氧化呼吸链由琥珀酸脱氢酶复合体、辅酶 Q 和细胞色素组成,它传递氢和电子的过程如下：琥珀酸脱氢酶催化琥珀酸氧化脱氢,其辅酶接受氢生成 $FADH_2$；$FADH_2$ 重新氧化脱下的氢也以质子和电子的形式出现,电子通过铁硫中心传递给辅酶 Q,质子在基质中传递给辅酶 Q,两者结合而生成 QH_2；QH_2 往下面的传递过程和 NADH 氧化呼吸链一样,最后都传递给氧生成水。

由两条呼吸链的传递过程可以看出,辅酶 Q 是两条传递途径的交汇点。

三、呼吸链的电子传递抑制剂

凡是能够阻断呼吸链中某一部位电子传递的物质称为电子传递抑制剂。这些电子传递抑制剂大多对人或其他生物有极强的毒性,可强烈抑制呼吸链中的一些酶,从而中断呼吸链。选择性地利用专一性的电子传递抑制剂,去阻断呼吸链的某一个传递步骤,是研究电子传递链的组成及排列顺序的一种重要方法。重要的抑制剂如下：

(一)鱼藤酮

鱼藤酮是一种极毒的植物物质,常用作杀虫剂。鱼藤酮和安密妥、杀粉蝶菌素的作用类似,是阻断电子从 NADH 到 CoQ 的传递。

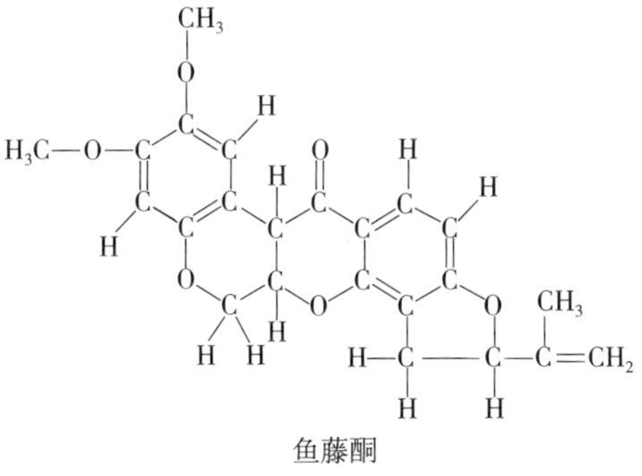

鱼藤酮

(二)抗霉素 A

抗霉素 A 是从链霉菌中分离出的抗菌素,它能抑制细胞色素 b 到细胞色素 c_1

之间的电子传递。维生素 C 可缓解这种抑制作用。

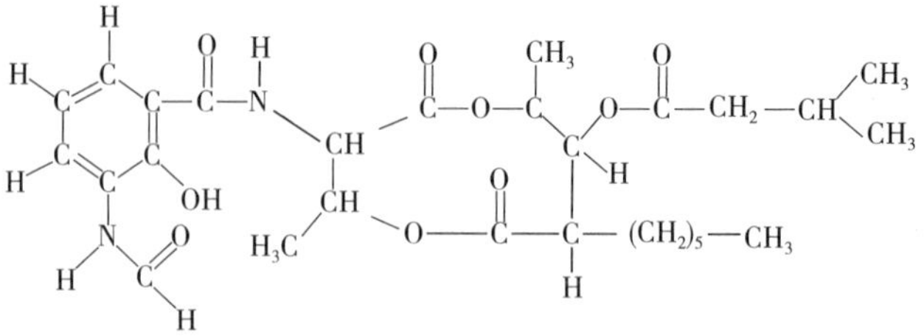

抗霉素A

(三)氰化物、叠氮化物、一氧化碳和硫化氢

氰化物、叠氮化物、一氧化碳和硫化氢都能抑制细胞色素 a、a_3 到氧之间的电子传递作用。氰化物、叠氮化物和细胞色素 a_3 的 Fe^{3+} 作用,而一氧化碳则可抑制 Fe^{2+} 的形成。

第三节　氧化磷酸化

一、氧化磷酸化的概念及类型

氧化磷酸化是指在生物氧化的过程中相伴而生的磷酸化作用,即是将生物氧化分解过程中释放的自由能,用以生成 ATP 的过程。氧化磷酸化是需氧细胞生命活动的基础,是生物体主要的能量来源。

(一)底物水平磷酸化

底物水平磷酸化和氧化磷酸化有着很大的区别。它是反应中,一个底物上的磷酸基团在转移时,释放的能量直接促使 ADP 和 Pi 结合生成 ATP 的过程。

(二)氧化磷酸化

底物水平磷酸化其实是指 ATP 的形成,直接与底物上的磷酸基团转移相偶联的作用。而氧化磷酸化是 ATP 的生成基于与电子传递相偶联的磷酸化作用。

二、氧化磷酸化的偶联部位与 P/O

(一)氧化磷酸化的细胞学基础

氧化磷酸化是将电子传递过程中产生的自由能用于生成 ATP,这包含两个过程,电子传递和 ATP 生成。对于真核生物而言,电子传递和 ATP 生成的磷酸化过程都发生在细胞中的线粒体内膜上。原核生物则是在浆膜上发生的。下面我们主要探讨氧化磷酸化主要发生场所——线粒体的结构。

线粒体(图 7 - 6)是需氧细胞产生 ATP 的主要部位,它普遍分布于动植物细胞内,是细胞内比较大的一种细胞器。线粒体有两层膜,即外膜和内膜,中间有膜间腔。外膜平滑而有弹性,由脂质和蛋白质所构成。内膜向内折叠形成很多突起,称为嵴。嵴的存在大大增加了内膜的面积。内膜的内表面上有一层排列规则的球形颗粒,称为内膜球体,它是形成 ATP 所不可缺少的一种酶复合体,即为 ATP 合酶。

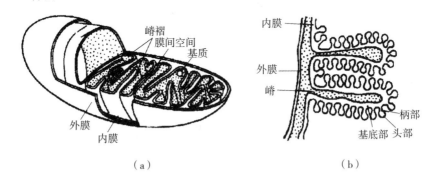

图 7 - 6　线粒体的结构

(二)P/O 比与偶联部位

P/O 比指一对电子通过线粒体内膜上的呼吸链,传至氧所产生的 ATP 分子数。实验证明,电子沿呼吸链传递,确实有三个部位可以释放能量。ATP 是在三个不连续的部位生成的。

第一个部位是在 NADH 和辅酶 Q 之间;第二个部位是在辅酶 Q 和细胞色素 C 之间,第三个部位是在细胞色素 a 和氧之间。这三个形成 ATP 的部位正好和三个电子传递的酶复合体相符合。每对电子经过第一个部位时有 4 个质子从基质泵出,每对电子经过第二个部位时有 2 个质子从基质泵出,经过第三个部位时有 4 个质子泵出。每产生 1 分子 ATP 需要 4 个质子,因此,由 NADH 氧化脱电子,经过电子传递到氧共产生 2.5 个 ATP,也即 P/O 比值为 2.5。而琥珀酸氧化脱下的氢经过 $FADH_2$ 传送给辅酶 Q,再通过呼吸链传递到氧,所以这个过程没有经过第一个部位,只产生 1.5 个 ATP,其 P/O 比为 1.5。

三、氧化磷酸化的机理

(一)ATP 合酶

ATP 合酶(图 7 - 7)由两个部分构成,一部分嵌入膜内,为基部的 F_0 单元;另一部分在膜外,为球形的 F_1 单元。F_0 单元为疏水的内在蛋白质,相对分子质量为

25000,由四种亚基所组成,在内膜中形成了跨膜的质子通道。F_1 单元由 5 种,共 9 个亚基($\alpha_3\beta_3\gamma\delta\varepsilon$)组成复合体,相对分子质量约 370000,具有三个 ATP 合成的催化位点,是催化 ATP 合成的单元。F_0 单元和 F_1 单元之间有一个柄相连,柄部起调节质子流的作用,包含两种蛋白质,一种为寡霉素敏感蛋白(OSCP),另一种为偶合因子 6。

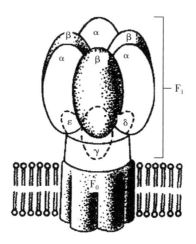

图 7-7　ATP 合酶的结构

(二)化学渗透假说

氧化磷酸化与电子传递偶联在一起是被实验证明的,但电子在呼吸链中,怎样从一个传递体到另一个传递体的过程促使 ADP 磷酸化生成 ATP,还有一些问题不能做出很好的解释。存在三种假说来说明这个问题,包括:化学偶联假说、结构偶联假说和化学渗透假说。这其中被广泛认可的是化学渗透假说。

化学渗透假说由英国生物化学家 P. Mitchell 于 1961 年提出的。其要点如下:电子传递的结果,是将 H^+ 从线粒体基质泵到内外膜间腔中,而形成了一个跨内膜的 H^+ 梯度,这梯度可以促使 H^+ 返回线粒体基质。但是由于内膜对于 H^+ 是不通透的,H^+ 只能通过内膜上专一的质子通道返回基质,这个通道就是 ATP 合酶。跨内膜的 H^+ 梯度使得内膜两侧形成了化学电位差,其中就蕴藏着电子传递过程所释放的能量,这个能量就在 H^+ 通过 ATP 合酶返回基质时,驱动 ADP 与 Pi 合成了 ATP。值得注意的是,线粒体内膜的完整性和质子的不通透性是氧化和磷酸化偶联的基础。

(三)氧化磷酸化的重建

用超声波处理线粒体,将崎打成碎片,这些碎片又自动重新封闭形成泡状体,此为亚线粒体泡。泡的外表面仍可看到 F_1 单元的球状体,这些亚线粒体泡仍有氧化磷酸化作用的功能。如果用胰蛋白质酶或尿素处理泡状体,F_1 单元的球状体从泡上脱落,此时只有 F_0 单元仍留在泡的膜中。这种处理过的亚线粒体泡还有电子传递的功能,但失去了合成 ATP 的能力。将脱落下来的 F_1 单元的球状体再加回到亚线粒体泡上,则氧化磷酸化作用又恢复,即恢复了电子传递促使 ATP 生成的功能。这个氧化磷酸化的重建实验(图 7-8)和化学渗透假说中的电子传递和氧化磷酸相偶联的机制是相符的。

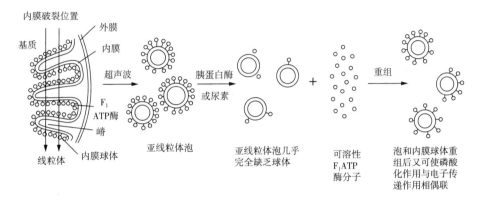

图 7-8 亚线粒体泡的制备

(四)ATP 合酶的旋转催化理论

在 ATP 合酶的催化下,ADP 和 Pi 合成 ATP。但线粒体 ATP 合酶如何利用 H^+ 的电化学梯度来合成 ATP,其工作机制至今仍不清楚。目前科学界公认的是美国生物化学家 Boyer 于 1989 年提出的结合变化机制和旋转催化模型。

ATP 合酶的 F_1 单元中 3 个 β 亚基有三个催化位点,在催化过程中,三个催化位点的构象不同。一是"O"状态,即开放形式,酶对 ATP 的亲和力很低,可将 ATP 释放出去;二是"L"形式,此时酶和 ADP、Pi 结合松弛,对底物没有催化能力;三是"T"形式,酶对底物结合紧密,催化 ADP 和 Pi 形成 ATP。

在同一时刻,3 个 β 亚基处于不同的构象状态。当质子通过 F_0 单元时,会带动 F_1 单元的 γ 亚基和 ε 亚基的旋转,它们就像"转子",在"转子"的带动下 3 个 β 亚基完成不同的构象的变化。在质子流的推动下,当 3α3β 形成的六聚体相对于转子旋转 120° 时,各个 β 亚基的催化位点随之发生一次构象改变。O→L→T,三种状态周期性的转变,不断地将 ADP 和 Pi 形成 ATP,并将形成的 ATP 释放出来(图 7-9)。

(五)腺苷酸与磷酸的转运

线粒体具有双层膜,线粒体的外膜通透性高,而线粒体内膜的通透性低,线粒体对物质通过的选择性主要依赖于内膜中不同转运蛋白对各种物质的转运。磷酸的转运靠磷酸盐转运蛋白,腺苷酸的转运靠腺苷酸转运蛋白。腺苷酸转运蛋白作为一个反向转运载体介导胞浆 ADP 和线粒体 ATP 的交换。

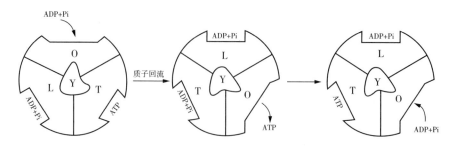

图 7-9 ATP 合酶的旋转催化模型

四、氧化磷酸化的解偶联剂和抑制剂

(一)解偶联剂

解偶联剂可以将电子传递和磷酸化生成 ATP 的过程分离,造成电子传递失去控制,氧的消耗增加,但 ATP 不能合成。解偶联剂大多是脂溶性的,含有酸性基团和芳香环。最典型的解偶联剂如 2,4-二硝基苯酚,它的作用相当于使产能过程和贮能过程不能偶联在一起。其作用机理如图 7-10 所示:当在 pH7 的环境中,2,4-二硝基苯酚解离带电荷,不能透过线粒体膜。而在酸性环境中,2,4-二硝基苯酚接受质子,不解离不带电荷,这种形式具有脂溶性而容易透过线粒体内膜,然后再解离释放 H^+,从而破坏了内膜两侧的质子梯度,从而抑制 ATP 的正常合成。

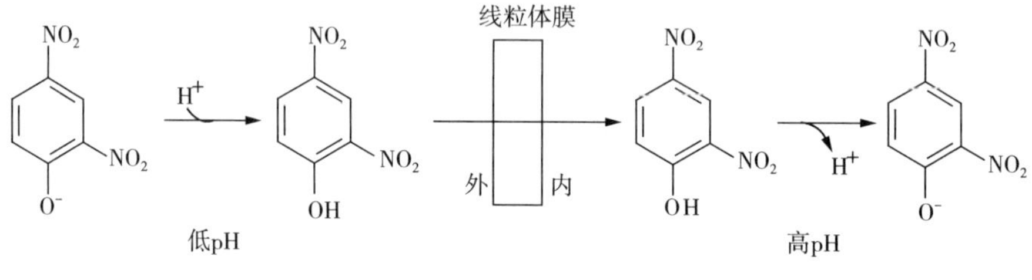

图 7-10 2,4-二硝基苯酚的作用机制

(二)氧化磷酸化抑制剂

氧化磷酸化抑制剂既抑制氧的利用又抑制 ATP 的生成,但这类抑制剂和电子传递抑制剂不同,不直接抑制呼吸链中电子传递体的作用。其典型代表是寡霉素,作用机制是抑制了电子传递的高能状态形成 ATP 的过程,它的抑制作用可被解偶联剂解除。

（三）离子载体抑制剂

离子载体抑制剂是一类脂溶性物质，可以和一些一价阳离子（如 K^+、Na^+ 等）结合成复合物，使之容易透过线粒体内膜。解偶联剂相当于跨膜运输了 H^+，而离子载体抑制剂则是运输其他的一价阳离子。这也等于把电子传递释放的能量用于转运了其他离子，不是用来合成 ATP。这类抑制剂有缬氨霉素、短杆菌肽等。

第四节　有关氧化磷酸化物质——胞质中 NADH 的运输

糖、脂、蛋白质等有机物质在生物体内彻底氧化分解是在线粒体中进行的，底物磷酸化释放能量生成 ATP 是比较少的，主要靠线粒体内膜上的电子传递氧化磷酸化来产生大量的 ATP。丙酮酸氧化脱羧和三羧酸循环等过程在线粒体中进行，生成的 NADH 可以直接在内膜上进行传递来释放能量。但糖酵解是发生在细胞质中的过程，生成的 NADH 必须运输进入线粒体才能进一步进行电子传递。这种运输有两种方式，具体如下：

（一）甘油-3-磷酸穿梭系统

细胞质中有甘油-3-磷酸脱氢酶，消耗酵解所产生的 NADH，催化磷酸二羟丙酮还原生成甘油-3-磷酸。在细胞质中的甘油-3-磷酸可以自由地透过膜进入线粒体。再被线粒体中的另一种甘油-3-磷酸脱氢酶催化，又氧化生成磷酸二羟丙酮，但这种酶的辅酶是 FAD，从而生成了 $FADH_2$。磷酸二羟丙酮又可以透过膜进入细胞质，进行下一次的循环反应。由此可见，通过甘油-3-磷酸穿梭系统，相当于把 NADH 转变成 $FADH_2$ 运输到线粒体内，但通过电子传递氧化磷酸化只能生成 1.5 个 ATP，比直接传递 NADH 少生成 1 个 ATP。此机制（图 7-11）主要存在于动物的脑和骨骼肌细胞中。

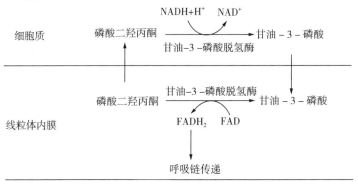

图 7-11　甘油-3-磷酸穿梭系统

(二)苹果酸—天冬氨酸穿梭系统

细胞质中的苹果酸脱氢酶消耗酵解产生的 NADH,催化草酰乙酸还原生成苹果酸。苹果酸通过苹果酸-α-酮戊二酸载体,透过线粒体膜进入线粒体。再在线粒体内的苹果酸脱氢酶作用下,氧化苹果酸生成草酰乙酸,同时也生成 NADH。草酰乙酸不能穿过线粒体膜,经过转氨变为天冬氨酸,通过谷氨酸—天冬氨酸载体进入细胞质。天冬氨酸经过转氨再变回为草酰乙酸进入下一次循环反应。由此可见,通过苹果酸—天冬氨酸穿梭系统(图 7-12)把细胞质中的 NADH 带入线粒体,无需消耗额外的能量,经过电子传递还是生成 2.5 个 ATP。

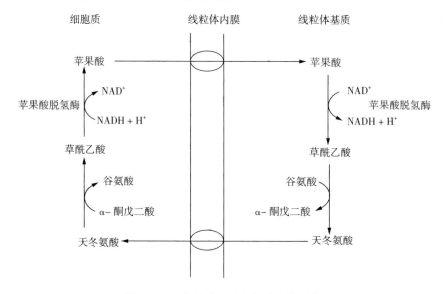

图 7-12 苹果酸—天冬氨酸穿梭系统

思 考 题

1. 什么是生物氧化?它的特点和体外燃烧有什么异同?

2. 从氧化还原电位差可以判断一个反应能否进行吗?

3. 高能化合物指的是哪些化合物?有哪些类型?

4. 呼吸链有几条?其中各成员的排列顺序如何?

5. 生物体利用的能量主要来自底物磷酸化生成的 ATP,还是来自电子传递氧化磷酸化?

6. 电子传递链和氧化磷酸化之间有何关系?

7. 呼吸链的电子传递抑制剂有哪些?

8. 什么是 P/O 比?测定 P/O 比有何意义?

9. 氧化磷酸化的解偶联剂和抑制剂有哪些?

10. 两条胞质中 NADH 的运输途径从能量角度看有什么区别?

拓 展 阅 读

［1］吉林大学. 物理化学［M］. 北京：人民教育出版社,1979.

［2］李庆国,汪和睦,李安之. 分子生物物理学［M］. 北京：高等教育出版社,1992.

［3］ATKINS P W. The second law［M］. New York：Scientific American Library,1984.

［4］STENESH J. Biochemistry［M］. New York：Plenum Press,1998.

［5］ROSKOSKI R. Biochemistry［M］. Philadelphia：W. B. Saunders Company,1996.

第八章　糖代谢

【本章要点】

糖是自然界中含量最丰富，分布最广的生物分子。糖类是多羟基的醛或多羟基的酮及其缩聚物和某些衍生物的总称，糖是有机体重要的能源和碳源。糖类可以分为单糖、寡糖、多糖和复合糖四类。糖类是生物能量的主要来源，动物、植物和大多数微生物所需的能量，都主要是由糖的分解代谢提供。糖酵解作为生物所共有的代谢途径，具有重要的生理意义。在有氧条件下，丙酮酸最终进入三羧酸循环分解成 CO_2 和水。丙酮酸在进入三羧酸循环之前，需要氧化脱羧形成乙酰 CoA。三羧酸循环是生物氧化产生能量的主要机制，葡萄糖有氧分解过程中，通过三羧酸循环生成的 ATP，远远超过糖酵解所产生的数目。生物体主要通过糖酵解、三羧酸循环等过程来提供能量，而磷酸戊糖途径主要是产生 NADPH，为生物合成提供还原力。光合作用是糖合成代谢的主要途径，即绿色植物、光合细菌或藻类等利用光能，由 CO_2 和 H_2O 合成糖类化合物并释放出氧气的过程。在合成代谢中还要重点掌握糖异生作用。多糖代谢中要了解淀粉和糖原的降解与合成方式。另外，还要理解发酵工程及其在环境保护中的应用。

糖代谢(glycometabolism)包括分解代谢和合成代谢，糖的分解代谢又包括无氧分解和有氧分解。糖代谢的反应过程非常复杂，涉及许多重要的反应类型和相关的酶系。

糖类是生物能量的主要来源，动物、植物和大多数微生物所需的能量，都主要是由糖的分解代谢提供。另一方面，糖分解的中间产物，又为生物体合成其他类型的生物分子，如氨基酸、核苷酸和脂肪酸等，提供碳源或碳链骨架。

植物和某些藻类能够利用太阳能，将二氧化碳和水合成糖类化合物，即光合作用，是糖类合成代谢的主要途径。光合作用将太阳能转变成化学能(主要是糖类化合物)，是自然界规模最大的一种能量转换过程。

第一节　生物体内的糖类

糖(saccharide)是自然界中含量最丰富,分布最广的生物分子。糖主要是由 C、H 和 O 三种元素组成,可以用通式$(CH_2O)_n$表示,其中 n 不低于 3,又称为碳水化合物(carbohydrate)。鼠李糖($C_6H_{12}O_5$)和脱氧核糖($C_5H_{10}O_4$)都属于糖类,但其结构并不符合以上的通式;而有些化合物,如乙酸($C_2H_4O_2$)、乳酸($C_3H_6O_3$)等,它们的分子式虽符合上述通式,但却不是糖。

糖类是多羟基的醛或多羟基的酮及其缩聚物和某些衍生物的总称。糖是有机体重要的能源和碳源。糖分解产生能量,可以供给有机体生命活动的需要。糖也参与构成机体组织,组成具有特殊生理功能的糖蛋白。糖代谢的中间产物又可以转变成其他的含碳化合物如氨基酸、脂肪酸、核酸等。糖的磷酸衍生物可以形成重要的生物活性物质,如 NAD、FAD、ATP 等。糖蛋白、糖脂与细胞的免疫反应、识别作用有关。

糖类可以分为单糖、寡糖、多糖和复合糖四类。

一、生物体内的糖类

(一)单糖

单糖是糖类中最简单的一种,是构成寡糖和多糖的基本单位,不能再水解成更小分子的糖。根据其含碳数目的多少,可以分为丙糖、丁糖、戊糖、己糖和庚糖等。

己糖中的葡萄糖是生物体内最常见、最重要的单糖。其他重要的己糖有果糖、半乳糖、甘露糖等。

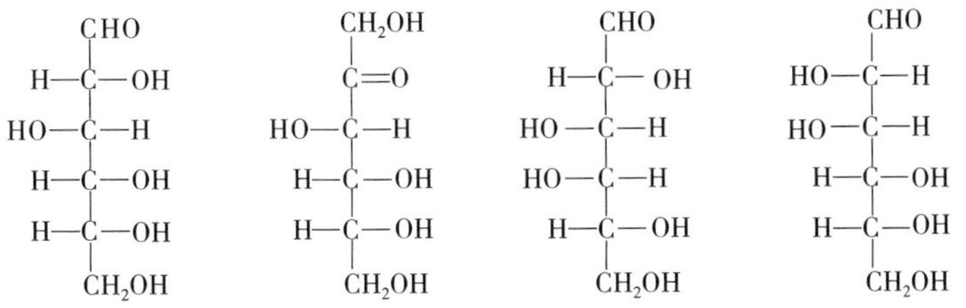

D- 葡萄糖（醛糖）　　D- 果糖（酮糖）　　D- 半乳糖（醛糖）　　D- 甘露糖（醛糖）

葡萄糖是醛糖的典型代表,而果糖是酮糖的重要代表。以上是它们的链状结构,而在水溶液中糖具有变旋现象,是因为链状结构形成了环状结构。以下是这些糖环状结构的对比,为了简化表示,"—"代表羟基。

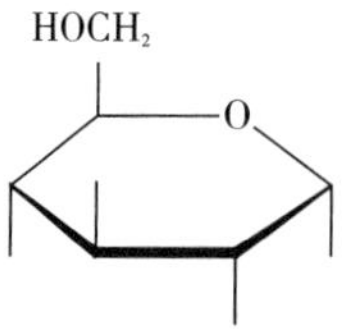

α-D-葡萄糖 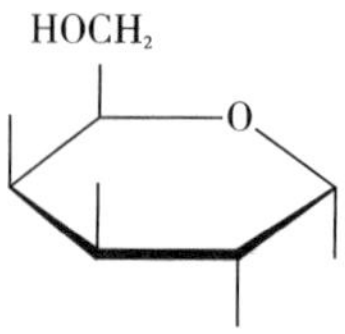   α-D-半乳糖 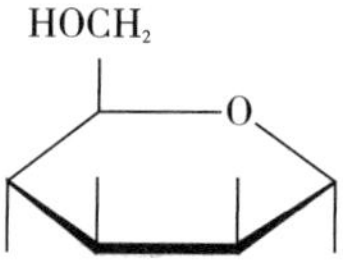   α-D-甘露糖 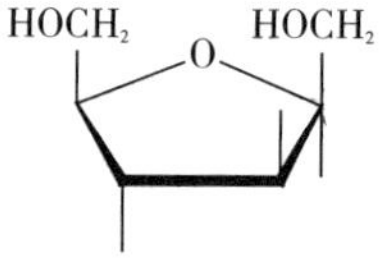   α-D-果糖

(二)寡糖

寡糖由 2~10 个单糖通过糖苷键连接而成。常见的寡糖是二糖,如蔗糖、麦芽糖、乳糖等。

1. 蔗糖

蔗糖(sucrose)是普通的食糖,是自然界中分布最广的二糖,主要来源于甘蔗和甜菜。它是白色晶体,易溶于水,常用作甜味的标准对照物。

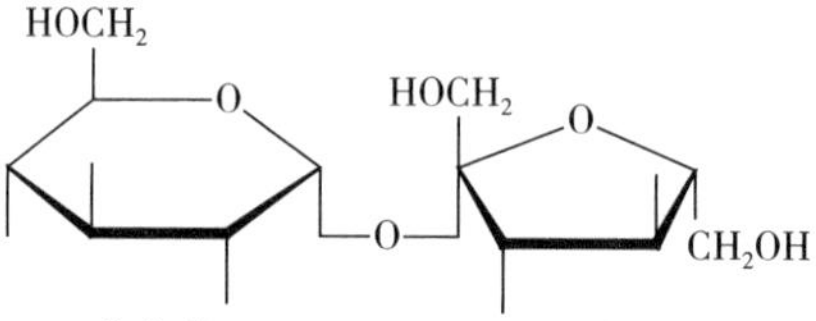

葡萄糖   果糖

蔗糖由 1 分子 α-D-葡萄糖中的 C_1 半缩醛羟基和 β-D-果糖的 C_2 半缩酮羟基脱水,以 α,β-1,2-糖苷键结合而成的,所以蔗糖为非还原糖,又称 α-D-吡喃葡萄糖基-(1→2)-β-D-呋喃果糖苷。

2. 麦芽糖

麦芽糖(maltose)易溶于水,是食用饴糖的主要成分。由两分子的 α-D-葡萄糖通过 α(1→4)糖苷键连接而成。麦芽中的淀粉酶可将淀粉水解成麦芽糖。麦芽糖因其中还存在游离的半缩醛羟基,所以是一种还原糖,具有变旋现象。

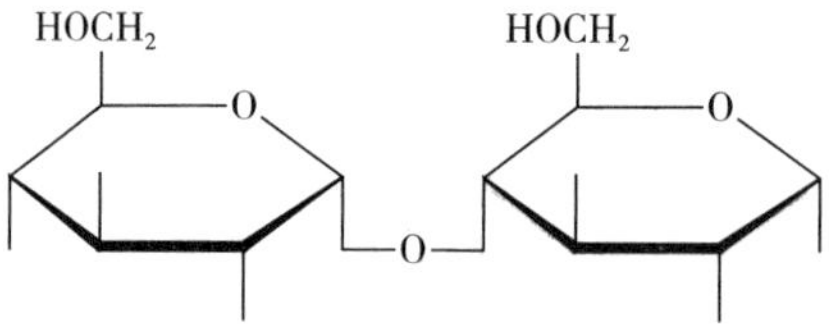

葡萄糖   葡萄糖

3. 乳糖

乳糖(lactose)主要存在于哺乳动物的乳汁中,人乳中乳糖含量为 6%~8%,牛乳中含量为 4%~6%。乳糖由 1 分子 β-D-半乳糖与 1 分子 D-葡萄糖以 β(1→4)糖苷键结合而成。乳糖分子中仍存在自由的半缩醛羟基,也是还原性二糖,亦具

有变旋现象。

半乳糖　　　葡萄糖

(三)多糖

多糖(polysaccharides)是一类分子结构很复杂的碳水化合物,一般由 10 个以上的单糖分子缩合而成。按照组成的单糖单位的不同,可以分为同多糖(homopolysaccharides)和杂多糖(heteropolysaccharides)。同多糖是由同一种单糖所组成,而杂多糖则由一种以上的单糖或衍生物组成。重要的多糖有淀粉、糖原、纤维素等。

1. 淀粉

淀粉(starch)是由直链淀粉与支链淀粉所组成的混合物。淀粉几乎存在于所有绿色植物的组织中,是植物中最重要的贮藏多糖,是人类粮食及动物饲料的重要来源。

直链淀粉(图 8 - 1)能溶于热水,它是一条长而不分支的链,大约由 $100 \sim 1000$ 个 α - D -葡萄糖以 $\alpha(1 \rightarrow 4)$ 糖苷键结合而成。直链淀粉在空间具有螺旋式结构,能与碘相互作用呈深蓝色。每个直链淀粉分子只含有一个还原性端基和一个非还原性端基。当它被淀粉酶水解时,可产生大量的麦芽糖,所以直链淀粉是由许多重复的麦芽糖单位组成的。

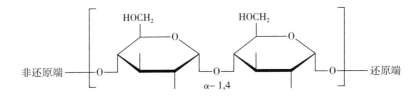

非还原端　　　　　　　　　　　　　　　　　α- 1,4　　　　　　　　　　还原端

图 8 - 1　直链淀粉

支链淀粉(图 8 - 2)是直链淀粉上带有分支的淀粉。它的相对分子质量比直链淀粉大,在 $100000 \sim 1000000$ 之间。支链淀粉的分支长度平均为 $24 \sim 32$ 个葡萄糖残基,支链数目可达 $50 \sim 70$ 个。每条支链和主链都是由葡萄糖残基以 $\alpha(1 \rightarrow 4)$ 糖苷键连结的,仅仅是支链和主链之间连接点由 $\alpha(1 \rightarrow 6)$ 糖苷键连结。支链淀粉遇碘显紫色或紫红色。

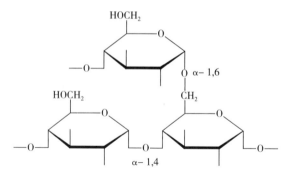

图 8-2 支链淀粉

2. 糖原

糖原(glycogen)是动物细胞中的主要贮藏多糖,常又称动物淀粉(图 8-3)。糖原和支链淀粉的结构类似,其中的大部分葡萄糖残基是以 α(1→4)糖苷键连结的,分支以 α(1→6)糖苷键结合。大约每 8～12 个葡萄糖残基就会出现一个分支,比支链淀粉的分支更多,分支链更短。糖原的相对分子质量很高,肝糖原约为1000000,肌糖原约为 5000000。糖原无还原性,与碘作用呈棕红色。糖原能溶于水,但不溶于乙醇及其他有机溶剂。

图 8-3 糖原

3. 纤维素

纤维素(cellulose)是自然界中分布最广,含量最丰富的有机化合物,能占到自然界中有机物质的 50% 以上。纤维素是构成植物细胞壁的重要成分,是植物中最广泛的骨架多糖。

纤维素(图 8-4)和直链淀粉的结构类似,无分支,是一条螺旋状的长链。它和直链淀粉的区别在于,直链淀粉的葡萄糖残基以 α(1→4)糖苷键结合而成,而纤维素中则是 β(1→4)糖苷键。纤维素正是由于 β 糖苷键连接,使得每个葡萄糖残基旋转了 180°,使链采取了完全伸展的构象。很多纤维素长链平行排列,由链内和链间的氢键结合在一起,构成了微纤维。这种结构决定了纤维素的化学稳定性和机械性能。纤维素不溶于水及其他多种溶剂,相对分子质量在 50000 到 2000000 之间。

人和其他动物缺少纤维素酶,不能消化纤维素。而某些反刍动物在消化道中含有能生产纤维素酶的微生物,因此可以利用纤维素作为营养物质。天然纤维素在工业上主要用于造纸和纺织。醋酸纤维素是非常重要的纤维素酯,可用来制造薄膜和胶片,醋酸纤维素薄膜常用来作为生物化学实验电泳的支持物。

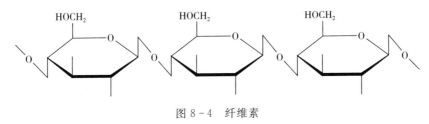

图 8-4　纤维素

(四)复合糖

复合糖(glycoconjugate)又称结合糖,是由糖和非糖物质结合而成,如糖蛋白、蛋白聚糖、糖脂等。复合糖在自然界分布广泛,功能多样。

1. 糖蛋白

糖蛋白(glycoprotein)是糖和蛋白质的共价结合的复合糖。一般以蛋白质成分为主,而糖的比例相对较小,其总体性质更接近蛋白质。糖蛋白中的糖链为低聚糖,常带有分支。糖蛋白广泛分布于各种生物体内,几乎所有的细胞都能合成糖蛋白。

按照糖链与蛋白连接的方式,糖蛋白可分为 O-型糖蛋白和 N-型糖蛋白(图8-5)。在 O-型糖蛋白中,寡糖链中的 N-乙酰半乳糖胺(GalNAc)上的半缩醛羟基与蛋白质中的丝氨酸或苏氨酸上的羟基以 O-糖苷键相连。而在 N-型糖蛋白中,寡糖链中的 N-乙酰葡萄糖胺(GlcNAc)或 N-乙酰半乳糖胺(GalNAc)上的半缩醛羟基与蛋白质中的天冬酰胺的氨基以 N-糖苷键相结合。

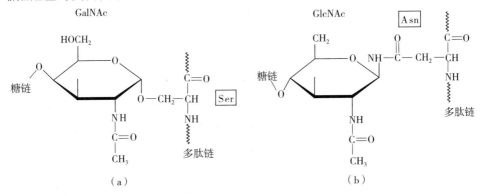

图 8-5　O-型糖蛋白(a)和 N-型糖蛋白(b)

生物体中的激素、酶、抗体、膜蛋白、血型物质等都是糖蛋白,它们具有多种生物学功能。糖蛋白有运输的作用,参与细胞识别和分子识别,参与血液凝固等功能。

2. 蛋白聚糖

蛋白聚糖(proteoglycan)是一类特殊的复合糖。它是细胞外基质的主要成分,由蛋白质和糖胺聚糖(glycosaminoglycan)通过共价键相连。蛋白聚糖和糖蛋白的不同在于,糖的比例高于蛋白质。

糖胺聚糖是一类含氮的杂多糖,以氨基己糖和糖醛酸组成的二糖单位为结构单元。氨基己糖、糖醛酸以及糖分子上取代基不同都形成了不同的糖胺聚糖。构成蛋白聚糖的糖胺聚糖有硫酸软骨素、硫酸角质素、透明质酸和肝素等。

如图8-6中的软骨蛋白聚糖聚集体,形状像一个刷子。其中以一条透明质酸链为主链,"刷毛"由核心蛋白和硫酸软骨素、硫酸角质素等共价相连,而"刷毛"则通过非共价键由核心蛋白结合于透明质酸链的主链上。

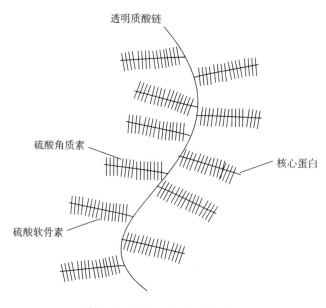

图8-6 软骨的蛋白聚糖聚集体

蛋白聚糖中的糖胺聚糖有多个负电荷,使得它高度亲水。因为它可以吸引水,保留水而形成凝胶,从而对细胞起到保护的作用。软骨是由胶原蛋白纤维形成的网状结构,中间充满了蛋白聚糖,因吸水而具有良好的弹性。如果对软骨加压,水被挤出;压力消除,水又可进入蛋白聚糖。这样的液体流动来输送营养,代替了软骨没有血管的弊端,这也是为什么长时间不运动的人会引起软骨变薄、变脆的原因。

(五)多糖的综合利用

多糖是构成生命有机体的重要组分,并在控制细胞分裂、调节细胞生长以及维持生命有机体正常代谢等方面具有重要作用。目前多糖的研究与开发已日益受到关注。除了在传统的医药和食品工业领域的广泛应用外,目前还大量应用于工业废水处理、清洁用品、纺织上浆、造纸、选矿、炸药工业等领域。

二、糖类的消化与吸收

(一)糖类的消化

淀粉是动物的重要营养来源,但大分子的淀粉不能直接被动物和人体吸收,需要经过消化变成小分子的单糖,才能被吸收及转运。

糖类的消化其实是在动物的消化道中通过水解酶催化的水解过程。淀粉的消化从口腔开始,唾液中的 α-淀粉酶将淀粉分解为糊精和少量的麦芽糖。因食物在口腔中停留时间短,淀粉的消化很不完全。当食物进入胃以后,胃酸使得唾液淀粉酶失活,淀粉的消化停止。小肠才是糖类物质消化的主要场所。在小肠中,胰液中的 α-淀粉酶水解,产生麦芽糖和极限糊精。再由麦芽糖酶和极限糊精酶的作用,生成葡萄糖。

(二)单糖的吸收

小肠既是消化器官,又是重要的吸收器官。淀粉和一些二糖如蔗糖、乳糖等,消化水解生成了单糖,就可以在小肠黏膜上皮细胞的微绒毛上被吸收。单糖的吸收是一种消耗能量主动运输的过程,包括需 Na^+ 和不需 Na^+ 的两种转运机制,这两种转运机制可分别被根皮苷和细胞松弛素所抑制。

单糖吸收以后,经门静脉进入肝脏。其中一部分可生成肝糖原,另一部分再随血液循环运输到全身各个器官和组织中去。

最终没有被消化的二糖、寡糖及多糖不能被吸收,它们经肠道细菌的分解后,以酸、CH_4、CO_2 或 H_2 的形式放出或再进入代谢。

第二节　双糖和多糖的酶促降解

一、双糖的酶促降解

(一)蔗糖的酶促降解

蔗糖由葡萄糖和果糖以 $\alpha,\beta-1,2$-糖苷键结合而成的,它是一种非还原糖。在蔗糖酶(sucrase)的作用下,水解成葡萄糖和果糖。蔗糖为右旋糖,水解生成葡萄糖和果糖的混合液,旋光度发生改变,比旋由正值变为负值,所以蔗糖酶又称转化酶(invertase)。

(二)麦芽糖的酶促降解

麦芽糖是由两个葡萄糖通过 $\alpha(1\rightarrow4)$ 糖苷键连接而成的双糖,具有还原性,在麦芽糖酶(maltase)作用下分解成两个分子的葡萄糖。麦芽糖酶有多种同工酶。

(三)乳糖的酶促降解

乳糖由半乳糖与葡萄糖以 $\beta(1\rightarrow4)$ 糖苷键结合而成,具有还原性。乳糖由 β - 半乳糖苷酶(β - galactosidase)分解为葡萄糖和半乳糖。

二、淀粉的酶促降解

(一)淀粉的水解

植物淀粉是动物的重要营养来源,在动物的消化器官中,淀粉经唾液中的 α - 淀粉酶(α - amylase)作用,其中一部分水解形成 α -糊精和少量的麦芽糖,进入小肠后,再由胰液中的 α -淀粉酶、小肠中的糊精酶和麦芽糖酶共同水解,生成葡萄糖。

α -淀粉酶水解 $\alpha(1\rightarrow4)$ 葡萄糖苷键,生成的产物构型为 α -构型,所以称之为 α -淀粉酶。其不能水解淀粉中的 $\alpha(1\rightarrow6)$ 葡萄糖苷键,但能越过此键继续水解。

在麦芽、大豆、甘薯及某些微生物中还有一种 β -淀粉酶(β - amylase),β -淀粉酶也能水解 $\alpha(1\rightarrow4)$ 葡萄糖苷键,从淀粉的非还原端依次切下两个葡萄糖单位,产物是麦芽糖。不能水解 $\alpha(1\rightarrow6)$ 葡萄糖苷键,但遇到 $\alpha(1\rightarrow6)$ 糖苷键水解即停止。生成的产物为 β -麦芽糖,故称为 β -淀粉酶。

(二)淀粉的磷酸解作用

淀粉还可以通过磷酸解的作用方式降解,此反应广泛存在于高等植物的叶片及大多数储存器官中。淀粉的磷酸化酶(amylophosphorylase)可以催化淀粉的非还原端与磷酸作用,分解生成 1 -磷酸葡萄糖。磷酸化酶有两种同工酶,以二聚体或四聚体形式存在。该酶可以彻底降解直链淀粉,但是降解支链淀粉时需要转移酶和脱支酶的参与。

$$\text{淀粉}(n)+\text{Pi} \longrightarrow 1\text{-磷酸葡萄糖}+\text{淀粉}(n-1)$$

三、糖原的酶促降解

糖原是动物体中葡萄糖的贮存形式。当体内能量供应不足时,糖原降解生成葡萄糖而进入分解代谢产生 ATP,以保证不间断地提供生命活动所需的能量。细胞内糖原的降解是从糖原的非还原性末端开始,由糖原磷酸化酶(glycogen phosphorylase)催化磷酸解的过程。糖原磷酸化酶有活性和非活性两种形式,分别称为糖原磷酸化酶 a(活化态)和糖原磷酸化酶 b(非活化态),两者在一定条件下可以相互转变。糖原磷酸化酶 a 断裂 α(1→4)糖苷键,生成 1-磷酸葡萄糖和少一个葡萄糖残基的糖原分子(图 8-7)。

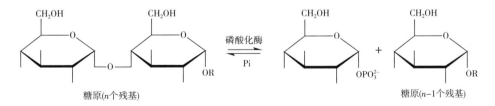

图 8-7　糖原在磷酸化酶催化下的降解过程

转移酶(transferase)又称葡聚糖转移酶,它的主要作用是将连接于分支点上 4 个葡萄糖基的其中三糖单位,转移至另一个葡聚四糖链的末端,使分支点仅留下一个 α(1→6)糖苷键连接的葡萄糖残基。再由糖原脱支酶(glycogen debranching enzyme)水解 α(1→6)糖苷键切下糖原分支,使支链淀粉的分支结构变成直链结构。最后糖原磷酸化酶再进一步将其降解为 1-磷酸葡萄糖。由于糖原磷酸化酶、转移酶和脱支酶的协同作用,将糖原彻底降解(图 8-8)。

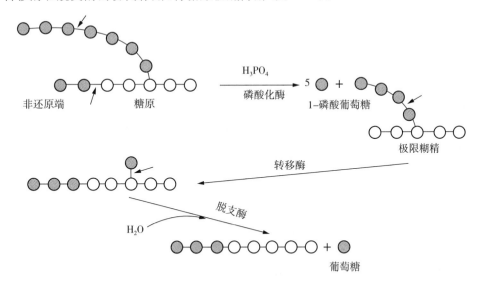

图 8-8　糖原的酶促降解过程

在细胞中的葡萄糖易扩散至细胞外,而解离后带电荷的 1-磷酸葡萄糖不能运输到细胞外,经磷酸葡萄糖变位酶(phosphoglucomutase)生成 6-磷酸葡萄糖,就可以直接进入糖酵解途径而降解产生能量。葡萄糖则需要消耗一个分子的 ATP 生成 6-磷酸葡萄糖才能继续糖酵解过程。所以此过程会比葡萄糖直接经糖酵解降解时少消耗一个 ATP。

四、纤维素的酶促降解

纤维素可以由纤维素酶(cellulase)来分解。动物细胞不能生成纤维素酶,纤维素酶只能由微生物产生,纤维素酶水解纤维素的 β(1→4)糖苷键,产物为纤维二糖和葡萄糖。某些食草动物(如牛、羊等)可以利用纤维素,就是因为它们的肠道细菌可以生成纤维素酶。

人虽然不能消化吸收利用纤维素,但因为纤维素有促进人体肠道蠕动,利于粪便排出等重要功能,所以现在常把纤维素称为第七营养素。

第三节　糖酵解

在无氧的条件下,通过酶将葡萄糖降解成丙酮酸并生成少量 ATP 的过程,称为糖酵解(glycolysis),是在细胞质中进行的,它是动物、植物、微生物细胞中葡萄糖分解产生能量的共同代谢途径。

糖酵解的研究是从酒精发酵的研究开始的。1897 年,Hans Buchner 和 Eduard Buchner 两兄弟发现,酵母汁可以把蔗糖变成酒精,证明了发酵可以在活细胞以外进行。1905 年 Arthur Harden 和 William Young 把酵母汁加入葡萄糖中,发现发酵过程中无机磷酸盐逐渐消失,只有不断补充无机磷酸盐才能使发酵速度不降低,因此推测发酵与无机磷将糖磷酸化有关。1940 年,酵解的全过程才被全面了解,其中 G. Embden、O. Meyerhof 和 J. Parnas 等人贡献最大,为了纪念他们,也将酵解称为 EMP 途径。

一、糖酵解的过程

(一)准备阶段(葡萄糖生成磷酸丙糖),或者称为耗能阶段

1. 葡萄糖被 ATP 磷酸化为葡萄糖-6-磷酸的磷酸化

葡萄糖的酵解第一步是葡萄糖分子由己糖激酶(hexokinase)催化生成葡萄糖-6-磷酸,消耗 1 分子 ATP,需要有 Mg^{2+} 参与。

凡是催化磷酸基团从 ATP 分子转移到受体上的酶都称为激酶。这是一个耗能的反应,葡萄糖是被 ATP 磷酸化而形成葡萄糖-6-磷酸的。此反应不可逆,形成的带负电的磷酸葡萄糖不能再透过细胞膜,可以更有效地利用而参与代谢。

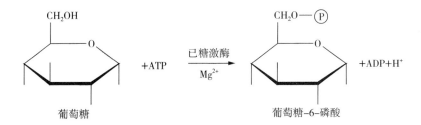

$$\Delta G^{\circ\prime} = -16.8\text{kJ/mol}$$

己糖激酶广泛存在于动物、植物和微生物体内,己糖激酶分子量为 52000,以六碳糖为底物,是专一性不强的酶,不仅可以作用于葡萄糖,还可以作用于其他己糖。己糖激酶是糖酵解过程中第一个调节酶,反应产物葡萄糖- 6 -磷酸和 ADP 都是己糖激酶的别构抑制剂。

在肝脏中还存在一种专一性强的葡萄糖激酶(glucokinase),主要是在维持血糖的恒定中起作用。葡萄糖激酶只作用于 D -葡萄糖,不被葡萄糖- 6 -磷酸所抑制。己糖激酶对葡萄糖的 K_m 值为 0.1mmol/L,葡萄糖激酶的 K_m 为 $5\sim10$mmol/L。因此只有当进食以后,细胞内葡萄糖浓度明显变高时葡萄糖激酶才起作用。葡萄糖激酶是一个诱导酶,由胰岛素促使合成。

2. 葡萄糖- 6 -磷酸异构生成果糖- 6 -磷酸

葡萄糖- 6 -磷酸转变为果糖- 6 -磷酸是一个同分异构化反应,由磷酸葡萄糖异构酶(phosphoglucose isomerase)所催化。这一步反应是将葡萄糖的羰基从碳 1 位转移至碳 2 位,由醛式的葡萄糖转变为酮式的果糖,其碳 1 位形成了自由羟基,为碳 1 位磷酸化做了准备。这是一个可逆反应,此反应标准自由能变化很小。反应中间物是酶结合的烯醇化合物,反应方向是由底物与产物含量水平来控制。

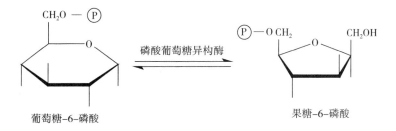

$$\Delta G^{\circ\prime} = +1.67\text{kJ/mol}$$

3. 果糖- 6 -磷酸被 ATP 磷酸化为果糖- 1,6 -二磷酸

果糖- 6 -磷酸经磷酸果糖激酶(phosphofructokinase)所催化,将 ATP 上的磷酸基团转移到果糖- 6 -磷酸的碳 1 位上形成果糖- 1,6 -二磷酸。

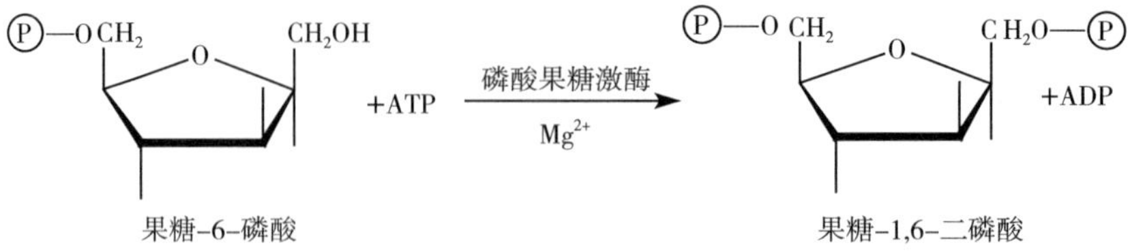

果糖-6-磷酸 +ATP 磷酸果糖激酶 Mg²⁺ 果糖-1,6-二磷酸 +ADP

$$\Delta G^{\circ\prime} = -14.2\mathrm{kJ/mol}$$

这是糖酵解中的限速步骤,反应不可逆。磷酸果糖激酶也是一种别构酶,它的催化效率比较低,糖酵解的整体速度完全决定于此酶的活性,因此它是一个限速酶。磷酸果糖激酶由 4 个亚基组成,分子量为 340000。柠檬酸、ATP 可降低此酶对果糖-6-磷酸的亲和力;当 pH 下降时,H^+ 对磷酸果糖激酶也有抑制作用。而 AMP、ADP 或无机磷酸可消除抑制,增加酶的活性。

4. 果糖-1,6-二磷酸的裂解

果糖-1,6-二磷酸在醛缩酶(aldolase)的催化下,C_3 和 C_4 之间键断裂生成磷酸二羟丙酮和甘油醛-3-磷酸。这个反应是个可逆反应,反应标准自由能变化为 +24kJ/mol,平衡有利于逆反应方向。逆反应实质上是一个醇醛缩合反应,醛缩酶的名称由此而来。但在正常细胞内,由于甘油醛-3-磷酸不断进入分解代谢过程,导致其浓度大大降低,所以反应主要向裂解方向进行。

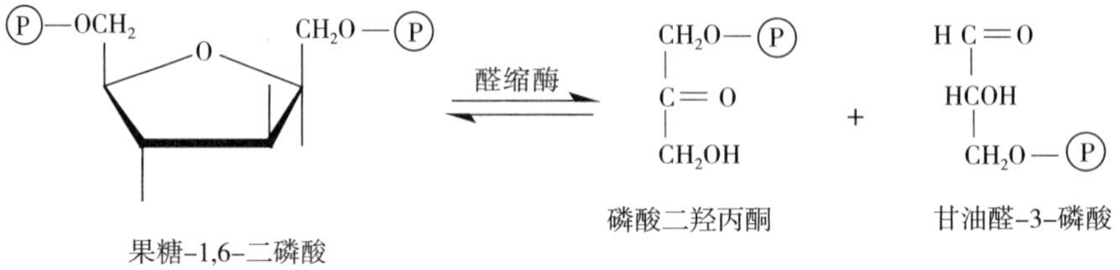

果糖-1,6-二磷酸 醛缩酶 磷酸二羟丙酮 + 甘油醛-3-磷酸

$$\Delta G^{\circ\prime} = +24\mathrm{kJ/mol}$$

醛缩酶有两种,Ⅰ型醛缩酶主要存在于动植物中,有三种同工酶。Ⅱ型醛缩酶主要存在于细菌、真菌及藻类中,含有Ⅰ型醛缩酶中所不具有的 Zn^{2+}、Ca^{2+}、Fe^{2+} 等二价金属离子,催化机理也不同于Ⅰ型醛缩酶。

5. 磷酸丙糖互变

在磷酸丙糖异构酶(phosphotriose isomerase)的催化下磷酸二羟丙酮迅速转化成甘油醛-3-磷酸。因为果糖-1,6-二磷酸裂解形成的两个磷酸三碳糖中,只有甘油醛-3-磷酸能继续进入糖酵解途径。

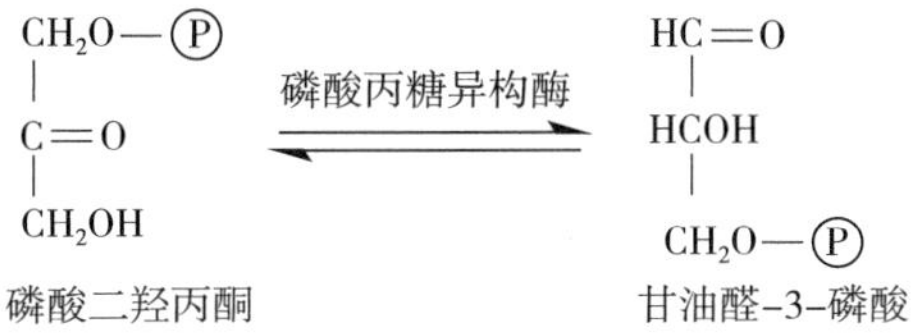

$$\Delta G^{\circ\prime} = +7.8\text{kJ/mol}$$

(二)放能阶段(磷酸丙糖生成丙酮酸)

1. 甘油醛-3-磷酸氧化并磷酸化为甘油酸-1,3-二磷酸

甘油醛-3-磷酸被磷酸甘油醛脱氢酶(phosphoglyceraldehyde dehydrogenase)所催化,形成甘油酸-1,3-二磷酸。此过程需要有 NAD^+ 和无机磷酸的参与。

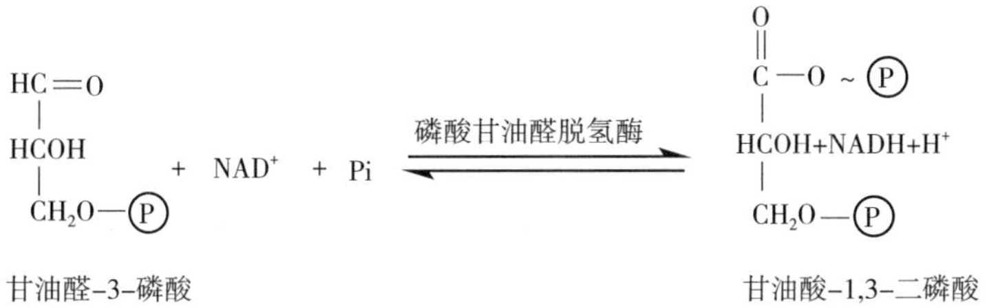

$$\Delta G^{\circ\prime} = -43.1\text{kJ/mol}$$

这个反应实际上包括了一个氧化反应和一个磷酸化反应,这是糖酵解途径首次出现的氧化反应。在此反应中,醛基氧化释放的能量推动了高能酰基磷酸化合物甘油酸-1,3-二磷酸的生成,酰基磷酸化合物是羧基与磷酸的混合酸酐,具有强烈的转移磷酰基的能量。

从兔肌肉中分离得到的磷酸甘油醛脱氢酶,相对分子质量 140000,由 4 个相同的亚基组成,每个亚基有 330 个氨基酸残基。酶的活性部位含有巯基,重金属离子和烷化剂能抑制此酶的活性。

2. 甘油酸-1,3-二磷酸释放能量转变成甘油酸-3-磷酸

磷酸甘油酸激酶(phosphoglycerate kinase)催化甘油酸-1,3-二磷酸转变成甘油酸-3-磷酸,并生成 ATP,反应时需要 Mg^{2+} 参与。

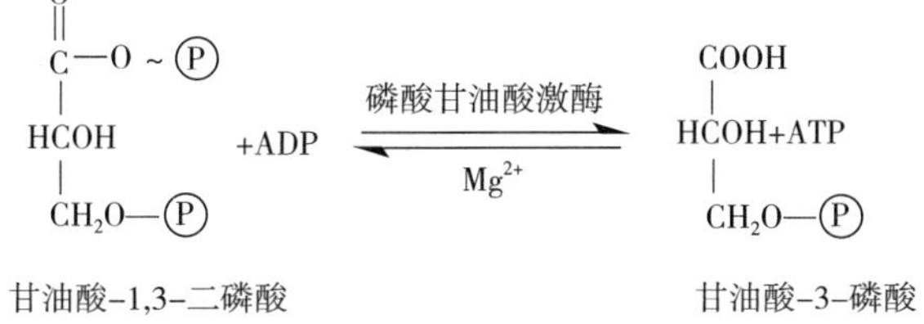

$$\Delta G^{\circ\prime} = -18.9\text{kJ/mol}$$

这是底物水平的磷酸化,也是糖酵解过程中第一次产生 ATP。由于一分子葡萄糖产生 2 分子磷酸三碳糖,因此一共产生 2 分子 ATP,抵消了葡萄糖在糖酵解第一阶段过程中消耗的 2 分子 ATP。

3. 甘油酸-3-磷酸变位成甘油酸-2-磷酸

磷酸甘油酸变位酶(phosphoglycerate mutase)催化磷酸基团从甘油酸-3-磷酸的碳 3 位移至碳 2 位。一般催化分子内化学基团位置移动的酶都称为变位酶。此过程为糖酵解过程下一步产生高能磷酸化合物做准备。

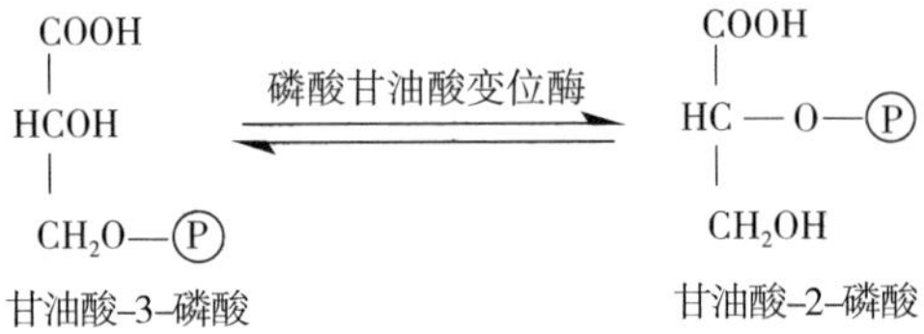

$$\Delta G^{\circ\prime} = +4.4 \text{kJ/mol}$$

4. 甘油酸-2-磷酸脱水转变成磷酸烯醇式丙酮酸

甘油酸-2-磷酸由烯醇化酶(enolase)催化脱水生成磷酸烯醇式丙酮酸。甘油酸-2-磷酸的磷酯键是一个低能键,而磷酸烯醇式丙酮酸中的磷酸烯醇键是高能键,在脱水的过程中分子内部发生能量的重新分配。

这是一个可逆反应,反应需有 Mg^{2+} 或 Mn^{2+} 等离子的存在下,烯醇化酶才有活性。烯醇化酶分子量为 88000,由两个亚基组成的二聚体。氟离子是该酶的强抑制剂。

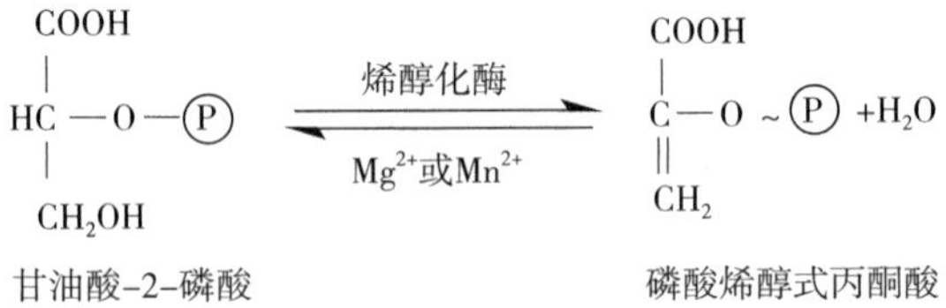

$$\Delta G^{\circ\prime} = +1.84 \text{kJ/mol}$$

5. 磷酸烯醇式丙酮酸释放能量转变成丙酮酸

丙酮酸激酶(pyruvate kinase)催化磷酸烯醇式丙酮酸生成烯醇式丙酮酸,同时生成 1 分子的 ATP,又是一个底物水平的磷酸化反应。反应不可逆,需要 K^+、Mg^{2+} 或 Mn^{2+} 参与。

烯醇式丙酮酸不稳定,不需要酶的催化就可以迅速自动分子重排形成丙酮酸。

丙酮酸激酶分子量为 250000,由四个分子量为 55000 的亚基组成。它至少有三种同工酶,分别为肝脏中的 L 型、肌肉和脑中的 M 型、其他组织中的 A 型。丙酮酸激酶是一个别构调节酶,ATP、乙酰 CoA 和长链脂肪酸能抑制其活性,而 1,6-二磷酸果糖活化该酶。

$$\begin{array}{c}
\text{COOH} \\
| \\
\text{C—O} \sim \textcircled{P} \quad +\text{ADP} \\
|| \\
\text{CH}_2
\end{array}
\quad
\underset{\text{Mg}^{2+},\ \text{K}^+}{\overset{\text{丙酮酸激酶}}{\rightleftharpoons}}
\quad
\begin{array}{c}
\text{COOH} \\
| \\
\text{C}=\text{O} \ +\text{ATP} \\
| \\
\text{CH}_3
\end{array}$$

磷酸烯醇式丙酮酸 丙酮酸

$$\Delta G^{\circ\prime} = -31.4 \text{kJ/mol}$$

葡萄糖酵解的总反应式为：

葡萄糖＋2ADP＋2Pi＋2NAD$^+$ ⟶ 丙酮酸＋2ATP＋2NADH＋2H$^+$＋2H$_2$O

葡萄糖酵解的总过程如图8-9所示。

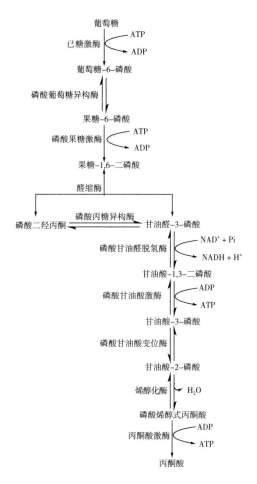

图8-9 葡萄糖酵解的总过程

二、丙酮酸的酵解转化

(一)丙酮酸在无氧条件下分解为乳酸

人或动物,肌肉细胞剧烈运动而造成暂时缺氧状态,或由于呼吸、循环系统障碍暂时供氧不足时,细胞必须利用糖酵解产生的 ATP 来满足生物体对能量的需要。而糖酵解产生的丙酮酸,接受酵解过程中第六步磷酸甘油醛脱氢酶形成的NADH 上的氢,在乳酸脱氢酶(lactate dehydrogenase,LDH)催化下,形成乳酸。

$$
\begin{array}{ccc}
\text{COOH} & & \text{COOH} \\
| & & | \\
\text{C=O} + \text{NADH+H}^+ \underset{}{\overset{\text{乳酸脱氢酶}}{\rightleftharpoons}} & & \text{HCOH} + \text{NAD}^+ \\
| & & | \\
\text{CH}_3 & & \text{CH}_3 \\
\text{丙酮酸} & & \text{乳酸}
\end{array}
$$

在无氧条件下,从葡萄糖酵解生成乳酸的总反应式为:

$$葡萄糖 + 2ADP + 2Pi \longrightarrow 2\,乳酸 + 2ATP + 2H_2O$$

乳酸脱氢酶相对分子质量为 140000,有 5 种同工酶:M_4、M_3H、M_2H_2、MH_3、H_4。所有酶催化相同的反应,但每一种同工酶对底物的 K_m 值不同。人体血液中乳酸脱氢酶同工酶的比例是恒定的,临床上测定血液中乳酸脱氢酶同工酶的比例来作为诊断心肌、肝脏等疾病的重要指标。

(二)丙酮酸在无氧条件下生成乙醇

酒精发酵或乙醇发酵,是在无氧条件下,酵母菌将糖酵解生成的丙酮酸转变为乙醇的过程。乙醇发酵制酒已经有几千年的历史,具有重要的经济价值。乙醇发酵包括两个过程:第一步丙酮酸由丙酮酸脱羧酶(pyruvate decarboxylase)催化,以焦磷酸硫胺素(TPP)为辅酶,脱羧变成乙醛;第二步在乙醇脱氢酶(alcohol dehydrogenase,ADH)的催化下,由 NADH 还原乙醛形成乙醇。

$$
\begin{array}{ccccc}
\text{COOH} & & & & \text{H} \\
| & \overset{\text{CO}_2}{} & \text{HC=O} & \overset{\text{NADH+H}^+\quad \text{NAD}^+}{} & | \\
\text{C=O} & \xrightarrow{\text{丙酮酸脱羧酶}} & | & \xrightarrow{\text{乙醇脱氢酶}} & \text{CH}_3-\text{C}-\text{OH} \\
| & & \text{CH}_3 & & | \\
\text{CH}_3 & & & & \text{H} \\
\text{丙酮酸} & & \text{乙醛} & & \text{乙醇}
\end{array}
$$

在无氧条件下,葡萄糖进行乙醇发酵的总反应式为:

$$葡萄糖 + 2ADP + 2Pi \longrightarrow 2\,乙醇 + 2CO_2 + 2ATP + 2H_2O$$

三、糖酵解过程的能量衡算与生物学意义

(一)糖酵解过程的能量衡算

糖酵解的第一阶段,经过五步,将 1 分子的葡萄糖转变为 2 分子的磷酸三碳糖,消耗 2 分子 ATP。所以糖酵解的第一阶段为耗能阶段,而第二阶段的后五步则为产能阶段。葡萄糖酵解第二阶段一共生成了 4 分子 ATP,由于第一阶段消耗 2 分子 ATP,因此净生成 2 分子 ATP。

(二)糖酵解的生物学意义

糖酵解途径被认为是一条最古老的代谢途径,起源于原始地球中原核生物的缺氧代谢。经过漫长的生物进化过程,虽然产生了有氧呼吸,糖酵解早已不是主要的供能途径,但这种古老原始的方式仍被保留了下来。糖酵解作为生物所共有的代谢途径,具有重要的生理意义。

(1)在缺氧的情况下快速释放能量,使生物有机体仍能进行生命活动,这对于某些组织器官显得尤为重要,如肌肉收缩等。

(2)成熟的红细胞没有线粒体,完全依赖糖酵解提供能量。

(3)对于某些代谢极为活跃的组织器官而言,即使不缺氧也常由糖酵解提供部分能量,如神经、白细胞、骨髓等。

(4)糖酵解过程的中间代谢产物可为生物有机体中其他物质合成提供碳骨架。

四、糖酵解的调节

在代谢途径中,催化不可逆反应的酶所处的部位往往是调控代谢反应的关键部位。糖酵解途径中,有三步是不可逆反应,分别由己糖激酶、磷酸果糖激酶和丙酮酸激酶所催化。这三种酶都是调节酶,这三步反应都是调控步骤,都对糖酵解起调控作用。

(一)己糖激酶的调控

己糖激酶催化葡萄糖磷酸化生成葡萄糖-6-磷酸,而糖原降解过程中经转化也可产生葡萄糖-6-磷酸,所以此产物不是唯一的酵解中间产物。在复杂的代谢途径中葡萄糖-6-磷酸还可以转化成糖原,以及进入磷酸戊糖途径进行氧化。所以己糖激酶不是糖酵解途径的主要调控酶。

葡萄糖-6-磷酸是己糖激酶的别构抑制剂。当磷酸果糖激酶被抑制时,常常使葡萄糖-6-磷酸积累,因此进一步别构抑制己糖激酶的活性,从而减缓酵解速度。己糖激酶还受脂代谢的调控,乙酰 CoA 和脂肪酸均具有抑制其活性的作用。

(二)磷酸果糖激酶的调控

己糖激酶可以控制糖酵解的入口,丙酮酸激酶调节糖酵解的出口,但磷酸果糖

激酶却是糖酵解途径中最重要的调节酶。ATP是磷酸果糖激酶的底物,也是该酶的别构抑制剂。高浓度ATP会降低酶对果糖-6-磷酸的亲和力,ATP的抑制作用可被ADP、AMP逆转。这对细胞有重要的生理意义,当细胞处于高能荷状态,ATP浓度高,磷酸果糖激酶几乎没有活性,糖酵解作用减弱;反之,当ATP被消耗,细胞能荷降低,ADP、AMP积累,磷酸果糖激酶的活性恢复,从而加速糖酵解进程。

糖酵解有两个方面的作用。一是降解糖产生能量,二是生成含碳的中间代谢产物为其他物质的合成提供原料。柠檬酸是三羧酸循环中的第一个产物,高含量的柠檬酸是生物合成前体的碳骨架过剩的信号。因此,柠檬酸可抑制磷酸果糖激酶的活性,降低糖酵解反应进程。

1980年发现了一个糖酵解新的激活剂,即果糖-2,6-二磷酸(F-2,6-BP)。它是由磷酸果糖激酶2(phosphofructokinase 2,PFK2)催化果糖-6-磷酸的碳2位磷酸化而形成的。果糖-2,6-二磷酸又可被果糖二磷酸酶2(fructose bisphosphatase 2,FBP2)水解成果糖-6-磷酸。这两种酶由相对分子量55000的相同多肽链组成,只是由于酶分子上一个丝氨酸残基磷酸化或去磷酸化而造成活性不同,这种酶称为双功能酶。果糖-2,6-二磷酸通过增加细胞内果糖-6-磷酸与酶的亲和力从而抵消ATP、柠檬酸对磷酸果糖激酶的抑制效应,使酶活化。

(三)丙酮酸激酶的调控

丙酮酸激酶调节酵解的出口,由于它的活性比己糖激酶和磷酸果糖激酶都高得多,所以它催化酵解的第三个不可逆反应也不是主要的调控步骤。

果糖-1,6-二磷酸是丙酮酸激酶的别构激活剂,ATP、乙酰CoA和脂肪酸则能抑制该酶的活性。另外,酵解产物丙酮酸转氨生成的丙氨酸,代表着生物合成前体过剩的信号,也可别构抑制这个酶的活性。

丙酮酸激酶也可以通过磷酸化和去磷酸化的方式调节其活性。当血糖水平低,高血糖素的级联放大作用使丙酮酸激酶磷酸化,成为活性低的形式。反之,去磷酸化的酶活性较高。

五、其他单糖进入糖酵解途径

(一)果糖进入糖酵解途径(图8-10)

(1)果糖由己糖激酶催化生成果糖-6-磷酸而进入糖酵解。但是己糖激酶对果糖的亲和力远远比不上己糖激酶对葡萄糖的亲和力,因此形成的果糖-6-磷酸很少。

(2)果糖在肝脏中由果糖激酶催化生成果糖-1-磷酸,然后被果糖-1-磷酸醛缩酶断裂生成甘油醛和磷酸二羟丙酮。甘油醛再由甘油醛激酶磷酸化生成甘油醛-3-磷酸,从而进入糖酵解途径。

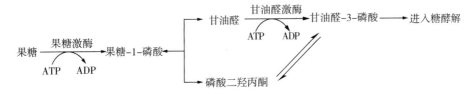

图 8-10　果糖进入糖酵解途径

(二)半乳糖进入糖酵解途径

半乳糖要转变成葡萄糖-6-磷酸才能进入糖酵解途径。整个过程分四步,如图 8-11 所示。

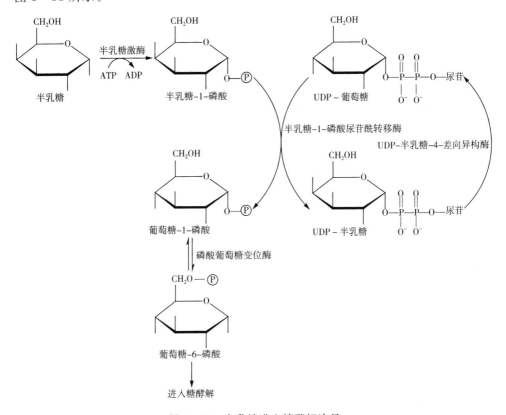

图 8-11　半乳糖进入糖酵解途径

(1)半乳糖由半乳糖激酶催化生成半乳糖-1-磷酸,反应需要 ATP 提供能量。

(2)半乳糖-1-磷酸在半乳糖-1-磷酸尿苷酰转移酶的催化下,和 UDP-葡萄糖反应生成 UDP-半乳糖和葡萄糖-1-磷酸。

(3)UDP-半乳糖在UDP-半乳糖-4-差向异构酶的催化下,改变碳四号位上OH的构象,生成UDP-葡萄糖。UDP-葡萄糖由UDP-半乳糖再生,所以并没有损失。产生的UDP-葡萄糖又可以参加转变半乳糖-1-磷酸成为葡萄糖-1-磷酸的反应。

(4)葡萄糖-1-磷酸由磷酸葡萄糖变位酶催化,形成葡萄糖-6-磷酸而进入酵解途径。

(三)甘露糖进入糖酵解途径(图8-12)

甘露糖常由多糖水解而产生。甘露糖通过生成果糖-6-磷酸而进入糖酵解。分为两步:

(1)甘露糖由己糖激酶催化,磷酸化成甘露糖-6-磷酸。

(2)甘露糖-6-磷酸由磷酸甘露糖异构酶催化生成果糖-6-磷酸从而进入酵解途径。

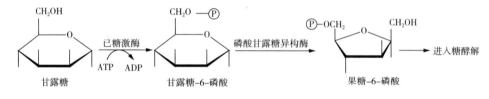

甘露糖　　己糖激酶　　甘露糖-6-磷酸　　磷酸甘露糖异构酶　　果糖-6-磷酸　　进入糖酵解

图8-12　甘露糖进入糖酵解途径

第四节　三羧酸循环

一、丙酮酸的氧化脱羧

(一)丙酮酸脱氢酶系组成及丙酮酸氧化脱羧反应

在有氧条件下,丙酮酸最终进入三羧酸循环分解成CO_2和水。丙酮酸在进入三羧酸循环之前,需要氧化脱羧形成乙酰CoA,该反应是在真核细胞的线粒体基质中进行的,这是一个连接糖酵解和三羧酸循环的重要环节。

丙酮酸氧化脱羧形成乙酰CoA的反应是由丙酮酸脱氢酶系(pyruvate dehydrogenase complex)催化的。这是一个多酶体系,其中包括三种酶:丙酮酸脱羧酶(pyruvate decarboxylase,E1)、二氢硫辛酸转乙酰基酶(dihydrolipoyl transacetylase,E2)和二氢硫辛酸脱氢酶(dihydrolipoyl dehydrogenase,E3)。另外还包括六种辅助因子:焦磷酸硫胺素(TPP)、硫辛酸、FAD、NAD^+、CoA和Mg^{2+}。

丙酮酸脱氢酶系催化丙酮酸氧化为乙酰CoA的总反应如下:

$$丙酮酸 + CoA + NAD^+ \longrightarrow 乙酰\ CoA + CO_2 + NADH$$

这是一个不可逆的反应,一共可分为五步进行。第一步:丙酮酸由丙酮酸脱羧酶 E1 催化脱羧,形成的二碳单位与丙酮酸脱羧酶的辅酶 TPP 连接,产生羟乙基 TPP。第二步:由二氢硫辛酸转乙酰基酶 E2 催化羟乙基氧化成乙酰基,同时转移到 E2 的辅基硫辛酰胺上,形成了乙酰二氢硫辛酰胺。第三步:二氢硫辛酸转乙酰基酶 E2 还催化乙酰二氢硫辛酰胺上的乙酰基转移给 CoA 形成游离的乙酰 CoA 分子。第四步:二氢硫辛酸脱氢酶 E3 催化二氢硫辛酰胺重新氧化,脱下的氢传递给 E3 的辅基 FAD 生成 $FADH_2$。第五步:$FADH_2$ 又将氢原子转移给 NAD^+ 生成 NADH。

硫辛酸是丙酮酸脱氢酶系中非常重要的辅助因子。它是一个分子内带有二硫键的八碳羧酸,与二氢硫辛酸转乙酰基酶 E2 中的赖氨酸 ε-氨基相连,形成与酶 E2 结合的硫辛酰胺。丙酮酸氧化脱羧反应的中间产物,可以通过硫辛酰胺与酶 E2 中的赖氨酸残基形成的可转动的柔性长臂,从多酶复合体的一个活性部位转到另一个活性部位,提高了反应的效率。

丙酮酸脱氢酶系催化丙酮酸氧化脱羧的全过程如图 8-13 所示。

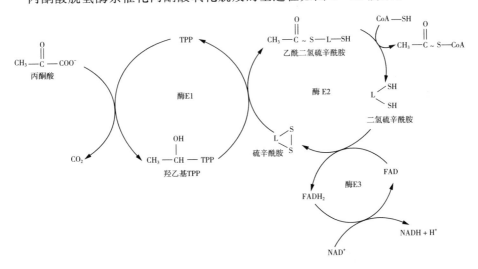

图 8-13 丙酮酸脱氢酶系催化的反应过程

(二)丙酮酸脱氢酶系的调节

1. 产物对酶的反馈调节

丙酮酸分解为乙酰 CoA 和 CO_2,总反应不可逆。主要是因为其中第一步,丙酮酸脱羧酶 E1 催化反应的不可逆,所以丙酮酸脱羧酶催化的反应为此过程的限速步骤,丙酮酸脱羧酶为限速酶。

丙酮酸氧化脱羧作用的产物乙酰 CoA 和 NADH 都抑制丙酮酸脱氢酶系,乙酰 CoA 抑制二氢硫辛酸转乙酰基酶 E2,NADH 抑制二氢硫辛酸脱氢酶 E3。CoA、NAD$^+$ 与乙酰 CoA、NADH 是竞争性的关系,产物乙酰 CoA 和 NADH 的抑制效应可以被相应的反应物 CoA 和 NAD$^+$ 所逆转。另外此多酶体系的活性还由细胞的能荷所控制,特别是丙酮酸脱羧酶 E1 组分受 ATP 抑制,为 AMP 所活化。当细胞内能量供应充足时,丙酮酸脱氢酶系活性降低;反之,能量消耗增加时,酶活性升高。

2. 共价修饰调节

丙酮酸脱氢酶系还受到可逆磷酸化作用的共价修饰调节,由多酶体系内 E2 组分上的蛋白激酶和磷酸酶所催化。丙酮酸脱羧酶 E1 分子上的丝氨酸残基被蛋白激酶催化磷酸化时,变得没有活性;当酶上的磷酸基团被专一的磷酸酶水解时,又恢复活性。细胞内 ATP 激活蛋白激酶,使丙酮酸脱氢酶系磷酸化而失活。Ca^{2+} 则激活磷酸酶,去磷酸化使酶系活性增加,从而加快丙酮酸氧化脱羧反应的速度。

二、三羧酸循环的过程

(一)乙酰 CoA 与草酰乙酸缩合形成柠檬酸

这是三羧酸循环的第一步,乙酰辅酶 A 和草酰乙酸在柠檬酸合酶(citrate synthase)催化下生成柠檬酸。这是一步放能的反应,乙酰 CoA 的高能硫酯键断裂提供反应所需能量,放出的大量自由能有利于循环途径的开始。

$$\Delta G^{\circ\prime} = -32.2\text{kJ/mol}$$

哺乳类动物的柠檬酸合酶相对分子质量为 98000,由 2 个相对分子质量为 49000 的亚基组成。三羧酸循环途径的第一步是一个可调控的限速步骤。柠檬酸合酶是三羧酸循环过程的第一个调节酶。ATP、NADH、琥珀酰 CoA 和长链脂肪酰 CoA 是该酶的别构抑制剂。ADP 是该酶的别构激活剂。

(二)柠檬酸异构化生成异柠檬酸

柠檬酸由顺乌头酸酶(aconitase)催化生成异柠檬酸。这是一步可逆的同分异构化反应,反应的过程可分为两步,先脱水,然后又加水,从而改变柠檬酸分子内羟基的位置,生成异柠檬酸。由于反应中间产物为顺乌头酸,因此该酶命名为顺乌头酸酶。

由于两步分反应自由能的变化情况，这步反应应该是倾向于向柠檬酸方向生成。反应达到平衡时，柠檬酸所占的比例最大。但由于异柠檬酸不断往下反应，浓度不断减少，从而推动反应进行。

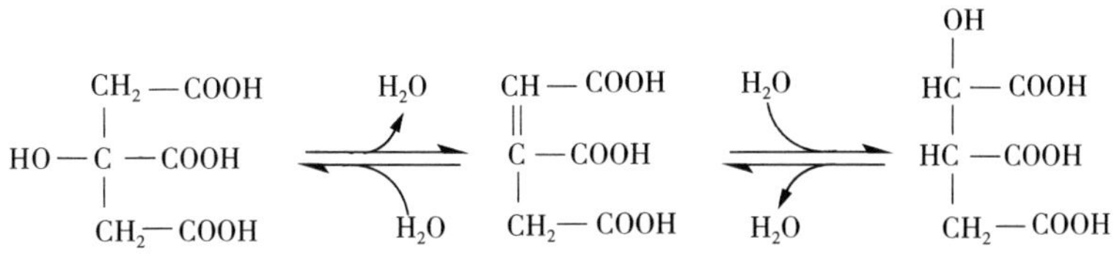

柠檬酸　　　　顺乌头酸　　　　异柠檬酸

$$\Delta G^{o\prime}=+8.4\text{kJ/mol}\qquad \Delta G^{o\prime}=-2.1\text{kJ/mol}$$

(三)异柠檬酸氧化脱羧生成 α -酮戊二酸

异柠檬酸在异柠檬酸脱氢酶(isocitrate dehydrogenase)催化下生成 α -酮戊二酸。这是三羧酸循环中第一次氧化反应，也是第一次脱羧作用。反应分两步，中间物是草酰琥珀酸。它是一个不稳定的 β -酮酸，不离开酶分子，与酶结合自发脱羧形成 α -酮戊二酸。

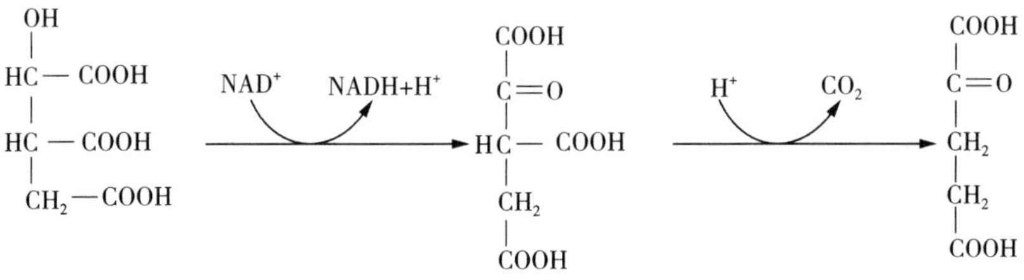

异柠檬酸　　　　草酰琥珀酸　　　　α-酮戊二酸

$$\Delta G^{o\prime}=-8.4\text{kJ/mol}$$

细胞内含有两种异柠檬酸脱氢酶，一种是以 NAD^+ 为辅酶，另一种是以 $NADP^+$ 为辅酶。前者在线粒体基质中，后者主要存在细胞质里。异柠檬酸脱氢酶是一个别构调节酶。ADP 可增加酶和底物的亲和力，是其激活剂。NADH 和 ATP 则抑制酶的活性。异柠檬酸脱氢酶是三羧酸循环过程中第二个调节酶。

(四)α -酮戊二酸氧化脱羧生成琥珀酰- CoA

α -酮戊二酸在 α -酮戊二酸脱氢酶系(α - ketoglutarate dehydrogenase system)的催化下生成琥珀酰辅酶 A。这是三羧酸循环中第二次氧化脱羧。

$$
\begin{array}{ccc}
\text{COOH} & & \text{S—CoA} \\
| & & | \\
\text{C=O} & & \text{C=O} \\
| & & | \\
\text{CH}_2 & + \text{CoA—SH} \xrightarrow[\text{NAD}^+ \quad \text{NADH} + \text{H}^+]{\text{α-酮戊二酸脱氢酶系}} & \text{CH}_2 + \text{CO}_2 \\
| & & | \\
\text{CH}_2 & & \text{CH}_2 \\
| & & | \\
\text{COOH} & & \text{COOH} \\
\text{α-酮戊二酸} & & \text{琥珀酰CoA}
\end{array}
$$

$$\Delta G^{\circ\prime} = -30.1\text{kJ/mol}$$

α-酮戊二酸脱氢酶系与丙酮酸脱氢酶系十分相似,其氧化脱羧机制也类似。α-酮戊二酸脱氢酶系也由三个酶组成,即α-酮戊二酸脱羧酶 E1、二氢硫辛酸转琥珀酰酶 E2 和二氢硫辛酸脱氢酶 E3,也需要 TPP、硫辛酸、CoA、FAD、NAD$^+$ 和 Mg^{2+} 6 种辅助因子。二氢硫辛酸转琥珀酰酶 E2 处于整个酶系的核心位置,E1 和 E3 结合在核心上。此酶也是一个调节酶,ATP、NADH 和琥珀酰 CoA 是该酶的抑制剂。

(五)琥珀酰-CoA 硫酯解生成琥珀酸

琥珀酰-CoA 在琥珀酸硫激酶(succinate thiokinase)或称为琥珀酰 CoA 合成酶(succinyl-CoA synthetase)的催化下生成琥珀酸。

$$
\begin{array}{ccc}
\text{S—CoA} & & \text{COOH} \\
| & & | \\
\text{C=O} & & \text{CH}_2 \\
| & & | \\
\text{CH}_2 & + \text{GDP} + \text{Pi} \underset{}{\overset{\text{琥珀酸硫激酶}}{\rightleftharpoons}} & | \quad + \text{GTP} + \text{CoA—SH} \\
| & & \text{CH}_2 \\
\text{CH}_2 & & | \\
| & & \text{COOH} \\
\text{COOH} & & \\
\text{琥珀酰CoA} & & \text{琥珀酸}
\end{array}
$$

$$\Delta G^{\circ\prime} = -33.5\text{kJ/mol}$$

这是三羧酸循环中唯一底物水平磷酸化的步骤。琥珀酰 CoA 硫酯键是一个高能键,可以将能量转移给 GDP 磷酸化成 GTP。GTP 可以为蛋白质合成提供能量,也可以在二磷酸核苷激酶(nucleoside diphosphate kinase)的催化下将磷酰基转给 ADP 生成 ATP。

$$\text{GTP} + \text{ADP} \rightleftharpoons \text{GDP} + \text{ATP}$$

(六)琥珀酸脱氢生成延胡索酸

琥珀酸由琥珀酸脱氢酶(succinate dehydrogenase)催化生成延胡索酸。这是三羧酸循环中的第三次氧化脱氢。这次氧化脱氢和前两次不一样,因为该反应自由能变化不足以还原 NAD^+。脱下的氢传给酶的辅基 FAD，生成 $FADH_2$。反应生成的延胡索酸是反丁烯二酸，而不生成顺丁烯二酸。顺丁烯二酸又叫马来酸，对生物体有毒，不能参加代谢。

$$
\begin{array}{cc}
\text{COOH} & \text{COOH} \\
| & | \\
\text{CH}_2 & \text{CH} \\
| & \| \\
\text{CH}_2 & \text{CH} \\
| & | \\
\text{COOH} & \text{COOH} \\
\text{琥珀酸} & \text{延胡索酸}
\end{array}
$$

（琥珀酸脱氢酶　FAD → FADH$_2$）

$$\Delta G^{\circ\prime} \approx 0\text{kJ/mol}$$

琥珀酸脱氢酶是三羧酸循环中唯一存在于线粒体内膜上的酶。心肌线粒体内膜提纯的琥珀酸脱氢酶相对分子质量为 100000，由一大一小两个亚基组成。大亚基相对分子质量为 70000，有底物结合位点；小亚基相对分子质量为 29000，与呼吸链中的铁硫蛋白结合，通过小亚基、琥珀酸脱氢酶直接与呼吸链连接。所以琥珀酸脱氢氧化产生的 $FADH_2$ 可以很方便地进入呼吸链往下传递。

（七）延胡索酸水化生成苹果酸

延胡索酸由延胡索酸酶（fumarase）催化加水生成苹果酸。延胡索酸酶具有高度的立体异构特性，只催化反式双键的水化作用，羟基只加在延胡索酸双键的一侧。用同位素标记的实验可以证明，H^+ 和 OH^- 以反式加成，因此形成的苹果酸为 L-型。

$$
\begin{array}{cc}
\text{COOH} & \text{COOH} \\
| & | \\
\text{CH} & \text{HO—C—H} \\
\| \quad + H_2O & | \\
\text{HC} & \text{CH}_2 \\
| & | \\
\text{COOH} & \text{COOH} \\
\text{延胡索酸} & \text{L-苹果酸}
\end{array}
$$

（延胡索酸酶）

$$\Delta G^{\circ\prime} = -3.76\text{kJ/mol}$$

（八）苹果酸脱氢生成草酰乙酸

L-苹果酸由苹果酸脱氢酶（malate dehydrogenase）催化生成草酰乙酸。这是三羧酸循环最后一步，也是整个过程第四次氧化脱氢。

由反应自由能的变化情况来看，这步反应应该是倾向于逆方向生成。但是在生理情况下，反应产物草酰乙酸因不断合成柠檬酸而消耗，使其在细胞中浓度极低，因此总反应还是利于苹果酸生成草酰乙酸。

$$\text{L-苹果酸} \quad + \quad NAD^+ \xrightarrow[\text{苹果酸脱氢酶}]{} \quad \text{草酰乙酸} \quad + \quad NADH + H^+$$

$$\Delta G^{o\prime} = + 29.7 kJ/mol$$

三羧酸循环总反应式如下：

$$乙酰 CoA + 3NAD^+ + FAD + GDP + Pi + 2H_2O \longrightarrow$$

$$2CO_2 + 3NADH + 3H^+ + GTP + FADH_2 + CoASH$$

三羧酸循环整体反应过程如图 8-14 所示。

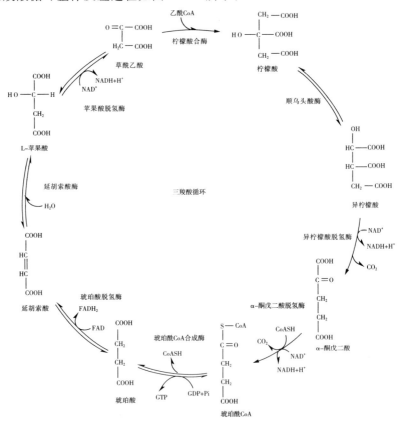

图 8-14 三羧酸循环

三、丙酮酸氧化脱羧与三羧酸循环的能量衡算

乙酰 CoA 进入三羧酸循环，一共经历二次脱羧，四次氧化脱氢。脱氢生成 3 分子 NADH 和 1 分子 $FADH_2$。NADH 经由线粒体内膜上的电子传递链，最后把氢传递给氧生成水，生成 2.5 分子 ATP，3 分子 NADH，共产生 7.5 分子 ATP。$FADH_2$ 经由线粒体内膜上的另一条电子传递链，最后把氢传递给氧生成水，生成 1.5 分子 ATP。另外，三羧酸循环还有一次底物水平磷酸化，直接生成 1 分子 ATP。因此每一次循环共产生 10(7.5＋1.5＋1)分子 ATP。

丙酮酸氧化脱羧生成乙酰 CoA 生成 1 分子 NADH，经电子传递链可生成 2.5 分子 ATP。所以从丙酮酸氧化脱羧开始计算，共产生 12.5(2.5＋10)分子 ATP。

每分子葡萄糖经酵解可以产生 2 分子丙酮酸、2 分子 ATP 和 2 分子 NADH。因为糖酵解是在细胞质中进行的，生成的 NADH 需通过不同的穿梭作用进入线粒体，通过呼吸链传递生成 1.5 分子 ATP 或 2.5 分子 ATP(详情见生物氧化章节中的线粒体外 NADH 的穿梭作用)。2 分子 NADH 共生成 3 分子 ATP 或 5 分子 ATP。

每分子葡萄糖经糖酵解、丙酮酸氧化脱羧、三羧酸循环及电子传递氧化磷酸化四个阶段共产生 30(2＋3＋2×12.5)或 32(2＋5＋2×12.5)个 ATP 分子。

1mol 葡萄糖完全氧化产生的能量大约为 2840kJ/mol，生成 32 mol ATP。其中可以利用的能量为 977.3kJ(30.54kJ/mol × 32 mol)，约相当于放出总能量的 34%。其余的能量以热的形式散失和维持体温。

四、三羧酸循环的生物学意义

(1)三羧酸循环是生物氧化产生能量的主要机制。葡萄糖有氧分解过程中，每个葡萄糖分子通过三羧酸循环可生成 30 个 ATP，远远超过糖酵解所产生 ATP 的数目。

(2)三羧酸循环是糖、脂和蛋白质三种主要有机物在体内彻底氧化的共同代谢途径。三羧酸循环的起始物乙酰 CoA，不但是糖氧化分解的产物，它也可来自脂和某些氨基酸代谢。因此三羧酸循环实际上是三种主要有机物在体内氧化分解的共同通路，人体内大约 2/3 的有机物是通过三羧酸循环而被分解的。

(3)三羧酸循环是体内三种主要有机物代谢联系和互变的枢纽。三羧酸循环产生的草酰乙酸、α-酮戊二酸、琥珀酰 CoA 和延胡索酸等又是合成氨基酸、脂肪酸等的原料，因此能将各种有机物代谢联系起来，起到物质代谢的枢纽作用。

五、三羧酸循环的回补反应

三羧酸循环具有双重性。三羧酸循环首先是分解代谢而产生 ATP 的途径,但在很多生物合成途径中,又利用这个循环的中间物作为合成反应的起始物,所以它又是合成代谢。如卟啉的主要碳原子来自琥珀酰 CoA,谷氨酸由 α-酮戊二酸转变而来,天冬氨酸是从草酰乙酸衍生而成。草酰乙酸的浓度对于三羧酸循环启动非常重要,一旦草酰乙酸的浓度下降,势必影响三羧酸循环的进行。因此三羧酸循环的这些中间产物必须不断补充,特别是对草酰乙酸的补充,才能维持三羧酸循环的正常进行。

(一)丙酮酸羧化成草酰乙酸

丙酮酸在丙酮酸羧化酶催化下,羧化生成草酰乙酸。丙酮酸羧化酶是一个调节酶,以生物素为辅酶。乙酰 CoA 是其激活剂,高浓度的乙酰 CoA 可以作为生物体需要更多草酰乙酸的信号。丙酮酸羧化酶的活性直接控制着草酰乙酸的浓度,并最终影响三羧酸循环的进行。

$$
\begin{array}{c}
\text{COOH} \\
| \\
\text{C=O} \\
| \\
\text{CH}_3
\end{array}
+ \text{ATP} + \text{CO}_2 + \text{H}_2\text{O}
\xrightarrow{\text{丙酮酸羧化酶}}
\begin{array}{c}
\text{COOH} \\
| \\
\text{C=O} \\
| \\
\text{CH}_2 \\
| \\
\text{COOH}
\end{array}
+ \text{ADP} + \text{Pi}
$$

丙酮酸　　　　　　　　　　　　　　　　　　　　　　草酰乙酸

(二)磷酸烯醇式丙酮酸转化成草酰乙酸

磷酸烯醇式丙酮酸在磷酸烯醇式丙酮酸羧激酶的催化下,羧化生成草酰乙酸。这个反应主要存在于心脏、骨骼肌等器官组织中。

$$
\begin{array}{c}
\text{COOH} \\
| \\
\text{C—O} \sim \text{P} \\
|| \\
\text{CH}_2
\end{array}
+ \text{GDP} + \text{CO}_2
\xrightarrow{\text{磷酸烯醇式丙酮酸羧激酶}}
\begin{array}{c}
\text{COOH} \\
| \\
\text{C=O} \\
| \\
\text{CH}_2 \\
| \\
\text{COOH}
\end{array}
+ \text{GTP}
$$

磷酸烯醇式丙酮酸　　　　　　　　　　　　　　　　　草酰乙酸

(三)苹果酸酶催化成草酰乙酸

丙酮酸在苹果酸酶的催化,羧化生成苹果酸,可再由苹果酸脱氢酶催化生成草酰乙酸。该反应广泛存在于动植物和微生物。

$$\begin{array}{c}\text{COOH}\\|\\\text{C}=\text{O}\\|\\\text{CH}_3\end{array} + \text{CO}_2 \quad\underset{\text{NADPH}+\text{H}^+ \quad \text{NADP}^+}{\overset{\text{苹果酸酶}}{\rightleftharpoons}}\quad \begin{array}{c}\text{COOH}\\|\\\text{HO}-\text{C}-\text{H}\\|\\\text{CH}_2\\|\\\text{COOH}\end{array} \quad\underset{\text{NAD}^+ \quad \text{NADH}+\text{H}^+}{\overset{\text{苹果酸脱氢酶}}{\rightleftharpoons}}\quad \begin{array}{c}\text{COOH}\\|\\\text{C}=\text{O}\\|\\\text{CH}_2\\|\\\text{COOH}\end{array}$$

丙酮酸 　　　　　　　　　　　　　　　苹果酸 　　　　　　　　　　草酰乙酸

(四)天冬氨酸转化为草酰乙酸

天冬氨酸通过转氨酶的转氨作用可以形成草酰乙酸。其反应将在蛋白质代谢一章中进行详述。

六、三羧酸循环的调节

三羧酸循环是生物体中的核心代谢,其过程必然会受到严格而精细的调节控制。

(一)本身系统的调节

三羧酸循环有三个调控酶:柠檬酸合酶、异柠檬酸脱氢酶和 α-酮戊二酸脱氢酶。酶的活性主要靠底物量的推动和产物浓度的抑制。三羧酸循环第一步有两个底物——乙酰 CoA 和草酰乙酸,这两个底物的浓度对于推动三羧酸循环非常重要。乙酰 CoA 来自丙酮酸氧化脱羧,也可以来自脂肪酸氧化或其他代谢途径,乙酰 CoA 的量对丙酮酸氧化和三羧酸循环都有重要的调节作用。草酰乙酸浓度的升高,会促使柠檬酸合酶的活性增强,这对三羧酸循环的整体反应速度也有重要影响。NADH 是三羧酸循环的一个重要产物,其浓度升高对柠檬酸合酶、异柠檬酸脱氢酶和 α-酮戊二酸脱氢酶都有抑制效应。

(二)其他调节机制

ATP 的需求量和 Ca^+ 的存在,都影响三羧酸循环的速度。ATP 丰富时柠檬酸合成便受抑制,因为 ATP 可以增加柠檬酸合酶对乙酰 CoA 的 K_m 值。ATP 还是异柠檬脱氢酶的抑制物。Ca^+ 除了可以激活异柠檬酸脱氢酶和 α-酮戊二酸脱氢酶外,对三羧酸循环还起着间接的重要调节作用。Ca^+ 激活丙酮酸脱氢酶磷酸酶,从而激活丙酮酸脱氢酶系,促使乙酰 CoA 的生成,而起到间接促进三羧酸循环的作用。

七、糖的有氧氧化与无氧氧化比较

糖的无氧氧化是将 1 分子六碳的葡萄糖分解为三碳的乳酸或生成乙醇和 CO_2,净生成 2 分子 ATP。糖的无氧氧化是在细胞质中进行的过程,全部反应无氧的参与。其主要的调控部位是糖酵解的三个关键酶:己糖激酶、磷酸果糖激酶和丙酮酸激酶。

糖的有氧氧化将葡萄糖彻底氧化分解为 CO_2。包括无氧氧化中糖酵解的过程,再加上线粒体中所发生的丙酮酸氧化脱羧、三羧酸循环及电子传递氧化磷酸化。后面的这几步过程全发生在线粒体中,所有催化的酶都是线粒体酶。虽然三羧酸循环没有氧分子直接参与,但糖的有氧氧化必须在有氧条件下才能完成反应过程。因为糖酵解、丙酮酸氧化脱羧和三羧酸循环氧化脱氢生成了 NADH 和 $FADH_2$,只有通过呼吸链传递,最后才能和氧结合生成水。糖的有氧氧化释放的能量比无氧氧化多很多,共生成 30 或 32 个 ATP。

八、乙醛酸循环

乙醛酸循环(glyoxylate cycle)只存在于植物和微生物中,动物体内并没有这种途径。许多植物、微生物能够在乙酸或产生乙酰 CoA 的化合物中生长,植物种子发芽时可以将脂肪转化成糖,这都是因为存在着一个类似于三羧酸循环的乙醛酸循环的缘故。

乙醛酸循环是一条四碳单位的合成途径,相当于把 2 个分子的乙酰 CoA 合成为四碳的琥珀酸的过程。由于乙醛酸循环过程中出现了一个中间代谢物——乙醛酸,因此而得名。其总反应式如下:

$$2 \text{乙酰 CoA} + NAD^+ + 2H_2O \longrightarrow \text{琥珀酸} + 2CoASH + NADH + H^+$$

乙醛酸循环一共有五步(图 8-15)。从草酰乙酸和乙酰 CoA 缩合开始,形成柠檬酸,再异构化生成异柠檬酸。前两步与三羧酸循环一样。第三步是异柠檬酸不经脱羧,而是被异柠檬酸裂解酶裂解成琥珀酸及乙醛酸。第四步由苹果酸合酶催化乙醛酸与另一个乙酰 CoA 缩合生成苹果酸。第五步同三羧酸循环也一样,苹果酸氧化脱氢生成草酰乙酸,完成一次循环。

第五节 磷酸戊糖途径

葡萄糖在体内分解的主要途径有糖酵解、三羧酸循环等。实验中如果添加糖酵解抑制剂如碘乙酸或氟化物等,机体中的葡萄糖仍可以被消耗,这证明葡萄糖还有其他氧化分解的代谢途径。广泛存在于动植物体内的磷酸戊糖途径(phosphopentose pathway)是糖代谢的第二条重要途径,又称磷酸己糖旁路(hexose monophosphate shunt,HMS),它是另外一种葡萄糖的分解机制。

一、磷酸戊糖途径的代谢过程

磷酸戊糖途径一般可分为两个阶段。第一阶段为氧化阶段,6-磷酸葡萄糖氧

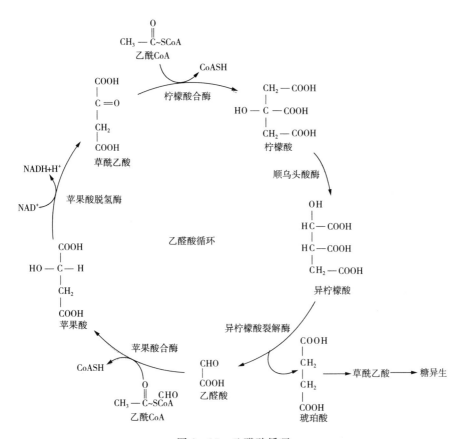

图 8-15 乙醛酸循环

化脱羧生成 5-磷酸核糖。第二阶段为非氧化阶段,磷酸戊糖分子重排,产生碳链长度不同的磷酸单糖,使得磷酸戊糖途径可以和糖酵解途径联系起来。

(一)氧化阶段

(1)6-磷酸葡萄糖在 6-磷酸葡萄糖脱氢酶(glucose - 6 - phosphate dehydrogenase)催化下脱氢生成 6-磷酸葡萄糖酸内酯,反应以 NADP 为氢受体形成 NADPH。

(2)6-磷酸葡萄糖酸内酯在专一的内酯酶(lactonase)催化下水解成 6-磷酸葡萄糖酸。

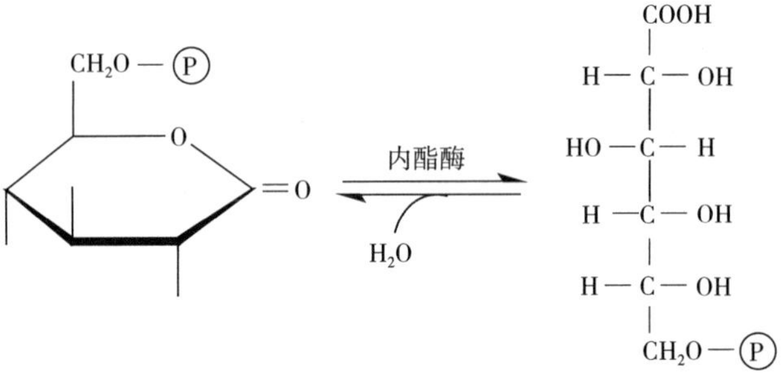

6-磷酸葡萄糖酸内酯　　　　　　　　　　　6-磷酸葡萄糖酸

(3)6-磷酸葡萄糖酸在 6-磷酸葡萄糖酸脱氢酶(6-phosphogluconic acid dehydrogenase)催化下,脱氢脱羧生成 5-磷酸核酮糖,再一次生成 NADPH。

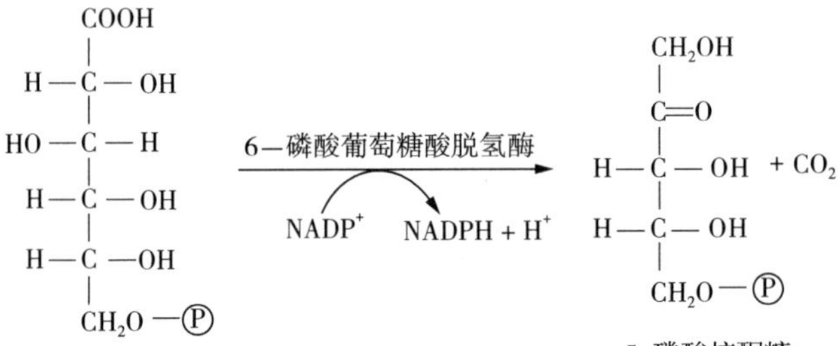

6-磷酸葡萄糖酸　　　　　　　　　　　　　5-磷酸核酮糖

(二)非氧化阶段

(1)5-磷酸核酮糖由磷酸核糖异构酶(phosphoribose isomerase)催化,同分异构化生成 5 磷酸核糖。

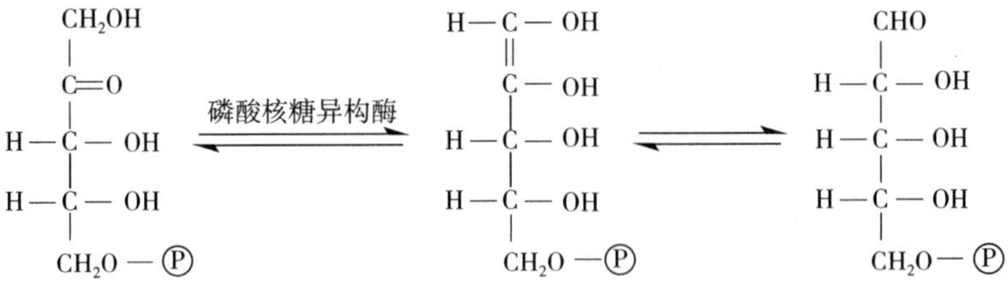

5-磷酸核酮糖　　　　　　　　烯二醇中间物　　　　　　　5-磷酸核糖

(2)5-磷酸核酮糖由磷酸戊糖差向异构酶(phosphoketopentose epimerase)催化,转化生成 5-磷酸木酮糖。

$$
\begin{array}{c}
CH_2OH \\
| \\
C=O \\
| \\
H-C-OH \\
| \\
H-C-OH \\
| \\
CH_2O-\textcircled{P}
\end{array}
\quad \underset{磷酸戊糖差向异构酶}{\rightleftarrows} \quad
\begin{array}{c}
CH_2OH \\
| \\
C=O \\
| \\
HO-C-H \\
| \\
H-C-OH \\
| \\
CH_2O-\textcircled{P}
\end{array}
$$

5-磷酸核酮糖　　　　　　　　　　　　　　5-磷酸木酮糖

　　（3）5-磷酸木酮糖由转酮酶（transketolase）催化,将二碳单位转给5-磷酸核糖形成3-磷酸甘油醛和7-磷酸景天庚酮糖。这是一个转酮反应,转酮酶将酮糖上的二碳单位转移到醛糖的1号位碳上。反应要求酮糖供体的碳3位具有L构型,所形成的酮糖也有一样的构型。

$$
\begin{array}{c}
\boxed{\begin{array}{c}CH_2OH \\ | \\ C=O\end{array}} \\
| \\
HO-C-H \\
| \\
H-C-OH \\
| \\
CH_2O-\textcircled{P}
\end{array}
+
\begin{array}{c}
CHO \\
| \\
H-C-OH \\
| \\
H-C-OH \\
| \\
H-C-OH \\
| \\
CH_2O-\textcircled{P}
\end{array}
\underset{转酮酶}{\rightleftarrows}
\begin{array}{c}
CHO \\
| \\
H-C-OH \\
| \\
CH_2O-\textcircled{P}
\end{array}
+
\begin{array}{c}
\boxed{\begin{array}{c}CH_2OH \\ | \\ C=O\end{array}} \\
| \\
HO-C-H \\
| \\
H-C-OH \\
| \\
H-C-OH \\
| \\
CH_2O-\textcircled{P}
\end{array}
$$

5-磷酸木酮糖　　　　5-磷酸核糖　　　　　3-磷酸甘油醛　　　7-磷酸景天庚酮糖

　　（4）7-磷酸景天庚酮糖由转醛酶（transaldolase）催化,将三碳单位转给3-磷酸甘油醛生成6-磷酸果糖和4-磷酸赤藓糖。这是一个转醛反应,转醛酶将酮糖上的三碳单位转到另一个醛糖的1号位碳上。

$$
\begin{array}{c}
\boxed{\begin{array}{c}CH_2OH \\ | \\ C=O \\ | \\ HO-C-H\end{array}} \\
| \\
H-C-OH \\
| \\
H-C-OH \\
| \\
H-C-OH \\
| \\
CH_2O-\textcircled{P}
\end{array}
+
\begin{array}{c}
CHO \\
| \\
H-C-OH \\
| \\
CH_2O-\textcircled{P}
\end{array}
\underset{转醛酶}{\rightleftarrows}
\begin{array}{c}
CHO \\
| \\
H-C-OH \\
| \\
H-C-OH \\
| \\
CH_2O-\textcircled{P}
\end{array}
+
\begin{array}{c}
\boxed{\begin{array}{c}CH_2OH \\ | \\ C=O \\ | \\ HO-C-H\end{array}} \\
| \\
H-C-OH \\
| \\
H-C-OH \\
| \\
CH_2O-\textcircled{P}
\end{array}
$$

7-磷酸景天庚酮糖　　　3-磷酸甘油醛　　　　4-磷酸赤藓糖　　　6-磷酸果糖

(5)5 -磷酸木酮糖和 4 -磷酸赤藓糖由转酮酶(transketolase)催化,经转酮反应生成 6 -磷酸果糖和 3 -磷酸甘油醛。

5-磷酸木酮糖   4-磷酸赤藓糖   3-磷酸甘油醛   6-磷酸果糖

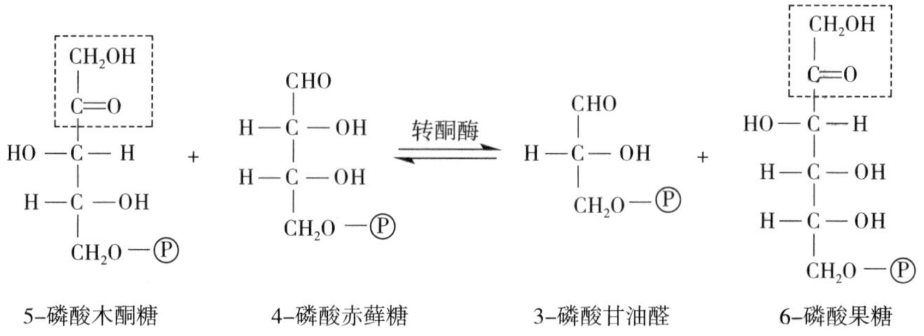

磷酸戊糖通过一系列的转酮反应及转醛反应,生成糖酵解途径的中间产物 6 -磷酸果糖和 3 -磷酸甘油醛。其中的 6 -磷酸果糖由磷酸葡萄糖异构酶(phosphoglucose isomerase)催化,再同分异构化转变为 6 -磷酸葡萄糖。而 3 -磷酸甘油醛可以异构化变为磷酸二羟丙酮,两者再通过醛缩酶(aldolase)的催化,合成 1,6 -磷酸果糖,经 6 -磷酸果糖而生成 6 -磷酸葡萄糖。

全部的反应可用如下的总反应式表示:

$$6 \text{ 分子 } 6\text{-磷酸葡萄糖} + 12NADP^+ \longrightarrow$$

$$6CO_2 + 5 \text{ 分子 } 6\text{-磷酸葡萄糖} + 12NADPH + 12H^+$$

二、磷酸戊糖途径的能量衡算与生物学意义

(一)磷酸戊糖途径的能量衡算

生物体主要通过糖酵解、三羧酸循环等过程来提供能量。而磷酸戊糖途径主要是产生 NADPH,为生物合成提供还原力。但在某些情况下,上述过程受阻,则磷酸戊糖途径也可成为体内的主要供能形式。

磷酸戊糖途径全过程如图 8 -16 所示。图中 3 分子 6 -磷酸葡萄糖,通过磷酸戊糖途径可产生 3 分子 CO_2 和 1 分子 3 -磷酸甘油醛,另有 2 分子 6 -磷酸葡萄糖重新形成。这就相当于 1 分子六碳的 6 -磷酸葡萄糖通过一次磷酸戊糖途径,不完全降解生成 3 分子 CO_2 和 1 分子三碳的 3 -磷酸甘油醛,过程中又生成了 6 分子的NADPH,可产生 15 个 ATP。

如果是 6 分子 6 -磷酸葡萄糖,通过磷酸戊糖途径可产生 6 分子 CO_2 和 2 分子3 -磷酸甘油醛,另有 4 分子 6 -磷酸葡萄糖重新形成。1 分子 3 -磷酸甘油醛可异构化为磷酸二羟丙酮,而和另一分子 3 -磷酸甘油醛缩合成 1,6 -磷酸果糖,经 6 -磷酸果糖又生成 1 分子 6 -磷酸葡萄糖。这样就有 5 分子的 6 -磷酸葡萄糖重新形

成。其总结果是,1 分子六碳的 6-磷酸葡萄糖通过两次磷酸戊糖途径,完全降解生成 6 分子 CO_2,过程中生成了 12 分子的 NADPH,可产生 30 个 ATP。

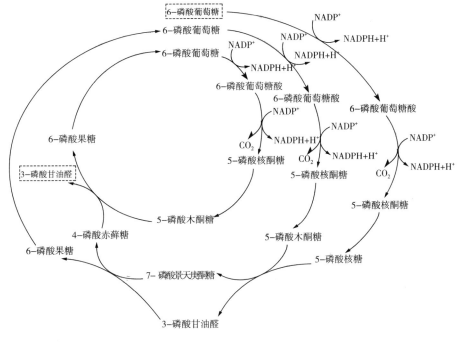

图 8-16　磷酸戊糖途径

(二)磷酸戊糖途径的生物学意义

(1)磷酸戊糖途径产生 NADPH,为生物合成提供重要的还原力,如脂肪酸、固醇类等物质的合成。

(2)磷酸戊糖途径为各种单糖的相互转变提供条件。磷酸戊糖途径中会生成三碳糖、四碳糖、五碳糖、六碳糖和七碳糖,产生的磷酸戊糖可以参加核酸代谢,也可以用以构成很多重要的生物活性分子,如 ATP、CoA、FAD、NAD^+ 等。

(3)必要时供应能量。

(4)磷酸戊糖途径将组织内糖的有氧分解和无氧分解紧密地联系起来。

三、磷酸戊糖途径的调节

磷酸戊糖途径的第一步是 6-磷酸葡萄糖在 6-磷酸葡萄糖脱氢酶催化下,脱氢生成 6-磷酸葡萄糖酸内酯。这是一步不可逆反应,是限速步骤,是磷酸戊糖途径的重要调控点。6-磷酸葡萄糖脱氢酶是磷酸戊糖途径的限速酶。$NAD P^+$ 是该酶的别构激活剂,$NADP^+$/NADPH 的比值决定了 6-磷酸葡萄糖能否进入磷酸戊糖途径。

磷酸戊糖途径和糖酵解途径可以通过重要的中间代谢物,紧密地联系在一起。

6-磷酸葡萄糖的去路,可以受到机体对 NADPH、5-磷酸核糖和 ATP 不同需要的调节。其一,当细胞中生物合成旺盛时(如脂肪酸的合成),需要大量的还原力,6-磷酸葡萄糖进入磷酸戊糖途径产生大量的 NADPH。其二,当细胞分裂时,大量合成核酸物质。机体对 5-磷酸核糖的需求远远超过对 NADPH 的需求。6-磷酸葡萄糖进入糖酵解途径,产生大量的 6-磷酸果糖和 3-磷酸甘油醛。再由转酮酶和转醛酶将 2 分子 6-磷酸果糖和 1 分子 3-磷酸甘油醛通过磷酸戊糖途径逆反应生成 3 分子 5-磷酸核糖。

第六节 糖异生作用

一、糖异生作用的概念

葡萄糖是生物体中重要的能量物质,在新陈代谢中占有中心位置。人体中有些器官和组织如人脑、红细胞、神经系统及肾上腺髓质等以葡萄糖作为唯一的或主要的燃料,对葡萄糖有高度的依赖性。在正常情况下,葡萄糖的量是足够的,但是如果机体处在饥饿状态下,则必须从非糖物质合成葡萄糖,以补充体内糖供应的不足。这种从非糖物质合成葡萄糖的过程即为葡萄糖的异生作用(gluconeogenesis)。

二、糖异生作用的生化过程

葡萄糖可由丙酮酸来合成,但糖异生的途径不是糖酵解途径简单的逆转。从丙酮酸到葡萄糖的代谢中有七步是和糖酵解共同的可逆反应,只有三步是不可逆步骤。葡萄糖的异生作用必须克服从丙酮酸到葡萄糖的三个不可逆反应中的能量障碍,由区别于糖酵解的另外一些酶来催化这三步不同的步骤。

(一)由丙酮酸转变成磷酸烯醇式丙酮酸

糖酵解最后一步是磷酸烯醇式丙酮酸生成丙酮酸并产生 ATP,这是一个放能的不可逆反应。所以当糖异生的时候,由丙酮酸逆向生成磷酸烯醇式丙酮酸必须绕过能障。

1. 丙酮酸生成草酰乙酸

丙酮酸由丙酮酸羧化酶(pyruvate carboxylase)催化生成草酰乙酸。但丙酮酸羧化酶存在于线粒体中,所以细胞液中的丙酮酸要经过线粒体膜中的载体,进入线粒体后才能羧化成草酰乙酸。丙酮酸羧化酶需要生物素为辅酶,在 ATP 供能情况下催化此反应。

$$丙酮酸 + HCO_3^- + ATP \longrightarrow 草酰乙酸 + ADP + Pi$$

丙酮酸羧化酶是别构调节酶,乙酰 CoA 和 ATP 对此酶有激活作用。丙酮酸羧化酶还催化三羧酸循环的回补反应。草酰乙酸既是糖异生途径又是三羧酸循环的中间代谢物,丙酮酸羧化酶同时关联着三羧酸循环和糖异生作用。若细胞内 ATP 含量高则三羧酸循环速度降低,糖异生作用加强。

2. 草酰乙酸转变成苹果酸

草酰乙酸是在线粒体中,而它又必须离开线粒体才能进一步转变为磷酸烯醇式丙酮酸。草酰乙酸本身不能透过线粒体膜,需要转变成苹果酸,通过二羧酸转运系统才能离开线粒体。这步反应由线粒体中的苹果酸脱氢酶催化草酰乙酸形成苹果酸,再在细胞质中进一步氧化恢复成草酰乙酸。

$$草酰乙酸 + NADH + H^+ \rightleftharpoons 苹果酸 + NAD^+$$

3. 细胞质中的苹果酸再氧化生成草酰乙酸

从线粒体转运出来的苹果酸,又被细胞质中的苹果酸脱氢酶再氧化形成草酰乙酸。

$$苹果酸 + NAD^+ \rightleftharpoons 草酰乙酸 + NADH + H^+$$

4. 草酰乙酸生成磷酸烯醇式丙酮酸

磷酸烯醇式丙酮酸羧激酶(phosphoenolpyruvate carboxykinase)催化草酰乙酸形成磷酸烯醇式丙酮酸,反应需 GTP 提供能量。

$$草酰乙酸 + GTP \rightleftharpoons 磷酸烯醇式丙酮酸 + GDP + CO_2$$

从丙酮酸生成磷酸烯醇式丙酮酸的反应式为:

$$丙酮酸 + ATP + GTP \longrightarrow 磷酸烯醇式丙酮酸 + ADP + GDP + Pi$$

(二)果糖-1,6-二磷酸转变成果糖-6-磷酸

磷酸烯醇式丙酮酸沿糖酵解途径中的可逆反应,逆向转变到果糖-1,6-二磷酸,再由细胞质中果糖二磷酸酶(fructose bisphosphatase)的催化使果糖-1,6-二磷酸的磷酸酯水解生成果糖-6-磷酸。这是糖异生作用的关键反应。果糖二磷酸酶是一个别构调节酶,ATP、柠檬酸和甘油酸-3-磷酸是其激活剂,而其抑制剂 AMP、果糖-2,6-二磷酸强烈抑制该酶的活性。

$$果糖-1,6-二磷酸 + H_2O \longrightarrow 果糖-6-磷酸 + Pi$$

(三)葡萄糖-6-磷酸转变成葡萄糖

果糖-6-磷酸沿糖酵解途径中的可逆反应,逆向转变到葡萄糖-6-磷酸,再由葡萄糖-6-磷酸酶(glucose-6-phosphatase)催化水解成葡萄糖。

$$葡萄糖-6-磷酸 + H_2O \longrightarrow 葡萄糖 + Pi$$

葡萄糖异生作用的总反应式为：

$$2\text{丙酮酸}+4\text{ATP}+2\text{GTP}+2\text{NADH}+2\text{H}^+ +4\text{H}_2\text{O} \longrightarrow$$

$$\text{葡萄糖}+4\text{ADP}+2\text{GDP}+2\text{NAD}^+ +6\text{Pi}$$

葡萄糖的异生作用和葡萄糖酵解是两条相反的途径，两个过程如图 8-17 所示。

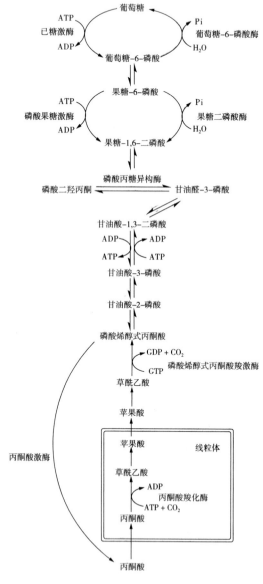

图 8-17　糖异生与糖酵解的比较

三、非糖物质进入糖异生作用

非糖物质包括乳酸、丙酮酸、甘油、草酰乙酸、乙酰CoA以及生糖氨基酸(如丙氨酸)等,这些物质均可各自通过不同途径进入糖异生作用。

四、糖异生作用的生物学意义

(一)保证血糖浓度的相对恒定

糖异生作用是一个十分重要的生物合成葡萄糖的途径。糖异生主要发生在肝脏中,肾上腺皮质中也有,脑和肌肉中很少。脑和红细胞是以葡萄糖为主要燃料的,成人每天约需120g葡萄糖用于脑代谢。而糖原贮存量仅数百克,贮糖量最多的肌糖原仅供本身氧化供能,若只用肝糖原的贮存量来维持血糖浓度最多不超过12小时。所以葡萄糖异生作用最主要的生理意义是补充糖供应的不足,维持血糖浓度的相对恒定,保障脑、红细胞等组织器官的正常功能。

(二)与乳酸作用密切

剧烈运动的肌肉组织经无氧呼吸,葡萄糖产生了大量的乳酸。乳酸可以穿过细胞膜由血液运送至肝脏,再次氧化成丙酮酸而参加糖异生变成葡萄糖。葡萄糖又可以进入血液而运输到肌肉中,参与下一次的生物氧化放能,这一过程称Cori循环(图8-18)。Cori循环既有糖酵解,又包含了糖异生的过程。糖异生需消耗6分子的高能键,但每分子葡萄糖在肌肉中酵解只产生2分子ATP,所以这个循环要耗费大量的能量。但Cori循环可以避免乳酸堆积引起的酸中毒,而且对于动物的快速捕食和逃避敌害具有十分重要的意义。

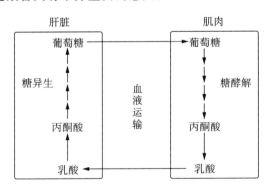

图8-18　Cori循环

(三)协助氨基酸代谢

在禁食晚期等情况下,由于组织蛋白质分解,血液中氨基酸增多,氨基酸转变成糖,糖的异生作用增强。另外,仅仅吃蛋白质类的食物,也会促进氨基酸转化为糖,肝糖原的含量增加。

(四)促进肾小管泌氨的作用

禁食会导致肾脏的糖异生作用增强。当肾脏中 α-酮戊二酸经草酰乙酸而进入糖异生后,可促进谷氨酰胺脱氨生成谷氨酸,谷氨酸再脱氨形成 α-酮戊二酸。肾小管细胞将 NH_3 分泌出来,和原尿中 H^+ 结合,降低了原尿的酸度,有利于进行排氢保钠作用,这对于防止酸中毒有重要的作用。

五、糖异生作用的调节

(一)丙酮酸羧化酶的调节

丙酮酸到磷酸烯醇式丙酮酸的相互转化,在糖异生中主要是由丙酮酸羧化酶调节,在酵解中是被丙酮酸激酶调节。ADP 抑制丙酮酸羧化酶。乙酰 CoA 刺激丙酮酸羧化酶活性,促进糖异生。这表明,当机体中能量充足,或供生物合成的中间代谢物充足时,糖异生途径的酶激活,而酵解途径酶受抑制,使糖异生作用加速,糖酵解减慢;当细胞中能荷减少,则糖酵解加速,糖异生作用减慢。

(二)果糖-1,6-二磷酸酶的调节

AMP 别构抑制果糖-1,6-二磷酸酶的活性,从而抑制糖异生作用。柠檬酸激活果糖-1,6-二磷酸酶的活性,使糖异生作用加速进行。

(三)激素对糖异生作用的调节

当机体处于饥饿状态时,血糖浓度低,胰高血糖素分泌加强,激活 cAMP 级联反应而导致丙酮酸激酶磷酸化失去活性;同时胰高血糖素引起的 cAMP 级联反应会降低果糖-2,6-二磷酸的浓度,这都造成糖酵解减弱,糖异生加强。而饱食时,机体血糖水平提高,胰岛素分泌加强,其作用和胰高血糖素作用正相反,升高果糖-2,6-二磷酸的浓度,促进糖酵解,减弱糖异生。

第七节　蔗糖和多糖的生物合成

一、光合作用

光合作用是糖合成代谢的主要途径。绿色植物、光合细菌或藻类等将光能转变成化学能的过程,即利用光能,由 CO_2 和 H_2O 合成糖类化合物并释放出氧气的过程,称为光合作用。光合作用的总反应式表示如下:

$$6CO_2 + 12H_2O \xrightarrow{\text{叶绿体}+h\nu} C_6H_{12}O_6 + 6O_2 + 6H_2O$$

糖类化合物是人、动物和大多数细菌所利用的最重要能源。所以,从根本上

讲,太阳能是地球上所有代谢能量的最基本来源。光合作用是生物界规模最大的生物化学过程。

(一)叶绿体及光合色素

1. 叶绿体

植物的绿色部分含有叶绿体,叶绿体内含有叶绿素等光合色素,是绿色植物进行光合作用的场所。

叶绿体由外膜和内膜组成,内外膜之间有间隙。膜内为基质,包含有许多可溶性酶,是进行暗反应的场所。基质内还分布着具有膜结构特点的片层状类囊体。类囊体含有大量可进行光反应的光合色素(图 8-19)。

光合细菌无叶绿体,它们的光合色素存在于类似的片层结构中。

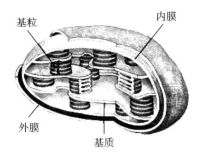

图 8-19　叶绿体的亚显微结构示意图

2. 叶绿素

绿色植物叶绿体中接受光能的主要组分是叶绿素,包括叶绿素 a 和叶绿素 b。其他的光合色素是类胡萝卜素等,光合细菌和藻类中还含有叶绿素 c 和藻胆色素等。

叶绿素是一类含镁的卟啉衍生物,带羧基的侧链与一个含有 20 个碳的植醇形成酯。叶绿素 a 与 b 之间的差别在于吡咯环上的一个基团不同(图 8-20)。

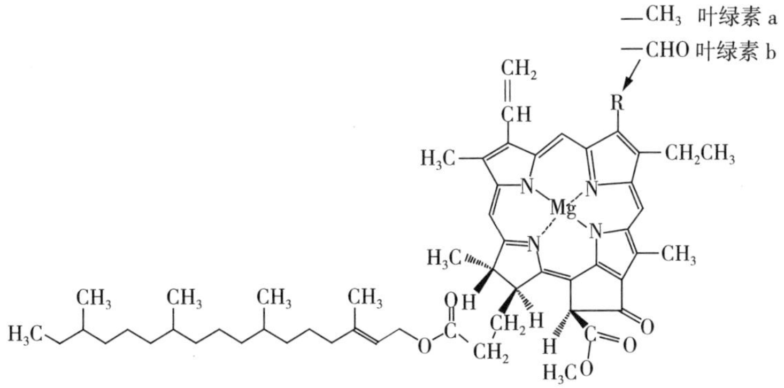

图 8-20　叶绿素的分子结构

叶绿素不溶于水,能溶于有机溶剂。叶绿素分子是一个大的共轭体系,在可见光区有很强的吸收。不同的叶绿素分子,它们的特征吸收也不相同:叶绿素 a 为680nm,叶绿素 b 为 460nm。

3. 类胡萝卜素

类胡萝卜素包括胡萝卜素和叶黄素等。胡萝卜素是一个含有 11 个共轭双键的化合物,有多个异构体,常见的是 β-胡萝卜素。叶黄素是 β-胡萝卜素衍生的二元醇。它们的结构如下(图 8-21、图 8-22):

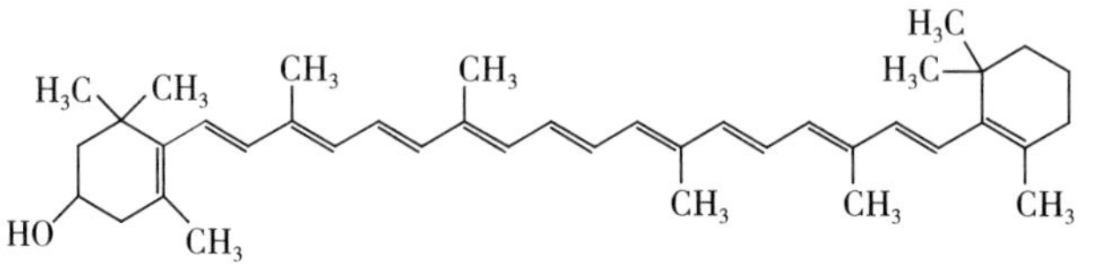

图 8-21 β-胡萝卜素的分子结构

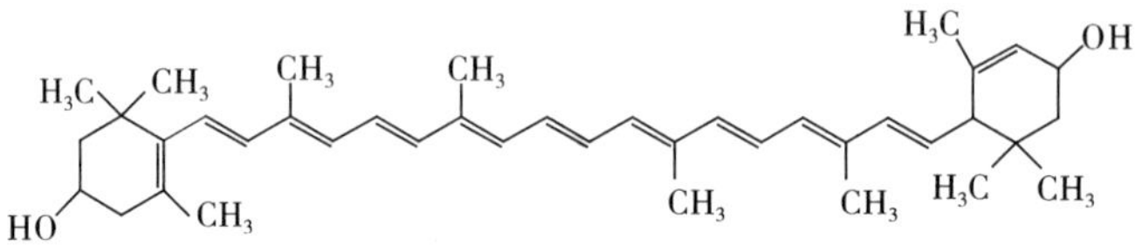

图 8-22 叶黄素的分子结构

(二)光合作用机制

绿色植物的光合作用由光反应和暗反应组成。光反应是光能转变成化学能的反应,即植物的叶绿素吸收光能进行光化学反应,使水分子活化分裂出 O_2、H^+ 和释放出电子,并产生 NADPH 和 ATP。暗反应为酶促反应,由光反应产生的NADPH 在 ATP 供给能量情况下,使 CO_2 还原成简单糖类。

1. 光反应

(1)光反应系统

光反应过程由叶绿体的两种光合系统,即光系统 I(PS I)和光系统 II(PS II)共同完成。PS I 和 PS II 又被称为光反应中心。所有放氧的光合细胞中,叶绿体的类囊体膜中都包含有 PS I 和 PS II。

①光系统 I:PS I 是一个跨膜复合物,由 13 条多肽链及 200 个叶绿素、50 个类胡萝卜素以及细胞色素 f、质体蓝素(简写为 PC)和铁氧还蛋白(简写为 FD)等组成。PS I 的反应中心含有 130 个叶绿素 a,它的最大吸收波长为 700nm,所以又称为 P_{700}(P 指色素,700 是最大吸收波长,单位为 nm)。

PS I 在波长为 700nm 的光照下被激活,产生一种强还原剂和一种弱氧化剂。强还原剂在铁氧还蛋白作用下,生成 NADPH,是暗反应的主要还原剂。PS I 产生的弱氧化剂和 PS Ⅱ产生的弱还原剂作用合成 ATP(图 8-23)。

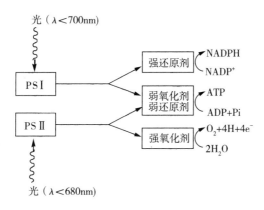

图 8-23 PSⅠ和 PSⅡ在光合作用中的作用和相互关系

②光系统Ⅱ:PSⅡ包括一个能够捕获光能的复合体、一个反应中心及一个产生氧的复合体。

捕获光能的复合体是由大约 200 个叶绿素分子、50 个类胡萝卜素分子以及 12 条多肽链等组成的跨膜复合物。光能首先被该系统的色素分子所吸收,所以常称为天线色素。

反应中心含有 50 个叶绿素 a,以及质体醌等电子供体和受体。由天线色素分子吸收的光能以激发能形式转移入反应中心,并产生一种强氧化剂和一种弱还原剂。由于反应中心在波长 680nm 处有最大吸收,又称为 P_{680}。

产生氧的复合体含有能够促进水裂解的蛋白(含有 Mn^{2+})等。反应中心产生的强氧化剂在水裂解酶催化下,将水裂解成氧和电子。这种高能电子是推动暗反应的动力。

(2)光反应的电子传递链(光合链)

光反应中心的色素分子 P 吸收一个光子,即形成激发态 P^*。激发态 P^* 的电子具有很高的能量,是良好的电子供体,因此 P^* 是一个强还原剂。而失去了电子的 P^+ 则是一个好的电子受体,是一个强氧化剂。从 P^* 释放出来的高能电子将沿着类囊体膜中的电子传递链传递。这一个过程相当复杂,涉及两个光反应系统。光合链反应过程可分为两个阶段(图 8-24)。

第一阶段:在光照下,PSⅡ的反应中心 P_{680} 被激发,形成 P_{680}^*。P_{680}^* 将电子传递给脱镁叶绿素(简写为 Ph,为 Mg 被 H 取代的叶绿素 a),然后再传递给质体醌,本身则变成带一个正电荷的自由基 P_{680}^+。

P_{680}^+ 是强氧化剂,通过中间体 Z 从 H_2O 获得电子。其结果是将电子从 H_2O 传递到质体醌。H_2O 和质体醌的标准氧化还原电势分别为 0.82V 和 0.1V,它们之间的电势差为+0.72V。电子所以能逆电势传递,是由于 P_{680} 的电子在光照激发下,具有-1.82V 的电势,足够克服+0.72V 的能垒。在水裂解过程中,含 Mn^{2+} 的蛋白具有重要作用。

质体醌(简写为 PQ)与泛醌相似,在光合链中起着电子传递中间体的作用。

电子从 Ph 传递到 PQ,需要经过两个中间受体 PQ_A 和 PQ_B,他们是两种 PQ 结合蛋白质。

还原型的 PQH_2 将电子传递给细胞色素 bf。细胞色素 bf 是由细胞色素 b 和 f 以及 Fe-S 蛋白等组成的复合物,起质子泵的作用,即在细胞色素 bf 将电子传递给质体蓝素(PC)过程中,将质子泵入类囊体膜内。

$$PQH_2 + 2PC(Cu^{2+}) \longrightarrow PQ + 2PC(Cu^+) + 2H^+$$

质体蓝素是一个水溶性蛋白,它的氧化还原中心含有 Cu^{2+}。

第二阶段:PS I 经光照形成激发态 P_{700}^*。P_{700}^* 释放出一个电子变成 P_{700}^+。它是一个弱氧化剂,可以从还原型的质体蓝素(Cu^{2+})中获得电子。

P_{700}^* 释放出的电子由一个受体 A_0 接受。A_0^- 是强还原剂,标准氧化还原电势为-1.1V。高能电子从 A_0^- 传递到 A_1,再经 Fe-S 至铁氧还蛋白(Fd)。Fd 是一种水溶性蛋白,含有一个 Fe_2S_2 中心。电子从 Fd 通过 $Fd-NADP^+$ 还原酶传递至 $NADP^+$。$Fd-NADP^+$ 还原酶的辅基是 FAD,所以此酶可简写为 Fp。

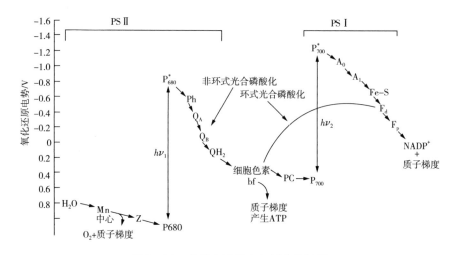

图 8-24 光反应过程中电子传递过程

(3)光合磷酸化

通过光激发导致电子传递与磷酸化作用相偶联合成 ATP 的过程,称为光合磷酸化。按照光合链电子传递的方式,光合磷酸化可以分为两种形式。

① 非环式光合磷酸化:在光照条件下,水分子光裂解产生的电子,经 P_{680} 将电子传递到 $NADP^+$,电子流动经过两个光系统,两次被激发生成高能电子(图 8 - 24)。电子传递过程中产生的质子梯度,驱动 ATP 合成,并生成 NADPH。

② 环式光合磷酸化:PS I 作用中心 P_{700} 受光激发释放出的高能电子,在传递到铁氧还蛋白后,不再继续向 $NADP^+$ 传递,而是将电子传回给细胞色素 bf 复合物。然后细胞色素 bf 又将电子通过质体蓝素传递给 P_{700}。电子在此循环流动过程中,产生质子梯度,从而驱动 ATP 的合成。所以这种形式的光合磷酸化称为环式光合磷酸化。环式光合磷酸化只涉及 PS I,并且只生成 ATP 而无 NADPH 生成。这是当植物体内需要 ATP 时选择的电子传递形式。

2. 暗反应

暗反应是指由光反应产生的 NADPH 在 ATP 供给能量情况下,将 CO_2 还原成糖的反应过程。这是一个酶催化的反应过程,不需要光参加,所以称为暗反应。

大多数植物的暗反应中,还原 CO_2 的第一个产物是三碳化合物(甘油酸-3-磷酸),所以这种途径称为 C_3 途径。有些植物,如甘蔗和玉米等高产作物,其暗反应还原 CO_2 的产物是四碳化合物(草酰乙酸等),所以称为 C_4 途径。

(1)C_3 途径

C_3 途径的反应以循环形式进行,又称为三碳循环。以三碳循环进行合成代谢的植物被称为三碳植物。由于三碳循环是 Calvin 首先提出来的,所以也称为 Calvin 循环。C_3 途径可分为以下几个阶段。

① 甘油酸-3-磷酸的形成

1,5-二磷酸核酮糖与 CO_2 加合生成 2-羧基-3-酮基-1,5-二磷酸核糖中间体,此中间体在二磷酸核酮糖羧化酶作用下,在 C_3 处发生断裂产生 2 分子甘油酸-3-磷酸。

② 甘油酸-3-磷酸生成甘油醛-3-磷酸

此反应包括两个酶促反应,甘油酸-3-磷酸在甘油酸-3-磷酸激酶催化下消耗 1 分子 ATP 生成甘油酸-1,3-二磷酸。甘油酸-1,3-二磷酸在甘油醛-3-磷酸脱氢酶的催化下消耗 1 分子 NADPH 生成甘油醛-3-磷酸。

③ 甘油醛-3-磷酸生成果糖-6-磷酸

甘油醛-3-磷酸在磷酸丙糖异构酶催化下,生成二羟丙酮磷酸,再按糖酵解逆反应途径,生成果糖-6-磷酸。其中 1/6 的 6-磷酸果糖在异构酶和磷酸酯酶的催化下,转化成葡萄糖,5/6 的果糖-6-磷酸则继续参加循环的下一步反应。

④ 果糖-6-磷酸生成磷酸戊糖和磷酸丁糖

果糖-6-磷酸和甘油醛-3-磷酸在转酮酶催化下,发生转酮反应,生成赤藓糖-4-磷酸和木酮糖-5-磷酸。木酮糖-5-磷酸在异构酶催化下,转变成核酮糖-5-

磷酸。

⑤ 景天庚酮糖-7-磷酸的生成

赤藓糖-4-磷酸与二羟丙酮磷酸在醛缩酶催化下缩合生成景天庚酮糖-1,7-二磷酸,后者在磷酸酶作用下水解得到景天庚酮糖-7-磷酸。

⑥ 景天庚酮糖-7-磷酸生成核酮糖-5-磷酸

景天庚酮糖-7-磷酸与甘油醛-3-磷酸通过转酮反应,生成1分子木酮糖-5-磷酸和1分子核糖-5-磷酸。生成的两种磷酸戊糖分别在异构酶作用下转变成核酮糖-5-磷酸。

⑦ 核酮糖-5-磷酸生成核酮糖-1,5-二磷酸

核酮糖-5-磷酸在激酶催化及ATP参与下,生成核酮糖-1,5-二磷酸。

上述所有反应组成了一个循环(图8-25)。每一个循环,1分子的核酮糖二磷酸固定1分子CO_2,生成1分子果糖-6-磷酸,其中5/6分子的果糖-6-磷酸参与再循环,1/6分子的果糖-6-磷酸则转变成葡萄糖。

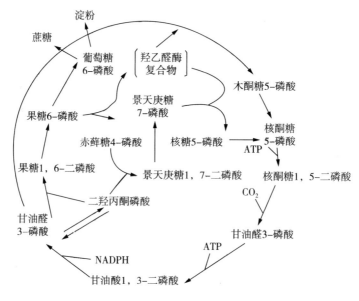

图8-25 卡尔文循环各主要反应示意图

从CO_2的固定到生成一分子葡萄糖共需六个循环,总反应式是:

$$6\,CO_2 + 12H^+ + 18ATP + 12NADPH + 12H_2O \longrightarrow$$

$$C_2H_{12}O_6 + 18ADP + 12NADP^+ + 6H^+$$

上式表明,在三碳循环中,每还原1分子CO_2需要消耗3分子ATP和2分子NADPH。

(2)C_4途径

C_4途径又称四碳循环,是甘蔗和玉米等高光效率植物暗反应机制的途径,因此这类植物被称为四碳植物。

四碳植物的叶片结构中含有维管束鞘细胞和叶肉细胞。这两种细胞分别含有两种叶绿体并进行两类循环:在维管束鞘细胞中的叶绿体,以三碳循环途径固定CO_2,而在叶肉细胞中,则进行四碳循环。四碳循环途径如图 8 - 26 所示。

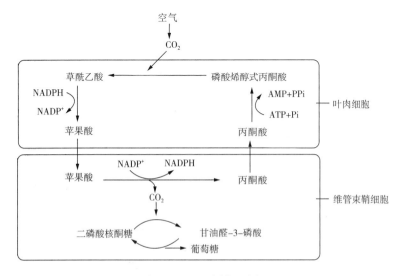

图 8 - 26 四碳循环途径

大气中的CO_2首先在叶肉细胞中与磷酸烯醇式丙酮酸作用,形成草酰乙酸。

$$磷酸烯醇式丙酮酸 + CO_2 + H_2O \xrightarrow{磷酸烯醇式丙酮酸羧化酶} 草酰乙酸 + Pi$$

草酰乙酸被 NADPH 还原成苹果酸。

$$草酰乙酸 + NADPH \xrightarrow{苹果酸脱氢酶} 苹果酸 + NADP^+$$

苹果酸通过细胞胞液中的胞间连丝从叶肉细胞转移到维管束鞘细胞中,并在葡萄酸酶催化下脱羧生成丙酮酸和CO_2。

$$苹果酸 + NADP^+ \xrightarrow{苹果酸酶} 丙酮酸 + CO_2 + NADPH$$

此反应生成的CO_2在维管束鞘细胞中通过与核酮糖-1,5-二磷酸结合进入三碳循环。丙酮酸则经过胞间连丝回到叶肉细胞,在丙酮酸磷酸二激酶作用下,转化成磷酸烯醇式丙酮酸。

$$丙酮酸 + ATP + Pi \xrightarrow{丙酮酸磷酸二激酶} 磷酸烯醇式丙酮酸 + AMP + PPi$$

在四碳循环中,固定 1 分子 CO_2,需要 5 分子 ATP,比三碳循环多了 2 分子 ATP。

四碳循环的意义:四碳植物叶片的叶肉细胞所含的磷酸烯醇式丙酮酸羧化酶具有很高的活性,对 CO_2 有很强的亲和力,使叶肉细胞能够对大气中浓度较稀的 CO_2 进行有效的固定和浓缩,并以苹果酸的形式转移至维管束鞘细胞中作为三碳循环的 CO_2 来源。四碳循环的作用,可以形象地比喻为是以 ATP 为动力的"CO_2 增压泵"。所以,四碳植物利用 CO_2 能力很高,为高产型植物。

二、蔗糖的合成

蔗糖不仅是光合作用重要的产物,而且是糖类在植物体中运输的主要形式。蔗糖是自然界分布最广的一种二糖,在甘蔗、甜菜等植物中含量很高。

蔗糖在植物中主要有两种合成途径:

(一)由蔗糖合成酶催化的合成途径

葡萄糖在己糖激酶的作用下生成 6 -磷酸葡萄糖;再在变位酶的催化下生成 1 -磷酸葡萄糖;UDP -葡萄糖焦磷酸化酶催化 1 -磷酸葡萄糖和 UTP 反应生成尿苷二磷酸葡萄糖(UDPG);最后由蔗糖合成酶催化,以尿苷二磷酸葡萄糖(UDPG)作为葡萄糖供体与果糖结合,合成蔗糖。

$$葡萄糖＋ATP \xrightarrow{己糖激酶} 6 -磷酸葡萄糖＋ADP$$

$$6 -磷酸葡萄糖 \xrightarrow{磷酸葡萄糖变位酶} 1 -磷酸葡萄糖$$

$$1 -磷酸葡萄糖＋UTP \xrightarrow{UDP -葡萄糖焦磷酸化酶} UDPG＋PPi$$

$$UDPG＋果糖 \xrightarrow{蔗糖合成酶} UDP＋蔗糖$$

(二)由蔗糖磷酸合成酶催化的合成途径

该途径也是利用尿苷二磷酸葡萄糖(UDPG)作为葡萄糖供体,由蔗糖磷酸合成酶催化,和 6 -磷酸果糖反应,合成 6 -磷酸蔗糖,再经过专一的磷酸酶水解脱去磷酸形成蔗糖。

$$UDPG＋6 -磷酸果糖 \xrightarrow{蔗糖磷酸合成酶} UDP＋6 -磷酸蔗糖$$

$$6 -磷酸蔗糖＋水 \xrightarrow{蔗糖磷酸酶} 蔗糖＋Pi$$

三、淀粉的合成

淀粉是植物中重要的储存多糖。光合作用所合成的糖,大部分转化为淀粉。

很多高等植物尤其是谷类、豆类、薯类作物中都储存着丰富的淀粉。其合成途径有以下几种：

(一)淀粉磷酸化途径

在动植物和微生物体中广泛存在淀粉磷酸化酶，它催化以下可逆反应：

$$1-磷酸葡萄糖 + \underset{\text{"引物"}}{(葡萄糖)_n} \xrightleftharpoons{\text{淀粉磷酸化酶}} (葡萄糖)_{n+1} + Pi$$

"引物"主要是以 α(1→4)糖苷键形成的葡聚糖化合物，"引物"的功能是作为葡萄糖的受体，转移来的葡萄糖分子结合在"引物"的非还原性末端的葡萄糖残基碳 4 位的羟基上。过去认为淀粉磷酸化途径是植物体内合成淀粉的反应，但是植物细胞内无机磷酸浓度较高，淀粉磷酸化酶催化的可逆反应其实更适合向淀粉分解的方向进行。

(二)淀粉合成酶途径

葡萄糖先在己糖激酶的作用下生成 6-磷酸葡萄糖；再在变位酶的催化下生在 1-磷酸葡萄糖；ADP-葡萄糖焦磷酸化酶催化 1-磷酸葡萄糖和 ATP 反应生成 ADPG 和焦磷酸。

$$1-磷酸葡萄糖 + ATP \xrightleftharpoons{\text{ATP-葡萄糖焦磷酸化酶}} ADPG + PPi$$

由淀粉合成酶催化 ADPG 中的葡萄糖转移到葡聚糖引物上，以 α(1→4)糖苷键连接到引物的非还原性末端，使得淀粉链不断延长。分支酶可以催化 α(1→6)糖苷键的形成，使线型的葡聚糖链变为具有 α(1→6)糖苷键的分支葡聚糖链。

$$ADPG + \underset{\text{"引物"}}{(葡萄糖)_n} \xrightarrow{\text{淀粉合成酶}} (葡萄糖)_{n+1} + ADP$$

(三)D-酶

植物体内淀粉生物合成过程中，"引物"的产生与 D-酶的作用有密切的关系。D-酶是一种糖苷转移酶，作用于 α(1→4)糖苷键上，能将一个麦芽多糖的片段转移到葡萄糖、麦芽糖或其他 α(1→4)糖苷键的多糖上，起加成作用，所以又称为加成酶。

四、糖原的合成

糖原是动物体内储存多糖，分支比支链淀粉还要多，所以是一种极易动员的葡聚多糖。其合成过程如下：己糖激酶催化葡萄糖生成 6-磷酸葡萄糖；再在变位酶的作用下生成 1-磷酸葡萄糖；UDP-葡萄糖焦磷酸化酶催化 1-磷酸葡萄糖和 UTP 反应生成 UDPG；在有糖原作为引物的情况下，糖原合成酶催化 UDPG 提供葡萄糖残基加到引物上。

$$UDPG + (葡萄糖)_n \xrightarrow{\text{糖原合成酶}} (葡萄糖)_{n+1} + UDP$$

"引物"

　　糖原合成酶不能从头开始合成糖原,需要一个至少含 4 个葡萄糖残基的寡糖链的引物。寡糖链的引物是由糖原起始合成酶在一种特殊的糖原蛋白质上合成的。然后再由糖原合成酶以 α(1→4)糖苷键的形式往引物的非还原末端逐个加个葡萄糖残基,使得糖原链得以延长(图 8 - 27)。UDPG 是活跃的葡萄糖残基的供体,由于 UDPG 生成的过程消耗了 UTP,所以糖原合成是一个耗能的过程。

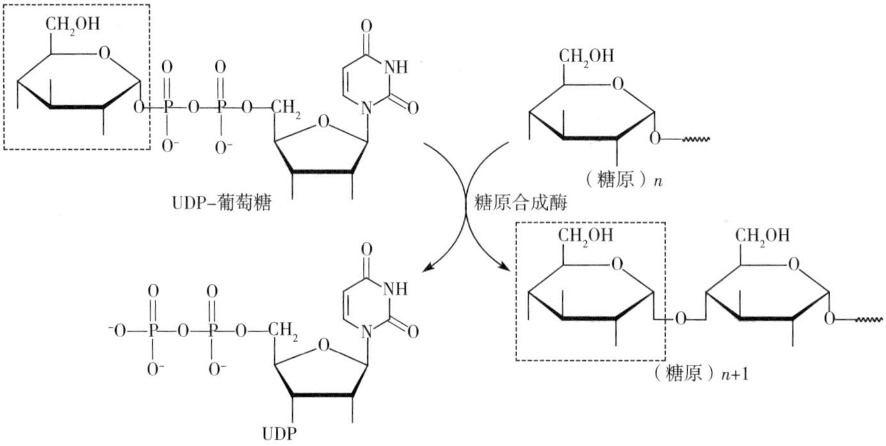

图 8 - 27　葡萄糖残基加到糖原非还原末端

　　分支酶从延伸的葡聚糖链的非还原末端切下一个至少含 6 个葡萄糖残基的寡糖链,再转移到新的分支点葡萄糖基的位置,催化形成 α(1→6)糖苷键(图 8 - 28)。新的分支点至少离最近的分支点 4 个葡萄糖残基。

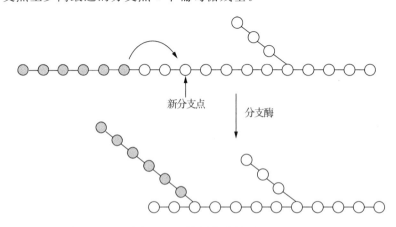

图 8 - 28　糖原分支的过程

五、纤维素的合成

纤维素是植物细胞壁中主要的结构多糖,是由葡萄糖残基以 β(1→4)糖苷键连接组成的不分支的葡聚糖。纤维素的合成与蔗糖、淀粉的合成一样,都是以糖核苷酸作为糖基的供体。不同的植物糖基的供体有所不同,在棉花中是以 UDPG 为糖基的供体,在豌豆、绿豆、玉米等植物中则以 GDPG 作为糖基的供体。催化纤维素中 β(1→4)糖苷键形成的酶为纤维素合成酶,合成时也需要有一个 β(1→4)糖苷键连接的葡聚糖作为"引物"。

$$NDPG + (葡萄糖)_n \xrightarrow{\text{纤维素合成酶}} (葡萄糖)_{n+1} + NDP$$
$$\text{"引物"}$$

六、碳、氢、氧的生物化学循环

碳、氢、氧的生物化学循环包括化学元素的生物固定和生物释放这两个相互对立的转化过程。碳元素是有机物质的骨架,在生物化学循环中起着十分重要的核心作用。在自然界中,化学元素的生物固定是从碳元素开始的。绿色植物和其他自养型生物(包括藻类和少数细菌)利用光能或化学能将二氧化碳和水还原为包含了碳、氢、氧三种化学元素的有机物——碳水化合物,不仅实现了无机态碳至有机态碳的转化,也实现了能量的转化和贮存。碳水化合物可以在细胞内进一步转化并结合氮、磷、硫等其他化学元素,生成构成生物体的各种有机组分。动物等异养型的生物以植物等生物为食,将其中的有机物质再次分解,从中获得生命所需的能量及释放出代谢的废物,即生物释放出各种化学元素。在生物物质的释放中,微生物所分解的数量和程度都远远超过其他生物。它们是自然界生物化学循环的主要推动者。碳、氢、氧的生物化学循环不是独立的,而是相互伴随、交织和影响的,构成各种复杂关系。

第八节　发酵工程及其在环境保护中的应用

一、发酵工程

发酵工程是指采用工程技术手段,利用生物(主要是微生物)和有活性的离体酶的某些功能,为人类生产有用的生物产品,或直接用微生物参与控制某些工业生产过程的一种技术。随着科学技术的进步,发酵技术也有了很大的发展,并且已经进入能够人为控制和改造微生物,使这些微生物为人类生产产品的现代发酵工程阶段。现代发酵工程不仅可用于生产酒精类饮料、醋酸和面包,而且用于生产胰岛素、干扰素、生长激素、抗生素和疫苗等多种医疗保健药物,生产天然杀虫剂、细菌肥料和微生物除草剂等农用生产资料,以及在化学工业上生产氨基酸、香料、生物高分子、酶、维生素和单细胞蛋白等。

二、发酵工程在环境保护中的应用

(一)亚硫酸盐纸浆废液乙醇发酵

亚硫酸盐纸浆废液中含有较多的木质素盐和相当数量的糖类,总固形物含量9%～17%,其中有机物占总固形物的85%～90%。亚硫酸盐纸浆废液中可发酵性糖的来源主要是半纤维素。为了使亚硫酸盐纸浆废液能用于乙醇发酵,必须经过预处理,即通入空气,使有害物质 SO_2 得以挥发,用石灰水等碱性溶液中和废液的酸,pH 调为 5.4～5.5,将中和过程中产生的硫酸钙和亚硫酸钙采用沉降法将其除去。在澄清液中添加氮和磷,然后在发酵罐中加入絮状酵母,并通入空气搅拌,进行乙醇发酵。发酵液流入澄清罐,将沉淀的酵母留在澄清器底部中心,并再回流到发酵罐中,而澄清液送去蒸馏,生产乙醇。

(二)有机垃圾生产乙醇汽油

国内目前生产乙醇主要是以粮食为原料,但随着燃料乙醇作为替代能源需求量的不断攀升,各界有关粮食安全的争论日趋激烈,寻找理想的替代原料成了研究的焦点。

利用有机垃圾进行微生物发酵生产乙醇,不仅可为工业上提供原料,还可用作汽车的能源,发酵余渣还可烘干或者直接作为饲料。这不仅是一种有效的垃圾处理方法,而且可为工农业生产提供一定的能源燃料,是有机垃圾再生利用,开发新能源的一种新途径,比焚烧、填埋等更利于环境卫生和城市生态的改善。有研究表明,有机垃圾经过微生物酶解后,进行厌氧发酵,70～90h 可产生乙醇7～9mL/100g有机垃圾。有机垃圾的微生物发酵生产乙醇时,因受到微生物接种量、酶制剂的酶活力以及 pH 值等因素的影响,所以选择发酵力强、酶活力高的酶制剂是至关重要的。接种量 8%～10% 为好,酶活力越高越好,发酵中 pH5.5～6.5 为宜。

思 考 题

1. 分析糖的分类、单糖的种类。
2. 淀粉、糖原和纤维素的化学组成、结构与性质各有什么异同?
3. 动物均不能消化纤维素,可为什么很多草食动物主要以纤维性食物为生?
4. 复合糖有哪几种,各有什么重要的作用?
5. 乙醇发酵和乳酸发酵有什么不同?

6. 糖酵解过程中哪些反应需要 ATP? 哪些会生成 ATP?

7. 糖酵解如果没有无机磷酸也不能进行,为什么?

8. 糖酵解的终产物丙酮酸进一步分解有哪几种去路?

9. 三羧酸循环中哪几步反应生成 CO_2?

10. 三羧酸循环中哪步反应是唯一一步底物水平磷酸化?

11. 回补反应有什么意义?

12. 乙醛酸循环起什么作用?

13. 磷酸戊糖途径包括哪几个阶段,各有什么反应? 磷酸戊糖途径的意义何在?

14. 比较光合磷酸化和氧化磷酸化的异同点。

15. 糖异生途径是否是糖酵解的逆过程?

16. 糖原是如何合成的,需要哪些重要的酶催化?

拓 展 阅 读

[1] 孔繁祚. 糖化学[M]. 北京:科学出版社,2005.

[2] 蔡孟深,李中军. 糖化学——基础、反应、合成、分离及结构[M]. 北京:化学工业出版社,2008.

[3] 王冬梅,吕淑霞. 生物化学[M]. 北京:科学出版社,2010.

[4] 陈国荣. 糖化学基础[M]. 上海:华东理工大学出版社,2009.

[5] HAMES B D, HOOPER N M. 生物化学[M]. 北京:科学出版社,2003.

第九章　脂代谢

【本章要点】

脂类在生物体参与能量的供应和贮存、组成生物膜等。生物体含有的脂质分为单纯脂、复合脂和衍生脂类。单纯脂包括三酰甘油(脂肪或甘油三酯)。动物的脂肪细胞和植物的脂体在脂肪酶的作用下水解成甘油和脂肪酸。甘油可氧化成磷酸二羟丙酮,参与糖酵解或糖异生。脂肪酸在线粒体基质中进一步氧化生成乙酰CoA,反应中生成的乙酰CoA及脱下的氢可通过三羧酸循环及氧化磷酸化产生能量。

脂肪酸的从头合成是脂肪酸合成的主要途径,饱和脂肪酸的从头合成发生在细胞质中,以乙酰CoA的羧化产物丙二酸单酰CoA为二碳单位的供体,在相关酶的作用下,逐步延长碳链合成脂肪酸。生物体一般先合成软脂酸,线粒体和内质网有脂肪酸的延长体系,可将脂肪酸延长到18～24C。

第一节　生物体内的脂类及其功能

一、生物体内的脂类

脂类是根据溶解性质定义的一类生物分子,在化学组成上变化较大,因此给这类物质的分类造成一定困难。按化学组成脂类分为三类:单纯脂类、复合脂类以及衍生脂类。

(一)单纯脂

单纯脂类是由脂肪酸和醇类所形成的脂,可分为三酰甘油(triacylglycerol,TG)和蜡。

1. 脂肪酸

从动植物和微生物中分离出来的脂肪酸已有数百种,生物体内的大部分脂肪酸都以结合形式存在,少数脂肪酸以游离状态存在于组织和细胞中。脂肪酸(fatty acid,FA)是由一条长的烃链和一个末端的羧基组成的羧酸,多为线性,分支或含环的很少。天然脂肪酸的碳链中,碳原子的数目绝大多数是偶数的。脂肪酸碳骨架长度为 4～36 个碳原子,最常见的为 16 和 18 碳。脂肪酸又分饱和和不饱和两种。烃链不含双键或三键的为饱和脂肪酸(saturated FA),含有一个或多个双键的为不饱和脂肪酸(unsatruated FA)。只含单个双键的脂肪酸称单不饱和脂肪酸(monounsaturated FA);含两个或两个以上双键的称为多不饱和脂肪酸(polyunsaturated FA)。

　　来自动物的脂肪酸结构比较简单,碳骨架(carbon skeleton)为线形,双键数目一般为 1～4 个,少数为 6 个。细菌所含的脂肪酸绝大多数是饱和的,少数为单烯酸。植物中特别是高等植物中的不饱和脂肪酸比饱和脂肪酸丰富,植物脂肪酸除含烯键外,可含炔键、羟基、酮基等。

　　在陆生生物中,脂肪酸的碳原子数目几乎都是偶数。在海洋生物中,存在奇数碳原子的脂肪酸。脂肪酸碳骨架长度为 4～36 个碳原子,最常见的为 16 和 18 碳,如软脂酸、硬脂酸、油酸等。低于 14 碳的脂肪酸主要存在于乳脂中。

　　人及哺乳动物能制造多种脂肪酸,但不能向脂肪酸引入超过 Δ^9 的双键,因而不能合成如亚油酸、亚麻酸、花生四烯酸等,需要从食物中摄取,因此称为必需脂肪酸。

　　脂肪酸碳链的长度及不饱和程度决定了它们物理性质的差异,饱和脂肪酸的碳链长度越长熔点也越高,脂肪酸的不饱和度增加则熔点随之降低。因此不饱和脂肪酸的熔点比相同碳原子数目的饱和脂肪酸要低,饱和脂肪酸在室温下为固态,不饱和脂肪酸则呈液态。

2. 三酰甘油

　　动植物油脂的化学本质是酰基甘油(acylglycerol),主要是三酰甘油或称甘油三酯(triglyceride),若结合的脂肪酸相同,则称为单纯甘油酯,否则,为混合甘油酯。

　　还有少量的二酰甘油和单酰甘油。常温下,植物性酰基甘油多为油(可可脂除外),呈液态;动物性酰基甘油多为脂(鱼油例外),呈固态。

　　三酰甘油也称脂肪,是一分子甘油和三分子脂肪酸结合而成,从构型上可有 L 型和 D 型两种,结构通式为:

$$
\begin{array}{ll}
& \quad\quad\quad O \\
& \quad\quad\quad \| \\
CH_2-O-C-R_1 \\
& \quad\quad\quad O \\
& \quad\quad\quad \| \\
CH\ -O-C-R_2 \\
& \quad\quad\quad O \\
& \quad\quad\quad \| \\
CH_2-O-C-R_3
\end{array}
\qquad
\begin{array}{l}
\quad\quad\quad\quad\quad O \\
\quad\quad\quad\quad\quad \| \\
\quad\quad CH_2-O-C-R_1 \\
\quad O \quad\ | \\
\| \\
R_2-C-O-CH \\
\quad\quad\quad\quad\quad O \\
\quad\quad\quad\quad\quad \| \\
\quad\quad CH_2-O-C-R_3
\end{array}
$$

3. 蜡

蜡(wax)是长链(碳数 16 或 16 以上)脂肪酸和长链一元醇或固醇形成的酯。蜡中的脂肪酸一般为饱和脂肪酸,醇可以是饱和醇或不饱和醇,或是固醇。蜡的分子含一个很弱的极性头(酯基部分)和一个非极性尾,分子量较大,因此蜡不易溶于水。蜡的硬度由烃链的长度决定。动物中的蜡主要存在分泌物中,如蜂蜡、中国虫蜡和羊毛蜡等。植物中的蜡主要是在叶子和果实的角质层中,如巴西棕榈蜡。

(二)复合脂

复合脂(complex lipid,heterolipid)除通常的碳、氢、氧外,还含有氮和磷原子的脂质,即除甘油酯与脂肪酸外,还包括磷脂(甘油磷脂、鞘磷脂)和糖脂(甘油糖脂、鞘磷脂)。

1. 磷脂

磷脂(phospholipid)是指分子除酯外还含有磷酸成分。磷脂根据醇的成分不同分为甘油磷脂和硝磷脂。

(1)甘油磷脂。甘油磷脂是机体含量最多的一类磷脂,除了构成生物膜外,还是胆汁和膜表面活性物质等的成分之一,并参与细胞膜对蛋白质的识别和信号传导。甘油磷脂是两性分子,长链脂酰基是非极性尾部,极性头部指的是磷脂分子中磷酸和与磷酸相连接的其他带电荷基团。磷脂属于两亲脂质,是成膜分子,各种生物膜的骨架主要由磷脂构成的双分子层。

(2)鞘磷脂。鞘磷脂是最简单、动物组织中最丰富的鞘脂,其极性头是磷酰胆碱或磷酰乙醇胺,动物细胞的大多数膜中都有鞘磷脂,某些神经细胞周围的髓鞘含鞘磷脂极丰富。

2. 糖脂

糖脂是指通过糖的半缩醛羟基和脂质以糖苷链相连的化合物。根据脂质的不同,糖脂可分为鞘糖脂、甘油糖脂以及由类固醇衍生的糖脂。甘油糖脂广泛存在于高等植物至绿藻类和细菌类中,叶绿体膜上存在单或双半乳糖苷二甘油脂,发挥着重要功能,结核菌菌体上存在磷酸肌醇低聚甘露糖苷;动物脑中也存在有少量的半乳糖苷二苷油脂。

(三)衍生脂质

衍生脂质指由单纯脂质和复合脂质衍生而来或与之关系密切,但也具有脂质一般性质的物质,主要有取代烃、固醇类、萜和其他脂质。

1. 取代烃

主要是脂肪酸及其碱性盐(皂)和高级醇,少量脂肪醛、脂肪胺和烃。

2. 固醇类也称甾类(steroid)

这类化合物以环戊烷多氢菲为基础,包括固醇、胆酸、强心苷、性激素、肾上腺

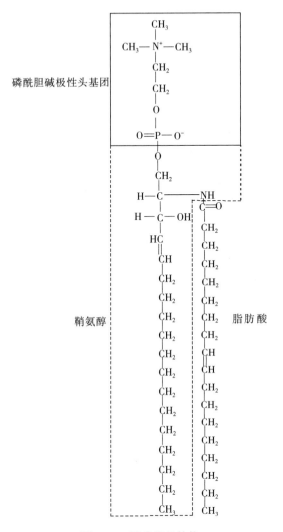

图 9-1　鞘磷脂的结构

皮质激素。

3. 萜（terpene）

分子的碳架可看成是由两个或多个异戊二烯单位，以及一种五碳单位连接而成。萜可分为单萜、双萜和多萜等，植物中的多萜类具有特殊臭味，是从各种植物提取的挥发油的主要成分，如薄荷油中的薄荷醇、樟脑油中的樟脑等。

4. 其他脂质

如维生素 A、D、E、K，脂酰 CoA，类二十碳烷（前列腺素、凝血恶烷和白三稀），脂多糖、脂蛋白等。

二、脂类的功能

脂类的生物学功能有以下几个方面。

(一)氧化供能和贮备能量

脂肪是生物体内重要的供能和储能物质。大多数真核细胞中三酰甘油以微小的油滴存在,脊椎动物有专门的细胞,即脂肪细胞(adipocyte),贮存大量的三酰甘油。许多植物的种子中存在三酰甘油,为种子的发芽提供能量和合成的前体。1g脂肪在体内完全氧化产生 39kJ 的能量,是等量糖和蛋白质的 2.3 倍。此外,蜡是海洋浮游生物体内能量物质的主要储存形式。

(二)脂类是构成生物膜的主要成分

如磷脂和糖脂等形成了特有的脂双层结构。脂双层具有屏障作用,使膜两侧的亲水性物质不能自由通过,这对维持正常的结构和功能非常重要。羽毛、被膜及果实表层蜡质对防水、减少外部感染、防止水分蒸发等均具有重要作用。

(三)脂类的其他生理功能

对动物来讲,脂类是必需脂肪酸和脂溶性维生素的溶剂,也是生物体内较多活性物质的前体。胆固醇是合成胆汁酸、类固醇激素及维生素 D 等重要生理活性物质及其的前体。麦角醇被动物吸收后,在体内经紫外线照射,可转化为维生素 D_2 的前体。还有活性脂质,有的作为酶的辅助因子或激活剂,如磷脂酰丝氨酸作为凝血因子的激活剂,有的作为细胞内的信号物质,例如真核细胞质膜上的磷脂酰肌醇及其磷酸化衍生物是细胞内信使的储存库。

第二节 脂肪的分解代谢

一、脂肪的酶促降解

脂肪是脂肪酸的甘油三酯。催化脂肪分解代谢的酶,称为脂肪酶,该酶广泛存在于动物、植物和微生物中,脂肪酶不仅可以催化脂肪转化为游离的脂肪酸和单酰甘油,还可以催化单酰甘油转化为游离的脂肪酸和甘油。

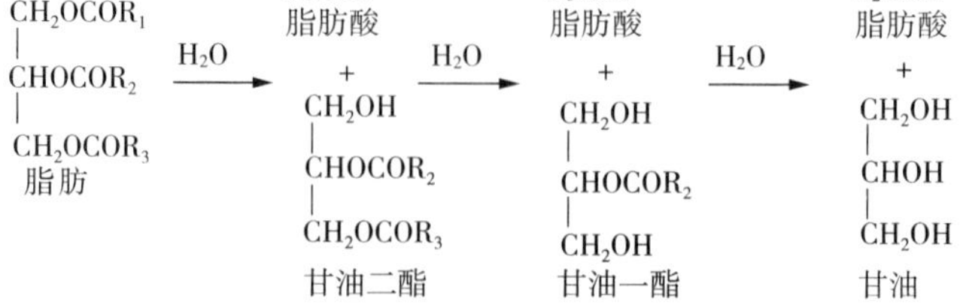

二、甘油的降解与转化

生物体利用脂肪作为供能原料的第一个步骤是水解脂肪生成甘油和脂肪酸。甘油降解发生在肝细胞的细胞质中。

甘油的氧化先经甘油激酶(glycerokinase)催化甘油磷酸化生成甘油-α-磷酸。甘油-α-磷酸氧化生成磷酸二羟丙酮,磷酸二羟丙酮在细胞质中可以作糖酵解的一个中间代谢物,在丙糖磷酸异构酶催化下转化为甘油醛-3-磷酸,甘油醛-3-磷酸,既可以作为糖酵解的中间代谢物,也可以作为糖异生的中间代谢物。

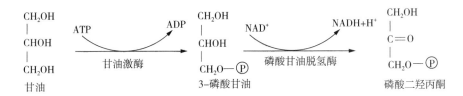

三、饱和脂肪酸的氧化分解

(一)脂肪酸的β-氧化作用

1.β-氧化作用的概念

对于脂肪酸的分解代谢反应机制的探索,自 20 世纪初已开始,Knoop 巧妙地设计出第一个用于生物化学实验的"示踪物"(tracer),这个示踪物就是苯环,当时已经知道动物体缺乏降解苯环的能力。部分苯环化合物仍保持着环的形式排出体外。Knoop 用五种含碳原子数目不同的苯脂酸,即苯甲酸、苯乙酸、苯丙酸、苯丁酸和苯戊酸,饲养动物,收集尿液发现,含奇数碳原子的(苯环碳原子不计),则排出马尿酸;含偶数碳原子的,则排出苯乙尿酸。Knoop 由此推论:脂肪酸氧化每次降解下一个二碳单元的片断,氧化是从羧基端的 β-位碳原子开始的,释放一个乙酸单元。

β-氧化作用是脂肪酸在一系列酶的作用下,在 α 碳原子和 β 碳原子之间断裂,β 碳原子被氧化成羧基,生成含有两个碳原子的乙酰辅酶 A 和较原来少两个碳原子的脂肪酸。

2.β-氧化作用的反应历程

(1)脂肪酸的活化

在动物和一般的植物组织中,脂肪酸的β-氧化作用是在线粒体基质中进行的。脂肪酸β-氧化降解的第一个步骤,是脂肪酸在细胞质内必须被激活成脂酰CoA,该反应由脂酰CoA合成酶(或被称为硫激酶)催化,该酶存在于线粒体的外膜上。反应需要ATP,脂肪酸和辅酶A生成脂酰CoA,生成的脂酰CoA是高能化合物。焦磷酸产物在无机磷酸酶的作用下进一步被水解,因此生成脂酰CoA实际上是消耗了两个高能磷酸键,且该反应不可逆。

(2)脂酰CoA的转运

动植物体内β-氧化的酶分布于线粒体基质中,因此脂肪酸的β-氧化在线粒体内进行,但是脂酰CoA不能自由通过线粒体内膜进入线粒体基质,但是在肉毒碱存在时可以在肉碱脂酰转移酶Ⅰ催化下生成脂酰肉毒碱,脂酰肉碱经肉碱转移酶进入线粒体,在线粒体基质中,脂酰肉碱在肉碱脂酰转移酶Ⅱ的催化下,重新生成脂酰CoA和肉毒碱。

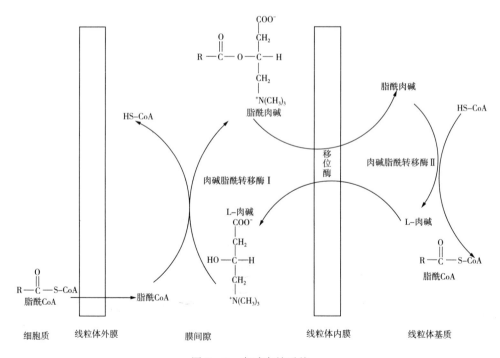

图 9-2　肉碱穿梭系统

(3)β-氧化反应历程

脂酰 CoA 的 β-氧化涉及四个基本的反应:第一次氧化反应、水合反应、第二次氧化反应和硫解反应。

第一步脱氢反应由脂酰 CoA 脱氢酶催化,脂酰 CoA 在 α 和 β 碳原子上各脱去一个氢原子生成 Δ^2-反-烯脂酰 CoA,这一反应需要黄素腺嘌呤二核苷酸(FAD)作为氢的载体,同时生成 $FADH_2$。

第二步 Δ^2-反-烯脂酰 CoA 经水化酶催化,生成 β-羟脂酰 CoA。

第三步脱氢反应是 β-羟脂酰 CoA 脱氢酶及辅因子为 NAD^+ 催化下,在 β-碳上脱两个氢,生成 β-酮脂酰 CoA 和 NADH 及 H^+。

第四步硫解反应是 β-酮脂酰 CoA 经另一分子辅酶 A 的分解,生成一分子乙酰 CoA 和一个比原来少两个碳原子的脂酰 CoA。

通过以上四步反应,脂肪酸的 β 碳由亚甲基(CH_2)的还原型变成了羰基(CO)中的氧化碳,这就是脂肪酸氧化被称作 β-氧化的原因。少两个碳原子的脂酰 CoA 可以再作为底物,进入下一轮的 β-氧化至全部转化为乙酰为止。

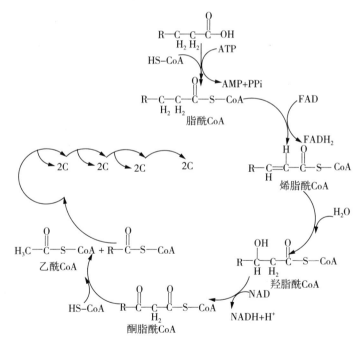

图 9-3　饱和脂肪酸 β-氧化

以 16 碳的软脂酸为例,脂肪酸 β-氧化总反应可表示如下。

$$CH_3(CH_2)_{14}COOH + ATP + 7NAD^+ + 8CoASH + 7FAD + 7H_2O \rightarrow$$

$$8CH_3COSCoA + 7FADH_2 + 7NADH + 7H^+ + AMP + PPi$$

3. β-氧化作用中的产物及能量计算

以软脂酸为例,1 分子软脂酸经过 β-氧化、柠檬酸循环和电子传递氧化磷酸化三个阶段。1 分子软脂酸 CoA 进过 7 次 β-氧化,生成 7 分子 $FADH_2$、7 分子 NADH 及 8 分子乙酰 CoA,则形成 ATP 的总数为:$7×1.5+7×2.5+8×10=108$。还应考虑脂肪酸活化时消耗的两个高能磷酸键,即相当于消耗 2 个 ATP,因此 1 分子软脂酸可产生 106 个 ATP。1 分子 ATP 水解自由能为 $-30.54kJ/mol$,因此软脂酸氧化的能量转化率约为 33%。

(二)脂肪酸的 α-氧化作用

尽管 β-氧化是脂肪酸分解代谢的最重要而且占比例最大的途径,但生物界还存在脂肪酸其他的氧化途径。α-氧化作用是 1956 年由 P. K. Stumpf 首先在植物种子和叶片中发现的,长链脂肪酸 α-氧化的中间产物经还原可生成长链脂肪醇,长链脂肪醇在植物蜡中含量很丰富。后来在动物脑和肝细胞中也发现了脂肪酸的这种氧化作用,但是这种氧化过程与植物体内不同,动物体中长链脂肪酸的 α-碳在加单氧酶的催化下氧化成羟基生成 α-羟脂酸,羟脂酸转变成酮酸,然后氧化脱羧转变为少一个碳原子的脂肪酸。α-氧化作用对于生物体内奇数碳脂肪酸的形成,含甲基的支链脂肪酸的降解,过长的脂肪酸(如 C22、C24)的降解起着重要的作用。哺乳动物将体内绿色蔬菜中植醇降解就是通过这种途径实现的。人体内如缺 α-氧化作用系统,即造成体内植烷酸的积聚,会导致外周神经炎类型的运动失调及视网膜炎症。

(三)脂肪酸的 ω-氧化作用

脂肪酸的 ω-氧化是指脂肪酸的末端(ω-端)甲基发生氧化,先转变成羟甲基,继而再氧化成羧基,从而形成 α,ω-二羧酸的过程。动物体内的十二碳以下的脂肪酸常常通过 ω-氧化途径进行降解;植物体内在 ω-端具有含氧基团(羟基、醛基或羧基)的脂肪酸大多也是通过 ω-氧化作用生成的,这些脂肪酸常常是角质层或细胞壁的组成成分;一些需氧微生物能将烃或脂肪酸迅速降解成水溶性产物,这种降解过程首先要进行 ω-氧化作用,生成二羧基脂肪酸后再通过 β-氧化作用降解,如海洋中的某些浮游细菌能将烃类和脂肪酸迅速降解成可溶性产物,这些微生物对处理海洋中的石油污染具有重大意义。

四、不饱和脂肪酸的氧化分解

生物体内的不饱和脂肪酸一般都只含顺式双键。单不饱和脂肪酸的双键通常位于 C(9)和 C(10)之间,如油酸 β-氧化的前三步与饱和脂肪酸基本一样,当切掉三个二碳单位以后,形成顺式带有双键的 Δ^3 烯脂酰辅酶 A,而脂酰辅酶 A 脱氢酶

的正常底物为反式 Δ^2 烯脂酰辅酶 A,所以需要烯脂酰辅酶 A 异构酶催化双键的异构(顺式-反式异构)。这样 β-氧化作用可以正常地进行。多不饱和脂肪酸也可经 β-氧化而被降解,但它的过程需要两个酶参加。如亚油酸(C18)β-氧化的前三轮正常进行,切掉三个二碳单位以后,生成带有两个顺式双键的烯酸,此时需要烯脂酰辅酶 A 异构酶及烯脂酰辅酶 A 还原酶的催化,使 2,4-二烯脂酰辅酶 A 转变为能够进行 β-氧化的反式-2-脂酰辅酶 A,这样 β-氧化作用可继续进行。因为不饱和脂肪酸所含的氢原子少,氧化产生的 ATP 数目比相同碳原子数的饱和脂肪酸产生的 ATP 少。

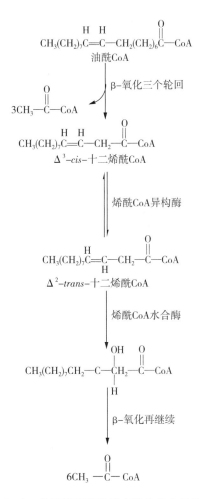

图 9-4 单不饱和脂肪酸在线粒体中的降解

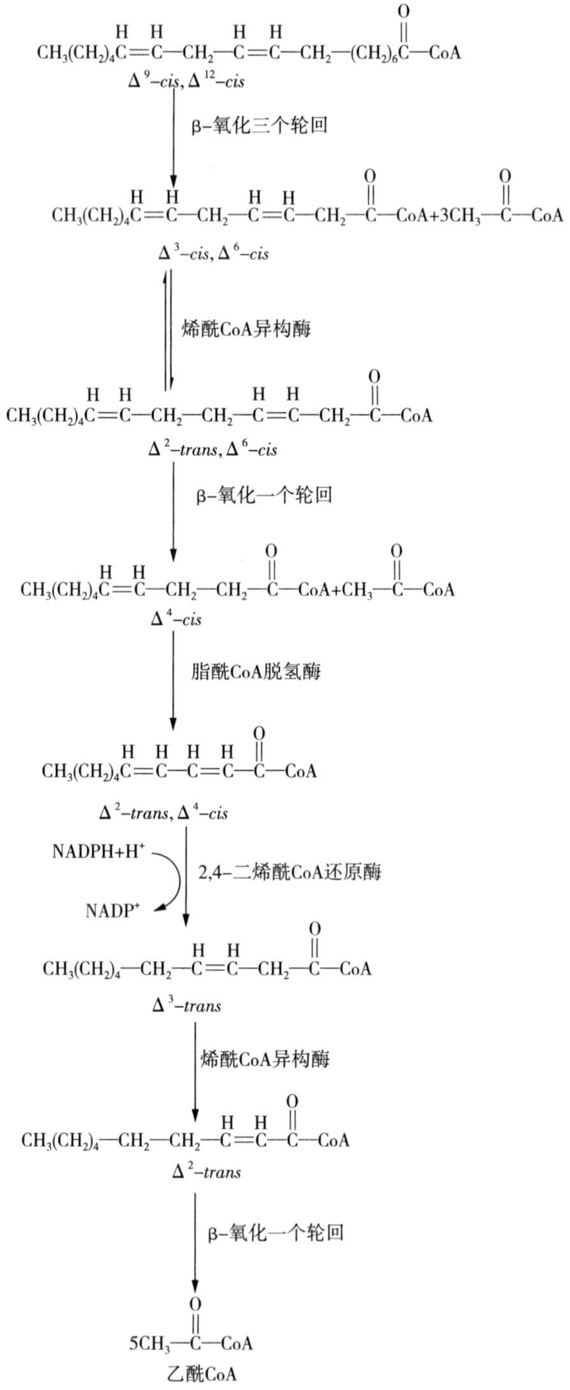

$$CH_3(CH_2)_4\overset{H}{C}=\overset{H}{C}-CH_2-\overset{H}{C}=\overset{H}{C}-CH_2-(CH_2)_6-\overset{\overset{O}{\|}}{C}-CoA$$

$$\Delta^9\text{-}cis, \Delta^{12}\text{-}cis$$

β-氧化三个轮回

$$CH_3(CH_2)_4\overset{H}{C}=\overset{H}{C}-CH_2-\overset{H}{C}=\overset{H}{C}-CH_2-\overset{\overset{O}{\|}}{C}-CoA+3CH_3-\overset{\overset{O}{\|}}{C}-CoA$$

$$\Delta^3\text{-}cis, \Delta^6\text{-}cis$$

烯酰CoA异构酶

$$CH_3(CH_2)_4\overset{H}{C}=\overset{H}{C}-CH_2-CH_2-\overset{H}{C}=\overset{H}{C}-CH_2-\overset{\overset{O}{\|}}{C}-CoA$$

$$\Delta^2\text{-}trans, \Delta^6\text{-}cis$$

β-氧化一个轮回

$$CH_3(CH_2)_4\overset{H}{C}=\overset{H}{C}-CH_2-CH_2-\overset{\overset{O}{\|}}{C}-CoA+CH_3-\overset{\overset{O}{\|}}{C}-CoA$$

$$\Delta^4\text{-}cis$$

脂酰CoA脱氢酶

$$CH_3(CH_2)_4\overset{H}{C}=\overset{H}{C}-\overset{H}{C}=\overset{H}{C}-\overset{\overset{O}{\|}}{C}-CoA$$

$$\Delta^2\text{-}trans, \Delta^4\text{-}cis$$

NADPH+H⁺ ↘
2,4-二烯酰CoA还原酶
NADP⁺ ↗

$$CH_3(CH_2)_4-CH_2-\overset{H}{C}=\overset{H}{C}-CH_2-\overset{\overset{O}{\|}}{C}-CoA$$

$$\Delta^3\text{-}trans$$

烯酰CoA异构酶

$$CH_3(CH_2)_4-CH_2-CH_2-\overset{H}{C}=\overset{H}{C}-\overset{\overset{O}{\|}}{C}-CoA$$

$$\Delta^2\text{-}trans$$

β-氧化一个轮回

$$5CH_3-\overset{\overset{O}{\|}}{C}-CoA$$

乙酰CoA

图 9-5 多不饱和脂肪酸在线粒体中的降解

五、奇数碳原子饱和脂肪酸的氧化

自然界中发现的大多数脂肪酸是偶数碳原子脂肪酸,但在许多植物、海洋生物、石油酵母等生物体内还存在很多奇数脂肪酸,奇数碳链脂肪酸氧化提供的能量相当于它们所需能量的25%。含奇数碳原子的脂肪酸按照偶数碳原子脂肪酸相同的方式进行氧化,但最后一轮硫解反应除了乙酰辅酶A,还有丙酰辅酶A,这种三个碳的酰基辅酶A也是缬氨酸及异亮氨酸的降解产物。丙酰辅酶A在含有生物素辅基的丙酰辅酶A羧化酶、甲基丙二酰辅酶A异构酶、甲基丙二酰辅酶A变位酶的作用下生成琥珀酰辅酶A。产物琥珀酰辅酶A可以进入柠檬酸循环进一步代谢。

六、酮体

(一)酮体的生成

脂肪酸β-氧化所生成的乙酰辅酶A在人及哺乳动物肝外组织中,大部分可迅速通过三羧酸循环氧化成二氧化碳和水,并产生能量,或被某些合成反应所利用,还有一部分乙酰辅酶A在肝脏线粒体中经生酮作用被转化为酮体。具体反应步骤为:两分子乙酰辅酶A可以缩合成乙酰乙酰辅酶A;乙酰乙酰辅酶A再与一分子乙酰辅酶A缩合成β-羟-β-羟甲基戊二酰辅酶A(HMGCoA),HMGCoA裂解成乙酰乙酸;乙酰乙酸在肝线粒体中还可还原成β-羟丁酸,或乙酰乙酸脱羧生成丙酮见图9-6。所谓酮体指的是β-羟基丁酸、乙酰乙酸和丙酮,β-羟基丁酸、乙酰乙酸的量比较大,丙酮的量很小,而且丙酮生成后即被生物体吸收利用。

(二)酮体对生物体的作用

酮体是燃料分子,作为"水溶性脂",是很多组织的重要能源,但肝脏和红细胞除外,因为红细胞没有线粒体,而肝脏缺少激活酮体的酶。心肌和肾脏优先利用乙酰乙酸,脑在一般情况下以葡萄糖为燃料,长期饥饿时,脑的燃料有75%是乙酰乙酸。

七、脂肪酸分解代谢的调节

在细胞内脂肪酸分解代谢的调节,第一种方式是脂肪酸进入线粒体的调控。胞内脂肪酸在硫激酶的催化下,形成脂酰辅酶A,脂酰辅酶A在肉碱酰基转移酶催化下生成酯酰肉碱,才可进入线粒体。在生物体内肉碱酰基转移酶至少有三种,其中主要的调控点是肉碱酰基转移酶Ⅰ,此酶强烈地受丙二酰-CoA抑制,当丙二酰-CoA含量高时,脂肪酸的氧化分解被抑制。

胰高血糖素、肾上腺素和胰岛素都参与脂肪酸分解代谢的调控。肾上腺素、胰

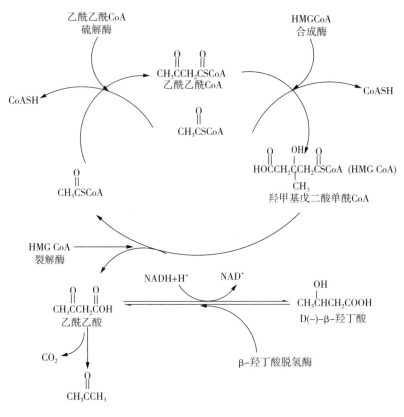

图 9-6 酮体的生成

高血糖素可促使脂肪组织的 cAMP 含量升高,后者变构激活 cAMP-依赖性蛋白激酶,此酶增加三酯酰甘油脂肪酶磷酸化水平,从而促进脂肪酸的代谢。

胰岛素的作用与肾上腺素、胰高血糖素的作用相反,胰岛素有降低 cAMP 水平的作用,从而抑制脂肪酸代谢。此外,胰岛素也可激活一些不依赖 cAMP 的蛋白激酶,这些酶使脂肪酸氧化过程中所需的酶磷酸化,从而抑制脂肪酸的降解。

第三节 脂肪的合成代谢

一、磷酸甘油的形成

合成脂肪所需的 α-磷酸甘油可由糖酵解产生的二羟丙酮磷酸还原而成,亦可由脂肪水解产生的甘油与 ATP 作用而成。

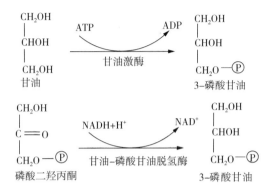

二、脂肪酸的生物合成

脂肪酸的氧化是在线粒体中进行的,而脂肪酸的合成主要在细胞质中进行,在线粒体和"微粒体"中也可以进行,但是形成的机制不同。

(一)饱和脂肪酸的从头合成

1. 乙酰辅酶 A 的转运

线粒体生成的乙酰辅酶 A 难以直接进入细胞质,乙酰辅酶 A 需要柠檬酸转运系统(citrate transport system)由线粒体转运到细胞质。

首先线粒体中的乙酰辅酶 A 和草酰乙酸在柠檬酸酶合成酶的催化下形成柠檬酸,柠檬酸透过线粒体进入细胞质,再经柠檬酸裂解酶(citate lyase)催化生成乙酰辅酶 A 和草酰乙酸,柠檬酸裂解生成的草酰乙酸需要返回线粒体,胞质中的苹果酸脱氢酶催化草酰乙酸还原为苹果酸,苹果酸在苹果酸酶(malic enzyme)催化下脱羧生成丙酮酸。丙酮酸进入线粒体羧化成草酰乙酸,从而形成"丙酮酸—苹果酸"循环,新生成的草酰乙酸又可与乙酰辅酶 A 缩合成柠檬酸,开始下一轮循环。丙酮酸—苹果酸转运系统将乙酰辅酶 A 由线粒体转运到细胞质,同时还生成了 NADPH,生成的 NADPH 用于脂肪酸合成的还原反应。

2. 乙酰辅酶 A 的羧化

乙酰辅酶 A 羧化成丙二酸单酰辅酶 A 是脂肪酸合成的限速步骤,催化该反应的乙酰辅酶 A 羧化酶包括三个亚基:生物素羧基载体蛋白生物素、生物素羧化酶和羧基转移酶。首先 HCO_3^- 在 ATP 的参与下与生物素形成羧基生物素,然后已经被激活的 CO_2 被转移给乙酰辅酶 A,形成丙二酰 CoA。以上反应中,羧基载体蛋白(BCCP)有重要的作用,此蛋白上的赖氨酸生物素就像自由旋转的臂,将活化的羧基由生物素羧化酶转移到羧基转移酶的乙酰辅酶 A 上。

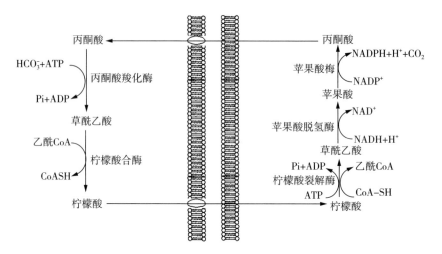

图 9-7 柠檬酸转运系统

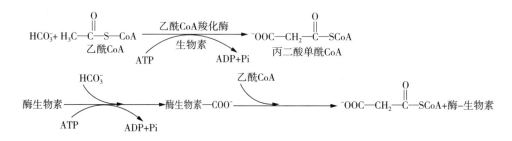

3. 饱和脂肪酸链的合成

细胞质中含有一种合成脂肪酸的重要体系,它含有可溶性酶系,可以在 ATP、NADPH、Mg^{2+}、Mn^{2+} 及 CO_2 作用下催化乙酰辅酶 A 合成脂肪酸。脂肪酸合成需要 β-酮脂酰 ACP 合成酶、β-酮脂酰 ACP 还原酶、β-羟脂酰 ACP 脱水酶、烯脂酰 ACP-还原酶、硫脂酶 ACP-脂酰基载体蛋白。这些酶以 ACP 为中心有序地组合在一起。大肠杆菌中的 ACP 是一个由 77 个氨基酸残基组成的热稳定蛋白质,在它的第 36 位丝氨酸残基的侧链上,还有辅基泛酰巯基乙胺 4-磷酸,其含有—SH 基。ACP 辅基犹如一个转动的手臂,以其末端的巯基携带着脂酰基依次转到酶的活性中心,从而发生各种反应。

脂肪酸合成的第一步反应是由丙二酰辅酶 A(C3 片段)和乙酰辅酶 A(C2 片段)缩合而成,但是丙二酰基及乙酰基均在酰基转移酶作用下从辅酶 A 转移到酰基载体蛋白(ACP)-SH 基上。丙二酸单酰-S-ACP 与乙酰-S-ACP 经缩合、还原、脱水、再还原 4 个步骤完成饱和脂肪酸生物合成的一轮反应。新生成的丁酰-S-ACP(C4)比原来的乙酰辅酶 A 多 2 个碳原子。丁酰-ACP 经同样的方式与丙二酰-ACP 缩合,一般当饱和脂肪酸链达 16 碳原子长度时,脂肪酸的合成即停止,这是由于从 ACP 移去脂酰基的脱酰基酶(硫酯酶)对 16 个碳原子脂酰基表现最大的活性,另外 β-酮脂酰 ACP 合成酶与从 ACP 转来的大于 14 碳的脂酰基结合能力很弱,因而使它还未转移到合成酶上就被脱酰基酶由 ACP 上裂解出,而多酶体系则可反复地被利用。

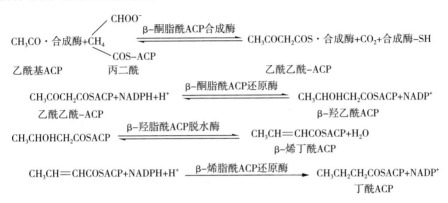

4. 饱和脂肪酸链的从头合成与脂肪酸的 β-氧化的比较

脂肪酸合成途径可以看出,脂肪酸合成和降解是通过完全不同的两条途径进行的。

(1)发生部位:β-氧化主要在线粒体中进行,仅需要独立的酶,饱和脂肪酸从头合成发生在细胞质,需要多酶复合体。

(2)酰基载体:β-氧化中脂酰基的载体为 CoASH,饱和脂肪酸从头合成的酰基载体是 ACP。

(3)β-氧化使用氧化剂 NAD^+ 和 FAD,并产生 ATP。饱和脂肪酸从头合成需要 NADPH 和 ATP。

(4)β-氧化降解开始于羧基端,每次降解一个二碳单位,饱和脂肪酸合成是从甲基端开始,每次合成一个二碳单位。

(5)β-氧化经历氧化、水合、再氧化、裂解四大阶段。饱和脂肪酸从头合成经历缩合、还原、脱水、再还原四大阶段。

(6)β-氧化转运脂酰辅酶 A 是通过肉毒碱转脂酰基酶转运机制,而脂肪酸的合成是通过三羧酸转运乙酰辅酶 A。

表 9-1　脂肪酸合成与脂肪酸降解的主要区别

区别点	脂肪酸合成	脂肪酸的降解(β-氧化)
细胞中部位	脂质溶胶	线粒体

区别点	脂肪酸合成	脂肪酸的降解(β-氧化)
酰基载体	ACP	CoASH
二碳单元的供体/产物	丙二酸单酰辅酶 A	乙酰辅酶 A
电子供体/受体	NADPH	FAD、NAD$^+$
转运机制	三羧酸转运机制(转运乙酰辅酶 A)	肉碱载体(转运脂酰辅酶 A)

(二)饱和脂肪酸链的延长

脂肪酸合成的最常见的产物是软脂酸,碳链的延长发生在线粒体和内质网中,细胞不同部位碳链延长的机制有所差异。

1. 线粒体脂肪酸链延长,线粒体中延长反应作为碳源使用的是乙酰 CoA,通过脂肪酸 β-氧化的逆反应,连续添加和还原乙酰单位,重复进行硫解、加氢、脱水、加氢 4 个步骤,每轮循环加 2 个碳。该酶系主要延长短链脂肪酸,可延长至 24 碳或 26 碳。

2. 微粒体内质网脂肪酸延长酶系,在内质网中进行延长时,使用丙二酰 CoA 作为碳源,延长长链脂肪酸,反应过程类似于在细胞质中的脂肪酸合成,所不同的是酰基载体为 CoA,而不是 ACP。该酶系,可将软脂酰 CoA 延长碳链合成硬脂酸,最多可延长至 24 碳,以 18 碳硬脂酸最多。

(三)不饱和脂肪酸的合成

许多生物可以使饱和脂肪酸通过脱氢或先氧化再脱水形成一个双键成为不饱和脂肪酸,一般是在 C9 和 C10 之间形成双键。脂肪酸的去饱和,即脂肪酸的引入双键主要发生在内质网。动物细胞中去饱和酶可催化远离脂肪酸羧基端的第 9 个碳的去饱和,但 9 碳以上的去饱和只在植物中才有酶可以催化。某些植物和微生物还可以使 C(12)和 C(13)之间脱去氢。某些微生物甚至可以合成含有多个双键的不饱和脂肪酸,如亚油酸($18:2\Delta^{9,12}$)、亚麻酸($18:3\Delta^{9,12,15}$)及花生四烯酸($20:4\Delta^{5,8,11,4}$)等。因为动物中缺少 Δ^9、Δ^{12}、Δ^{15} 去饱和酶,所以是一种必须由食物供给的必需脂肪酸。

(四)脂肪酸合成的调节

乙酰辅酶 A 羧化酶催化的反应是脂肪酸合成过程中的限速步骤,是脂肪酸合成调控的关键所在。它的活性受别构调节、磷酸化和脱磷酸化以及激素的调节。

1. 柠檬酸调节

柠檬酸是关键的别构激活剂,当乙酰辅酶 A 和 ATP 含量丰富时,可抑制柠檬酸脱氢酶的活性,柠檬酸浓度升高,从而激活乙酰辅酶 A 羧化酶,丙二酸单酰辅酶 A 增加,加速脂肪酸合成。

2. 磷酸化和脱磷酸化调节

乙酰辅酶 A 羧化酶可以被一种蛋白激酶磷酸化而失活,蛋白质磷酸酶也可使无活性的乙酰辅酶 A 羧化酶的磷酸基移去,从而使它复活。

3. 激素调控

胰高血糖素和肾上腺素使细胞内 cAMP 含量升高,从而激活依赖于它的蛋白激酶,抑制乙酰辅酶 A 羧化酶,因此抑制脂肪酸的合成;高血糖时,胰岛素通过活化蛋白质磷酰酶,使磷酸化的乙酰辅酶 A 羧化酶脱磷酸而活化,促进脂肪酸合成。

三、脂肪的合成

甘油三酯是机体储存能量的形式。肝、脂肪组织及小肠是合成甘油三酯的主要场所,合成脂肪的能力以肝为最强。肝细胞能合成脂肪,但不能储存脂肪,合成后要与载脂蛋白、胆固醇等结合成极低密度脂蛋白,入血运到肝外组织储存或利用。合成甘油三酯所需的甘油及脂肪酸主要由葡糖糖代谢提供,脂肪的合成有两条基本途径。

(一)甘油单酯途径

这是小肠黏膜细胞合成脂肪的途径,由甘油单酯和脂肪酸合成甘油三酯。

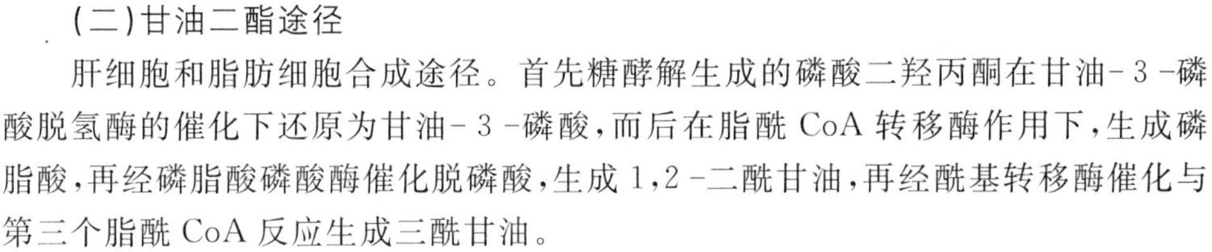

(二)甘油二酯途径

肝细胞和脂肪细胞合成途径。首先糖酵解生成的磷酸二羟丙酮在甘油-3-磷酸脱氢酶的催化下还原为甘油-3-磷酸,而后在脂酰 CoA 转移酶作用下,生成磷脂酸,再经磷脂酸磷酸酶催化脱磷酸,生成 1,2-二酰甘油,再经酰基转移酶催化与第三个脂酰 CoA 反应生成三酰甘油。

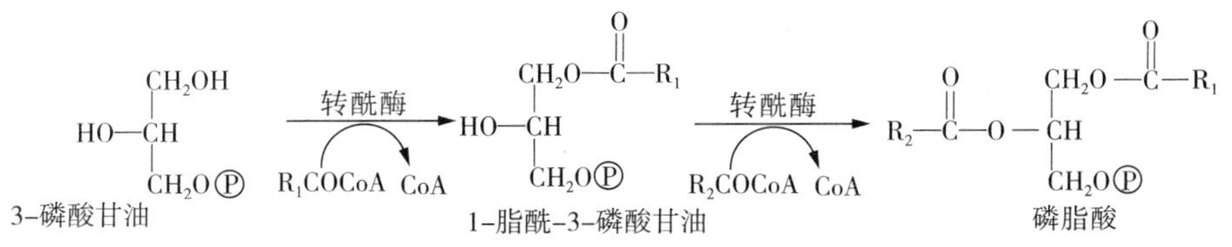

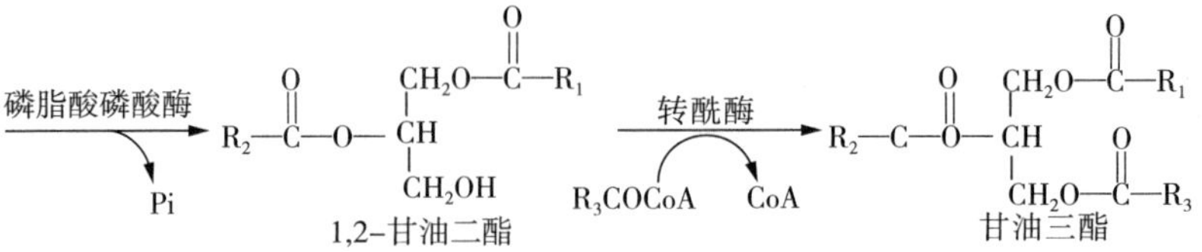

第四节　甘油磷脂的酶促降解与生物合成

体内磷脂包括由甘油构成的磷脂-甘油醇磷脂和由鞘氨醇构成的磷脂-鞘氨醇磷脂(即鞘磷脂)。磷脂是细胞和细胞膜的主要成分,对调节细胞膜的透过性起着重要作用,可促进三酰甘油和胆固醇在水中的溶解度,对血液凝固有促进作用。

一、甘油磷脂的降解

和脂肪相同,甘油磷脂的降解先水解成甘油、脂肪酸及氨基醇,在生物体水解甘油磷脂的酶主要有磷脂酶 A_1、A_2、B、C 和 D,它们特异地作用于磷脂分子内部的各个酯键,形成不同的产物,各水解产物按照各自途径进一步反应。

二、甘油磷脂的生物合成

(一)甘油磷脂的生物合成

甘油磷脂的合成可以分为合成原料、活化和甘油磷脂的生成三个阶段。合成场所是在细胞质滑面内质网,通过高尔基体加工,被组织生物膜利用或成为脂蛋白被分泌出细胞。

1. 合成原料

合成各种甘油磷脂都需要甘油和脂肪酸,此外不同的甘油磷脂还需要胆碱、乙醇胺、丝氨酸和肌醇等。

2. 活化

合成原料在反应之前,其中之一需要先被 CTP 活化而被 CDP 携带,如胆碱、乙醇胺经活化后可生成 CDP-胆碱、CDP-乙醇胺。

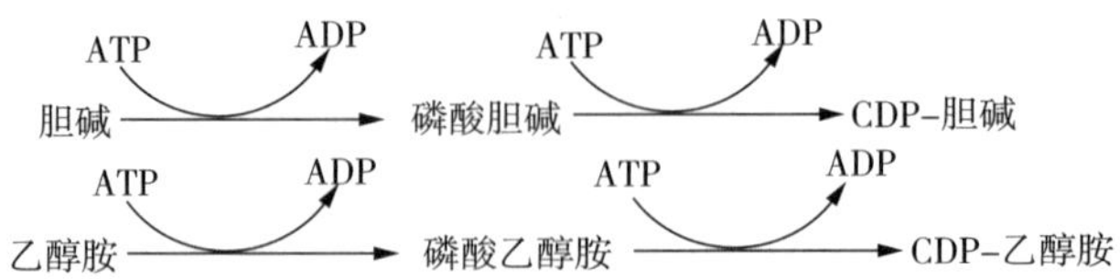

3. 甘油磷脂的合成过程

磷脂酰胆碱和磷脂酰乙醇胺主要通过甘油二酯途径合成,磷脂酰丝氨酸、磷脂酰肌醇和心磷脂主要通过 CDP -甘油二酯途径合成。两条反应途径都消耗 CTP,只是 CTP 所起的作用不同。

六、鞘磷脂的生物合成

鞘磷脂的合成场所是各组织的滑面内质网,以脑组织最为活跃。鞘磷脂的合成原料包括软脂酰 CoA、丝氨酸、脂酰 CoA 和磷酸胆碱,此外还需要磷酸吡哆醛、NADPH 和 Mn^{2+} 等。首先丝氨酸与软脂酰 CoA 缩合形成 3 -酮二氢鞘氨醇,然后 3 -酮二氢鞘氨醇被还原生成二氢鞘氨醇,再由酰基转移酶催化,二氢鞘氨醇从脂酰 CoA 获得酰基,生成 N -脂酰二氢鞘氨醇,而后脱氢生成 N -脂酰二氢鞘氨醇,最后 N -脂酰二氢鞘氨醇从磷脂酰胆碱获得磷酸胆碱,生成鞘磷脂。

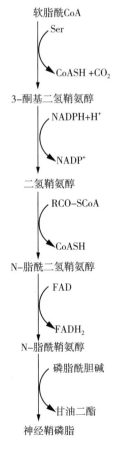

图 9 - 8　鞘磷脂的合成

思 考 题

一、名词解释

ACP　脂肪酸的 β-氧化　柠檬酸穿梭　必需脂肪酸

二、简答题

1. 试述脂类有哪些重要的生理功能。
2. 试述酮体的生成过程及其生理意义。
3. 试比较脂肪酸合成和脂肪酸 β-氧化的异同。
4. 脂肪酸除 β-氧化途径外,还有哪些氧化途径?
5. 计算 1 摩尔 14 碳原子的饱和脂肪酸完全氧化为 H_2O 和 CO_2 时可产生多少摩尔 ATP。

拓 展 阅 读

[1] 刘君雯,黄迓达,龙芬. 饮醋对脂代谢的影响研究[J]. 现代预防医学,2007,34(17):3291 - 3292.

[2] 王建忠,刘伟,戴国林,等. 富硒益生菌对小鼠脂代谢的影响[J]. 畜牧与兽医,2010,(9):79 - 81.

[3] 曹兰菊,许亮. 不同强度有氧运动对大鼠脂代谢的影响[J]. 四川动物,2008,27(5):933 - 934.

[4] KENT C. Eukaryotic phospholipid biosynthesis[J]. Annual Review of Biochemistry,1995,64(1):315 - 343.

[5] BLOCH K. The biological synthesis of cholesterol[J]. Science,1965,150:19 - 28.

第十章　核酸代谢

【本章要点】

核酸在核酸酶作用下降解为核苷酸,核苷酸具有多种生物学功能,如作为核酸合成的原料,构成能量物质(如 ATP、GTP、CTP),参与生理调节等。核苷酸在核苷酸酶催化下生成核苷,再经核苷酶催化分解为碱基和戊糖。碱基在不同种类的生物中分解的程度和分解产物不同。

核糖核苷酸的合成有从头合成和补救合成两条基本途径。从头合成途径是利用磷酸核糖、氨基酸、一碳单位及 CO_2 等简单物质为原料,经过一系列酶促反应,合成嘌呤核苷酸。补救合成途径是以核酸分解产生的碱基或核苷为原料合成核苷酸的过程。脱氧核糖核苷酸可由核糖核苷酸还原生成,也可在特异的脱氧核糖核苷酸激酶催化下通过补救途径合成。

核苷酸不仅是核酸的基本成分,也是一类生命活动不可缺少的重要物质。

核酸的合成包括 DNA 和 RNA 的自我复制及它们之间的相互转录。DNA 的复制十分准确,其结构也相当稳定,但也会产生一定概率的错误,本章将讨论损伤产生的机制和损伤修复机制。

转录产生的一系列 RNA 前体需要经过加工才能成为成熟的 mRNA、rRNA 和 tRNA。

第一节　核酸酶促降解

一、核酸酶促降解

动物和厌氧微生物可以分泌消化酶分解食物、体外的核蛋白和核酸类物质,以获得各种核苷酸。植物不消化体外的有机质,但是生物体存在分解核酸的酶系。外源核酸不能直接被人体细胞吸收利用,人体所需的核酸都是自身合成的。

核酸是核苷酸以 3,5 -磷酸二酯键连接而成的高聚物,其酶促降解依据条件不同,会得到大小不同的片段及单核苷酸。核酸降解的第一步是水解核苷酸之间的磷酸二酯键,催化核酸的 3,5 -磷酸二酯键断开的酶称为核酸酶(nuclease),即磷酸二酯酶。1979 年,国际生化协会酶学委员会公布的酶分类中,将核酸酶按其作用位置的不同分为核酸外切酶和核酸内切酶,也可按作用的底物不同分为脱氧核糖核酸酶和核糖核酸酶。

二、核酸酶

(一)外切核酸酶

外切核酸酶作用于核酸链的一端,逐个水解下核苷酸,它们是非特异性地水解磷酸二酯键的酶。例如,蛇毒磷酸二酯酶和牛脾磷酸二酯酶,对核糖核酸和脱氧核糖核酸(或寡核苷酸)都能分解。它们能从多聚核糖核苷酸或脱氧核糖核苷酸链的一端逐个水解下核苷酸,因此属于外切核酸酶。蛇毒磷酸二酯是从多核苷酸链的游离 3′端开始,逐个水解下 5′核苷酸,而牛脾磷酸二酯酶则从 5′端开始,逐个水解下 3′-核苷酸,由于水解的位置不同,因而所得的核苷酸可以是 3′-核苷酸或是 5′-核苷酸。但是以上两种酶的特异性较低,对 RNA 和 DNA 或者是低级多核苷酸都能分解。

(二)内切核酸酶

催化多核苷酸链内部磷酸二酯键水解的酶称为内切酶。不同内切酶可以在多核苷酸链内不同位置水解磷酸二酯键,水解时既可以在 3′,5′-磷酸二酯键的 3′酯键处,也可以在 5′酯键处切断磷酸二酯键。

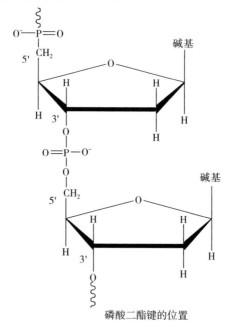

磷酸二酯键的位置

内切核酸酶又包括非特异性内切酶和限制性内切酶。其中限制性内切核酸酶是一类重要的作用于 DNA 的内切酶，其特点是具有极高的专一性，能识别 DNA 双链上的特异位点，这些位点长度一般为 4～8 个碱基，通常还具有回文结构。即某些细菌可以破坏侵入的病毒 DNA，限制了外源 DNA 的表达，而细菌本身的 DNA 由于在该特异核苷酸顺序处被甲基化酶修饰，不被水解。限制性内切酶分为三种类型：Ⅰ型、Ⅱ型和Ⅲ型。其中Ⅰ型和Ⅲ型限制性核酸内切酶水解 DNA 要消耗 ATP，催化宿主 DNA 的甲基化，同时切割外源未被甲基化的 DNA；Ⅱ型限制性核酸内切酶水解 DNA 时不需要 ATP，不以甲基化或其他方式修饰 DNA，能够识别特殊核苷酸顺序内或附近的 DNA 序列。

(三)核糖核酸酶

RNase 是一类水解 RNA 中磷酸二酯键的内切酶，特异性较强，主要有 RNase Ⅰ、RNaseⅡ和 RNaseU2 等。这几种 RNase 具有特定的作用位点，如 RNaseU2 特异性作用于嘌呤核苷酸 C($3'$)位磷酸与其相邻核苷酸 C($3'$)位间的磷酸酯键。

(四)脱氧核糖核酸酶

DNase 一类内切核酸酶，作用于 DNA 的磷酸二酯键，催化 DNA 水解，包括 DNaseⅠ、DNaseⅡ和限制性核酸内切酶。DNaseⅠ水解磷酸二酯键的 $3'$端酯键，产物为 $5'$端带磷酸的寡聚脱氧核苷酸片段；DNaseⅡ水解磷酸二酯键的 $5'$酯键，产物为 $3'$末端带磷酸的寡聚脱氧核苷酸片段。

细胞中 DNA 的含量较为稳定，而 RNA 含量变化较大，但是研究表明细胞中含有众多的脱氧核糖核苷酸酶，推测这种脱氧核糖核苷酸酶的生理功能可能在于消除外源的 DNA，维持细胞遗传的稳定性，或是用于细胞自溶。

第二节　核苷酸的分解代谢

一、嘌呤的分解

嘌呤碱的分解(见图 10－1)首先在脱氨酶的作用下脱去氨基，腺嘌呤和鸟嘌呤水解脱氨分别生成次黄嘌呤和黄嘌呤。在动物组织中发现，腺嘌呤脱氨酶的含量极少，腺嘌呤核苷脱氨酶和腺嘌呤核苷酸脱氨酶的活性较高，因此腺嘌呤的脱氨在核苷或核苷酸水平上发生，然后再将脱氨基生成的次黄嘌呤核苷或次黄嘌呤核苷酸水解生成次黄嘌呤。

鸟嘌呤脱氨酶的分布较广，脱氨反应主要如下：

$$鸟嘌呤 + H_2O \xrightarrow{\text{鸟嘌呤脱氨酶}} 黄嘌呤 + NH_3$$

次黄嘌呤和黄嘌呤在黄嘌呤氧化酶的作用下生成尿酸：

$$次黄嘌呤 + O_2 + H_2O \xrightarrow{\text{黄嘌呤氧化酶}} 黄嘌呤 + H_2O_2$$

$$黄嘌呤 + O_2 + H_2O \xrightarrow{\text{黄嘌呤氧化酶}} 尿酸 + H_2O_2$$

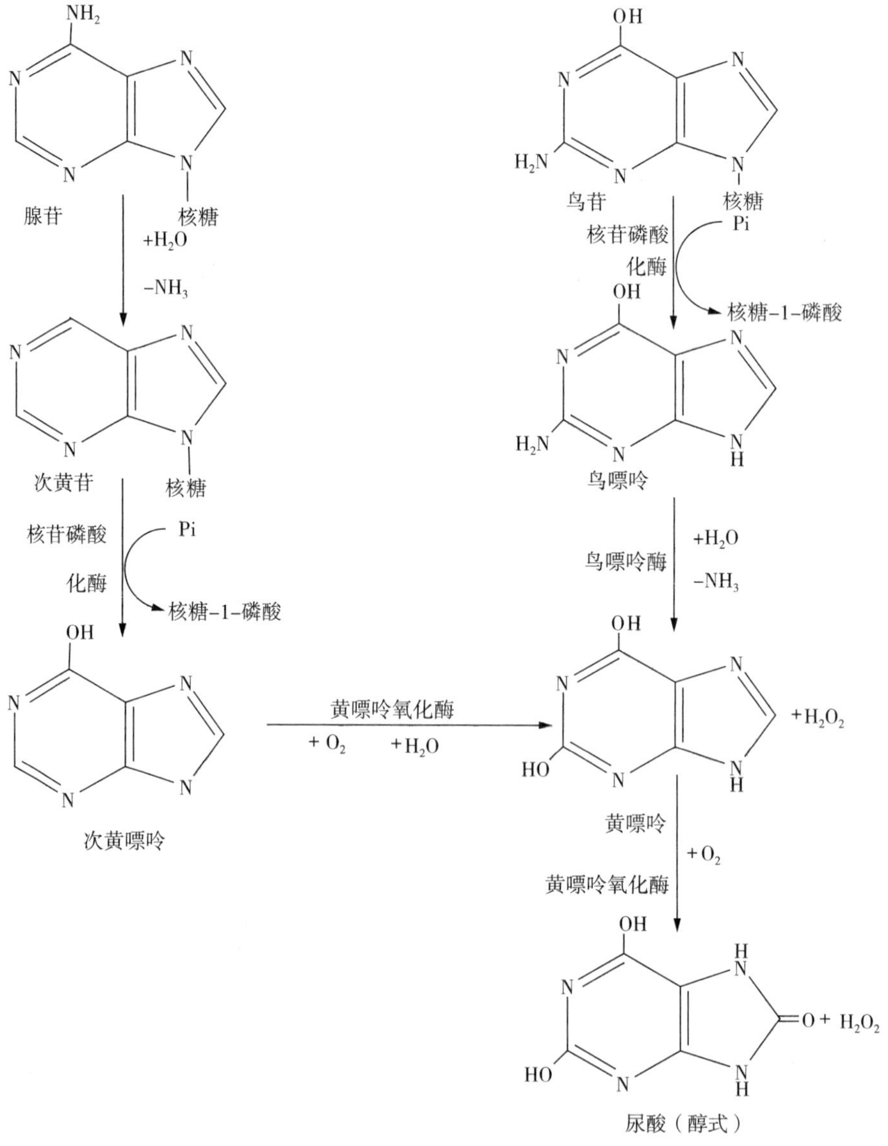

图 10-1 嘌呤类在核苷酸、核苷和碱基三个水平上的降解

灵长类缺乏分解尿酸的能力,多数鱼类及两栖类动物能将尿酸进一步氧化成尿素代谢排出体外,某些低等生物能将尿素分解成氨和 CO_2 再排出体外。

正常人血浆中尿酸的含量为 $20\sim60mg/L$,超过 $80mg/L$ 时,尿酸盐晶体沉积于关节、软组织、肾等处,导致关节炎、尿路结石、肾脏疾病等,称痛风症。

二、嘧啶的分解

不同种类生物对嘧啶碱的分解过程也不完全相同(见图 10-2)。与嘌呤碱的分解类似,嘧啶分解时,有氨基的首先脱去氨基,在人和某些动物体内其脱氨的过程也可能是在核苷或核苷酸的水平上进行。

胞嘧啶脱氨基即转化为尿嘧啶,尿嘧啶再经还原打破环内双键,水解开环成链状化合物,继续水解成 CO_2、NH_3、β-丙氨酸。

$$尿嘧啶+NADPH+H^+ \underset{二氢尿嘧啶脱氢酶}{\rightleftharpoons} 二氢尿嘧啶+NADP^+$$

$$二氢尿嘧啶+H_2O \underset{二氢嘧啶酶}{\rightleftharpoons} \beta-脲基丙酸$$

$$\beta-脲基丙酸+H_2O \underset{脲基丙酸酶}{\rightleftharpoons} \beta-丙氨酸+CO_2+NH_3$$

胸腺嘧啶的分解与尿嘧啶相似,分解过程如下:

$$胸腺嘧啶+NADPH+H^+ \underset{二氢尿嘧啶脱氢酶}{\rightleftharpoons} 二氢胸腺嘧啶+NADP^+$$

$$二氢胸腺嘧啶+H_2O \underset{二氢嘧啶酶}{\rightleftharpoons} \beta-脲基异丁酸$$

$$\beta-脲基异丁酸+H_2O \underset{脲基丙酸酶}{\rightleftharpoons} \beta-异丁酸+CO_2+NH_3$$

第三节 核苷酸的合成代谢

一、嘌呤核苷酸的生物合成

生物体内的核苷酸合成代谢有两条基本途径:一是由游离碱基和核苷直接合成;二是以氨基酸和某些小分子物质为原料,经一系列酶促反应从头合成核苷酸。二者在不同组织的重要性各不相同,如肝组织主要进行从头合成,而脑、骨髓等只能进行补救合成。

(一)嘌呤核苷酸的从头合成(主要合成途径)

除某些细菌外,几乎所有的生物体都能合成嘌呤碱,此途径主要是以 CO_2、甲

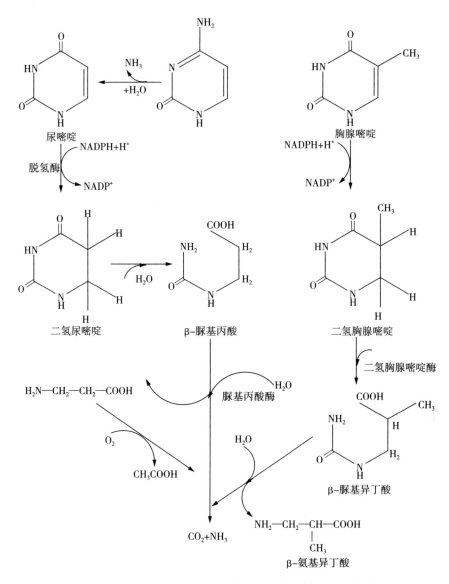

图 10-2 嘧啶碱的分解代谢

酸盐、甘氨酸、天冬氨酸和谷氨酰胺为原料合成嘌呤碱。实验证明,生物体嘌呤环中各原子的来源,如图 10-3 所示。

Greenberg 等从动物和细菌细胞提取物分离和鉴定了一系列与嘌呤合成有关的酶,基本清楚了嘌呤的合成途径。生物体内不是先合成嘌呤碱,再与核糖和磷酸结合成核苷酸,而是从 5-磷酸核糖焦磷酸开始的,逐步增加原子合成次黄苷酸(IMP),然后再由 IMP 转变为 AMP 和 GMP。

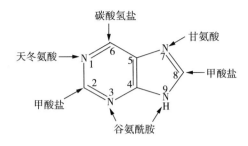

图 10-3　嘌呤环各原子的来源

次黄嘌呤核苷酸的合成如下:嘌呤核苷酸合成的起始物质是 5-磷酸核糖焦磷酸(PRPP),是由 ATP 和核糖-5-磷酸生成的,催化这一反应的酶为磷酸核糖焦磷酸激酶,此反应中 ATP 的焦磷酸是作为一个单位直接转移到 5-磷酸核糖分子的C(1)位的羟基上。

核糖-5-磷酸　　　　　　　　　　　　　5-磷酸核糖焦磷酸PRPP

次黄嘌呤核苷酸的合成共有十步反应,分为两个阶段。第一阶段:5-磷酸核糖焦磷酸与谷氨酰胺反应,生成 5-磷酸核糖胺,5-磷酸核糖胺与甘氨酸结合,生成 5-氨基咪唑核苷酸,至此生成了嘌呤的咪唑环;第二阶段,5-氨基咪唑核苷酸羧化,进一步获得天冬氨酸的氨基,再甲酰化,最后脱水环化闭环生成次黄嘌呤核苷酸。

(1)5-磷酸核糖焦磷酸可与谷氨酰胺反应,生成核糖胺-5-磷酸、谷氨酸和无机焦磷酸,催化这一反应的酶是磷酸核糖焦磷酸酰胺基转移酶。

PRPP　　　　谷氨酰胺　　　　　　　　　核糖胺-5-磷酸　　谷氨酸

(2)5-磷酸核糖胺和甘氨酸在有 ATP 供能的情况下,合成甘氨酰胺核苷酸,这一步骤是由甘氨酰胺核苷酸合成酶所催化,反应是可逆的。

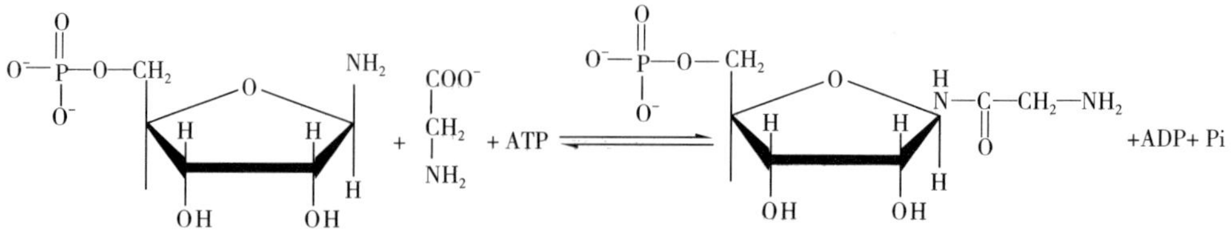

核糖胺-5-磷酸　　甘氨酸　　　　　　　　　　　甘氨酰胺核苷酸

(3)甘氨酰胺核苷酸进一步甲酰化生成甲酰甘氨酰胺核苷酸,此反应的甲基供体是 N^5,N^{10}-次甲基四氢叶酸,催化这一反应的酶是甘氨酰胺核苷酸转甲酰基酶。经过这一反应,嘌呤环的 4,5,7,8,9 位顺序已经形成。

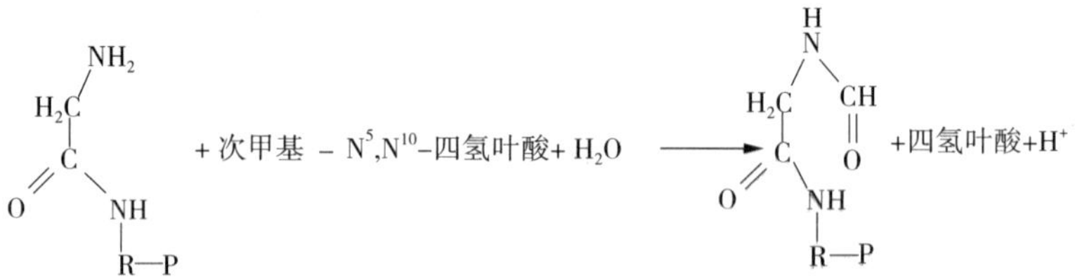

甘氨酰胺核苷酸　　　　　　　　　　　　　　　甲酰甘氨酰胺核苷酸

(4)甲酰甘氨酰胺核苷酸在有谷氨酰胺供给酰胺基并有 ATP 存在时,转变为甲酰甘氨脒核苷酸,催化这一步骤的酶是甲酰甘氨脒核苷酸合成酶。

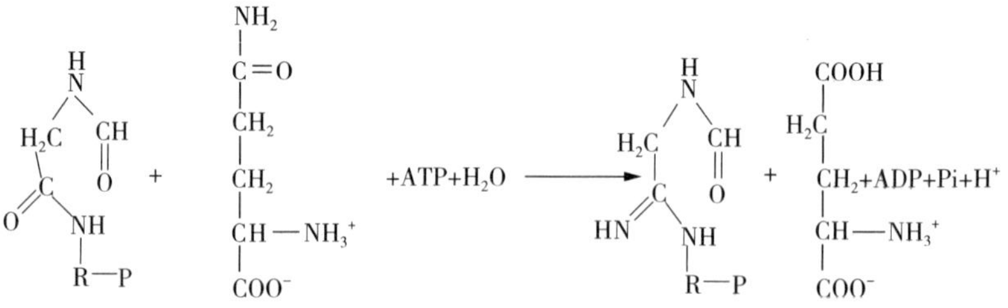

甲酰甘氨酰胺核苷酸　　谷氨酰胺　　　　　　　甲酰甘氨脒核苷酸　　谷氨酸

(5)在有 ATP 存在时,在氨基咪唑核苷酸合成酶的作用下,甲酰甘氨脒核苷酸转变成 5-氨基咪唑核苷酸,嘌呤碱基的咪唑环形成。

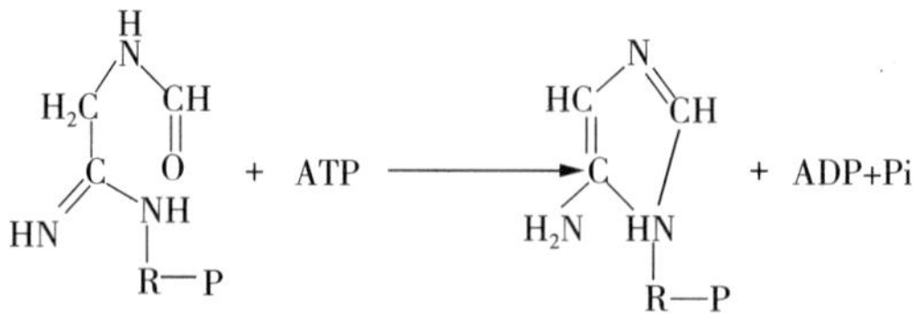

甲酰甘氨咪唑核苷酸　　　　　5-氨基咪唑核苷酸

至此第一阶段的反应结束,嘧啶环的合成开始。

（6）5-氨基咪唑核苷酸在氨基咪唑核苷酸羧化酶的催化下可与 CO_2 反应，生成 5-氨基咪唑-4-羧酸核苷酸，反应是可逆的。反应后，嘌呤环的第 6 位碳被固定。

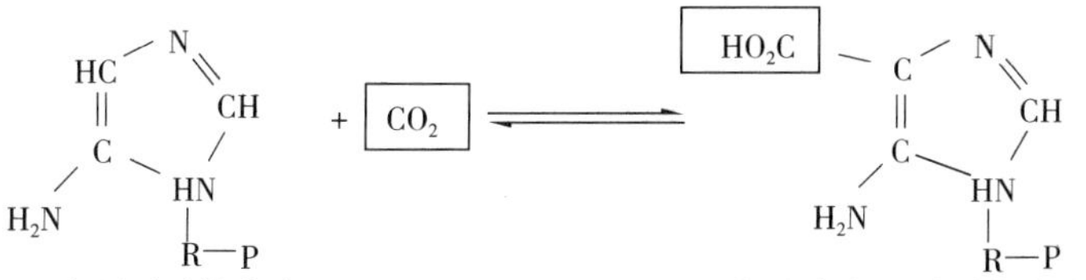

5-氨基咪唑核苷酸　　　　　　　　　　　5-氨基咪唑-4-羧酸核苷酸

（7）接着由天冬氨酸和 ATP 参加反应，催化该反应的酶是氨基咪唑琥珀酸氨甲酰核苷酸合成酶，此反应是可逆的。

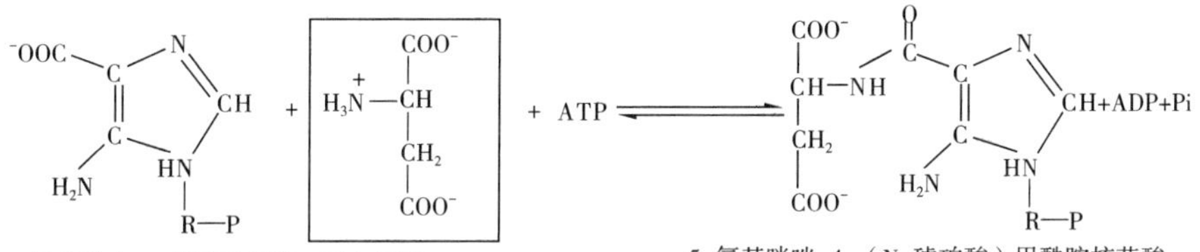

5-氨基咪唑-4-羧酸核苷酸　天冬氨酸　　　5-氨基咪唑-4-（N-琥珀酸）甲酰胺核苷酸

（8）5-氨基咪唑-4-(N-琥珀基)氨甲酰核苷酸可被分解，脱去一分子延胡索酸，而转变成 5-氨基咪唑-4-氨甲酰核苷酸，参与此反应的酶为腺苷酸琥珀酸裂解酶，此反应可逆。

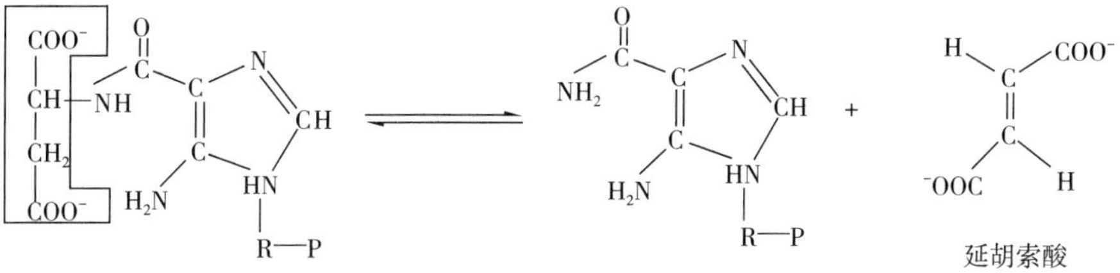

5-氨基咪唑-4-（N-琥珀酸）氨甲酰核苷酸　　5-氨基咪唑-4-甲酰胺核苷酸　　延胡索酸

（9）在 N^{10}-甲酰四氢叶酸供给甲酰基的情况下，5-氨基咪唑-4-氨甲酰核苷酸经甲酰化生成 5-甲酰胺基咪唑-4-氨甲酰核苷酸，此反应可逆。

5-氨基咪唑-4-氨甲酰核苷酸　　　　　　　5-甲酰氨基咪唑-4-氨甲酰核苷酸

(10)5-甲酰胺基咪唑-4-氨甲酰核苷酸,在次黄苷酸环水解酶的作用下脱水环化,形成次黄苷酸(IMP)。

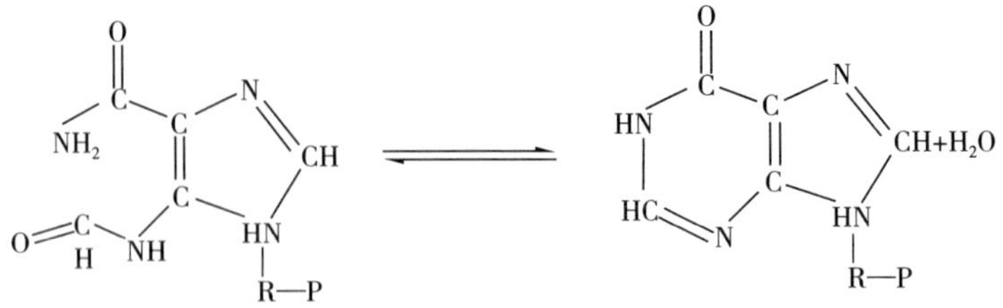

5-甲酰氨基咪唑-4-氨甲酰核苷酸   次黄苷酸(IMP)

IMP 的合成过程如下:

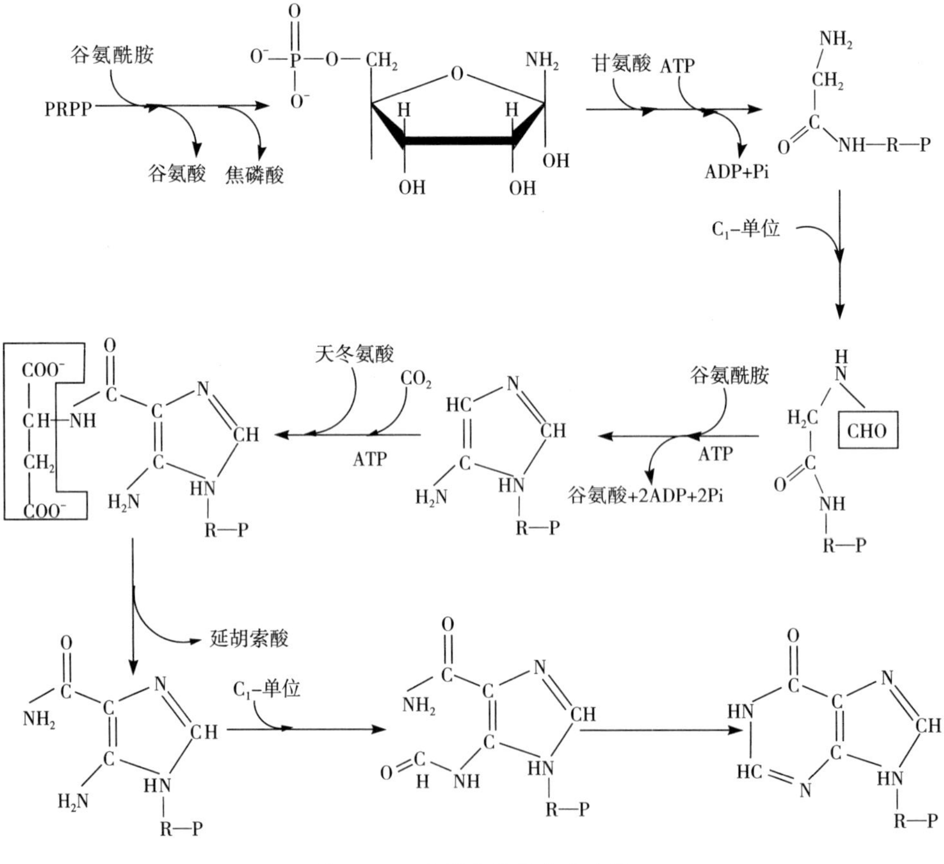

图 10-4 次黄苷酸的合成途径

生物体内次黄嘌呤核苷酸氨基化生成腺嘌呤核苷酸,首先次黄嘌呤核苷酸在GTP 供给能量的条件下,与天冬氨酸合成腺苷酸琥珀酸,而后在腺苷酸琥珀酸裂解酶的催化下分解成腺嘌呤核苷酸和延胡索酸。

次黄嘌呤核苷酸进一步氧化生成黄嘌呤核苷酸（XMP），反应由次黄嘌呤核苷酸脱氢酶（NAD^+为辅酶），并需要钾离子激活。黄嘌呤核苷酸经氨基化生成鸟嘌呤核苷酸，氨基化时需要 ATP 供给能量。细菌以氨作为氨基供体，动物细胞以谷氨酰胺作为氨基供体。

由次黄嘌呤核苷酸合成腺苷酸和鸟苷酸的过程如下（图 10-5）：

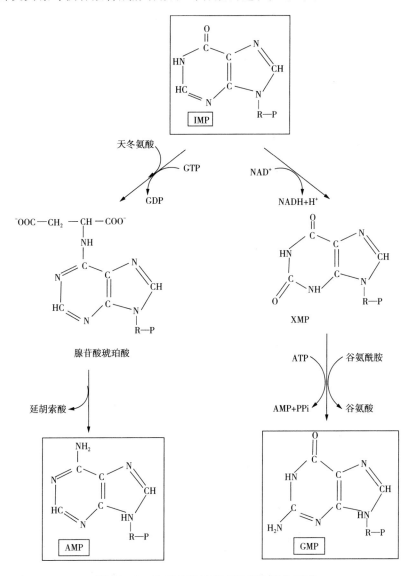

图 10-5 次黄苷酸转变成腺苷酸和鸟苷酸

(二)补救途径

在生命体降解形成的一部分嘌呤可以进一步降解生成尿酸或其他排泄物,但大部分嘌呤可以直接转变为嘌呤核苷酸中的嘌呤而被回收,这被称作嘌呤核苷酸合成的补救途径(图 10-6)。

核苷磷酸化酶可以催化各种碱基与 1-磷酸核糖反应生成核苷,此反应产生的核苷,再由 ATP 供给磷酸基,形成核苷酸。另一种补救途径即嘌呤碱以 PRPP 作为核糖-5-磷酸的供体,腺嘌呤磷酸核糖转移酶催化腺嘌呤和 PRPP 形成腺嘌呤核苷酸和 PPi;次黄嘌呤-鸟嘌呤磷酸核糖转移酶催化反应类似,即该酶既可以催化黄嘌呤与 PRPP 形成次黄嘌呤核苷酸和 PPi,也可催化鸟嘌呤与 PRPP 反应生成鸟嘌呤核苷酸和 PPi。

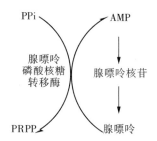

(a)腺嘌呤磷酸核糖转移酶催化的补救途径

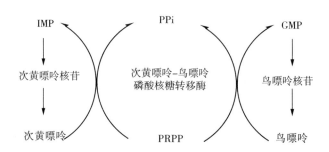

(b)次黄嘌呤-鸟嘌呤磷酸核糖转移酶催化的补救途径

图 10-6　嘌呤核苷酸合成的补救途径

二、嘧啶核苷酸的生物合成

嘧啶核苷酸的从头合成途径比嘌呤从头合成途径简单,并且消耗 ATP 少,核素实验表明,嘧啶环中的原子来自三种前体,即 HCO_3^-、谷氨酰胺和天冬氨酸,见图 10-7。

与嘌呤核苷酸不同,在合成嘧啶核苷酸时,首先形成嘧啶环,再与磷酸核糖结合成为乳清苷酸,然后生成尿嘧啶核苷酸,再由尿嘧啶核苷酸转变为其他嘧啶核苷酸。

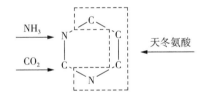

图 10 - 7 从头合成的嘧啶环中原子的来源

(一)尿嘧啶核苷酸的从头合成

嘧啶核苷酸的从头合成途径共涉及六步反应,催化反应的酶位于胞液中。

1. 合成氨甲酰磷酸

在氨甲酰磷酸合成酶Ⅱ催化下,由谷氨酰胺的酰胺氮、HCO_3^- 和 ATP 的磷酰基团生成氨甲酰磷酸,反应需要两分子 ATP。

2. 合成氨甲酰天冬氨酸

氨甲酰磷酸在天冬氨酸转氨甲酰酶的作用下,将氨甲酰部分转移至天冬氨酸的 α -氨基上,形成氨甲酰天冬氨酸。

3. 闭环生成二氢乳清酸

氨甲酰天冬氨酸通过可逆的环化脱水作用变成二氢乳清酸。

4. 乳清酸氧化

二氢乳清酸在二氢乳清酸脱氢酶催化下被氧化成乳清酸,辅助因子为辅酶 Q。乳清酸是合成尿嘧啶的重要中间产物,至此嘧啶环已形成。

5. 获得 PRPP

乳清酸与 5 -磷酸核糖焦磷酸(PRPP)作用生成乳清苷- $5'$ -磷酸,此反应是可逆的。

6. 生成尿嘧啶核苷酸

乳清苷- $5'$ -磷酸脱羧生成尿嘧啶核苷酸。

(二)胞嘧啶核苷酸的合成

尿嘧啶核苷酸(UMP)转变为胞嘧啶核苷酸是在尿嘧啶核苷三磷酸(UTP)的水平上进行的。催化尿嘧啶核苷酸转变为尿嘧啶核苷二磷酸(UDP)的酶为特异性的尿嘧啶核苷酸激酶,催化尿嘧啶核苷二磷酸转变为尿嘧啶核苷三磷酸的酶为特异性的核苷二磷酸激酶(图 10 - 8)。

尿嘧啶、尿嘧啶核苷和尿嘧啶核苷酸都不能氨基化变成相应胞嘧啶化合物,只有尿嘧啶核苷三磷酸水平上才能氨基化生成胞嘧啶核苷三磷酸。细菌中尿嘧啶核苷三磷酸可以直接与氨作用,动物组织的氨基由谷氨酰胺供给。

$$UMP + ATP \xrightleftharpoons{\text{尿嘧啶核苷酸激酶}} UDP + ADP$$

$$UDP + ATP \xrightleftharpoons{\text{核苷二磷酸激酶}} UTP + ADP$$

$$\text{UTP} + 谷氨酰胺 + \text{ATP} + \text{H}_2\text{O} \underset{}{\overset{\text{CTP 合成酶}}{\rightleftharpoons}} \text{CTP} + 谷氨酸 + \text{ADP} + \text{Pi}$$

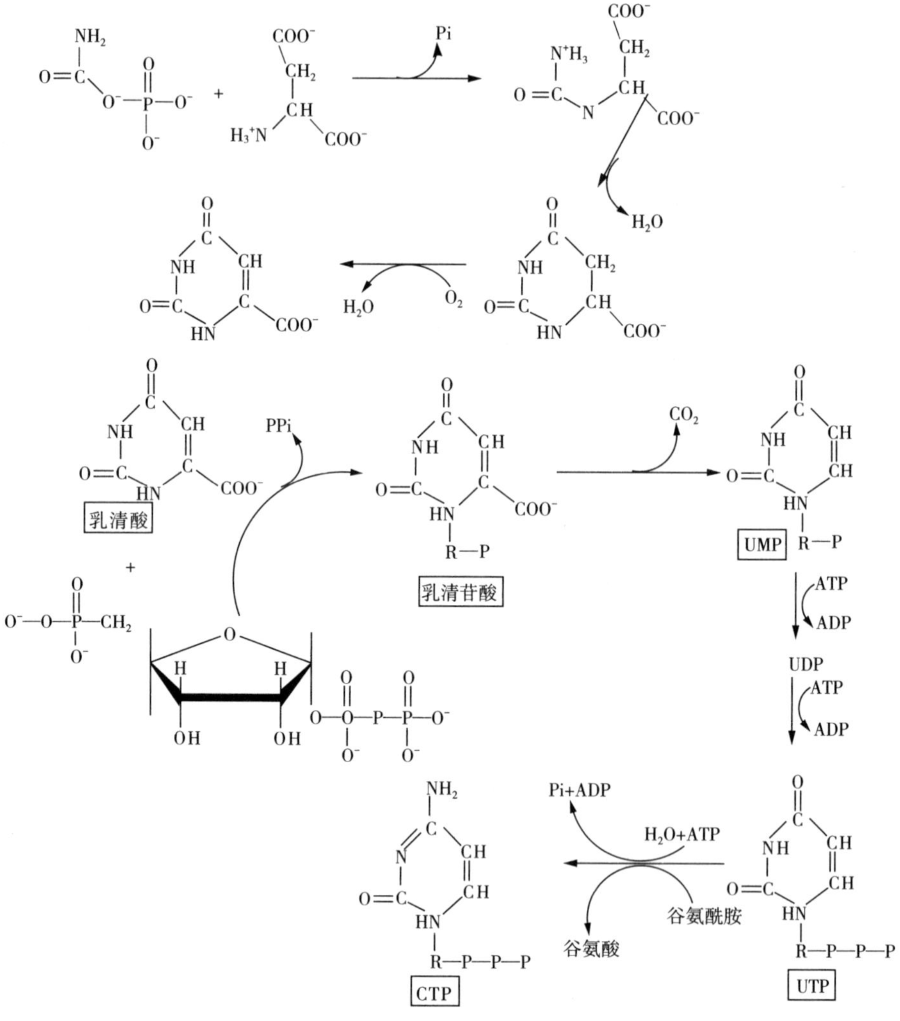

图 10-8 乳清酸转变成 UTP 和 CTP

(三)嘧啶核苷酸合成的补救途径

生物体对外源的或核苷酸代谢产生的嘧啶碱和核苷可以重新利用,这被称为嘧啶核苷酸的补救途径,嘧啶核苷酸激酶在补救途径中起着重要的作用。尿嘧啶转变为尿嘧啶核苷酸主要有两种方式:一是尿嘧啶与磷酸核糖焦磷酸反应;二是尿嘧啶与 1-磷酸核糖反应产生尿嘧啶核苷,后者在尿苷激酶作用下被磷酸化而形成尿嘧啶核苷酸。反应式如下:

$$\text{尿嘧啶} + 5\text{-磷酸核糖焦磷酸} \underset{\xrightarrow{\hspace{2cm}}}{\overset{\text{UMP 磷酸核糖转移酶}}{\rightleftharpoons}} \text{尿嘧啶核苷} + \text{PPi}$$

$$\text{尿嘧啶} + 1\text{-磷酸核糖} \underset{\xrightarrow{\hspace{2cm}}}{\overset{\text{尿苷磷酸化酶}}{\rightleftharpoons}} \text{尿嘧啶核苷} + \text{Pi}$$

$$\text{尿嘧啶核苷} + \text{ATP} \xrightarrow[\text{Mg}^{2+}]{\text{尿苷激酶}} \text{尿嘧啶核苷酸} + \text{ADP}$$

尿苷激酶能催化胞苷磷酸化而形成胞嘧啶核苷酸。

$$\text{胞嘧啶核苷} + \text{ATP} \xrightarrow[\text{Mg}^{2+}]{\text{尿苷激酶}} \text{胞嘧啶核苷酸} + \text{ADP}$$

三、脱氧核糖核苷酸的生物合成

$2'$-脱氧核糖核苷酸是 DNA 分子的构件分子,生物体中的脱氧核苷酸是由核糖核苷酸还原生成的。在大多数生物中,脱氧还原反应发生在核苷二磷酸水平。即 ADP、GDP、CDP 和 UDP 四种核苷二磷酸都可以在核苷二磷酸还原酶的催化下生成相应的脱氧核苷二磷酸 dADP、dGDP、dCDP 和 dUDP,形成的脱氧核苷二磷酸可以在核苷二磷酸激酶的作用下分别磷酸化生成核苷三磷酸 dATP、dGTP、dCTP 和 dUTP(图 10-9)。

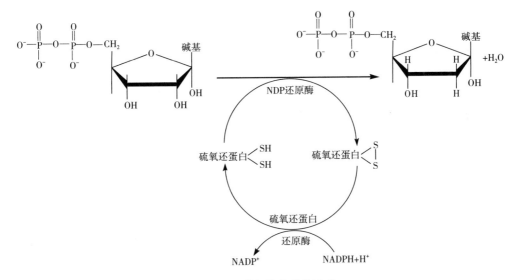

图 10-9 脱氧核苷酸的形成

动物组织、肿瘤细胞、高等植物和大肠杆菌等都以核苷二磷为底物,以硫氧还蛋白为还原剂;而许多原核细胞,如乳酸杆菌、枯草杆菌,以核苷三磷酸为底物,还原剂为含维生素 B_{12} 的一种辅酶。

DNA 合成需要的胸腺嘧啶脱氧核苷酸(dTMP)则是由尿嘧啶脱氧核糖核苷酸(dUMP)甲基化形成的,催化 dUMP 甲基化的酶称为胸腺嘧啶核苷酸合成酶。N^5,N^{10}-亚甲基-四氢叶酸是甲基的供体,N^5,N^{10}-亚甲基四氢叶酸给出甲基后即变成二氢叶酸,二氢叶酸在二氢叶酸还原酶催化下被还原,由 NADPH 供给氢,在有甲基供体如丝氨酸存在时,四氢叶酸可转变为 N^5,N^{10}-亚甲基四氢叶酸。

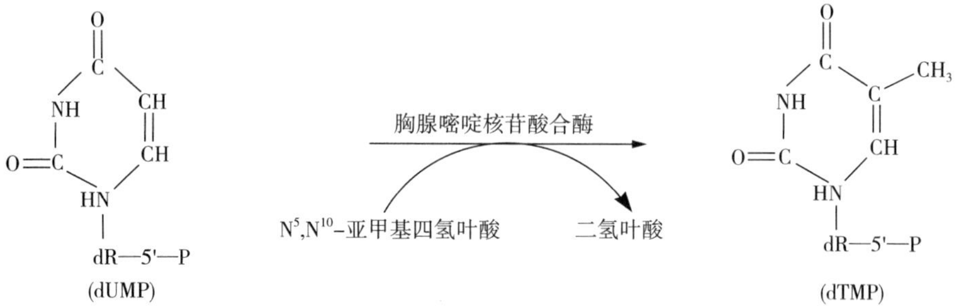

$$二氢叶酸+NADPH+H^+ \xrightleftharpoons{二氢叶酸还原酶} 四氢叶酸+NADP^+$$

$$丝氨酸+四氢叶酸 \xrightleftharpoons{丝氨酸羟甲基转移酶} 甘氨酸+N^5,N^{10}\text{-}亚甲基四氢叶酸+H_2O$$

四、核苷三磷酸及脱氧核苷三磷酸的合成

核苷酸和核苷二磷酸不直接参加核酸的生物合成,而是转化成相应的核苷三磷酸后再加入 RNA 或 DNA,核苷酸转化为核苷二磷酸需要激酶催化,这些激酶对碱基专一,对其底物所含核糖或脱氧核糖无特殊要求,反应通式:

$$(d)NMP+ATP \longrightarrow (d)NDP+ADP$$

核苷二磷酸转化为核苷三磷酸是由另一种激酶催化的,这种酶对碱基和戊糖无特殊要求,磷酸供体为 ATP。

$$(d)NDP+ATP \longrightarrow (d)NTP+ADP$$

五、核苷酸合成的抑制剂

核苷酸的抑制剂是叶酸、氨基酸和嘌呤碱基的类似物,它们主要通过竞争性抑制作用抑制嘌呤核苷酸的合成,从而影响生物大分子的合成,对核苷酸合成抑制剂的研究对癌症和细菌性疾病的治疗有重大的意义和价值。

(一)氨基酸类似物

谷氨酰胺参与嘌呤核苷酸和 CTP 的合成,其类似物氮杂丝氨酸、6-重氮-5 氧正亮氨酸可干扰 Gln 在嘌呤核苷酸合成过程中的利用,因而被用作抗菌和抗肿瘤药物。同样,天冬氨酸类似物,如羽田杀菌剂可抑制天冬氨酸参加反应。但是临床使用证明,这类药副作用大。

(二)叶酸类似物

叶酸类似物,如氨基蝶呤、氨甲基蝶呤等可竞争性地与二氢叶酸的还原酶结合抑制二氢叶酸的再生,从而使嘌呤核苷酸合成过程中提供嘌呤环 C8 和 C2 的一碳单位得不到供应,临床上氨基蝶呤和氨甲蝶呤用于白血病等肿瘤的治疗。

(三)碱基和核苷类似物

如 6-巯基嘌呤(6-MP)、6-巯基鸟嘌呤、8-氮杂鸟嘌呤、5-氟尿嘧啶、阿胞苷和环胞苷等,是嘌呤碱基类似物,其中以 6-MP 的结构在临床上应用较多,其作用机制之一是在体内通过磷酸核糖化生成 6-巯基嘌呤核苷酸,抑制由 IMP 合成 AMP 和 GMP。6-MP 常用作抗肿瘤和抗病毒药物。

六、核苷酸辅酶的合成

生物体内的辅酶有多种是核苷酸的衍生物,包括 NAD^+ 和 $NADP^+$、FMN 和 FAD、CoA。

(一)NAD^+ 和 $NADP^+$ 的生物合成(图 10-10)

生物体内色氨酸、烟酸或烟酰胺都可以作为 NAD^+ 和 $NADP^+$ 合成的起始物。

色氨酸经一系列反应转变成吡啶-2,3 二羧酸,后者结合磷酸核糖焦磷酸(PRPP)转移来的 PPi 基,同时释放 CO_2 生成烟酸单核苷酸,再经系列酶促反应生成 NAD^+ 和 $NADP^+$;某些生物可将色氨酸转变为烟酸,烟酸与 PRPP 作用生成烟酸单核苷酸,后者再与 ATP 反应,接受一分子 AMP 生成烟酸腺嘌呤二核苷酸,后者的羧基接受谷氨酰胺的酰胺基即生成 NAD^+,NAD^+ 经磷酸化可得到 $NADP^+$;烟酰胺合成 NAD^+ 和 $NADP^+$ 的途径与烟酸合成途径基本相同。

(二)FMN 和 FAD 的生物合成

核黄素是合成 FMN、FAD 的起始物,生物体合成 FMN、FAD 的途径基本相同。人体和高等动物不能合成核黄素,植物和许多微生物能合成核黄素,但是迄今研究的所有生物体都能利用核黄素,其反应为核黄素经 ATP 磷酸化即得 FMN,FMN 从第二个 ATP 分子取得 AMP 单位生成 FAD。

$$(d)NMP \xrightarrow[\text{核苷一磷酸激酶}]{ATP \quad ADP} (d)NDP \xrightarrow[\text{核苷二磷酸激酶}]{(d)NTP \quad (d)NDP} (d)NTP$$

$$FMN+ATP \xrightarrow[Mg^{2+}]{\text{FAD焦磷酸化酶}} \underset{\text{黄素腺嘌呤二核苷酸}}{FAD+PPi}$$

(三)CoA 的生物合成

CoA 是酰基转移酶的辅酶,CoA 是从泛酸开始合成的。微生物可以从天冬氨酸起始合成 CoA,高等动物不能合成泛酸,必须从食物中摄取泛酸才能合成 CoA。

微生物将天冬氨酸脱羧产生 β-丙氨酸，β-丙氨酸与泛解酸作用合成泛酸，泛酸再经一系列酶促反应生成 CoA。

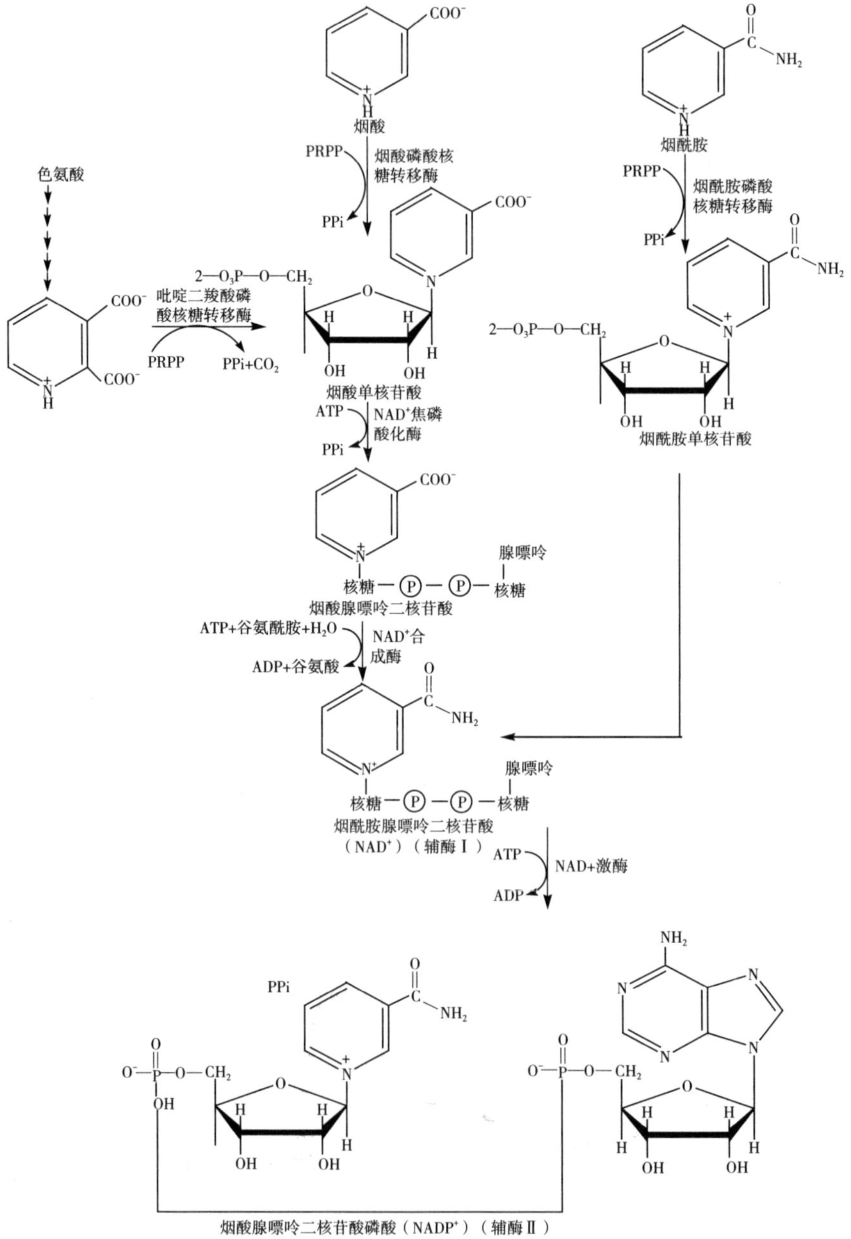

图 10-10 NAD$^+$ 及 NADP$^+$ 的生物合成

第四节 DNA 的生物合成和损伤修复

在生物界,物种通过遗传使其生物学特性、性状能世代相传。对于大多数生物体来说,双链 DNA 是遗传信息的携带者。DNA 是遗传信息分子,分子中的特定的核苷酸序列决定着生命体的遗传特征。DNA 分子双螺旋结构模型的提出和蛋白质合成中心法则(central dogma)的诞生,使人们意识到 DNA 分子通过复制把亲代的遗传信息传递给子代,从而使子代表现出遗传性状。DNA 的复制,也称 DNA 的合成,是在一系列合成酶的催化下完成的。DNA 复制(replication)的过程却是一个有着许多酶和蛋白质参与的复杂过程,生物体内外环境中都存在着可能使 DNA 分子损伤的因素,因此机体在漫长的进化过程中形成了一套 DNA 修复机制。

一、DNA 的生物合成

(一)DNA 复制概述

1. 半保留复制

全保留复制和半保留复制开始都只是一种假说,直至 1958 年哈佛大学生物系教授 Matthew Meselson 和他的学生 Franklin Stahl 的实验(图 10 - 11)直接证明了 DNA 的半保留复制方式。

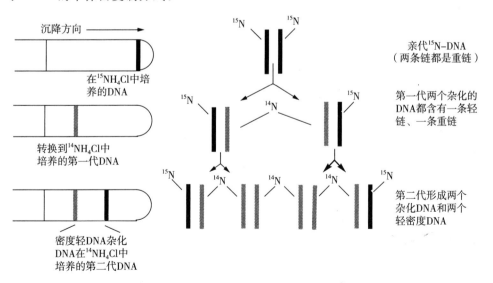

图 10 - 11　Meselson - Stahl 实验

他们先使大肠杆菌长期在以$^{15}NH_4Cl$为唯一氮源的培养基中生长,并培养12代以上,使其DNA全部变成$^{15}N-DNA$。然后转移到另外含有$^{14}NH_4Cl$培养基中,培养两代。然后再将各代的细菌DNA抽提出来进行氯化铯密度梯度离心。该方法用每分钟数万转的超速长时间离心,离心管的氯化铯溶液因离心作用与扩散作用达到平衡,形成密度梯度。^{15}N和^{14}N的密度不同,离心时就形成了位置不同的区带。^{15}N氮源中经12代培养的菌体DNA都是标记上了^{15}N的双螺旋,密度最大位于管底部。当^{14}N氮源培养一代后形成杂化DNA,即$^{15}N,^{14}N-DNA$双螺旋,密度比$^{15}N-DNA$小,位于管中部。而培养到第二代形成了$^{15}N,^{14}N-DNA$双螺旋外,还有$^{14}N-DNA$双螺旋,密度最小,位于管顶。此实验结果与半保留复制预期的结果完全一样。此后,对细菌、动植物细胞及病毒的实验研究,都证明了DNA的复制方式为半保留复制。

2.DNA复制的起点和方式

复制是从DNA分子上的特定部位开始的,这一部位叫作复制起始点(origin of replication),常用ori或o表示。细胞中的DNA复制一经开始就会连续复制下去,直至完成细胞中全部基因组DNA的复制。DNA复制从起始点开始直到终点为止,每个这样的DNA单位称为复制子或复制单元(replicon)。在原核细胞中,每个DNA分子只有一个复制起始点,因而只有一个复制子,而在真核生物中,DNA的复制是从许多起始点同时开始的,所以每个DNA分子上有许多个复制子。每个复制子都含有一个复制起点。原核生物的染色体和质粒、真核生物的细胞器DNA都是环状双链分子,它们都是单复制子,都在一个固定的起点开始复制。多数是对称复制,少数是不对称复制(一条链复制后才进行另一条链的复制)。细菌染色体本身就是最大的复制子。在唯一的原点起始就会引起整个基因组的复制,这个过程在每次分裂中发生一次。每个单倍体细菌都只有一个染色体,这种复制的控制称为单拷贝。每个真核生物的染色体都包括很多复制子。所以在染色体上分开的DNA包括许多复制的单位。所有处在同一个染色体上的复制子在一个细胞周期中都会被复制。复制方向大多数是双向的,少数是单向复制,复制大多是双向的(bi-diretional),即形成两个复制叉(replication fork)或称为生长点

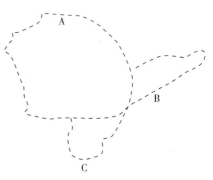

图10-12 复制中的大肠杆菌的染色体放射自显影示意图

(growing point),分别向两边进行复制;也有一些是单向的,如噬菌体 X174DNA、

线粒体和叶绿体 DNA。DNA 的两条链在起始点分开形成叉子样的"复制叉"，DNA 在复制叉处两条链解开，各自合成其互补链，在电子显微镜下可以看到形如眼的结构，环状 DNA 的复制眼形成希腊字母 θ 形结构。

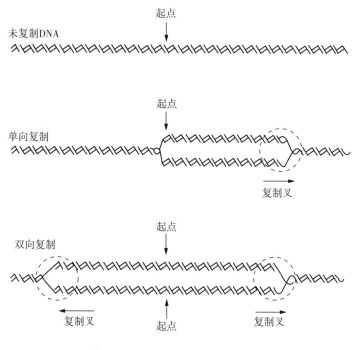

图 10 - 13　DNA 的双向或单向复制

(二)DNA 聚合反应有关的酶及相关蛋白因子

DNA 的聚合即以四种三磷酸脱氧核糖核苷为底物的聚合反应，也就是 DNA 的复制。该过程除了需要酶的催化之外，还需要适量的 DNA 为模板，RNA(或 DNA)为引物和镁离子的参与。DNA 的聚合反应很复杂，催化这个反应的酶有很多种，除 DNA 聚合酶外，还有 RNA 引物合成酶、DNA 连接酶、拓扑异构酶、解旋酶及单链 DNA 结合蛋白的参与。现将与 DNA 合成有关的酶介绍如下。

1. DNA 聚合酶

DNA 复制过程中最基本的酶促反应是四种脱氧核苷酸的聚合反应。1956 年，由 Kornberg 等首先在大肠杆菌中分离出 DNA 聚合的酶，被命名为 DNA 聚合酶 I。1969 年发现一株大肠杆菌变异株的 DNA 聚合酶 I 活力低，但是可以正常速度合成 DNA。DNA 聚合酶 I 已高度纯化，该酶的相对分子量为 109000，酶的活性部位含有紧密结合的 Zn^{2+}，酶催化新脱氧核苷酸单位的 α - 磷酸基与引物的 3′-羟基共价结合，并从新加入的脱氧核苷三磷酸分子上释放焦磷酸，因此合成的

方向是从 $5'$ 端到 $3'$ 端。20 世纪 70 年代初期先后从大肠杆菌又分离出了两种 DNA 聚合酶,分别命名为 DNA 聚合酶 Ⅱ 和 DNA 聚合酶 Ⅲ。这三种酶催化同一类聚合反应,DNA 聚合酶 Ⅱ 没有外切酶 $5'→3'$ 的活力,而且活力低。DNA 聚合酶 Ⅲ 的活力较强,为 DNA 聚合酶 Ⅰ 的 15 倍、DNA 聚合酶 Ⅱ 的 300 倍。DNA 聚合酶 Ⅲ 是生物体内最主要的聚合酶。

DNA 聚合酶 Ⅲ 相对分子量为 450000,主要由 α 亚基和 β 亚基组成。β 亚基也称为 DNA 聚合酶 Ⅲ 辅酶,主要识别引物并使引物结合主链。

真核生物的 DNA 聚合酶有 α、β、γ、δ 和 ε 五种。DNApolδ 催化前导链的合成;DNApolα 在复制中主要起到校阅、修复和填补缺口的作用;DNApolβ 也是一种修复酶,但它只在没有其他酶作用时才发挥作用;DNApolγ 催化线粒体 DNA 的合成。

2.DNA 连接酶

DNA 连接酶起到填补空隙及催化滞后链合成的作用,DNA 连接酶是最初是 1967 年在大肠杆菌中首先发现的。它是一种封闭 DNA 链上缺口的酶,借助 ATP 或 NAD 水解提供的能量催化 DNA 链的 $5'-PO_4$ 与另一 DNA 链的 $3'-OH$ 生成磷酸二酯键。这两条链必须是与同一条互补链配对结合的,而且必须是两条紧邻的 DNA 链才能被 DNA 连接酶催化成磷酸二酯键。

3.DNA 解螺旋酶

DNA 双螺旋分子具有紧密缠绕的结构,而 DNA 发生聚合反应时,至少双螺旋应部分解链并分开。而使 DNA 双螺旋解旋并使两条链保持分开的状态是个极复杂的过程,研究证明某些酶和蛋白质,能使 DNA 双链变得易于解开,每解开一对碱基,需消耗二分子 ATP。大肠杆菌中的 DNA 解螺旋酶由 *dnaB* 基因编码。

4.DNA 拓扑异构酶

还有一种蛋白质称为 DNA 旋转酶(grase)或拓扑异构酶 Ⅱ(type Ⅱ topoisomerase),该酶兼有内切酶和连接酶的活力,能迅速使 DNA 链断开又连上,当与 ATP 水解产生 ADP 与 Pi 的反应偶联时,旋转酶可使松弛态的 DNA 转变为超螺旋状态,在没有 ATP 时,又可使超螺旋 DNA 变成松弛态。

(三)原核细胞 DNA 的复制过程

原核生物 DNA 复制的全部过程可大致分为三个阶段。第一个阶段为 DNA 复制的起始阶段,这个阶段包括起始点,DNA 模板解旋;第二个阶段为引物的生成,DNA 链的延长,前导链和后随链的形成;第三个阶段为 DNA 复制的终止阶段,包括切除 RNA 引物后填补空缺及岗崎片段的延长和连接。

1.复制起始

在 DNA 复制的起始阶段,亲代 DNA 解链、解旋,即先由一组蛋白因子与复制起点结合,这些蛋白因子包括解旋酶(helicase)、引发酶、单链结合蛋白 SSB、DNA 聚合酶和拓扑异构酶,大肠杆菌有一个固定的复制起始点,被称为 oriC 基因座的为一个起始点。复制起始时,其局部解链,然后解旋酶与解链区结合,沿 DNA 链 $5' \rightarrow 3'$ 方向移动,进一步解链,形成复制叉;随后,SSB 与单链 DNA 模板结合,Ⅱ型拓扑酶消除解链过程中的超螺旋结构。

2. 复制延长

DNA 复制的延长阶段包括前导链和后随链的合成。合成这两股链的基本反应由 DNA 聚合酶Ⅲ催化。前导链和后随链合成过程显著不同。

(1)前导链的合成

前导链的合成是一个连续延伸的过程,即由引物酶在复制起点处合成一段 RNA 引物,长度为 10~60nt,然后 DNA 聚合酶Ⅲ用 dNTP 在引物的 3′端合成前导链,前导链的合成与复制叉的推进保持同速。

(2)后随链的合成

后随链是分段进行的,当亲代 DNA 解开一定长度后,先由引物酶和解旋酶构成的引发体合成 RNA 引物,然后由 DNA 聚合酶Ⅲ在引物上催化合成岗崎片段。当岗崎片段的合成遇到前方岗崎片段的引物时,DNA 聚合酶Ⅰ替换 DNA 聚合酶Ⅲ,通过切口平移切除 RNA 引物,合成 DNA,填补缺口。而后,由 DNA 连接酶催化封闭 DNA 切口,形成完整的后随链。

3. 复制终止

大肠杆菌 DNA 复制的终止发生在终止区(terminus region)。终止区包含七个 TER 序列,其共有序列为 GTGTGGTGT,它们可以和 Tus 蛋白(terminator utilization substance)结合,使解链酶停止解链,复制终止。DNA 复制完成后,由拓扑酶向子代 DNA 分子引入超螺旋,进一步组装。

(四)真核细胞 DNA 复制的特点

真核生物染色体一般比细菌染色体大得多,染色体数目的增加使得 DNA 复制变得更复杂,但所有生物中的 DNA 复制的生物化学机制基本上是类似的。真核生物也像原核生物那样,前导链的合成是连续的,而后滞链的合成是不连续的,引物合成、岗崎片段合成、RNA 引物水解后填充与模板链互补的核苷酸等所有的过程都与原核生物中的类似。

真核生物 DNA 复制的特点:

(1)真核生物所含的 DNA 聚合酶种类更多些,真核生物至少含有 5 种不同的 DNA 聚合酶:DNA 聚合酶 α、DNA 聚合酶 β、DNA 聚合酶 γ、DNA 聚合酶 δ、DNA 聚合酶 ε。DNA 聚合酶 α、DNA 聚合酶 ε 和 DNA 聚合酶 ε 是在细胞核内发现的,负责 DNA 的复制和某些 DNA 修复反应。

(2)真核生物复制叉处需要的辅助蛋白不同。真核生物中有类似 SSB 的复制蛋白 A(replication factor protein A,RPA),有时也称复制因子 A。RPA 由 3 个亚基组成,它与单链 DNA 结合紧密,增加滞后链 DNA 合成的效率。复制因子 C(RPC)是多亚基蛋白,与 DNApolδ 结合,帮助它移动。

(3)真核生物的染色体存在许多复制起点,复制从每个起点双向进行,相邻复制叉彼此靠近,会合成更大的"泡"。尽管真核生物中的复制叉移动速度比原核生物慢,但由于存在大量的独立的复制起点,所以就每个复制单位而言,复制所需时间在同一数量级。

(五)反转录

反转录(reverse transcription)是以 RNA 为模板,以 dNTP 为底物,tRNA(主要是色氨酸 tRNA)为引物,合成一条与 RNA 模板互补的 DNA 单链,这条单链叫作互补 DNA(complementary DNA,cDNA),随后又在反转录酶的作用下,水解掉 RNA 链,再以 cDNA 为模板合成第二条 DNA 链。与传统意义上的遗传信息流从 DNA 到 RNA 的方向相反,称为反转录。反转录过程由反转录酶催化,该酶也称依赖 RNA 的 DNA 聚合酶(RDDP),合成的 DNA 链称为与 RNA 互补 DNA(cDNA)。反转录酶存在一些 RNA 病毒中,可能与病毒的恶性转化有关。人类免疫缺陷病毒(HIV)也是一种 RNA 病毒,含有反转录酶。

反转录已经成为基因工程中的一个特别有用的工具,在体外可以利用反转录酶由 mRNA 合成 cDNA,cDNA 可用来表达相应结构基因编码的目的蛋白。

(六)DNA 的人工合成

到目前为止,核酸的人工合成早有报道的方法主要有磷酸三酯法、亚磷酸酯法、亚磷酸酰胺法、cDNA 法等。此后,又发展了固相亚磷酸三酯法、固相亚磷酸酰胺法。固相亚磷酸酰胺法简便快捷,现已普遍使用,其原理是:

(1)首先将欲合成寡核苷酸链 3′末端核苷(N1)以其 3′- OH 通过长的烷基臂与固相载体(一般为不溶性的高分子化合物,常用有硅胶 S、交联的聚苯乙烯、特殊孔径的多孔玻璃珠等)偶联,N1 的 5′- OH 以二甲氧基三苯甲基(DMTr)保护,然后从 N1 开始逐步地延长寡核苷酸链。

(2)寡合苷酸链的合成

第一步,去保护(deprotection),以苯磺酸或三氯醋酸处理保护基 DMTr。

第二步,偶联反应(coupling),加入经四唑激活的核苷 N2,与 N1 的 5′- OH 偶联反应。

第三步,加帽反应(capping),加入醋酐及二甲基氨基吡啶,使未进一步偶联的寡合苷酸链乙酰化,以利于纯化目的 DNA 片段。

第四步,氧化反应(oxidation),加入碘,使三价的亚磷酸转变为稳定的五价磷酸。

每经历一轮，延长一个核苷酸。循环结束，从固相载体上切下，脱去保护基，分离纯化，可得目的 DNA。

(七)PCR 技术及其在环境保护中的应用

聚合酶链式反应(polymerase chain reaction,PCR)是一种非常简单有效的体外 DNA 聚合反应,能够将样品中的任一段目的片段在数小时内扩增 10^9 倍。Kary Mullis 在 1985 年发明了该项技术,因此也获得了 1993 年的诺贝尔化学奖。PCR 技术的原理与 DNA 复制反应的基本原理相似,使用耐热的 Taq 聚合酶代替 DNA 聚合酶,用设计合成 DNA 引物代替 RNA 引物,每次循环包括变性、复性和延伸三个阶段,每次约设计 30 次循环。该技术快速简便,重复性好,特异性高,扩增效率强,除在疾病的早期诊断、法医学鉴定、动植物学溯源分型广泛应用外,也被引入环境保护的相关研究中。研究者利用 PCR 技术,扩增好氧污泥中的目的 DNA 片段,鉴定优势菌,从而确定有机负荷对好氧污泥微生物生物群落的影响。多氯联苯(PCBs)是环境中广泛存在的典型的持久性有毒有机污染物,对人类和环境产生了许多有害影响,PCR 技术也被应用到环境 PCBs 检测中。有学者将免疫测定技术与 PCR 技术结合,创建了抗原分子检测技术,这里的抗原即环境中的 PCBs,基于抗体和 DNA 片段结合,利用 PCR 技术放大抗原抗体反应的特异性,使实验中的微量抗原分子也可被检测到。

二、DNA 的损伤与修复

(一)DNA 突变

DNA 是细胞内唯一可以修复的大分子,这可能是 DNA 损伤能造成生命体重大的变化的原因。一般 DNA 的损伤可以修复,这样既保护了单个细胞或是生命体,同样也保护了下一代。但是有些损伤没有得到修复,这就被称为突变。突变分为两类:一是碱基对的置换(substitution),DNA 错配碱基在复制后被固定下来,由原来的一个碱基对被另一对碱基取代;二是移码突变(frameshift mutation),由于一个或多个非三整倍数的核苷酸对插入(insertion)或缺失(deletion),使编码区该位点后的三联体密码子阅读框架改变,通常导致产物完全失活。

(二)DNA 损伤与修复

1.DNA 损伤的类型

DNA 的损伤分自发性损伤、物理因素引起的 DNA 损伤和化学因素引起的 DNA 损伤。来自细胞内部的损伤,指在复制过程中可能产生错配、DNA 的重组、病毒基因的整合,更可能会局部破坏 DNA 的双螺旋结构的现象。这些损伤破坏的是 DNA 碱基、糖或是磷酸二酯键。

2.DNA 损伤修复的方式

(1)直接修复

有的 DNA 损伤,生物体可直接实施修复,这样的损伤修复机制称为直接修复(direct repair)。如紫外线照射可以使 DNA 分子中同一条链两相邻胸腺嘧啶碱基之间形成二聚体。二聚体使得碱基配对结构扭曲,造成 DNA 损伤。胸腺嘧啶二聚体的形成和修复机制研究得最多。在原核生物中存在一种光复活酶(photoreactivating enzyme),可以结合胸腺嘧啶二聚体,在可见光存在下,光复活酶使胸腺嘧啶二聚体解离成胸腺嘧啶单体。

另一个例子是直接修复被烷化剂直接损伤的 DNA。由于烷化剂作用,使鸟嘌呤的第 6 位甲基化,在复制中会造成胸腺嘧啶代替鸟嘌呤传到子代。在 O^6-甲基鸟嘌呤-DNA 甲基转移酶的作用下,将甲基鸟嘌呤的甲基转移到酶自身的半胱氨酸残基的巯基上。

(2)切除修复

切除修复又称切补修复,在一系列复杂酶的作用下,促进 DNA 损伤修补,主要包括两个过程:一是由细胞内特异的酶找到 DNA 损伤部位,切除含有损伤结构的核酸链;二是修复合成并连接。切除修复广泛存在于原核生物和真核生物中,能够识别不正常的 DNA 结构,并不局限于某种特殊原因造成的损伤。

(3)错配修复

DNA 的错配修复机制是在对大肠杆菌的研究中阐明的。DNA 复制过程中偶然的错误会导致新合成的链与模板链之间的 1 个错误的碱基配对。这种修复只能校正新合成的 DNA 链。GATC 中 A 甲基化与否常用来区别新合成的链(未甲基化)和模板链(甲基化)。DNA 在复制过程中发生错配,如果新链被校正,基因信息可得到恢复,如果模板链被校正,突变就被固定。大肠杆菌的错配修复系统的酶有 12 种以上,其功能是区分两条链,或者进行修复。真核生物 DNA 错配修复机制与原核生物大体相同。

(4)重组修复(图 10 - 14)

切除修复发生在 DNA 复制之前,因此被称为复制前修复。但是有些 DNA 尚未修复的部位也可以先复制再修复,所以重组修复也被称为复制后修复,即必须通过 DNA 链的重组交换完成 DNA 的修复。其过程包含四步:复制含有嘧啶二聚体或其他结构的 DNA,当复制到损伤部位时,子链 DNA 链中与损伤部位相应的位置出现缺口;另一条母链与有缺口的子链重组,缺口由这条核苷酸片段弥补;重组母链中的缺口通过 DNA 聚合酶的作用合成核酸片段;连接酶完成片段与母链的连接,重组修复完成。这种复制并未真正去除损伤,但是这种损伤的 DNA 只在一个细胞中出现,随着复制的不断进行,若干代后,这种损伤在细胞群中也被稀释。

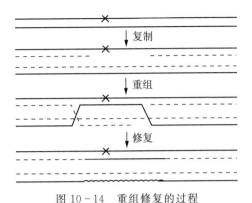

图 10-14　重组修复的过程

×表示 DNA 链接损伤的部位；虚线表示通过复制新合成的 DNA 链；

锯齿线表示重组后缺口处再合成的 DNA 链

第五节　RNA 的生物合成

一、概述

执行生命功能、表现生命特征的主要物质是蛋白质。DNA 是遗传信息的贮存者，如何利用贮存在 DNA 中的遗传信息转化成具有生物学功能的蛋白质的呢？这得归功于 20 世纪 50 年代末发现的 RNA 聚合酶和分子遗传学中心法则（central dogma）。中心法则指来自 DNA 的遗传信息被转录产生 RNA，部分 RNA 分子（mRNA）被翻译成蛋白质，或者 RNA 指导的 DNA 合成，这常见于病毒，是逆转录病毒。

RNA 的合成途径包括三种：

一是 DNA→RNA，以 DNA 为模板转录合成 RNA，这是本章介绍的主要内容；

二是 RNA→RNA，以 RNA 为模板合成 RNA；

三是 RNA→DNA→RNA。

二、RNA 聚合酶

RNA 聚合酶与 DNA 聚合酶一样，具有复杂的结构，具有 RNA 合成所必需的催化活性。RNA 聚合酶（RNA polymerase）是转录过程中的主要酶——以一条 DNA 链为模板催化由核苷-5′-三磷酸（ATP、GTP、CTP 和 UTP）合成 RNA 的酶。因为在细胞内与基因 DNA 的遗传信息转录为 RNA 有关，所以也称转录酶。

目前对原核生物的 RNA 聚合酶研究较清楚,尤其是 *E. coli* 的 RNA 聚合酶。此酶的核心酶是由 5 个亚基组成的,即 α(2 个)、β、β' 和 ω。当 σ 亚基能与核心酶瞬时紧密结合时,构成全酶,识别模板上的启动子,延伸开始 σ 亚基脱离聚合酶。核心酶没有 σ 亚基也能催化转录,但是转录没有固定起点。转录起始的核苷酸通常是 ATP 或 GTP。*E. coli* 的 RNA 聚合酶没有 DNA 聚合酶外切酶的校正活性,但是 RNA 只是 DNA 的瞬时拷贝,不会遗传,所以高错误率是允许的。研究表明一些病毒 RNA 聚合酶也缺少校正活性,缺少校正活性带来的高突变率对病毒是有利的,这将导致病毒蛋白序列的频繁替换,从而逃过宿主细胞免疫系统的防御。

大多数真核生物存在 RNA 聚合酶Ⅰ(RNApolⅠ)、RNA 聚合酶Ⅱ(RNApolⅡ)和 RNA 聚合酶Ⅲ(RNApolⅢ)三种 RNA 聚合酶,见表 10-1。RNApolⅠ存在于核仁中,转录 rRNA 前体;RNApolⅡ存在于核质中,转录大多数基因,此酶转录需要"TATA "框,即在转录起始点上游 20 至 30 个核苷酸之间有一段富含 AT 的顺序,一般 7 个核苷酸;RNApolⅢ存在于核质中,转录很少几种基因,如 tRNA、5sRNA。

表 10-1　真核细胞 RNA 聚合酶

酶的种类	所在	功　　能	对抑制物的敏感性
RNA 聚合酶Ⅰ	核仁	合成 tRNA 前体	对 α-鹅膏蕈碱不敏感
RNA 聚合酶Ⅱ	核质	合成 mRNA 前体及大多数 snR-NA	对低浓度 α-鹅膏蕈碱敏感
RNA 聚合酶Ⅲ	核质	合成 5sRNA 前体,tRNA 前体和其他的核和胞质小 RNA 前体	对高浓度 α-鹅膏蕈碱敏感

真核 RNA 聚合酶除表 10-1 所列的Ⅰ、Ⅱ、Ⅲ三种外,还有线粒体 RNA 聚合酶,存在于线粒体,能产生线粒体 RNA;叶绿体 RNA 聚合酶,存在于叶绿体,能产生叶绿体 RNA。

原核细胞中转录酶存在于细胞液中,真核生物细胞中的转录在细胞核内进行的,合成 mRNA、rRNA 和 tRNA 前体。

三、转录起始阶段

原核生物的转录分为四个阶段:模板的识别、转录的开始、转录的延伸和转录的终止。

(一)模板的识别

主要是依靠 σ 因子,σ 因子能够帮助 RNA 聚合酶稳定地结合在 DNA 启动子上。单独核心酶也能与 DNA 链结合,σ 因子的存在对核心酶的构象有较大的影响,导致 RNA 聚合酶与 DNA 一般序列和启动子序列的亲和力有很大的不同,σ 因子与核心酶结合后,与 DNA 一般序列的结合常数下降10^5,停留的半寿期由 60min 下降到小于 1s;同时酶与启动子的结合常数达到 10^{12},半寿期为数小时。

(二)转录起始

原核生物转录以 *E. coli* 为例,当 RNA 聚合酶全酶结合到模板上的启动子后,就开始了 RNA 的合成,启动子调控转录的进行。启动子启动转录需要识别两段高度保守的 DNA 序列。即开始转录的第一个核苷酸的 5′ 端之前的—35 区,另一个为—10 区。RNA 聚合酶全酶与启动子结合后,沿着 DNA 滑动到—35 区,形成一个起始蛋白-DNA 复合物,再继续滑行至—10 区,该区富含 A—T,由于 A—T 之间氢键较弱,容易使 DNA 双链解旋,将模板上的转录起始点暴露,此时 RNA 聚合酶和 DNA 形成的复合物成了活性的转录单元,开始转录。转录的起始不需要引物,当几个核苷酸加入后,σ 因子从全酶中解离出来,并可再用与新的核心酶结合。至此完成了转录的起始阶段。

(三)转录延伸

核心酶沿模板链的 $3' \rightarrow 5'$ 方向滑行,双螺旋 DNA 解链,同时 RNA 链按 $5' \rightarrow 3'$ 方向不断延伸。转录形成的 RNA 暂时与 DNA 模板链形成 DNA-RNA 杂交体,当 RNA 链的长度超过 12 个碱基时,RNA 的 3′ 端仍与 DNA 形成杂交体,但是 RNA 的 5′ 端很容易脱离 DNA 模板链,于是被转录过的 DNA 区段又重新形成双螺旋。

(四)转录终止

无论是原核生物还是真核生物基因的编码序列 3′ 端都有称为终止子(terminator)的转录终止信号。在 *E. coli* 中存在两类终止子,结构上有自身的特点。

1. 不依赖 ρ 因子的终止子

这类终止子的转录产物有两个特征:一是存在富含 G—C 的回文序列,可形成发夹结构,二是发夹结构之后有一串连续的 U。当延伸复合物遇到发夹结构处时,即停止。

2. 依赖 ρ 因子的终止子

这类终止子的转录产物不能形成发夹结构,ρ 因子是一种原核生物的转录终止因子,能够与 RNA 聚合酶复合物相互作用终止转录。

图 10-15　原核生物基因的终止子

四、真核细胞转录的特点

真核细胞 RNA 聚合酶种类较多,有 RNA 聚合酶 I、II、III,不同的 RNA 聚合酶负责合成不同的 RNA。

真核生物转录的起始时,真核生物 RNApol 不与 DNA 分子直接结合,而需要众多因子参与。例如转录起始前需要顺式作用元件(cis - acting element),位于基因上游的一段富含 TA 的序列;另外还需要反式作用因子(trans - acting factors),即能直接、间接和结合转录上游区段 DNA 的蛋白质。此外由于真核生物的 DNA 结构特点,RNApol 前移会遇上核小体的移位和解聚现象。

五、转录过程的抑制剂

RNA 合成的抑制剂放线菌素 D 和利福霉素等一些抗生素是 RNA 合成的抑制剂。放线菌素 D(actinomycin D)来自链霉菌,它有一个特殊的结构,可以使它嵌入双链 DNA 中,放线菌素 D 抑制转录的延伸。即使在很低的浓度下,放线菌素 D 都能有效地抑制原核生物和真核生物转录的延伸过程。放线菌素 D 是一个非常有用的研究转录过程的生物化学工具,因为它对 DNA 复制或蛋白质翻译的影响很小。向细胞内加入低浓度的放线菌素 D,就有可能确定被研究的细胞过程是否需要基因转录。

利福霉素(rifamycin)是另一个非常有用的抗生素,也是从链霉菌分离出来的。利福霉素通过直接与细菌中的 RNA 聚合酶的亚基结合来抑制 RNA 合成,特异地抑制第一个磷酸二酯键的形成。

鹅膏蕈碱(α - amanitin)是一种来自毒蘑菇鬼笔鹅膏(*Amanita phalloides*)的真菌毒素,二环八肽,能抑制真核 RNA 聚合酶 II 与 RNA 聚合酶 III 转录。鹅膏蕈碱可与 RNA 聚合酶 II 形成 1:1 的复合物,与 RNA 聚合酶 III 形成松散复合物,特异抑制转录的延伸过程,但 RNA 聚合酶 I,以及线粒体、叶绿体和原核生物 RNA 聚合酶对其不敏感。

六、转录后加工

RNA 聚合酶转录合成的 RNA 称为初始转录物(primary transcript),大多要经过加工才能得到有生物学功能的成熟 RNA 分子,该加工过程称为转录后加工。

(一)mRNA 的加工

在原核生物中,大多数初始 mRNA 转录物不需要修饰,可直接进行翻译。真核生物与原核生物不同,真核生物的 mRNA 在细胞核中合成,而翻译过程在细胞质中进行。且真核生物蛋白质基因多为断裂基因,其外显子和内含子均被转录,所以 mRNA 需在细胞核内加工为成熟的 mRNA,再被运输到细胞质内作为模板进行翻译。

1. 加帽

真核生物 mRNA 的帽子形成于转录的早期阶段,大约延伸到 20 个核苷酸,在特异的转鸟嘌呤核苷酸酶催化下,将一个"帽子"结构的稀有的 7-甲基鸟嘌呤加到 5'端(图 10-16)。5'帽子对于蛋白质合成的起始很重要,同时它可保护转录出的 mRNA 不被 5'-核酸外切酶降解。

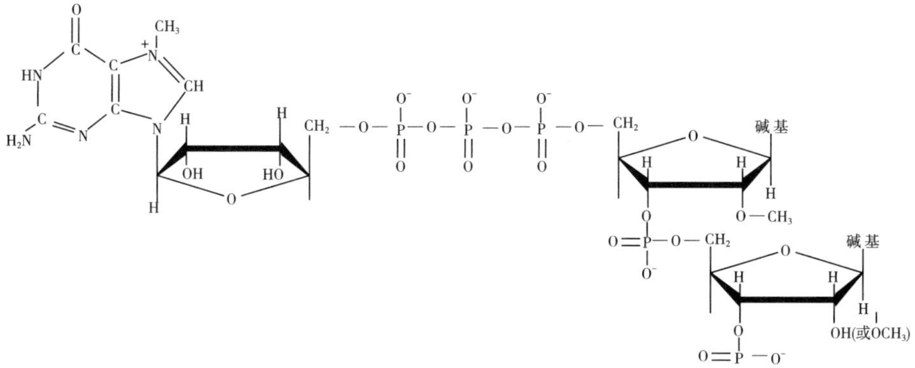

图 10-16 真核 mRNA 5'端的 7-甲基鸟苷"帽子"结构

2. mRNA 前体的剪接

真核生物基因的编码序列中分散着一些非基因或称为不能表达的区域,转录后仍然存在于初始转录产物中,这样的转录产物称为前信使 RNA(pre-mRNA)或核内不均一 RNA(heterogeneous RNA,hnRNA)。我们将前信使 RNA 中的非表达的插入序列称为内含子(intron),表达的序列称为外显子(exon)。将内含子切除,外显子连接在一起的过程称为 mRNA 前体的剪接(RNA splicing)。

3. 加尾巴

mRNA3'末端的多聚腺苷酸(polyA)也是转录后加上去的。先由核酸外切酶切去 3'末端的一些核苷酸,加尾过程是在核内进行的,在核内多聚腺苷酸聚合酶催化下,以 ATP 为引物,在 hnRNA 的 3'末端加上一段多聚腺苷酸(100~200 个腺苷酸),从而形成 polyA 尾。polyA 尾的功能:一是保护 mRNA 不被水解;二是引导 mRNA 由细胞核进入细胞质。

(二)rRNA 的加工

真核生物的 rRNA 基因(rDNA)属于丰富基因(redundant gene)族的 DNA 序列,即染色体上一些相似或完全一样的纵列串联基因(tandem gene)单位的重复。rRNA 前体的加工主要是前体的剪接和化学修饰。在分类上,rDNA 这种类型的

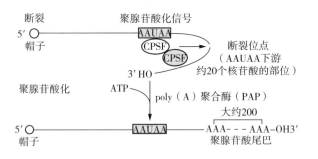

图 10-17　真核生物 mRNA 3′

序列被称为高度重复序列(highly repeat sequence)DNA。在不同的种属生物中，rDNA 的大小不一，重复单位由数百个至数千个以上，尽管不同种属的 rDNA 长度差异较大，但是真核生物最后转录出来的 rRNA 的大小相同。真核生物核蛋白体中有 18S、5.8S、28S 及 5SrRNA。其中 18S、5.8S、28S 是由 RNApolⅠ催化一个转录单位，产生 45SrRNA 前体。5SrRNA 独立于其他三种 rRNA 的基因转录，转录产物无需加工就从核质转移到核仁，与 5.8S、28SrRNA 及多种蛋白质分子一起组装成核糖体大亚基后，转移至细胞质。rRNA 前体在核仁中合成并加工为成熟 rRNA 与核糖核蛋白形成核糖体，再运到细胞质。

rRNA 的加工主要有两种方式：其一，1982 年，Cech T 发现四膜虫(tetrahymena)初始转录 rRNA 不需要一般的核酸酶等蛋白酶类，可自我催化完成剪接。rRNA 前体的剪接不需要任何蛋白质参与即可发生，这就说明了 RNA 本身即具有酶的催化作用。因而 Cech 将这种具有催化功能的酶命名为核酶(ribozyme)。这是人们对 RNA 分子功能认识的一个重大突破。其二，rRNA 前体加工的另一种形式是化学修饰，主要是甲基化反应。甲基化主要发生在核糖的 2′-羟基上。此外，rRNA 前体中的一些尿嘧啶核苷酸通过异构作用可转变为假尿嘧啶。

(三)tRNA 的加工

原核生物和真核生物 tRNA 前体一般无生物学活性，需要进行加工修饰。tRNA 前体在剪切酶作用下切成一定大小分子，再由连接酶将小分子片段拼接起来。再由核苷酸转移酶的作用下，在 3′-末端删去个别碱基后，加上 tRNA 特有的—CCA 序列。最后对 tRNA 序列上的稀有碱基进行甲基化、还原反应、脱氨反应和核苷内的转位反应。如某些嘌呤生成甲基嘌呤，某些尿嘧啶还原为双氢尿嘧啶(DHU)，或尿嘧啶核苷转化为假尿嘧啶核苷，还有就是某些腺苷酸脱氨为次黄嘌呤。

七、RNA 的编辑和再编辑

(一)RNA 编辑(RNA editing)

RNA 编码序列的改变称为编辑,RNA 编码和读码方式的改变称为再编码。由于存在编码和再编码,因此一个基因可以产生多种蛋白质。RNA 编辑是指在 RNA 水平上改变遗传信息的过程,即核苷酸的缺失、插入或置换,基因转录的序列不与基因编码序列互补,使翻译生成的蛋白质的氨基酸组成不同于基因序列中的编码信息现象,这种编辑使得一个基因序列可能产生几种不同的蛋白质,这可能是生物长期进化过程中形成的。1986 年,Benne 等在研究锥虫线粒体 DNA 时发现细胞色素氧化酶亚基 Ⅱ(COⅡ)基因在转录过程中的移码突变,而酶功能又是正常的。后来的研究表明,在锥虫线粒体细胞色素氧化酶亚基 Ⅲ(COⅢ)基因中,来自原始基因的遗传信息只占成熟 mRNA 的 45%,其余的遗传信息需要通过对成熟的 mRNA 进行编辑获得。

(二)RNA 的再编辑

通常编码 mRNA 上的遗传信息,是以固定方式进行的,即 mRNA 的三联体密码子可以被 tRNA 的反密码子识别,使 mRNA 携带的遗传信息得以翻译。但是也有这种情况,突变的 tRNA,指反密码子环碱基发生改变,改变译码规则,使那些可能在基因层面发生错义突变、无义突变或移码突变的 mRNA 遗传信息得到校正。我们称反密码子环碱基发生突变的 tRNA 为校正 tRNA,校正 tRNA 的存在可能使遗传 mRNA 上发生的突变恢复或部分恢复。

八、RNA 的复制

以 DNA 为模板合成 RNA 是生物界 RNA 合成的主要方式,但有些病毒,噬菌体的遗传信息贮存在 RNA 分子中,当进入宿主细胞后,靠复制传代,它们在 RNA 指导的 RNA 聚合酶指导下,以 RNA 为模板,四种核苷三磷酸为底物,催化合成。RNA 复制酶只对病毒本身的 RNA 起作用,不会作用于宿主细胞的 RNA 分子,RNA 复制酶中缺乏校正功能。以 Qβ 噬菌体感染大肠杆菌为例说明 RNA 的复制过程。Qβ 噬菌体是一种直径为 20nm 的正二十面体,含 30% RNA,其余为蛋白质。RNA 是遗传信息的载体,含有编码 3~4 个蛋白质分子的基因:成熟蛋白基因、外壳蛋白基因和复制酶 β 基因。正常的大肠杆菌不存在复制酶,只有感染时,宿主细胞才产生复制酶。Qβ 噬菌体含有正链 RNA,正链 RNA 还可以充当 mRNA,进入宿主细胞后首先合成复制酶(及有关蛋白),然后在复制酶作用下进行病毒 RNA 的复制,最后病毒 RNA 和蛋白质装配成病毒颗粒,在宿主细胞繁殖。有些病毒,如狂犬病毒含负链 RNA 和复制酶,当侵入宿主细胞后,借助自身的复制酶,先合成正链 RNA,再以此为模板合成负链 RNA,正链 RNA 充当 mRNA,翻译病毒蛋白质,最后进行病毒装配。

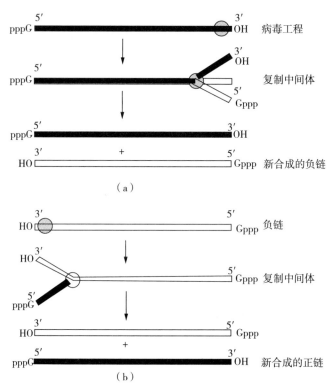

图 10-18 Qβ 噬菌体 RNA 的合成

(a)负链的合成 (b)正链的合成

思 考 题

1. 试述核苷酸的从头合成。

2. 试述 DNA 损伤和修复的几种类型。

3. 简述参与 DNA 复制的各种酶与因子的作用。

4. 若使 ^{15}N 标记的大肠杆菌在 ^{14}N 培养基中生长三代,提取 DNA,并用平衡沉降法测定 DNA 密度,其 ^{14}N-DNA 分子与 ^{14}N、^{15}N 杂合 DNA 分子之比应为多少?

5. 简述遗传信息传递的主要规律(中心法则)。

6. 比较 DNA 复制与 RNA 转录的异同。

7. 大肠杆菌某一多肽基因的 编码链的序列是:

5′ACAATGTATGCTAGTTCA.TTATCCCGGGCGCGCAAATAACAAACCCGGGTTT3′

(1)写出该基因的无义链(反义链)的序列以及它转录出的 mRNA 的序列。

(2)预测它能编码多少个氨基酸。

8. 简述端粒和端粒酶的作用及其在 DNA 复制中的意义。

9. 概述 PCR 的基本过程。

拓 展 阅 读

[1] 文传浩,段昌群,常学秀,等. 模拟重金属污染下曼陀罗种群核酸代谢变化研究[J]. 环境科学学报,2000,20(6):761-766.

[2] 苏金为,王湘平. 镉诱导的茶苗茎尖核酸代谢与细胞超微结构变化研究[J]. 中国生态农业学报,2005,13(2):87-90.

[3] 曹慧,韩振海,许雪峰. 抗寒性不同的苹果属植物水分胁迫下核酸代谢及自由基变换[J]. 园艺学报,2002,29(6):505-509.

[4] WOOD R D, MITCHELL M, SGOUROS J, et al. Human DNA repair genes[J]. Science,2001,291(5507):1284-1289.

[5] MURAKAMI K S, DARST S A. Bacterial RNA polymerases:the wholo story[J]. Current Opinion in Structural Biology,2003,13(1):31-39.

第十一章　蛋白质代谢

【本章要点】

食物蛋白质的消化主要在胃和小肠中进行,由各种蛋白水解酶的协同作用完成。酶分为蛋白酶和肽酶两种。各种酶有其相对特异的作用部位。蛋白酶主要作用于肽链内部的肽键,肽酶主要作用于肽链的羧基末端和氨基末端。水解后生成的氨基酸及二肽即可被吸收。

氨基酸的脱氨基作用,生成氨和相应的 α-酮酸,这是氨基酸的主要分解途径。脱氨的方式有氧化脱氨、转氨脱氨、联合脱氨及非氧化脱氨等几种形式。联合脱氨基作用,是体内大多数氨基酸脱氨基的主要方式。这个过程也是体内合成非必需氨基酸的重要途径。联合脱氨作用一方面可以通过 L-谷氨酸脱氢酶作用实现,另外还可以通过嘌呤核苷酸循环实现。

氨基酸经脱氨基作用产生的降解物氨是有毒物质,机体对氨基酸所释放的氨很敏感,能耐受的剂量很低。体内的氨通过丙氨酸、谷氨酰胺转运到肝脏,大部分经尿素循环合成尿素,排出体外,反应分五步进行。尿素合成是一个重要的代谢过程。

氨基酸转氨、脱氨留下的 α-酮酸在体内的代谢途径主要有三种。可以通过转氨作用和还原氨基化作用再合成氨基酸外,还可以转变为糖和酮体。另外在有氧情况下,可以经过三羧酸循环途径最终彻底氧化成二氧化碳、水和能量。

一碳单位是某些氨基酸在分解代谢过程中产生的含有一个碳原子的基团。一碳单位常与四氢叶酸结合进行转运和参加代谢。一碳单位的主要生理作用是与许多氨基酸的代谢有直接关系,另外还作为合成嘌呤及嘧啶的原料,在核酸生物合成中占有重要地位。一碳基团将氨基酸代谢与核酸代谢紧密联系起来。

蛋白质生物合成在细胞生命过程中占有十分重要的地位。蛋白质的生物合成是在细胞质中进行的,全过程大致可分为四个步骤:氨基酸的活化、肽链合成的起始、肽链的延伸、肽链合成的终止和释放。

第一节 蛋白质的酶促降解

一、蛋白质的酶促降解

蛋白质的周转可以使机体内蛋白质得到不断更新,以满足生物体生长发育、发挥正常功能的需要。蛋白质的酶促降解是指蛋白质在各种酶的作用下,肽键发生水解生成氨基酸的过程。

外源蛋白质进入体内,总是先经过水解作用变为小分子的氨基酸,然后才被吸收。高等动物摄入的蛋白质在消化道内消化,形成游离的氨基酸,进入血液,供给细胞合成自身蛋白质的需要。蛋白质除用于供给细胞生长、更新和修复外,也可用于提供能量。每克蛋白质在体内氧化可产生 4 千卡的能量,只占机体需要量的 10%～15%。正常组织内,蛋白质的分解速度与组织的生理活动是相适应的。

蛋白质在哺乳动物消化道中降解为氨基酸需经过一系列的消化过程。食物进入胃后,自胃中开始,胃黏膜分泌胃泌素,刺激胃腺的壁细胞分泌胃酸和主细胞分泌胃蛋白酶原。胃蛋白酶原经胃酸和自身激活,脱下自 N-端 42 个氨基酸肽段转变成有活性的胃蛋白酶。蛋白质经胃蛋白酶作用后,将由苯丙氨酸、酪氨酸、色氨酸以及亮氨酸、谷氨酸、谷氨酰胺等参与形成的肽键断裂,形成大小不等的多肽及少量氨基酸,连同胃液进入小肠,降解过程主要在小肠中进行。在胃液的酸性刺激下,小肠分泌肠泌素进入血液,肠泌素刺激胰腺分泌碳酸氢盐进入小肠中和胃酸,使 pH 值在 7.0 左右。同时十二指肠释放肠促胰酶肽,刺激胰腺分泌一系列胰酶酶原,其中有胰蛋白酶原、胰凝乳蛋白酶原、弹性蛋白酶原、氨肽酶原和羧肽酶原等,被激活后发挥作用。在肠激酶的作用下,胰蛋白酶原分子 N-端脱去一段六肽,转变成有活性的胰蛋白酶,催化其他胰酶酶原激活。胰蛋白酶、胰凝乳蛋白酶以及弹性蛋白酶等蛋白质水解酶属于内肽酶,水解蛋白质肽链内部的一些肽键,经这些酶作用后的蛋白质,已变成短链的肽和部分游离氨基酸。氨肽酶、羧肽酶等蛋白质水解酶属于外肽酶,水解肽链的氨基末端和羧基末端的肽键。小肠内经多种酶降解生成的短肽又在羧肽酶和氨肽酶的作用下,分别从肽段的氨基末端和羧基末端水解下氨基酸残基。经过上述消化道内各种酶的协同作用,食糜中的蛋白质最后全部转变为游离氨基酸,再由肠黏膜上皮细胞吸收进入机体。游离氨基酸进入血液循环输送到肝脏及其他器官。

大多数动物性食物的球状蛋白在胃肠道内几乎都能完全水解,而对于一些纤维状蛋白,如角蛋白只能部分水解。食物中的植物性蛋白质,如谷种子蛋白,往往被纤维素包裹,胃肠道不能完全将其消化。

高等植物体的种子、叶片、幼芽和果实中都含有蛋白酶,如木瓜蛋白酶、麦蛋白酶等都可使蛋白质水解。植物组织中的蛋白酶在种子萌芽时表现出最为旺盛的水解作用。发芽时,胚乳中贮存的蛋白质在蛋白酶催化下水解成氨基酸,这些氨基酸运输到胚,被用于重新合成蛋白质,以组成植物自身的细胞。微生物也含有蛋白酶,能将蛋白质水解为氨基酸,氨基酸再进一步脱氨,最后生成氨。

二、蛋白酶

降解蛋白质的酶有很多种,生物体几乎到处都有蛋白酶的存在。根据蛋白酶作用于多肽的位置可以将其分为两大类:蛋白酶和肽酶。

(一)蛋白酶

蛋白酶又称内肽酶,它作用于肽链内部的肽键,如胃蛋白酶、胰蛋白酶、胰凝乳蛋白酶、弹性蛋白酶等。蛋白酶有很强的专一性,如胃蛋白酶作用于由芳香族氨基酸的氨基形成的肽键;胰蛋白酶作用于精氨酸或赖氨酸的羧基形成的肽键;胰凝乳蛋白酶作用于含有苯丙氨酸、酪氨酸、色氨酸等残基的肽键;弹性蛋白酶作用于脂肪族氨基酸如缬氨酸、亮氨酸、丝氨酸、丙氨酸等的羧基形成的肽键。

(二)肽酶

肽酶又称外肽酶,根据它水解蛋白质的特点,它又包括氨肽酶和羧肽酶两类。氨肽酶在水解蛋白质时从蛋白质的氨基端开始逐一将肽链水解,而羧肽酶则从蛋白质的羧基端开始水解。羧肽酶 A 主要作用于由中性氨基酸为羧基端的肽键,羧肽酶 B 主要作用于由赖氨酸、精氨酸等碱性氨基酸为羧基端的肽键。

第二节　氨基酸的酶促降解

对于天然氨基酸分子,结构上大都含有 α-氨基和 α-羧基,因此,各种氨基酸都有着共同的代谢途径。氨基酸可通过脱氨基作用(deamination)和脱羧作用(decarboxylation)进一步分解。通过脱氨基作用生成 α-酮酸和氨,通过脱羧作用生成 CO_2 和胺,其中以脱氨基作用为主要代谢途径。

一、脱氨基作用

氨基酸脱去氨基生成 α-酮酸的过程即称为脱氨基作用(deamination),氨基的脱离往往是氨基酸分解代谢的第一步,氨基酸脱去氨基的方式有氧化脱氨基

（oxidative deamination）、转氨脱氨基（transamination）、联合脱氨基（transdeamination）及非氧化脱氨基（non-oxidative deamination）等。

（一）氧化脱氨基作用

氨基酸在酶的催化作用下,消耗氧脱去氨基,转变成相应的 α-酮酸的过程称为氧化脱氨基作用。氧化脱氨基是动植物体中比较普遍的一种脱氨基作用。氧化脱氨基作用包括脱氢和水解两个步骤。

$$
\underset{\alpha-\text{氨基酸酸}}{R-\underset{NH_3^+}{\overset{|}{CH}}-COO^-} \xrightarrow[\substack{FP \quad FP-2H}]{\text{氨基酸氧化酶}} \underset{\text{亚氨基酸}}{R-\underset{NH_2^+}{\overset{||}{C}}-COO^-} \xrightarrow{H_2O} \underset{\alpha-\text{酮酸}}{R-\underset{O}{\overset{||}{C}}-COO^- + NH_3}
$$

其中脱氢反应是一个酶促反应,可以催化这一过程的有氧化酶和脱氢酶。氧化酶有 L-氨基酸氧化酶和 D-氨基酸氧化酶。L-氨基酸氧化酶催化 L-氨基酸氧化脱氨,辅基为 FMN 或 FAD,L-氨基酸氧化酶在体内分布不多,其最适 pH 在 10 左右,在生理条件下活力大大下降。D-氨基酸氧化酶催化 D-氨基酸氧化脱氨,辅基为 FAD。L-氨基酸氧化酶和 D-氨基酸氧化酶在氧化脱氨基作用中用的并不是很多。

脱氢酶中最重要的是 L-谷氨酸脱氢酶。L-谷氨酸脱氢酶广泛存在于肝、脑、肾等组织中,尤其在动物肝脏中,是不需氧脱氢酶,辅酶是 NAD^+ 或 $NADP^+$,活性强,酶的专一性很高。L-谷氨酸脱氢酶催化 L-谷氨酸氧化脱氨,生成 α-酮戊二酸,反应可逆。L-谷氨酸脱氢酶相对分子质量为 330000,由 6 个相同的亚基聚合而成,是一种别构酶,GTP、ATP、NADH 是此酶的别构抑制剂,而 GDP 和 ADP 是别构激活剂。当体内 GTP 和 ATP 供应不足时,谷氨酸氧化脱氨作用加速,对氨基酸氧化供能起着调节作用。

一般情况下,单从化学反应平衡常数来看,反应偏向于谷氨酸的合成,但是在此反应中,脱去的 NH_3 在体内会被迅速处理掉,而使反应倾向于谷氨酸脱氨,生成 α-酮戊二酸。α-酮戊二酸会进入三羧酸循环,整个反应朝着脱氨方向进行。因此 L-谷氨酸脱氢酶在氨基酸分解代谢上占有十分重要的地位。

$$
\underset{\text{L-谷氨酸}}{\underset{COOH}{\overset{COOH}{\overset{|}{\underset{|}{\overset{|}{CHNH_2}}}}}\overset{|}{(CH_2)_2}} \underset{\text{L-谷氨酸脱氢酶}}{\overset{NAD^+ \quad NADH+H^+}{\rightleftharpoons}} \underset{\text{α-酮戊二酸}}{\underset{COOH}{\overset{COOH}{\overset{|}{\underset{|}{\overset{|}{C=O}}}}}\overset{|}{(CH_2)_2}} + NH_4^+
$$

(二)转氨脱氨基作用

转氨脱氨基作用(transamination)简称转氨基作用,是 α-氨基酸的氨基转移到 α-酮酸的酮基上,使原来的 α-酮酸转变成相应的 α-氨基酸,而原来的 α-氨基酸则转变成相应的 α-酮酸,这一过程是在转氨酶的催化下进行,不同氨基酸与 α-酮酸之间的转氨基作用由专一的转氨酶催化,反应可逆,平衡常数接近于 1.0。除赖氨酸、苏氨酸、脯氨酸及羟脯氨酸外,体内大多数氨基酸都可以参与转氨基作用,因此,转氨基作用在氨基酸代谢中起着非常重要的作用。

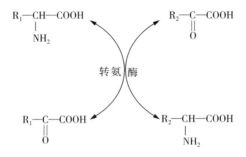

转氨基作用既是氨基酸的分解代谢步骤,也是体内某些氨基酸合成的重要步骤。转氨基作用还可以将蛋白质代谢与糖代谢联系起来,如蛋白质代谢过程中产生的丙氨酸、谷氨酸和天冬氨酸可以通过转氨基作用转变成丙酮酸、α-酮戊二酸和草酰乙酸,进入三羧酸循环;另一方面,对于糖代谢过程产生的丙酮酸、α-酮戊二酸和草酰乙酸也可以通过转氨基作用转变为丙氨酸、谷氨酸和天冬氨酸。因此,转氨基作用对糖和蛋白质代谢产物的相互转变有其重要性。

转氨酶广泛存在于动物、植物和微生物体内各组织中,转氨酶种类很多。真核细胞的胞质和线粒体内都可进行转氨基作用。在各种转氨酶中,以谷丙转氨酶(glutamic pyruvic transaminase,GPT)和谷草转氨酶(glutamic oxaloacetic transaminase,GOT)最重要。GPT 又称丙氨酸氨基转移酶,催化谷氨酸与丙酮酸之间的转氨基作用。GOT 又称天冬氨酸氨基转移酶,催化谷氨酸与草酰乙酸之间的转氨基作用。转氨酶主要存在于细胞内,在各组织中的活性差异很大,一般在正常情况下,心脏和肝脏中的转氨酶表现出很高的活性,如对于正常成人心脏中 GOT 的活力可达到 156000U/g 湿组织,GPT 活力为 7100U/g 湿组织。肝脏中 GOT 的活力可达到 142000U/g 湿组织,GPT 活力为 44000U/g 湿组织。而在血清中,转氨酶活性很低,GOT 的活力为 20U/g 湿组织,GPT 活力为 16U/g 湿组织。但是在心脏和肝脏因为某些原因出现炎症时,细胞膜通透性增高,转氨酶被大量释放进入血液,于是血清中转氨酶活性明显升高。在临床上,会以血清中 GOT 和 GPT 的活力作为疾病诊断的指标。

转氨酶的辅酶是磷酸吡哆醛和磷酸吡哆胺,是维生素 B₆ 的磷酸酯,它们结合于转氨酶的活性中心。在转氨基过程中,转氨酶-磷酸吡哆醛先与氨基酸结合,接受氨基转变成磷酸吡哆胺,同时氨基酸则转变成 α-酮酸。磷酸吡哆胺再将氨基转移给另一分子 α-酮酸而生成相应的氨基酸,同时自身又变回磷酸吡哆醛。在转氨酶的催化下,辅酶磷酸吡哆醛与磷酸吡哆胺相互转变,起着氨基传递体的作用。

(三)联合脱氨基作用

虽然转氨基作用普遍存在于生物体内,但是它只实现了氨基的转移,并没有最终脱去氨基。L-谷氨酸脱氢酶分布广泛,体内的氨基酸主要是靠转氨基作用生成谷氨酸后,再在 L-谷氨酸脱氢酶的作用下氧化脱氨,这种结合转氨基作用和氧化脱氨作用进行脱氨的方式,即为联合脱氨作用(transdeamination),又称为间接脱氨作用。具体过程如图 11-1 所示,α-氨基酸先与 α-酮戊二酸在转氨酶作用下经转氨基作用转变成相应的 α-酮酸和谷氨酸,谷氨酸再经 L-谷氨酸脱氢酶作用,脱去氨基生成 α-酮戊二酸,同时释放出氨。

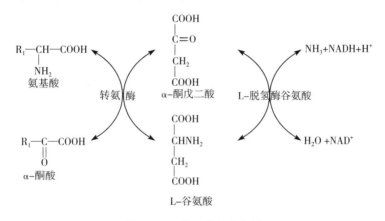

图 11-1　联合脱氨基作用

曾经认为联合脱氨基作用可能是体内氨基酸最主要的脱氨基方式,但是近来研究发现在骨髓肌、心肌、肝和脑组织中由于 L-谷氨酸脱氢酶分布少、活性低,很难进行上述方式的联合脱氨基作用,结合 L-谷氨酸脱氢酶的联合脱氨作用并不是这些组织中氨基酸脱氨的主要方式。这些组织中腺苷酸琥珀酸裂解酶、腺苷酸脱氨酶及腺苷酸代琥珀酸合成酶的含量和活性都很高,在这些组织中是以另一种联合脱氨作用进行脱氨,即腺嘌呤核苷酸循环脱氨作用。

嘌呤核苷酸循环也属于联合脱氨基作用,它是由转氨基反应和核苷酸循环反应联合实现的(图 11-2)。在此过程中,氨基酸首先通过两次转氨基作用将氨基转移给草酰乙酸,生成天冬氨酸;天冬氨酸与次黄嘌呤核苷酸(IMP)缩合,生成腺苷酸代琥珀酸,腺苷酸代琥珀酸在裂解酶的作用下,释放出延胡索酸,生成腺嘌呤核苷酸(AMP)。AMP 在腺苷酸脱氨酶作用下脱去氨基,又形成次黄嘌呤核苷酸,完成氨基酸的脱氨基作用。这里,次黄嘌呤核苷酸起到了传递氨基的作用。

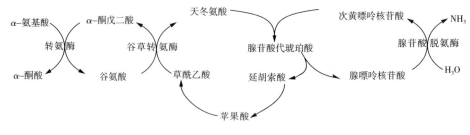

图 11-2 嘌呤核苷酸循环

(四)非氧化脱氨基

非氧化脱氨基作用(non-oxidative deamination)主要存在于微生物体内,少数动物体内也可以进行。其方式主要有以下几种。

1. 还原脱氨基作用

在严格无氧的条件下,某些含有氢化酶的微生物,能用还原脱氨基方式使氨基酸脱去氨基。

2. 水解脱氨基作用

氨基酸在水解酶的作用下,产生羟基和氨。

3. 脱水脱氨基作用

L-丝氨酸和L-苏氨酸的脱氨基是利用脱水方式完成的。催化该反应的酶以磷酸吡哆醛为辅酶。

4. 脱硫氢基脱氨基作用

L-半胱氨酸的脱氨基作用是用脱硫氢基酶催化的,过程与脱水脱氨基作用近似。

5. 氧化—还原脱氨基作用

两个氨基酸互相发生氧化—还原反应,分别形成有机酸、酮酸和氨。

二、脱羧基作用

氨基酸在氨基酸脱羧酶作用下进行脱羧,生成二氧化碳和伯胺类化合物的过程称为脱羧基作用(decarboxylation)。组织内的脱羧作用是氨基酸分解代谢的正常过程。除组氨酸外,其他氨基酸进行该反应时均需要磷酸吡哆醛作为辅酶。

$$R-\underset{\underset{NH_2}{|}}{C}H-COOH \xrightarrow{\text{氨基酸脱羧酶}} R-CH_2-NH_2+CO_2$$

氨基酸脱羧酶在生物体内广泛存在,尤其是微生物中,具有很高的专一性,一种氨基酸脱羧酶一般只对一种氨基酸起脱羧作用。氨基酸脱羧后形成的胺类中有一些具有特殊的生理作用,如谷氨酸经谷氨酸脱羧酶催化脱羧后生成的产物 γ-氨基丁酸,是重要的神经递质,它对中枢神经元的传导有抑制作用。谷氨酸脱羧酶在脑组织中活性较高,所以脑组织中有较多的 γ-氨基丁酸。组氨酸在组氨酸脱羧酶的作用下,脱羧生成组胺。组胺是一种血管舒张剂,可使血压降低。酪氨酸在酪氨酸脱羧酶的作用下,脱羧生成酪胺,酪胺能使血压升高。如果胺在体内大量积累,会引起神经或心血管等系统的功能紊乱,对机体造成伤害。但体内含有胺氧化酶,能催化胺类氧化成醛,继而被氧化成脂肪酸,再分解成二氧化碳和水,从而避免胺类在体内蓄积。人和动物肠道中的细菌酶也能使氨基酸脱羧形成多种胺类,胺类如被吸收过多,不能及时被胺氧化酶氧化,则可能引起身体不适。

$$\begin{array}{c} \text{COOH} \\ | \\ \text{CHNH}_2 \\ | \\ \text{(CH}_2)_2 \\ | \\ \text{COOH} \end{array} \xrightarrow{\text{谷氨酸脱羧酶}} \begin{array}{c} \text{CH}_2\text{NH}_2 \\ | \\ \text{(CH}_2)_2 \\ | \\ \text{COOH} \end{array} +\text{CO}_2$$

L-谷氨酸　　　　　　　　　　γ-氨基丁酸

三、氨基酸分解产物的去路

氨基酸分解,经脱氨基作用和脱羧基作用后,产生了各种降解产物如 NH_3、α-酮酸、CO_2 和胺,这些产物需要进一步代谢构成其他细胞成分或排出体外。

(一)氨的代谢

1. 氨的去向

氨基酸脱氨基作用生成的氨,对动、植物机体是有毒害作用的,故在正常情况下细胞中氨的浓度非常低,而不能在体内大量存积,必须转变成其他化合物或直接排出体外。在植物和某些微生物体内,可以把氨储藏在酰胺中重新利用。在动物体中,NH_3 的转变形式较多,可以通过不同的方式将氨转变成排泄物排出体外。人和哺乳动物将 NH_3 转变成的最终排泄物为尿素,鸟类和爬行动物为尿酸,水栖动物则可以将 NH_3 直接排出。

2. 尿素的生成

尿素循环(urea cycle)是最早发现的一个代谢循环。1932 年,Krebs H A 和他的学生 Henseleit K 利用同位素标记实验对肝脏切片进行研究,发现 NH_3 和 CO_2 并不能直接化合形成尿素,而是需要经过一个环式代谢途径后,才能转变为尿素。在肝脏切片悬浮液中加入鸟氨酸、精氨酸、瓜氨酸中的任何一种,都可以加快尿素的生成。通过进一步的深入研究,Krebs H A 和 Henseleit K 明确了尿素循环的详细步骤,也即当今的尿素循环(图 11-3)。尿素循环主要有 5 步反应。

(1)氨甲酰磷酸的合成

在线粒体基质中,脱氨基作用产生的 NH₃ 与 CO₂ 在氨甲酰磷酸合成酶的催化下生成氨甲酰磷酸,该反应步骤是不可逆的,是尿素循环的限速反应。生成的氨甲酰磷酸是氨的活化形式,为高能化合物。真核生物中存在两类氨甲酰磷酸合成酶:氨甲酰磷酸合成酶Ⅰ和氨甲酰磷酸合成酶Ⅱ,这二者虽然催化的产物相同,但性质不同。氨甲酰磷酸合成酶Ⅰ存在于线粒体,以氨作为氮供体,参与尿素合成,是一种别构酶,N-乙酰谷氨酸是此酶的激活剂。氨甲酰磷酸合成酶Ⅱ存在于细胞溶胶,以氨作为氮供体,参与嘧啶的生物合成。反应如下:

$$NH_3+HCO_3^-+H_2O+2ATP \xrightarrow[Mg^{2+}]{\text{氨甲酰磷酸合成酶Ⅰ}} H_2N-\overset{\overset{O}{\|}}{C}-O-PO_3H_2+2ADP+H_3PO_4$$

氨甲酰磷酸

(2)瓜氨酸的形成

在鸟氨酸氨甲酰基转移酶催化下,生成的氨甲酰磷酸与鸟氨酸反应,形成瓜氨酸,此反应在线粒体中进行。鸟氨酸产生于细胞液中,在反应前需要经过特异的运送体系进入线粒体。反应如下:

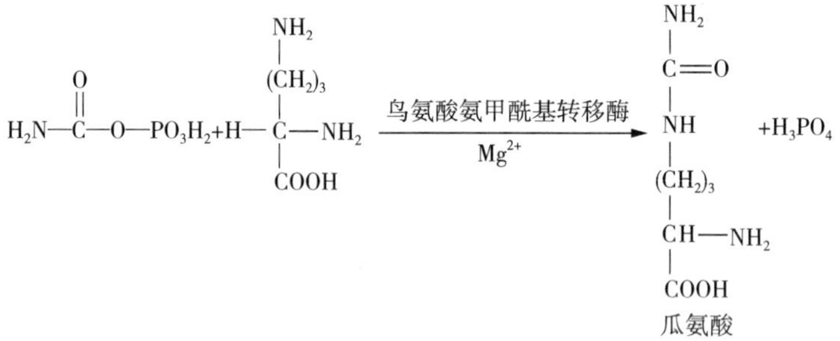

(3)精氨酸代琥珀酸的生成

瓜氨酸在线粒体中形成后,又被转运到胞液中,与天冬氨酸结合形成精氨酸代琥珀酸,此反应由精氨酸代琥珀酸合成酶催化,使瓜氨酸的胍基与天冬氨酸的氨基缩合,需要 ATP 供给能量。反应过程中,一分子 ATP 水解并释放 AMP 和 PPi。反应如下:

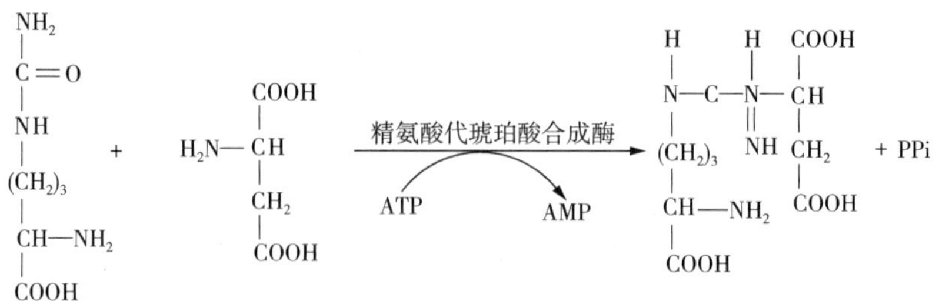

（4）精氨酸的生成

精氨酸代琥珀酸在精氨酸代琥珀酸裂解酶的催化下分解，生成精氨酸及延胡索酸。精氨酸为合成尿素的直接前体，延胡索酸进入三羧酸循环转变为草酰乙酸。草酰乙酸与谷氨酸进行转氨作用，又可转变为天冬氨酸。正是延胡索酸和草酰乙酸将尿素循环与三羧酸循环联系起来了。反应如下：

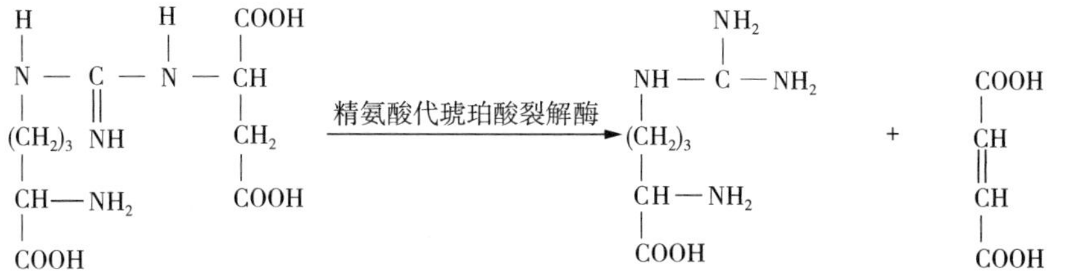

$$
\begin{array}{c}
\text{精氨酸代琥珀酸} \xrightarrow{\text{精氨酸代琥珀酸裂解酶}} \text{精氨酸} + \text{延胡索酸}
\end{array}
$$

（5）尿素的生成

精氨酸在精氨酸酶的催化下发生水解，产物为尿素和鸟氨酸。精氨酸酶有很高的专一性，只对 L-精氨酸起催化作用。生成的尿素最终排出体外，而鸟氨酸则能够通过线粒体膜进入线粒体，再参与新一轮的尿素循环。

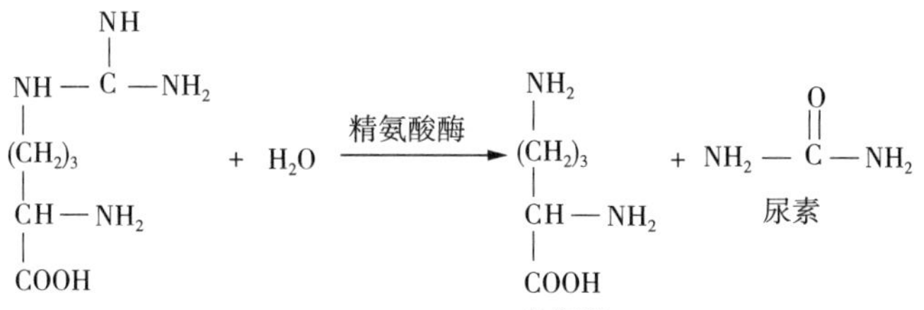

$$
\text{精氨酸} + H_2O \xrightarrow{\text{精氨酸酶}} \text{鸟氨酸} + \underset{\text{尿素}}{NH_2-\overset{O}{\overset{\|}{C}}-NH_2}
$$

尿素生成的总反应：

$$NH_3 + CO_2 + 天冬氨酸 + 3ATP + 2H_2O \longrightarrow$$

$$尿素 + 延胡索酸 + 2ADP + AMP + PPi + Pi$$

尿素循环把 2 个氨基和 1 个碳转化为尿素，2 个氨基一个来自氨，一个来自天冬氨酸，碳原子来自于二氧化碳。在整个循环过程中，第一步合成氨甲酰磷酸消耗了 2 分子 ATP，第三步合成精氨酸代琥珀酸消耗了 1 分子 ATP，产生 1 分子 AMP，因此整个过程消耗 3 分子 ATP 或者 4 个高能磷酸键。尿素形成过程中涉及几个不同的部位，尿素循环过程中的前两步反应是在肝脏中的线粒体中完成的，后三步是在胞液中进行的，尿素形成以后则进入肾脏排出体外，这有利于生物体自身的保护。

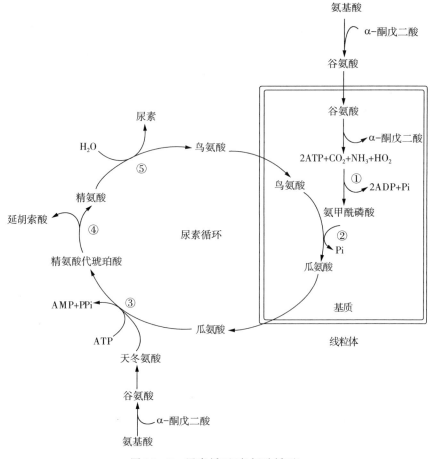

图 11-3　尿素循环(鸟氨酸循环)

①氨甲酰磷酸合成酶Ⅰ;②鸟氨酸氨甲酰基转移酶;③精氨酸代琥珀酸合成酶;
④精氨酸代琥珀酸裂解酶;⑤精氨酸酶

3. 酰胺的生成

生物体内还可以通过形成酰胺的形式进行解毒,同时对 NH_3 有贮存作用。在植物体内主要是生成天冬酰胺,由天冬酰胺合成酶催化生成;在人和动物体内主要是生成谷氨酰胺,由谷氨酰胺合成酶催化生成。

(二)α-酮酸的代谢

氨基酸脱去氨基后生成的 α-酮酸在体内的代谢途径主要有三种。

1. 合成氨基酸

α-酮酸可以通过转氨作用和还原氨基化作用生成营养非必需氨基酸。

2. 转变为糖和酮体

当体内氨基酸供应充分,并且体内能量供给充足时,α-酮酸可以转变成糖和酮体。根据氨基酸脱氨基后形成的中间产物不同可以将氨基酸分为三类：生糖氨基酸（glucogenic amino acid）、生酮氨基酸（ketogenetic amino acid）、生糖兼生酮氨基酸。

氨基酸代谢产生的 α-酮酸基本上都能转变为糖代谢的中间产物，如丙酮酸、草酰乙酸、延胡索酸、α-酮戊二酸等，继而可以生成糖，因此把这类氨基酸称为生糖氨基酸，包括：丙氨酸、精氨酸、天冬氨酸、胱氨酸、半胱氨酸、谷氨酸、甘氨酸、组氨酸、脯氨酸、羟脯氨酸、甲硫氨酸、丝氨酸、苏氨酸、缬氨酸。

在体内可转变成酮体的氨基酸称为生酮氨基酸，按脂肪代谢途径进行代谢。亮氨酸的 α-酮酸可转变成酮体，亮氨酸被称为生酮氨基酸，也是唯一一种只生酮不生糖的氨基酸。

在体内，有些氨基酸产生的 α-酮酸既能转变成糖又能转变成酮体，这类氨基酸称为生糖兼生酮氨基酸，包括酪氨酸、色氨酸、苯丙氨酸、异亮氨酸。

3. 氧化和供能

在有氧情况下，α-酮酸在正常代谢过程中可经过三羧酸循环途径被彻底氧化成 CO_2 和 H_2O，并满足机体的能量需要。

第三节　一碳基团

一、一碳基团的概念及生物学意义

在分解代谢过程中，某些氨基酸可以产生含有一个碳原子的基团，称为一碳基团（one carbon group）或一碳单位（one carbon unit）。

生物体内许多活性物质，如肌酸、磷脂酰胆碱等的生物合成以及核酸和蛋白质的甲基化修饰，都与一碳基团的转移有关。一碳基团的转移除与许多氨基酸的代谢有直接关系外，通过 Met 循环为生物体内广泛存在的甲基化反应提供甲基，另外对于一碳基团，它还是合成嘌呤和嘧啶的原料，参与嘌呤和胸腺嘧啶的生物合成，在核酸生物合成中占有重要地位。一碳基团将氨基酸代谢与核酸代谢紧密联系起来。

二、一碳基团的种类及代谢

体内常见的一碳基团有：亚氨甲基（—CH＝NH）、甲基（—CH₃）、甲酰基（—CHO）、甲烯基（—CH₂—）、甲炔基（—CH＝）、羟甲基（—CH₂OH）等。一碳基团不能单独游离存在，在一碳基团转移过程中，常与四氢叶酸（FH₄）结合。在这里，FH₄是一碳单位的载体，在一碳基团转移酶的作用下，携带着一碳基团的 FH₄可将其一碳基团转移给其他化合物。实际上 FH₄就是一碳基团转移酶的辅酶。一

碳基团通常结合在 FH_4 的 N^5，N^{10} 位上(表 11 - 1)。

表 11 - 1　一碳单位与四氢叶酸(FH_4)的结合形式

一碳基团	结合形式	主要来源
亚氨甲基(—CH ═ NH)	N^5 - CH ═ NH—FH_4	色氨酸
甲基(—CH_3)	N^5 - CH_3—FH_4	甲硫氨酸
甲酰基(—CHO)	N^{10} - CHO—FH_4	色氨酸
甲烯基(—CH_2—)	N^5，N^{10} - CH_2—FH_4	丝氨酸
甲炔基(—CH ═)	N^5，N^{10} - CH ═ FH_4	甘氨酸、丝氨酸
羟甲基(—CH_2OH)	N^{10} - CH_2OH—FH_4	

　　一碳基团的转移与许多氨基酸代谢有直接关系,如甘氨酸、丝氨酸、苏氨酸、组氨酸等,它们都可以作一碳基团的供体。甘氨酸脱氨基生成乙醛酸后,与 FH_4 反应生成 N^5，N^{10} - CH ═ FH_4。苏氨酸可分解为甘氨酸和乙醛,再通过甘氨酸形成一碳单位。丝氨酸分子可直接与 FH_4 作用形成一碳衍生物,β-碳原子可转移到 FH_4 上,同时脱去一分子水,生成 N^5，N^{10} - CH_2—FH_4。丝氨酸还可通过甘氨酸途径,β-碳原子转移后变为甘氨酸后形成 N^5，N^{10} - CH ═ FH_4。组氨酸在分解过程中形成亚氨甲酰谷氨酸,后者与 FH_4 作用,将亚氨甲酰基转移到 FH_4 上,形成亚氨甲酰 FH_4,再脱去氨后即形成 N^5，N^{10} - CH ═ CH_4。

　　各种不同形式的一碳单位中碳原子的氧化状态不同,在适当条件下,它们可以通过氧化还原反应而彼此转变,但一旦生成 N^5 - CH_3—FH_4,就不能转变为其他的一碳单位,其中的 FH_4 不能再利用。但是在 N^5 - CH_3—FH_4 转甲基酶的作用下,N^5 - CH_3—FH_4 能与同型的 Cys 反应生成 Met 和 FH_4,使 FH_4 重新获得被利用的机会。N^5 - CH_3—FH_4 转甲基酶的辅酶是 VB_{12},因此 VB_{12} 缺乏时,不仅不利于 Met 的生成,同时也影响四氢叶酸的再生,导致核酸合成障碍。因此,VB_{12} 不足时可以产生巨幼红细胞性贫血。

第四节　氨基酸的生物合成

一、氨的来源

　　生物体内的含氮化合物中的氮元素来自大气中的氮气、自然界中的无机氨和硝酸盐,其中大气氮是最大的氮资源。从根本上来说,生物体所需的氨来自于大气中的氮气。

二、氨的同化

生物体从各种途径获得的氨如果积累过多会对生物体产生毒害作用,因而需要将无机氨分子或离子转化为有机态氨,进而转化为氨基酸,这个过程称为氨的同化。生物体中,氨的同化可以通过生成谷氨酸和氨甲酰磷酸两种途径进行。

(一)谷氨酸合成

氨在同化时首先会生成谷氨酸,继而通过转氨作用可以合成其他氨基酸。L-谷氨酸脱氢酶可以催化氨和 α-酮戊二酸反应生成谷氨酸,此反应是一个可逆反应。L-谷氨酸脱氢酶对氨的亲和力低,而细胞中氨的浓度处于一个很低的水平,反应偏向于谷氨酸的脱氨分解,因此由 L-谷氨酸脱氢酶催化的这个反应并不是谷氨酸合成的主要方式。氨同化时,谷氨酸的合成主要靠谷氨酰胺合成酶催化,谷氨酰胺合成酶对氨的亲和力较大,在组织正常氨浓度范围内即可以催化谷氨酸和氨反应生成谷氨酰胺。谷氨酰胺为氨基传递体。对于植物,谷氨酰胺和 α-酮戊二酸在谷氨酸合成酶的作用下生成谷氨酸,此反应需要还原剂,如 NADH、NADPH。利用谷氨酰胺合成酶和谷氨酸合成酶来最终合成谷氨酸,是植物利用氨的主要途径。

(二)氨甲酰磷酸的合成

氨同化的另一条途径是合成氨甲酰磷酸。氨甲酰磷酸合成酶和氨甲酰激酶都可以催化氨和 CO_2 合成氨甲酰磷酸。反应式如下:

$$NH_3+CO_2+2ATP \xrightarrow[Mg^{2+}]{\text{氨甲酰磷酸合成酶I}} H_2N-\overset{\overset{\displaystyle O}{\|}}{C}-O-PO_3H_2+2ADP+Pi$$

$$NH_3+CO_2+ATP \underset{Mg^{2+}}{\overset{\text{氨甲酰激酶}}{\rightleftharpoons}} H_2N-\overset{\overset{\displaystyle O}{\|}}{C}-O-PO_3H_2+ADP+Pi$$

三、氨基酸生物合成的概述

对高等植物、高等动物以及微生物中的氨基酸的生物合成途径进行研究,发现它们具有相同的合成途径。微生物因为具有取材方便、容易获得突变株等优点,使得在研究氨基酸合成途径和调节机理时经常会以它作为材料。

不同生物因为自身所拥有的酶系统及其他差异,各自合成氨基酸的能力不同。植物和大部分微生物能合成全部 20 种氨基酸,而人和其他哺乳动物只能合成部分氨基酸。凡是人体可以自身合成的氨基酸,称之为非必需氨基酸(nonessential amino acids),具体包括丙氨酸、谷氨酸、谷氨酰胺、天冬氨酸、天冬酰胺、甘氨酸、精氨酸、半胱氨酸、组氨酸、脯氨酸;而人体不能通过自身合成、必须从外界摄取的氨基酸,称为必需氨基酸(essential amino acids)。必需氨基酸有 8 种,具体包括赖氨酸、异亮氨酸、甲硫氨酸、色氨酸、苏氨酸、缬氨酸、苯丙氨酸、亮氨酸。

生物体内所有氨基酸合成的碳源骨架都是来自于糖代谢的中间代谢产物,如丙酮酸、3-磷酸甘油、α-酮戊二酸、草酰乙酸等,根据合成氨基酸碳骨架的来源不同,可以将氨基酸分为六大族。

(一)丙氨酸族

这一族的氨基酸包括丙氨酸、缬氨酸、亮氨酸和异亮氨酸。它们是由糖酵解生成的丙酮酸转换而来的。对于丙氨酸,它是由丙酮酸直接通过转氨基作用生成。

(二)谷氨酸族

谷氨酸族又称 α-酮戊二酸衍生类型,这一族的氨基酸包括谷氨酸、谷氨酰胺、脯氨酸和精氨酸。它们的共同碳架是来自三羧酸循环的中间代谢产物 α-酮戊二酸。NH_3 与 α-酮戊二酸在 L-谷氨酸脱氢酶催化下,生成 L-谷氨酸,辅酶为 NADPH 和 H^+;L-谷氨酸形成后,与 NH_3 在谷氨酰胺合成酶的催化下,形成 L-谷氨酰胺,这个反应需要 ATP 提供能量;L-谷氨酸的 γ-羧基还原成谷氨酸 γ-半醛,然后环化成五元环二氢吡咯-5-羧酸,再由二氢吡咯还原酶作用还原形成 L-

脯氨酸。谷氨酸经过乙酰化、磷酸化、氧化形成 N -乙酰谷氨酸 γ -半醛,再接受谷氨酸的一个氨基后经过脱乙酰基作用形成 L -鸟氨酸,由鸟氨酸再形成精氨酸。由鸟氨酸形成精氨酸的步骤与尿素循环中的步骤相同。

(三)天冬氨酸族

天冬氨酸族又称草酰乙酸衍生类型,这一族的氨基酸包括天冬氨酸、天冬酰胺、赖氨酸、甲硫氨酸和苏氨酸,是由三羧酸循环中的草酰乙酸转换而来。L -天冬氨酸是由草酰乙酸与谷氨酸在谷 -草转氨酶催化下形成;天冬氨酸和谷氨酰胺,经天冬酰胺合成酶催化,从谷氨酰胺上获取酰胺基而形成天冬酰氨,此反应需要ATP参与;细菌和植物还可以由 L -天冬氨酸为起始物合成赖氨酸,L -天冬氨酸的 β -羧基活化后还原形成产物天冬氨酸- γ -半醛,再与丙酮酸缩合后,经还原后形成一个二羧酸,再与琥珀酰 -CoA 作用后,进行脱氨基、脱琥珀酸、异构化、脱羧基而最终形成 L -赖氨酸。天冬氨酸在形成天冬氨酸- γ -半醛后,还可以由另一条途径来合成甲硫氨酸,经脱氢酶作用还原形成 L -高丝氨酸,L -高丝氨酸可以由多种不同的方式进行酰基化,最终可以形成甲硫氨酸。另外高丝氨酸还可以在激酶的作用下磷酸化后再水解形成 L -苏氨酸。在 L -赖氨酸、L -甲硫氨酸、L -苏氨酸这三种氨基酸的合成过程中,形成的天冬氨酸- γ -半醛是一个分支点,在此之前它们都有着共同的合成途径。

(四)丝氨酸族

丝氨酸族又称 3 -磷酸甘油酸衍生类型,这一族的氨基酸有丝氨酸、甘氨酸和半胱氨酸。它们的共同碳骨架是糖酵解的中间产物 3 -磷酸甘油酸。3 -磷酸甘油酸酶促脱氢生成 3 -磷酸羟基丙酮酸,在转氨酶作用下,接受谷氨酸提供的氨基形成 3 -磷酸丝氨酸,去磷酸化后形成 L -丝氨酸。L -丝氨酸在丝氨酸转羟甲基酶作用下,脱去羟甲基后即生成甘氨酸。半胱氨酸合成的关键是硫氢基的来源,植物、动物、微生物硫氢基的来源不同使得它们合成半胱氨酸的途径也不一样。对于植物和细菌,丝氨酸在丝氨酸乙酰转移酶的作用下形成 O -乙酰丝氨酸,在酶的作用下吸收外界的硫形成 L -半胱氨酸。对于动物,则由丝氨酸和高半胱氨酸在胱硫醚- β -合酶作用下,形成 L -胱硫醚,再经水解生成 L -半胱氨酸。

(五)芳香族

这一族氨基酸包括酪氨酸、色氨酸和苯丙氨酸,其碳架来自于戊糖磷酸途径的中间产物 4 -磷酸赤藓糖和糖酵解的中间产物磷酸烯醇式丙酮酸。这一族氨基酸只能由植物和微生物合成。4 -磷酸赤藓糖和磷酸烯醇式丙酮酸缩合,再经脱磷酸环化、环化后脱水、加氢形成莽草酸,莽草酸再经反应最终转化为分支酸,这是芳香族氨基酸合成途径的分支点。分支酸在变位酶作用下可以转变为预苯酸,经脱水、脱羧反应形成苯丙酮酸,再与谷氨酸发生转氨反应形成苯丙氨酸。预苯酸经氧化脱羧后,再与谷氨酸进行转氨作用形成酪氨酸。分支酸也可以转化为邻氨基苯甲酸,再生成色氨酸。

(六)组氨酸族

这一族氨基酸仅包括组氨酸,其合成过程较复杂,需经过 10 步反应,9 种酶参与催化。组氨酸合成需要 3 个前体物质,即 5-磷酸核糖焦磷酸、谷氨酰胺和 ATP。组氨酸的碳架来自于 5-磷酸核糖焦磷酸,组氨酸的咪唑环上的一个氮原子和一个碳原子来自于 ATP 的嘌呤环,咪唑环上的另一个氮原子来自于谷氨酰胺。

四、生物固氮与氮素循环

生物固氮(biological nitrogen fixation)是指某些特定的微生物可以利用自身特有的酶在常温常压下将大气中的分子氮还原为氨态氮的过程。高等生物则无法进行。据估计,全球每年通过固氮作用所形成的氨中,生物固氮的产量可以占据75%左右,这样就大大节省了能源,也减少了环境污染。

目前已知的固氮微生物均是原核生物,包括自生固氮微生物和共生固氮微生物两大类。自生固氮微生物,如巴氏梭菌、蓝藻等,它们都可以利用自身代谢获得的能量进行固氮。而对于共生固氮微生物,如与豆科植物共生的根瘤菌,不能单独生活,它们从共生体获得能量,将 N_2 还原为氨,供给共生体生长使用。自然界中存在很多共生固氮体系,除了与农业生产密切相关的豆科植物与根瘤菌共生体系外,还有鱼腥藻与蕨类植物共生体系,一些高等植物如苏铁、部分榆科植物也会与根瘤菌、放线菌等固氮微生物形成共生固氮体系。

固氮微生物之所以能进行固氮作用,是因其细胞中有一个极为复杂的酶系统,称为固氮酶系统。从固氮酶系统中分离得到两种蛋白质组分,各组分单独存在时均没有催化活性。两种组分都属于铁硫蛋白,分别称为铁钼蛋白和铁蛋白。铁钼蛋白是因分子中含有 Fe 和 Mo 而得名。铁钼蛋白相对分子质量约为 220000,该蛋白的亚基结构形式为 $\alpha_2\beta_2$,其活性中心位于 α 亚基,其功能是结合 N_2 并利用铁蛋白提供的高能电子将 N_2 还原为 NH_3。铁蛋白中只含 Fe 而不含 Mo,相对分子质量约为 65000,是一种亚基的二聚体,它以一或两个分子与一分子铁钼蛋白相连,作用是从其他电子供体(如 $NADPH_2$)获得高能电子并传递给铁钼蛋白用于还原 N_2。不同来源固氮酶的铁钼蛋白和铁蛋白交叉组合后仍可表现出固氮活性,说明它们有共同的活性中心和机制。除了上面这一类典型的含钼固氮酶外,近来又发现含有钒的固氮酶及钼、铁都不含的固氮酶,它们的共同的特点是由双蛋白组成的复合酶系统。

生物固氮是一个复杂的生物化学反应过程,固氮酶催化还原反应需要满足以下三个条件。

一是存在电子供体及电子传递体。还原 N_2 所需的电子是由 $NADPH_2$ 等生物代谢反应共用的还原性物质提供,并由铁氧还蛋白或黄素氧还蛋白作为电子传递将电子传递到固氮酶分子上。

二是 ATP 提供能量。把 N_2 还原为 NH_3 的过程是一个耗能反应,需要消耗大量能量。固氮反应中还原铁氧还蛋白需要有 ATP 提供能量,固氮酶本身具有 ATP 酶活性,能水解 ATP,释放能量。

三是严格的厌氧环境。固氮酶中的铁蛋白对氧十分敏感,另外氧的存在会消除高能电子,所以固氮酶要在严格的厌氧环境下才能进行固氮作用。不同的固氮生物都各自有一套独特的防氧机制,可以在细胞内形成一个特殊的无氧区域,使固氮反应得以正常进行。如与豆科植物共生的根瘤菌是靠豆血红蛋白将氧从根瘤菌处转运走,形成一个厌氧环境进行固氮反应的。

在厌氧条件下,利用细胞内一般代谢过程所提供的电子供体和 ATP,固氮酶可催化 N_2 经一步反应直接还原为 NH_3,即生物固氮,反应式如下:

$$N_2 + 8H^+ + 8e^- + 16ATP \longrightarrow 2NH_3 + H_2 + 16ADP + 16Pi$$

反应需要消耗掉大量能量,每转移一个电子需要 2 分子 ATP。对自生固氮微生物来说,可以通过光合作用或化能自养作用获得能量;而对于共生固氮微生物则需要从其共生物中获得糖、脂等有机物,再将这些有机物氧化分解来取得能量。另外从反应过程可以看到,每还原 1 分子 N_2,需要 8 个电子,其中 2 个电子用来将 H^+ 还原产生 1 分子 H_2,这是固氮酶本身的催化特性所决定的。H_2 积累到一定浓度时,会抑制固氮酶的活性而使固氮反应停止,因此需要一种代谢机制来消除这些 H_2,氢酶所催化的反应过程就具有这样的作用。氢酶也是一种铁硫蛋白,在多数固氮生物中都存在。在氢酶的作用下,氧化态的铁氧还蛋白与 H_2 作用,转变成还原态的铁氧还蛋白,释放出 H^+,此反应是可逆的,即可从 H_2 中回收电子,并将这些电子通过铁氧还蛋白重新传递给固氮酶用于 N_2 的还原。

对构成生物体的有机分子进行元素分析可以发现,氮元素是除 C、H、O 外最重要的一种元素。氮元素最初就是通过生物固氮过程从大气进入微生物的,再沿着食物链传递到包括人在内的所有高等生物体中。因此,生物固氮是整个生物界的氨态氮最主要的来源,也是推动自然界氮素循环最基本的动力。当前人类的农业生产需要大量氮肥,这些氮肥主要通过工业固氮的方式获得,既要消耗大量的能源,又会造成很重的污染。在对生物固氮进行深入研究并弄清其机理之后,如能在工厂中进行大规模模拟,将会对整个人类带来不可估量的影响。

组成生物分子的氮元素主要以氨态氮存在,大气中以氮气含量最高,达 78% 以上,但是却无法被绝大多数生物直接利用,只有经一些固氮生物通过固氮作用将这些氮气转变为氨后,才能进入生物圈。而对于植物及一些微生物,在生长过程中能够吸收土壤和水体中存在的硝态氮,并将其还原为氨用于自身生物合成。一旦生物体死亡,其体内包括蛋白质、核酸等分子中含有的氮元素,又可以被其他生物或自然力逐步降解氧化为无机氨或硝态氮重新回到大气、水体及土壤中。这样,在生物为主要动力的推动下,氮元素在氨态氮、硝态氮及氮气等形式间循环变化的过程,称为氮素循环。从图 11-4 中可以看到,生物体所需的氨主要来自两个过程,即固氮作用和硝酸还原作用。

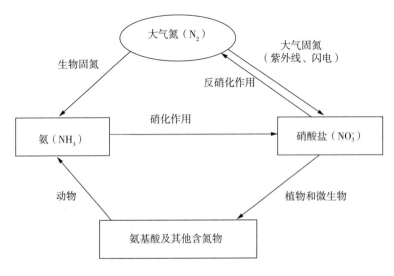

图 11-4 自然界的氮素循环

第五节 蛋白质的生物合成

蛋白质是生命活动的物质基础,是遗传信息表现的功能形式。蛋白质生物合成在细胞生命过程中占有十分重要的地位。蛋白质的生物合成也称为翻译(translation),是一个由多种分子参与的复杂过程。DNA 贮存遗传信息,但它并不是蛋白质合成的直接模板,需要先通过转录将遗传信息传递给 mRNA 分子。mRNA 承担了模板的功能,以其携带的密码信息来指导合成蛋白质。生物体内的蛋白质是由约 20 种氨基酸组成的。蛋白质的生物合成可以看作是将 mRNA 分子中 4 种核苷酸序列编码的遗传信息,翻译为蛋白质一级结构中 20 种氨基酸的排列顺序,就好像是将一种语言翻译成了另一种语言。

一、蛋白质合成体系的重要组分

(一)mRNA 与遗传密码

1. mRNA

mRNA 是单链线性分子,由 $400\sim4000$ 个核苷酸组成。mRNA 在细胞核中转录了 DNA 分子的全部遗传信息,进入细胞质中的核糖体,以此为模板来指导蛋白质的合成。mRNA 起到了传递遗传信息的作用,所以被称为信使核糖核酸。对于原核生物,mRNA 往往携带有多种功能相关的蛋白质的编码信息,在翻译过程中可以同时合成几种蛋白质,为多顺反子;而对于真核生物,mRNA 一般只带有一种蛋白质的编码信息,为单顺反子。mRNA 的半衰期很短,很不稳定,一旦完成其使命后很快就被水解掉。

2. 遗传密码

mRNA 分子中,为蛋白质氨基酸编码的核苷酸序列称为遗传密码(genetic code)。mRNA 从 $5'-3'$ 方向,采用数学方法计算,如果每两个核苷酸决定一个氨基酸,组成 mRNA 的核苷酸有 4 种,那么 $4^2=16$,只能编码 16 种氨基酸,这显然是不够的。如果是每三个相邻的核苷酸组成一组形成三联体,编码一种氨基酸,可以组成 $4^3=64$ 个密码子,就满足了对 20 种氨基酸进行编码的需求,这样相邻的核苷酸就称为三联体密码,又称为密码子。科学家们利用多种方法,历经 5 年时间,于 1966 年破译了全部的密码子,编排出了遗传密码字典(表 $11-2$)。

表 $11-2$　遗传密码表

5′端碱基	中间的碱基				3′端碱基
	U	C	A	G	
U	苯丙氨酸(Phe)	丝氨酸(Ser)	酪氨酸(Tyr)	半胱氨酸(Cys)	U
	苯丙氨酸(Phe)	丝氨酸(Ser)	酪氨酸(Tyr)	半胱氨酸(Cys)	C
	亮氨酸(Leu)	丝氨酸(Ser)	终止	终止	A
	亮氨酸(Leu)	丝氨酸(Ser)	终止	色氨酸(Trp)	G
C	亮氨酸(Leu)	脯氨酸(Pro)	组氨酸(His)	精氨酸(Arg)	U
	亮氨酸(Leu)	脯氨酸(Pro)	组氨酸(His)	精氨酸(Arg)	C
	亮氨酸(Leu)	脯氨酸(Pro)	谷氨酰胺	精氨酸(Arg)	A
	亮氨酸(Leu)	脯氨酸(Pro)	谷氨酰胺	精氨酸(Arg)	G
A	异亮氨酸(Ile)	苏氨酸(Thr)	天冬酰胺(Asn)	丝氨酸(Ser)	U
	异亮氨酸(Ile)	苏氨酸(Thr)	天冬酰胺(Asn)	丝氨酸(Ser)	C
	异亮氨酸(Ile)	苏氨酸(Thr)	赖氨酸(Lys)	精氨酸(Arg)	A
	甲硫氨酸(Met)	苏氨酸(Thr)	赖氨酸(Lys)	精氨酸(Arg)	G

(续表)

5'端碱基	中间的碱基				3'端碱基
	U	C	A	G	
G	缬氨酸(Val)	丙氨酸(Ala)	天冬氨酸(Asp)	甘氨酸(Gly)	U
	缬氨酸(Val)	丙氨酸(Val)	天冬氨酸(Asp)	甘氨酸(Gly)	C
	缬氨酸(Val)	丙氨酸(Val)	谷氨酸(Glu)	甘氨酸(Gly)	A
	缬氨酸(Val)	丙氨酸(Val)	谷氨酸(Glu)	甘氨酸(Gly)	G

遗传密码有以下几个特点:

(1)连续性

相邻的两个密码子之间没有任何核苷酸间隔,也没有交叉重叠,在合成多肽链时,从起始密码 AUG 开始,必须连续三个一组、一个密码子接着一个密码子连续地往下进行翻译,直至出现终止密码为止。

(2)简并性

除色氨酸和甲硫氨酸只有 1 个密码子外,其他氨基酸都有 2 个或 2 个以上不同的密码子,这称为密码子的简并性。对应于同一氨基酸的不同密码子互称为同义密码子或简并密码子。同义密码子的前两个核苷酸是相同的,第三个核苷酸不同,即密码的专一性主要由头两个核苷酸决定,第三个核苷酸发生突变时,也能翻译出正确的氨基酸。密码子的这种简并性在维持生物物种的稳定性上具有重要的意义,可以减少有害的突变。

(3)摆动性

tRNA 的反密码子需要通过碱基互补与 mRNA 上的密码子反向配对结合,但有时反密码子与密码子间不完全遵守碱基配对规则,这种不严格的配对关系称为密码子的摆动性。摆动性通常出现在反密码子的第一位碱基与密码子第三位碱基。当第三位碱基发生突变时,仍可以翻译出正确的氨基酸。遗传密码的摆动性使一种 tRNA 可以识别几种代表同一种氨基酸的密码子。

(4)通用性

一直以来,认为所有的生物都使用同一套遗传密码。但近来发现真核生物线粒体的遗传密码与通用密码有些差别,如人线粒体中 UGA 不再是终止密码,而成为色氨酸的密码子;AGA、AGG 成为终止密码子,不再编码精氨酸。

(二)tRNA 与反密码子

tRNA 是小分子 RNA,一般由 73~94 个核苷酸组成。tRNA 可以对 mRNA 上的遗传信息进行识别,并携带与密码子对应的氨基酸,将其转运到核糖体中进行蛋白质的生物合成。

tRNA 是蛋白质生物合成过程中氨基酸的转运工具,天然蛋白质的 20 种氨基酸都有 2～6 种各自特异的 tRNA，可将各种氨基酸按照 mRNA 上密码子所决定的顺序转运到核糖体上，合成蛋白质。tRNA 氨基酸臂的 3′末端均为 CCA - OH 序列，能携带相应的氨基酸。在 tRNA 分子的反密码环上，由 3 个碱基组成一个三联体，它能以互补配对的方式识别 mRNA 上相应的密码子，称作反密码子。密码子与反密码子的方向相反，反密码子可以根据碱基配对的原则，与 mRNA 分子上对应的密码子结合（图 11 - 5），携带相对应的氨基酸。每种 tRNA 只能携带一种氨基酸，但由于密码子的简并性，绝大多数氨基酸需要一种以上的 tRNA 作为转运工具。运输同一种氨基酸的不同 tRNA 称为同工受体 tRNA。

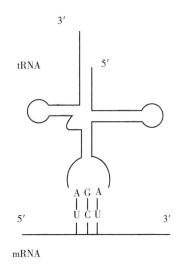

图 11 - 5　密码子与反密码子的识别

转运起始氨基酸的 tRNA 称为起始 tRNA，由于起始密码子 AUG 代表甲硫氨酸，所以 tRNA 为 $tRNA^{Met}$，在原核生物中，起始 tRNA 携带的甲硫氨酸被甲酰化形成甲硫甲酰氨酸，用 $fMet - tRNA_f^{Met}$ 表示。在肽链延长过程中起作用的 tRNA 称为延长 tRNA，将原核生物中携带甲硫氨酸的延长 tRNA 表示为 $Met - tRNA_m^{Met}$。

（三）rRNA 与核糖体

核糖体是细胞内一个巨大的核糖核蛋白体，由 rRNA 和多种蛋白质组合形成，它是蛋白质合成的场所，是蛋白质生物合成的"装配机"，又称蛋白质合成工厂。

在原核生物细胞中，rRNA 占据 60％～65％，蛋白质占据 30％～35％，核糖体一般以游离形式存在，也可以与 mRNA 结合形成多核糖体，平均每个细胞中大约有 2000 个核糖体。在真核生物细胞中，rRNA 占据 55％，蛋白质占据 45％，核糖体既能够以游离形式存在，也可以附着在内质网上，形成粗面内质网。对于每个真核生物细胞来说，它所含的核糖体数目要比原核生物细胞高得多，为 10^6～10^7 个。

核糖体结构中存在两个亚基，一个为大亚基，一个为小亚基。原核生物的核糖体为 70S，由 30S 小亚基和 50S 大亚基组成。30S 小亚基由 1 分子 16S rRNA 和 21 种蛋白质构成，50S 大亚基由 1 分子 5S rRNA、1 分子 23S rRNA 和 34 种蛋白质构成。真核生物的核糖体为 80S，其中小亚基为 40S，含有 1 分子 18S rRNA 和 30 多种蛋白质；大亚基为 60S，含有 1 分子 5S rRNA、1 分子 28S rRNA 和 50 多种蛋白质。

结合电镜及其他方法观察大肠杆菌的结构模型，大肠杆菌的核糖体为一椭圆球体（13.5nm×20.0nm×40.0nm），小亚基的模型从外形上看好像动物的胚胎，长轴上有一个凹下去的颈部,正好将小亚基分成头部和躯干两个部分。大亚基的模型好像一把特殊的椅子,有三个突起,中间凹陷下去的部位有一个较大的空穴。mRNA 位于小亚基与大亚基的结合面上,小亚基 16S rRNA 的 3′端有一富含嘧啶的区段,可与 mRNA 起始部位富含嘌呤的 SD 区互补结合。大亚基可以非专一地与 tRNA 相结合,有供 tRNA 结合的两个位点,一个叫作 A 位点或称受位(amino-acylsite,acceptorsite),为 tRNA 携带氨基酸进入的位点;另一个叫作 P 位点或称给位(peptidylsite,donorsite),起始 tRNA 或正在延长中的肽酰- tRNA 结合部位,又称肽酰基位点(图 11 - 6);另外在核糖体上除了 A 位和 P 位外,还有一个称为 E 位或出位(exitsite),是空载 tRNA。

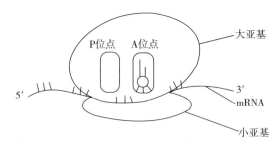

图 11 - 6　核糖体结构示意图

(四)辅助因子

在蛋白质生物合成过程中,还需要有一些辅助因子参与,主要有以下三种。

1. 起始因子

在蛋白质生物合成中,起始因子主要有 IF_1、IF_2、IF_3 等,主要功能是促进起始复合体的形成。

2. 延长因子

在蛋白质生物生物合成中,延长因子主要有 EF - Tu、EF - Ts、EF - G 等,主要功能是使肽链延长。

3. 释放因子

在蛋白质生物合成中,释放因子主要有 RF_1、RF_2、RF_3 等,主要功能是识别终止信号,促使多肽链的释放。

二、蛋白质生物合成过程

蛋白质的生物合成是一个很复杂的过程。实验证明,多肽链的合成是从 N 端向 C 端延伸的,mRNA 上信息的翻译是从核苷酸链的 5′端向 3′端进行的。蛋白质的生物合成是在细胞质中进行的,全过程大致可分为四个步骤:氨基酸的活化、肽链合成的起始、肽链的延伸、肽链合成的终止和释放。真核生物与原核生物蛋白质合成的过程非常相似,但也有很多不同之处。下面着重介绍原核生物蛋白质的合成过程。

(一)氨基酸的活化

在蛋白质合成之前,各种氨基酸都必须先经过活化。氨基酸的活化是指氨基酸与 tRNA 的氨基酸臂 3′末端 CCA—OH 以酯键相连,形成氨基酰-tRNA 的过程,此过程需要 ATP 提供能量,氨基酰-tRNA 合成酶催化。反应分两步进行。

1. 氨基酰-AMP-酶复合物的形成

氨基酸在氨基酰-tRNA 合成酶的催化下,氨基酸的羧基与 AMP 之间以酯键结合,氨基酸的羧基得到活化,形成氨基酰-AMP-酶复合物,该反应过程中同时需要 Mg^{2+} 的参与。

$$氨基酸＋tRNA＋ATP \xrightarrow[Mg^{2+}]{氨基酰-tRNA 合成酶} 氨基酰-tRNA＋AMP＋PPi$$

2. 氨基酰-tRNA 的形成

氨基酰-AMP-酶复合物形成以后,活化的氨酰基从复合物脱落,与相应的 tRNA 结合,形成氨基酰-tRNA。氨基酰-tRNA 合成酶具有高度特异性,它既能识别特异的氨基酸,又能识别特异的 tRNA 分子。

(二)肽链合成的起始

tRNA 携带经活化的氨基酸,与 mRNA 结合到核糖体上形成一个复合物即为肽链合成的起始。这一过程需要多种起始因子(IF1、IF2、IF3)和供能物质 GTP 的参与,是蛋白质生物合成的关键步骤。

1. 起始密码子的识别

原核生物多肽链的合成并不是从 mRNA5′端的第一个核苷酸开始的,在 mRNA5′端起始密码子(AUG)上游约 10 个核苷酸的地方有一段富含嘌呤的序列,称为 SD 序列(Shine-Dalgarno sequence),它与核糖体小亚基 16S rRNA3′端的核苷酸序列辨认结合形成互补,从而使得 30S 小亚基能够正确定位在 mRNA 的 5′端。

2.70S 起始复合物的形成

原核生物起始复合物的形成过程需要三种起始因子参与,即 IF1、IF2 和 IF3。

(1)核糖体大小亚基的分离

翻译起始时,在 IF3 的促进下,核糖体的大小亚基解聚,IF1 协助 IF3 与 30S 小亚基结合,以防止大小亚基重新聚合。

(2)核糖体小亚基与 mRNA 结合

小亚基与 mRNA 结合,形成 IF3-30S-mRNA 复合物。在 IF1、IF2 参与下,IF3-30S-mRNA 进一步与 fMet-tRNA$_f^{Met}$、GTP 相结合,释放 IF3,形成 30S 起始复合物 IF2-GTP-fMet-tRNA$_f^{Met}$-mRNA。

(3)核糖体大亚基结合

30S 起始复合物形成后,IF3 先脱落,接着 IF1 和 IF2 相继脱落。结合了 mRNA 和起始 tRNA 的 30S 小亚基上又结合上 50S 大亚基,形成 70S - mRNA - fMet - tRNA$_f^{Met}$起始复合物。此时,fMet—tRNA$_f^{Met}$占据了核糖体的 P 位,其反密码恰好与起始密码子 AUG 结合,空着的 A 位准备接受能与下一个密码子配对的氨酰 - tRNA,为肽链的延伸做好了准备。

(三)肽链的延伸

肽链的延伸包括进位、转肽、移位、脱落四个步骤。在肽链延伸阶段,与 mRNA 上的密码子相匹配,新的氨基酸不断被其特异的 tRNA 运至核糖体的 A 位,形成肽链。同时,核糖体向着 mRNA 的 3' 端不断移位以推进翻译过程。肽链延伸阶段需要延长因子、GTP、Mg^{2+}与 K$^+$的参与。

1. 进位

70S 起始复合物形成以后,A 位空出,与 mRNA 密码子相对应的氨酰 - tRNA 进入 A 位。这一反应需要 GTP 和肽链延长因子 EF - Tu 与 EF - Ts 参与作用。 EF - Tu 很不稳定,它可以促进氨基酰 - tRNA 与核糖体的受位结合;而 EF - Ts 较稳定,它能够促进 EF - Tu 的再利用。

2. 转肽

P 位上 tRNA 所携的肽酰基在肽基转移酶(转肽酶)的催化下,被转移至 A 位上新进入的氨基酰 tRNA,并与其所带的氨基酸的氨基形成肽键,此时 A 位上为一二肽,此反应过程还需要 Mg^{2+} 和 K$^+$ 的参与。

3. 移位

在肽链延长因子 EF - G 的作用下,核糖体向 mRNA 的 3' 端做相对移动,每次移动的距离相当于一个密码子的距离。经此步骤,原来在 A 位上的肽酰 - tRNA 移至 P 位,A 位留空等待下一个密码子准确定位在此。移位反应需要延长因子 EFG 参与作用,EFG 又称移位酶,此外还需要 GTP 参与。

4. 脱落

当新的氨基酰 tRNA 进入 A 位后,空载的 tRNA 从核糖体的 E 位脱落。以后肽链上每增加一个氨基酸残基,肽链延伸过程就重复一次。

(四)肽链合成的终止与释放

肽链合成的终止阶段包括对 mRNA 上终止密码的识别,已合成完毕的肽链从肽酰 - tRNA 水解释放,以及核糖体与 tRNA 从 mRNA 上脱落的过程。在这一阶段中,需要 GTP 与终止因子 RF 的参与。

mRNA 上肽链合成的终止密码子为 UAA、UAG 和 UGA。当肽链合成时, A 位出现 mRNA 的终止密码,此时任何一个氨酰 - tRNA 均不能与之识别,只有终止因子能与之识别,并进入 A 位。原核生物的 RF 有 3 种:RF1、RF2 和 RF3。RF1 可以识别终止信号 UAA 或 UAG,RF2 可以识别 UAA 或 UGA。RF3 不能识别终止密码子,但可与 GTP 结合,将 GTP 水解为 GDP 和磷酸,协助肽链释放。另外,RF 使大亚基 P 位上的肽酰转移酶失去转肽作用,而起水解作用,从而使 P 位上的 tRNA 与多肽链之间的酯键水解,RF、核糖体及 tRNA 亦渐次脱离。在 IF3 的作用下,从 mRNA 上脱落的核糖体大小亚基解离,可以重新进入核糖体循环。

三、蛋白质合成后的加工成熟

从核糖体释放出来的多肽链,多数不具有活性,还需要进一步加工、修饰才能转变为具有生物学功能的蛋白质。

(一)肽链 N 端的修饰

在蛋白质合成过程中,新合成的多肽链的 N 端总为甲酰甲硫氨酸。但由于绝大多数天然蛋白质的 N 端通常并不以甲硫氨酸为第一氨基酸,故需要用氨基肽酶或脱甲酰基酶将其予以水解切除。

(二)个别氨基酸残基的化学修饰

有些蛋白质前体需经一定的化学修饰才能参与正常的生理活动,如丝氨酸、苏氨酸或酪氨酸等在肽链合成后经磷酸化后成为一些酶的活性中心。除磷酸化外,有时蛋白质前体需要乙酰化(如组蛋白)、甲基化、羟基化等。

(三)水解修饰

某些无活性的蛋白前体,需要在特异性的蛋白酶催化下水解,切除某些肽段或氨基酸残基后,才能生成具有活性的多肽、蛋白质。如分泌性蛋白经特异的蛋白酶水解切除信号肽使无活性的前体转变为有活性的形式,前胰岛素转变成胰岛素等。

(四)二硫键的形成

mRNA 分子中没有胱氨酸的密码子,二硫键是在肽链合成后形成的。二硫键对维持蛋白质的立体结构起重要作用。由两个半胱氨酸残基形成,可以在一条肽链内形成,也可以在两条肽链间形成。

(五)辅基连接

细胞内多种结合蛋白如脂蛋白、色蛋白、核蛋白、糖蛋白及各种带辅基的酶,在多肽链合成后还需要结合相应的辅基,才能形成具有生物活性的蛋白质。

(六)折叠修饰

蛋白质的高级结构形成后才具有生物活性。多肽链在合成过程中,就一步一步折叠成其特有的空间结构,当多肽链合成完毕从核糖体上脱落下来时,也正好经折叠形成了它的空间结构。

第六节 基因工程及其在环境保护中的应用

一、基因工程的概念

基因工程(gene engineering),亦称遗传工程,是 20 世纪 70 年代以来发展起来的一项生物工程技术,是在分子水平上利用人工方法对 DNA 进行重组的技术,其本质是 DNA 重组技术的应用。所谓 DNA 重组技术,是将不同的 DNA 片段按人们先前的设计方案定向连接,并在特定的受体细胞中,与载体一起得到复制与表达,从而使受体细胞获得新的遗传性状。随着生物化学和分子生物学的发展,人们可以将异源基因与载体 DNA 在体外进行重组,再将它送入另一生物的活细胞中,使异源基因在其中复制和表达,从而达到改造其遗传性状或表达出有特定生物学功能的物质。基因工程的发展日新月异,DNA 重组技术已成为进行生物工程研究的重要手段,广泛深入生命科学各主要领域的基础研究,应用前景广泛。

二、基因工程操作技术

基因工程的操作技术包括两个紧密相关的环节:一是体外基因重组,即把所需的 DNA 片段(目的基因)和基因载体取出,进行体外重组;二是重组体的转化、增殖与表达,即将重组的载体接入到受体中,使这成为细胞遗传物质的一部分,进行扩增和表达。

(一)体外基因重组

从某种意义上来说,基因工程的操作主要就是体外基因重组,涉及目的基因的制备、基因载体的制备和目的基因与载体连接成重组 DNA。

1. 目的基因的制备

要进行 DNA 重组,首先要取得所需的目的基因。制备目的基因的方法主要有以下几种。

(1)从基因组中直接分离

对于原核生物来说,基因组较小,基因容易定位,可以用限制性内切酶将基因组切成若干片段后,用带有标记的核酸探针,从中选出目的基因。而对于真核生物,可以先制作基因文库,再选取带有目的基因的片段。

(2)人工合成目的基因 DNA 片段

可以按照所需要基因的碱基序列,用化学方法和酶促合成法人工合成。化学合成法价格昂贵,且每次合成的片段长度有限。一般采用 DNA 合成仪来合成不大的 DNA 片段。

（3）逆转录

从胞质中分离得到所需基因的 mRNA，利用反转录酶反转录出 cDNA，用作目的基因。

（4）PCR 反应合成 DNA

聚合酶链式反应（PCR）是以 DNA 变性、复制的某些特性为原理设计的，是一种常用的 DNA 扩增技术，在获取目标 DNA 中应用较多。在适当寡核苷酸引物存在下，利用耐热 DNA 聚合酶对目的 DNA 进行扩增，从含有所需目的基因的混合物中扩增出大量目的 DNA 片段。

2. 基因载体

目的基因很难直接进入受体细胞，即使进入受体细胞后也很不稳定，极易受细胞内限制性酶的作用而分解，必须先同某种传递者结合后才能进入受体细胞。载体就是可以将目的基因带入受体细胞的传递者。

对于 DNA 重组的载体，一般需要具备以下基本要求。

（1）载体可以在受体细胞中独立地进行复制。载体必须本身就是一个复制子，在其 DNA 分子中包含复制起点，能够独立进行复制，并且在外源 DNA 接入后也不失去自我增殖能力。人工重组后的载体可以经过复制后实现多拷贝。

（2）要有多种限制性内切酶的切割位点，最好是单一位点。限制性内切酶的切割位点是外源 DNA 插入、载体 DNA 开环和闭环的基础。

（3）要有选择性标记，能指示重组体的转入，易于鉴定、筛选。区分重组与否要靠筛选标记来进行。判断携带有目的基因的载体是否进入受体细胞以及进入后是否发生复制，主要靠筛选标记提供帮助。

目前，在基因工程中经常选用的载体主要有以下几种。

（1）质粒

质粒是双链闭环 DNA 分子，种类很多，其分子大小从 1kb 到 200kb 不等。它们在细菌和酵母中以独立于染色体之外的方式存在，一个质粒就是一个 DNA 分子。质粒按其复制方式可分为松弛型质粒和严紧型质粒，基因工程中大多使用松弛型质粒来组建载体。如常用于大肠杆菌的 pBR322 是人们研究最多、使用最广的一种质粒载体。通常用小写字母 p 代表质粒，BR 代表研究出这个质粒的研究者 Bolivar 和 Rogegerus，322 为数字编号。pBR322 由 4363bp 组成，有一个复制起点、一个抗四环素基因、一个抗氨苄青霉素基因、36 个单一的限制性内切酶位点，可容纳 5kb 左右大小的外源 DNA。

（2）噬菌体

噬菌体是细菌病毒，也能独立复制，稳定地遗传。噬菌体内含双链环形、单链环形、双链线形、单链线形等多种形式的 DNA,且感染率高。常用的是 λ 噬菌体和 M13 噬菌体。λ 噬菌体是大肠杆菌中的一种噬菌体,在其两端,各有一条由 12 个核苷酸组成的互补黏性末端。它易于使受体细胞感染,携带外源 DNA 一起增殖,经构建后常用于细菌细胞。M13 是一种含有单链 DNA 的噬菌体。

(3)柯斯质粒

又称为黏粒,由质粒和 Mu 噬菌体的 cos 位点结合构建而成的一种大容量克隆载体,具有质粒和 λ 噬菌体两种载体的性质,可转运 29~45kb 的 DNA 片段。既可感染细菌,也可感染哺乳动物细胞进行基因表达。

3. 目的基因与载体重组

目的基因制备完成以后,根据目的基因的大小和用途,选择适当的载体。在 DNA 连接酶作用下,可以通过多种方式将目的基因与载体 DNA 连接构建重组体。将外源 DNA 用一种限制性内切酶切割成目的片段,再用同一种限制性内切酶切割载体,产生完全相同的黏性末端。当载体和目的 DNA 片段一起退火时,黏性末端间通过互补碱基配对,在 DNA 连接酶催化作用下形成共价结合的重组 DNA 分子,实验室中常用噬菌体 T4DNA 连接酶。此外,也可以用平头末端连接,借助于脱氧核糖核苷酸转移酶的作用在载体和目的基因的平端上形成人工黏端,然后连接。

(二)重组体 DNA 的转化、增殖和表达

1. 转化

重组体 DNA 必须导入受体细胞才能得到表达。外源 DNA 进入受体细胞并获得新的遗传性状的过程称为转化。随着受体细胞的生长和增殖,重组 DNA 分子也随之复制和扩增,这一过程称为 DNA 的克隆。在选择适当的受体细胞后,经适当方法处理,使之成为感受态细胞,即具备接受外源 DNA 的能力。例如,用 $CaCl_2$ 处理细胞,使细胞变得易吸收外源 DNA;把酵母、植物细胞变成原生质体等。根据重组 DNA 时所采用的载体性质不同,选择不同的方法将重组 DNA 分子导入。

2. 筛选

从大量受体细胞中筛选出带有重组体的细胞,需要采取一定的筛选手段。常用的筛选手段有:插入失活法、内切酶图谱鉴定法、菌落原位杂交法、免疫学方法等。

(1)插入失活法

外源 DNA 片段插入遗传标记后,噬菌体载体形成噬菌斑的能力或特征不同,可以筛选。如把转化后的受体细胞涂布于含有标记抗生素的培养基上进行初筛,如果外源 DAN 片段插入抗生素基因,则它在此培养基上就不能生长。利用这种

差异就很容易地将含有重组质粒的细胞筛选出来。

(2)内切酶图谱鉴定法

对于初步筛选鉴定具有重组子的菌落,应少量培养后,再分离出重组质粒或重组噬菌体 DNA,用相应的内切酶切割重组子释放出插入片段,对于可能存在双向插入的重组子,还要用内切酶消化鉴定插入方向,然后凝胶电泳检测插入片段和载体的大小。

(3)菌落原位杂交法

菌落或噬菌斑原位杂交技术是一种十分灵敏且快速的方法。先将转化菌直接铺在硝酸纤维素薄膜上,用核素标记的特异 DNA 或 RNA 探针进行分子杂交,然后挑选阳性克隆菌落。本方法能进行大规模操作,一次可筛选 $5 \times 10^5 \sim 5 \times 10^6$ 个菌落或噬菌斑,对于从基因文库中挑选目的重组子,是一项首选的方法。

(4)免疫学方法

对于克隆的目的基因能够在宿主细胞中表达产生外源蛋白质,就可以用免疫学的方法进行检测。将固体培养基上由菌落产生的蛋白质,转移到硝酸纤维膜上,用相应的带放射性标记的抗体进行反应,如用^{125}I 标记,洗去非特异性吸附的放射性物质后,用放射自显影显示结果。

3. 增殖和基因表达

筛选出的转化细胞在适当的培养条件下大量增殖,就能使重组 DNA 在受体细胞内的拷贝数目大大增加。外源基因最终需要在受体细胞中得到高效表达。对于真核生物,如果转移到原核生物中进行表达,必须考虑以下问题:

(1)真核细胞的蛋白质基因多为断裂基因,有相应的转录后加工系统,而原核细胞没有,二者存在结构上的差异。

(2)真核生物的启动子不能被细菌 RNA 聚合酶识别。

(3)真核生物 mRNA 上没有 Shine - Dalgarno 序列,所以不能很好地与细菌核糖体结合。

(4)真核生物的基因产物,必须经过翻译后加工处理,原核生物中缺乏加工的酶体系。

(5)真核生物基因所产生的蛋白质分子,往往会被细菌蛋白酶识别并降解。

三、基因工程在环境保护中的应用

基因工程是一个具有极为重要的理论意义和应用前景的技术学科,随着近年来生物化学与分子生物学的快速发展,基因工程技术也得到发展,成为生命科学众多领域必不可少的实验手段,涉及各个领域。人们寄希望于利用基因工程构建新品种用于环境保护。在环境保护方面,由于长期以来人们对环境的极度不重视,环保意识淡薄,为追求经济利益不惜以牺牲环境为代价,致使相当一部分废水、废液、废物等不经任何治理而直接排入环境,造成严重的环境污染。如今,通过基因工程技术手段可以对工业"三废"进行处理,使得其重新转化为再生资源或可利用能源加以利用,大大减少了环境污染,甚至能通过构建工程菌株来净化环境。目前,在环境保护方面,也已经取得了不少的成绩。

(1)工业"三废"治理方面

工业生产中,会产生大量的废水、废液和废气,其中有很多物质都有毒或有害,这些物质的直接排放,对环境造成了严重的污染。利用基因工程获得了分解多种有毒物质的新型菌种。如从生长慢的菌株体内提取出抗汞、抗镉、抗铅等的质粒,在体外进行基因重组后转入大肠杆菌体内表达。人们还构建了能降解甲苯、萘等物质的菌株,可以用来消除环境中的有毒物质。将降解氯化芳烃的基因和降解甲基芳烃的基因分别切割下来组合在一起构建成工程菌,使它同时具有降解上述两种物质的功能。美国科学家利用 DNA 重组技术,将降解脂肪烃、芳香烃、萜烃、多环芳烃的 4 种菌体基因进行链接,转入一个菌株中构建出能同时降解这 4 类有机物的"超级菌",对清除石油污染起到了明显的效果。黄杆菌属(*Flavobacterium*)、棒状杆菌属(*Corynebacterium*)和产碱杆菌属(*Alcaligenes*)均含有分解尼龙寡聚物 6 -氨基己酸环状二聚体的质粒,制备目的片段后进行 DNA 重组,经增殖表达后可获得含有高效降解尼龙寡聚物 6 -氨基己酸环状二聚体质粒的大肠杆菌,用于对尼龙的降解。

(2)农药降解及新型农药开发

长期以来,在病虫害防治及农业种植方面,一直过度依赖于化学农药的施用,这对环境造成了极大的损害,使得土壤及食品中有机残留物积累,毒性增加,给人畜带来极大的危害。化学农药的过度使用,也严重破坏了生态平衡。随着对环境微生物降解农药机制的阐明,为构建具有降解功能的工程菌提供了可能。如曾经一度除草剂 2,4 - D(2,4 -二氯苯氧乙酸)广泛应用于农业,但是它是一种致癌物质,长期使用会在土壤中积累。随着基因工程技术的发展,已通过构建基因工程菌对它进行生物降解。将能够降解 2,4 - D 的基因片段组建到质粒上,再转入受体菌体内构建成高效降解 2,4 - D 的功能菌施入土壤中,大大降低了 2,4 - D 的累积量。另外,长期施用农药使得环境中积累的有机磷类、有机氯苯类、氯酚类和多氯联苯等有害物质,现已构建出基因工程菌对其降解,净化环境。

转基因生物农药的开发也引起了各个国家研究人员的重视,越来越多的转基因微生物农药被开发出来,替代化学农药和化肥。微生物农药包括微生物杀虫剂、杀菌剂和农用抗生素等,它们对环境没有污染,对人畜安全无毒。另外,还可以利用基因工程改造、筛选和构建优良菌株。苏云金杆菌体内的伴胞晶体含有杀死鳞翅目昆虫的毒素,将苏云金杆菌体中的毒性蛋白质抗虫基因提取出来,用基因工程技术转接到小麦、水稻等植株内进行基因重组,提高了作物抗虫能力,避免了农药污染。

(3)环境检测方面

PCR 技术即为 DNA 聚合酶链式反应,于 1985 年由美国 K. Millus 创立。因 PCR 检测速度快,只需 5～6h 就可出结果,深受环境检测单位关注,并被积极研究和应用。环境中存在各种生物的 DNA,只需在环境中采集少量 DNA,加入引物和 DNA 聚合酶,经过变性和退火的过程,就可在体外扩增,从而可以进行检测和鉴定。微生物以其独特性在环境检测中起到了举足轻重的作用,在土壤、水体和空气中广泛存在着微生物的菌体及其分解物,采集微生物的 DNA,可以利用 PCR 技术研究特定环境中微生物区系的组成、结构,并对种群动态进行分析。如在污水处理研究中,对含酚废水生物处理活性污泥中的微生物种群组成及种群动态的分析,其测定速度远快于经典的微生物分类鉴定。另外,还可以应用 PCR 技术监测环境中的特定微生物,如致病菌和工程菌等。

(4)环境微生物鉴定和种群动态分析

利用分子遗传学的知识,对微生物进行系统分类,步骤较多。要对各种微生物进行分离培养并纯化,对个体生物学特性及菌落形态特征进行观察,了解生理生化反应特征以及免疫学特性,并进行分类;然后按分类鉴定手册检索该微生物的属、种名。整个过程很费时、耗力。如今,微生物分类学进入了分子生物学时代,许多新技术和新方法的诞生,在微生物分类学中也得到了广泛应用。包括 PCR、基因探针、16S rRNA 序列分析、DNA 电泳等在内的综合检测技术加快了鉴定工作的速度,还使一些原来尚未能纯化培养的微生物的分类鉴定变成可能。现在,随着微生物核糖体数据库、基因序列数据库的日益完善,该综合技术成为微生物分类和鉴定极有力的工具。

思 考 题

1. 试述体内氨基酸脱氨基的几种主要方式。

2. 试述体内氨的主要来源和去路。

3. 何为生物固氮? 生物固氮的意义何在?

4. 什么是一碳基团? 一碳基团的生理功能是什么?

5. 试述尿素循环的过程及生理意义。

6. 什么是生糖氨基酸? 什么是生酮氨基酸? 什么是生糖兼生酮氨基酸?

7. 试述氨基酸分解产物的去向。

8. 为什么说转氨基反应在氨基酸合成和降解过程中都起重要作用?

9. 简述体内联合脱氨基作用的特点和意义。

10. 什么是遗传密码? 简述遗传密码的基本特性。

11. 基因工程的基本步骤和过程大体上可以分为哪些?

拓 展 阅 读

[1] BARKER H A. Amino acids degradation by anaerobic bacteria[J]. Annual Review of Biochemistry,1981,50(1):23-40.

[2] HAMES B D, HOOPER N M. Instant notes in biochemistry [J]. Blochemical Education,1997,25:4.

[3] HOLMES F L. Hans Krebs and the Discovery of the Ornithine Cycle[J]. Federation Proceedings,1980,39(2):216-225.

[4] MORRIS Jr S M. Regulation of enzymes of the urea cycle and arginine metabolism[J]. Annual Review of Nutrition,2002,22(1): 87-105.

[5] VOET D,VOET J G. Biochemistry[M]. New York: John Wiley and Sons,1995.

第十二章　代谢调控

【本章要点】

细胞物质代谢途径是相互联系的。各代谢途径可通过交叉点上的关键性中间代谢物和中间代谢途径而相互联系相互转化,如葡萄糖-6-磷酸、磷酸二羟丙酮、丙酮酸和乙酰 CoA 及三羧酸循环。

代谢调节可在四个水平上进行,即酶水平、细胞水平、激素水平和神经系统水平。其中酶水平的调节是最基本也是最关键的调节,包括酶活性调节和酶含量的调节两个方面。酶活性调节的方式主要有酶原激活、别构调节、共价修饰调节等。酶含量的调节包括酶合成和降解,其中酶合成的基因表达调节更为重要。

生命现象(生物的生长、发育、分化、遗传、变异、代谢和运动等)是生物体内发生的极其复杂的生物化学过程的综合结果。例如,一个细菌细胞内的代谢反应就有 1000 种以上,其他多细胞的高等生物的代谢反应的复杂程度便可想而知了。研究表明,生物机体为了有效地生存,在漫长的进化过程中形成了两套机制:一是糖、脂、蛋白质和核酸等所有的物质代谢(含能量代谢和信息代谢)共同形成了一张巨大的紧密联系的代谢网络;一是耦合于这一代谢网络中的精确的高效的调控系统。借此生命运动得以成为一个完整统一的过程。

本章着重介绍生物体内各种代谢途径间的关系及代谢的基本调节方式。

第一节　物质代谢的相互关系

生物机体内的生物分子数以万计,代谢途径复杂多样,为教学需要,分别对糖、脂、蛋白质和核酸的代谢做了介绍。事实上,这些分子、途径之间并不是孤立的、互不相关的,它们是相互协调和紧密相关的。各代谢途径之间主要通过交叉点上的关键性枢纽物质(共同的中间代谢物)和枢纽代谢(三羧酸循环)得以沟通,形成了经济高效、运转有序的立体代谢网络。其中最关键的三个枢纽物是:葡萄糖-6-磷酸、丙酮酸和乙酰 CoA。下面主要讨论细胞内的四类主要物质:糖类、脂类、蛋白质和核酸的相互关系。

一、糖代谢与脂代谢的相互关系

一般说来,糖类与脂类物质在体内可以互相转变。实验证明,糖可以转变为脂类。糖类转变为脂类的原则步骤是:糖经过酵解生成磷酸二羟丙酮及丙酮酸;接着磷酸二羟丙酮经还原转变成为磷酸甘油;而丙酮酸经氧化脱羧后转变为乙酰 CoA,然后再缩合生成脂肪酸;最后,磷酸甘油和脂肪酸合成脂肪。

实验也证明,脂类也可以转变为糖。脂类转变为糖的原则步骤是:脂类分解产生甘油和脂肪酸,甘油经过磷酸化生成 α-磷酸甘油,再转变为磷酸二羟丙酮,而磷酸二羟丙酮可沿糖异生途径生成糖。就脂肪酸转变成为糖而言存在生物种属差异。脂肪酸通过 β-氧化,生成乙酰 CoA。在植物或微生物体内,乙酰 CoA 可缩合成三羧酸循环中的有机酸,可经乙醛酸循环生成苹果酸,苹果酸再通过三羧酸循环转变为草酰乙酸,经糖异生作用转变成糖。但在动物体内,不存在乙醛酸循环,通常情况下,乙酰 CoA 都是经三羧酸循环而氧化成二氧化碳和水,生成糖的机会很少。

二、糖代谢与蛋白质代谢的相互关系

实验证明,糖类与蛋白质在体内可以互相转变。糖类是生物机体重要的碳源和能源物质,可用于合成各种氨基酸的碳链结构,经氨基化或转氨后即生成相应的氨基酸,进而合成蛋白质。糖转变为蛋白质的原则步骤是:葡萄糖分解代谢产生丙酮酸、α-酮戊二酸、草酰乙酸等,接着通过相应的加氨酶或转氨酶催化,生成相应的丙氨酸、谷氨酸和天冬氨酸。20 种氨基酸中的多数都可以在机体内通过这些氨基酸转变生成。需要注意的是,氨基酸的生物合成能力也存在生物种属差异。此外,糖在分解代谢过程中产生的能量,可供氨基酸和蛋白质的合成之用。

蛋白质转变为糖类的原则步骤是:首先,蛋白质酶促水解生成氨基酸,接着,氨基酸经过脱氨基可变为 α-酮酸。实验证明,很多氨基酸脱去氨基后的 α-酮酸可通过糖异生途径转变成糖,此类氨基酸称为生糖氨基酸,如甘氨酸、丙氨酸、丝氨酸、苏氨酸、缬氨酸、组氨酸、天冬氨酸、天冬酰胺、谷氨酸、谷氨酰胺、精氨酸、半胱氨酸、甲硫氨酸及脯氨酸等。此外,酪氨酸、苯丙氨酸、色氨酸和异亮氨酸也能产生糖。

三、脂类代谢与蛋白质代谢的相互关系

研究发现,脂类与蛋白质之间可以相互转变。脂类转变为蛋白质的原则步骤是:脂类分子中的甘油可先转变为丙酮酸,再转变为草酰乙酸及 α-酮戊二酸,然后

接受氨基而转变为丙氨酸、天冬氨酸及谷氨酸。脂肪酸可以通过 β-氧化生成乙酰 CoA，乙酰 CoA 与草酰乙酸缩合进入三羧酸循环，从而与天冬氨酸及谷氨酸相联系。当乙酰 CoA 进入三羧酸循环形成氨基酸时，需要消耗三羧酸循环中的有机酸，如无其他来源补充，反应便不能进行。在植物和微生物中存乙醛酸循环。可以由二分子乙酰 CoA 合成一分子苹果酸，用以增加三羧酸循环中的有机酸，从而促进脂肪酸合成氨基酸。在动物体内不存在乙醛酸循环，故不易利用脂肪酸合成氨基酸。

蛋白质转变为脂类的原则步骤是：蛋白质分解为氨基酸，其中生酮氨基酸能生成乙酰乙酸。由乙酰乙酸经乙酰 CoA 再缩合成脂肪酸。而生糖氨基酸，通过丙酮酸可以转变为甘油，也可以在氧化脱羧后转变为乙酰 CoA，进而合成脂肪酸。

四、核酸代谢与糖、脂肪及蛋白质代谢的相互关系

核酸及其衍生物和糖、脂肪及蛋白质等多种物质代谢相关。一方面，糖及蛋白质为核酸及衍生物的合成提供原料：蛋白质代谢能为嘧啶和嘌呤的合成提供原料，如甘氨酸、甲酸盐、天冬氨酸、谷氨酰胺和氨等；糖能产生二羧基氨基酸的前体酮酸，而且又是戊糖的来源；但脂类代谢除供应 CO_2 外，和核酸代谢无明显关系。另一方面，核酸及其衍生物对糖、脂肪及蛋白质等多种物质代谢方式及反应速度发生影响：许多核苷酸在代谢中起着重要的作用，如 UTP 参与糖的合成；CTP 参与磷脂合成；GTP 为蛋白质合成所必需；ATP 是重要的磷酰化剂及生物能；许多辅酶均为核苷酸的衍生物。

综上所述，糖、脂类、蛋白质和核酸等物质在代谢过程中是相互联系、彼此影响和密切相关的。四类物质的主要代谢关系总结如图 12-1 所示。

第二节 代谢调节

从化学的角度看，生命就是一台极其复杂的酶促网络反应器。它由成千上万个生物化学反应组成，并且随时间和空间的不同而改变。然而，这台反应器却表现出令人惊奇的协调性：首先，生物体内的反应与步骤虽然繁多，但相互配合、有条不紊，彼此协调而有严格的顺序性；其次，生物体内的这些反应对内外环境条件的变化会做出灵敏的相应改变，表现出高度的适应性；再次，生物体内这些反应的有无受到生物钟的程序左右，表现出鲜明的律动性。足见生物体内一定具有完整的精确的调节和控制机制，并早已被实验所证实。

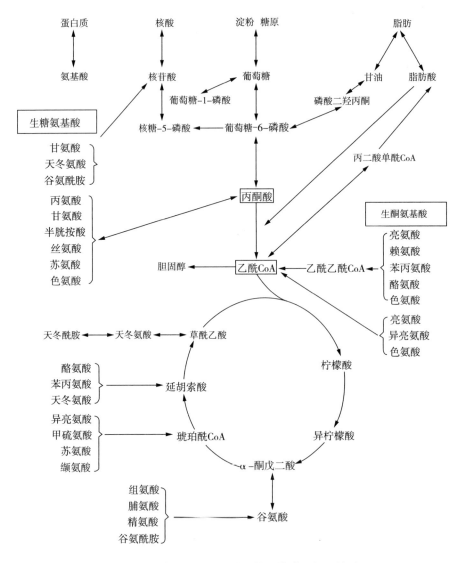

图 12-1 糖、脂类、蛋白质及核酸代谢的相互关系

一、代谢调节的不同水平

生物调控机制是生物在长期进化过程中逐步形成的。生物进化程度越高,调节控制机制就越完善、越复杂。根据调控的水平不同,整个生物界存在的调控可以分为四种类型:酶水平调节、细胞水平调节、激素水平调节以及神经系统水平调节。其中,酶水平调节是最原始、最基本的调节,也是最关键、最重要的调节。

二、酶水平调节

生物机体内的各种代谢变化都是由酶驱动的。酶的主要作用有两个方面：一是催化各种生化反应；二是调节、控制代谢的速度、方向和途径，是新陈代谢调节因素的关键基础。酶对于细胞代谢的调节有两种方式：一种是通过激活或抑制以改变细胞内已有的酶分子催化活性，称为细调；另一种是通过控制酶合成或降解速度，来改变酶的含量，称为粗调。因此，酶水平调节主要内容分为酶活性调节和酶含量调节两个方面。一个代谢途径的各个反应步骤的反应速度并不相同，反应速度最慢的步骤称为限速步骤（瓶颈效应），处于限速步骤的酶为限速酶，亦称为关键酶。实验证明，并不是代谢途径的每个酶都具有调节作用，只有限速酶才有调节作用。

（一）酶通道（酶阵）观念

生物界，人、动物、植物和微生物等所有的生物都是由细胞构成。所有的细胞又都是由多糖、脂类复合物、蛋白质、核酸、生物小分子、无机盐和水组成。而所有这些物质都处于不断地合成分解转化代谢之中，共同构成一张十分复杂的巨大的代谢网络，并按照一种既定的模式有条不紊地进行着。这一既定的模式本质上就是由催化各种生化反应的酶所构筑的反应通道——酶阵。

酶阵是一个生化反应、一条代谢途径乃至总的代谢网络的抽象。我们认为它的基本内涵有：

第一，酶阵虽然是由生物体内生物化学代谢网络教学抽象而来，但其样式则决定于生物个体 DNA 或基因库结构，这一点则具有严格的规定性。

第二，酶阵样式控制代谢的方向及途径，即代谢方式。一种生物体内能否发生某一种生物化学反应，或某几种生物化学反应，不是一种随机过程，而是由酶的存在决定的必然过程。有什么样的酶存在，就有什么样的生物化学反应发生。

第三，酶阵中酶活性控制代谢速率。酶是生物催化剂，其活力大小直接决定着它所催化的化学变化的速率。酶的活力越大，反应速率就越快；反之，反应速率就越慢。

第四，酶阵中酶总活力为单个酶分子活性与具有活性的酶分子数的积。有的分子构象形式活力很高，有的则很低，甚至没有活力。总的活力不仅取决于酶分子总数，更直接取决于具有活力构象的酶分子数。

第五，酶水平调节的实质就是通过多种方式改变酶（尤其是关键酶）的总活力，进而影响代谢过程。与化学催化剂不同，酶分子的活力是可以调控的。正因为如此，生物体可以通过多种方式实现对生命过程精确、高效的调控。

(二)酶活性调节

酶活性的调节主要有以下方式。

1. 酶原激活

有些酶在刚刚合成时并无活性,这些合成之初无活性的酶的前体称为酶原。而酶原切除部分寡肽或多肽片段后剩余部分变为具有活性酶的过程称为酶原激活。最典型的案例是消化酶的酶原激活。胃和胰腺合成的蛋白酶类,如胰蛋白酶、胰凝乳蛋白酶、胃蛋白酶、羧肽酶和弹性蛋白酶,合成之初都是以酶原的形式存在,当它们被分泌到消化道后,通过其他酶作用后而被活化。这种机制对机体具有保护作用。

酶原激活机制是通过去掉分子中部分肽片段,引起酶分子空间结构的变化,从而形成或暴露出酶的活性中心,转变为具有活性的酶。不同的酶原在激活过程中去掉的肽片段大小及数目不同。从化学本质上看,酶原激活是一种共价修饰反应。与下面酶的共价修饰调节不同的是,酶原激活是不可逆的共价断裂过程。

2. 别构调节

(1)别构酶和别构调节作用

有些酶除具有活性中心外,还具有一个特殊的调节部位,即别构中心。别构中心尽管不是酶活性中心的组成部分,但它可以与某些化合物(称为别构剂)发生非共价结合,引起酶分子构象的改变,进而对酶起到激活或抑制作用。这类酶通常称为别构酶,亦称变构酶。由别构剂与别构酶的别构中心结合引起酶活性改变的现象称为别构调节作用。

实验发现,别构酶主要有以下几方面特点:一般是寡聚酶,常常由两个或多个亚基组成,其分子比一般非调节酶要大些、复杂些。在别构酶的两个或多个亚基中,一个(或多个)亚基可与底物结合,起催化作用,称为催化亚基;另一个(或多个)亚基可与别构剂结合,对反应起调节作用,称为调节亚基。别构剂与酶的别构中心结合是可逆的,当别构剂的浓度降低时,别构剂与酶的结合随即解离,别构效应随即发生变化。动力学曲线为 S 形而非双曲线形。

依据别构剂的作用性质的不同,别构剂及别构效应可以分为两类:一类别构剂可使酶活性增加,称为别构激活剂,所发生的调节效应称为别构激活;另一类别构剂可使酶活性下降,称为别构抑制剂,所发生的调节效应称为别构抑制。某些代谢途径中别构酶及其别构剂见表 12-1 所列。

(2)别构调节机制——反馈调节作用

反馈是指运动结果对运动本身的影响。在生物学科当中,反馈调节是指酶促反应过程中底物或产物对反应进程的影响。在生物代谢过程中,许多代谢途径的起始物、中间物或产物对反应途径中的某一步反应(通常是第一步反应)的酶起调控作用,称为反馈调节。此时的起始物、中间物或产物起着别构剂的作用。由于许多催化生物代谢的酶或酶系都具有别构酶的特性,所以,反馈调节的化学本质是酶的别构调节。

表 12 - 1 某些代谢途径中别构酶及其别构剂

代谢途径	别构酶	别构激活剂	别构抑制剂
糖酵解	己糖激酶 6 - 磷酸果糖激酶 - 1 丙酮酸激酶	AMP,ADP,FDP,Pi FDP,PEP,Pi	G - 6 - P ATP,柠檬酸 ATP,柠檬酸,乙酰 - CoA
TCA	柠檬酸合成酶 异柠檬酸脱氢酶	AMP AMP,ADP,NAD$^+$	ATP,长链脂肪酰 - CoA ATP,NADH
糖异生	丙酮酸羧化酶 果糖二磷酸酶	乙酰 - CoA,ATP ATP	ADP FDP,AMP
脂肪合成	乙酰 - CoA 羧化酶	柠檬酸	长链脂肪酰 - CoA
氨基酸脱氨基作用	谷氨酸脱氢酶	ADP	GTP,ATP
嘌呤核苷酸合成	PRPP 酰胺转移酶	PRPP	IMP,AMP,GMP

细胞利用反馈调节控制酶活性的情况较为普遍。反馈调节具有正作用和负作用两种。

第一,凡是反应的起始物、中间物或产物能够使代谢过程速度加快者,称为正反馈调节作用。在生物代谢中有很多正反馈调节作用的例子。如在糖原合成中,6 - 磷酸葡萄糖是糖原合成酶的别构激活剂,可以促进糖原的合成。

第二,凡是反应的起始物、中间物或产物能够使代谢过程速度降低者,称为负反馈调节作用。负反馈调节作用在代谢过程中更为普遍,而且种类多样,如顺序反馈调节作用、协同反馈调节作用、积累反馈调节作用等等。

顺序反馈调节作用是指终产物抑制反应过程的酶,使中间产物积累,中间产物再抑制前面的酶,这样依次向反应起点抑制的方式称为顺序反馈抑制,如图 12 - 2 所示。

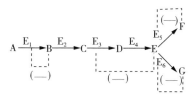

图 12 - 2 顺序反馈调节作用

协同反馈调节作用是指分支代谢途径中,一种终产物单独过量时只抑制其分支反应的关键酶,而当几个终产物同时过量时才抑制共同途径的关键酶。这样一个终产物单独过量只会降低本身的代谢速度,并不影响其他分支途径的代谢。只有所有终产物都过量时,才降低整个途径的代谢速度,如图 12-3 所示。

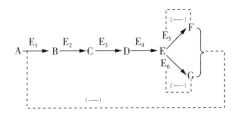

图 12-3　协同反馈调节作用

累积反馈调节作用是指几个终产物中任何一个过量都能单独部分地抑制共同途径的关键酶,并且各终产物对共同的关键酶的抑制作用有累积效应,当所有终产物都过量时对这个酶的抑制达到最大,如图 12-4 所示。

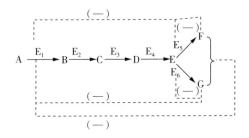

图 12-4　累积反馈调节作用

3. 共价修饰调节

(1)共价修饰调节的概念

酶蛋白肽链上的某些侧链基团在一些酶的作用下发生共价修饰,从而引起酶活性的改变,称为酶的共价修饰调节或化学修饰调节。这类酶称为共价修饰调节酶。酶的可逆共价修饰是调节酶活性的重要方式。

(2)共价修饰调节的主要类型

研究发现生物体内共价修饰调节最主要、最常见的类型是磷酸化和去磷酸化,另外还有乙酰化和去乙酰化、腺苷酰化和脱腺苷酰化、甲基化和去甲基化、尿苷酰化和脱尿苷酰化以及 S-S/SH 相互转变等。

例如,酶的磷酸化和脱磷酸调节作用。催化磷酸化反应的酶称为蛋白激酶,ATP 供给磷酸基团和能量,磷酸基团转移到靶蛋白特异的丝氨酸或者苏氨酸、酪氨酸残基的羟基上。催化酶蛋白脱磷酸的是蛋白磷酸酯酶,将磷酸基团水解除去。

磷酸化和脱磷酸化分别由不同酶促反应来完成,以便于对反应的控制。常见的磷酸化/脱磷酸化的调节酶见表 12-2 所列。

表 12-2 磷酸化和脱磷酸化对酶活性的调节

共价修饰调节酶类	共价修饰反应类型	修饰前后酶活性变化
磷酸化酶	磷酸化/脱磷酸化	激活/抑制
磷酸化酶 b 激酶	磷酸化/脱磷酸化	激活/抑制
糖原合成酶	磷酸化/脱磷酸化	抑制/激活
丙酮酸脱氢酶	磷酸化/脱磷酸化	抑制/激活
果糖磷酸化酶	磷酸化/脱磷酸化	激活/抑制
乙酰 CoA 羧化酶	磷酸化/脱磷酸化	抑制/激活
RNA 聚合酶	磷酸化/脱磷酸化	激活/抑制
激素敏感的脂肪酶	磷酸化/脱磷酸化	激活/抑制

(3)共价修饰调节的特点

酶的共价修饰调节具有两个主要特点:

第一,被修饰的酶可以有两种互变形式,一种为活性形式,另一种为非活性形式。正反两个方向的互变均发生共价修饰反应,并且都会引起酶活性的变化。

例如,肝脏和肌肉中的磷酸化酶 a 和 b。其中 b 型无活性,通过激酶和 ATP,使酶分子多肽链亚基丝氨酸残基的羟基磷酸化,转化成为有活性的磷酸化酶 a,使糖原分解。

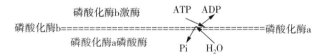

第二,一般构成级联放大系统。共价修饰调节作用可以产生酶的连续激活现象,所以具有信号放大效应(级联放大效应,一种蝴蝶效应)。如肾上腺素引起糖原分解过程中的一系列磷酸化激活步骤,其结果使激素的代谢信号被逐级放大了约300万倍。

(三)酶含量的调节

酶在细胞内的含量取决于它的合成速率和分解速率。细胞根据自身活动的需要,精确控制着细胞内各种酶的合理含量,从而对各种代谢过程进行调控。依据细胞内酶合成对环境因素反应的不同,可将酶分为两种类型:一类称为组成酶,如糖酵解、三羧酸循环、脂肪酸 β-氧化、尿素合成的酶系等,其酶蛋白合成量相对稳定,一般不受代谢状态的影响,用于保持机体能源供给的酶系通常是组成酶。另一类酶,它的合成量受环境条件及细胞内相关因子的影响,称为诱导酶及阻遏酶。诱导酶是在正常代谢条件下不存在,当受诱导物诱导时才产生的酶,通常与分解代谢有关。阻遏酶是在正常代谢条件下存在,当有辅阻遏物存在时其合成被阻遏的酶,通常与合成代谢有关。酶生成量调节的本质是对基因表达的调节控制。

1. 酶合成的基因表达调节

(1)酶合成的诱导与阻遏现象

1900 年,有人发现微生物,包括许多细菌如 *E. coli* 和酵母,它们在含葡萄糖和乳糖培养基上能正常生长发育,但都不会、也不能立即利用乳糖。当葡萄糖消耗完结或将这些微生物移至乳糖培养基上,它们会经历一个几分钟的停滞期,再进入正常生长发育。研究发现,其间一种利用乳糖的关键酶——β-半乳糖苷酶(其实还包括 β-半乳糖苷透性酶及 β-半乳糖苷转乙酰基酶)与乳糖独立作用密切相关。若将细菌移至仅含乳糖的培养基上,2 分钟后,β-半乳糖苷酶开始合成,由每个细胞不到 5 个迅速增加上千倍;一旦乳糖消耗尽或再移到葡萄糖培养基上,β-半乳糖苷酶水平会立即下跌。由此提出了诱导剂(在此是乳糖)、诱导酶(β-半乳糖苷酶等)和诱导作用机制等问题。

1953 年,J. Monod 发现,当 *E. coli* 培养基中有色氨酸存在时,参与 *E. coli* 色氨酸生物合成过程中所有的酶的生成受到抑制。反之,参与 *E. coli* 色氨酸生物合成过程中所有的酶的生成又恢复正常。由此提出了阻遏剂(在此是色氨酸)、阻遏酶(参与色氨酸合成的 7 种酶)和阻遏作用机制等问题。

(2)原核生物的操纵子学说

1961 年,J. Monod 和 F. Jacob 基于酶生物合成诱导和阻遏现象和实验事实,认为细胞内存在控制酶蛋白合成的"操纵子"调控系统,从而提出操纵子模型的科学假说。为此,他们分享了 1965 诺贝尔奖。这一假说有两个前提作为依据:一是转录生成酶蛋白的基因分为不同类型,主要有三种,即结构基因、操纵基因和调节基因;二是遗传信息的表达有共同的控制部位,它被称为操纵单位。操纵子的本质是一个负反馈系统。

酶合成的诱导、阻遏机制的操纵子学说如图 12-5 所示。

研究发现,为酶蛋白编码的 DNA 片段至少包括三个区域:结构基因区域为酶蛋白的氨基酸顺序编码;操纵基因区域,借助与阻遏蛋白的结合或脱离来控制结构基因转录的开始或停止;调节基因区域,通过其表达产物——阻遏蛋白,对整个转录过程起着调控作用。

(3)真核生物基因表达的调节

目前,原核生物的基因表达调控机制的研究已比较清晰。与原核生物相比较,真核生物要复杂得多。真核生物基因表达实际上是一种多层次、多因子参与的多级调控系统。真核细胞的基因表达可随细胞内外环境条件的改变和时间程序,而在不同表达水平上进行精确调节。

真核生物基因表达的多级调控方式，主要包括转录前水平的调节、转录调节、转录后加工调节、转运调节、翻译水平调节、翻译后加工调节、mRNA 降解调节以及细胞间信息传递对基因表达的调节等多个水平。如图 12-6 所示。

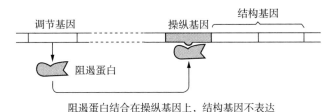

阻遏蛋白结合在操纵基因上，结构基因不表达

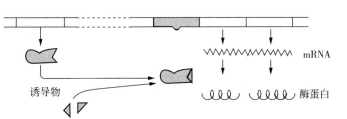

诱导物与阻遏蛋白结合，使阻遏蛋白不
能结合在操纵基因上，结构基因可表达
A.酶的诱导

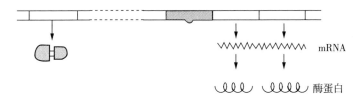

阻遏蛋白不能与操纵基因结合，结构基因可表达

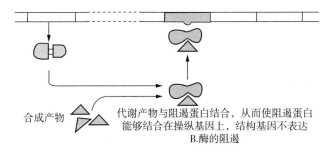

代谢产物与阻遏蛋白结合，从而使阻遏蛋白
能够结合在操纵基因上，结构基因不表达
B.酶的阻遏

图 12-5　原核生物酶合成基因表达模式

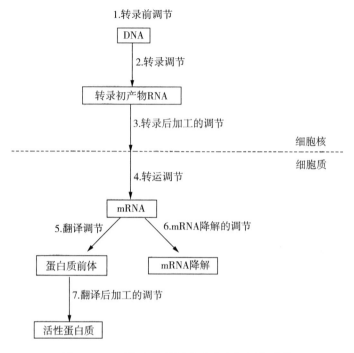

1.转录前调节

DNA

2.转录调节

转录初产物RNA

3.转录后加工的调节

————————————————————————————— 细胞核
细胞质

4.转运调节

mRNA

5.翻译调节   6.mRNA降解的调节

蛋白质前体   mRNA降解

7.翻译后加工的调节

活性蛋白质

图 12-6　真核生物基因表达的多级调控系统

真核生物的基因表达调控已成为引人注目的重要课题,通过对真核生物基因表达调节机制的认识,必将使人们能更有效地控制真核生物的生长发育。

2.酶的降解灭活

酶和其他蛋白质一样存在一个生命周期,有其产生、发挥作用、失活及被分解的过程。酶分子的降解速度也能调节细胞内酶的含量,进而改变参与代谢的酶的总活力,最终实现对代谢的调节。但是,由于受生物经济原则的有效控制,这种调节方式总的来说其重要性远不如酶生成的诱导和阻遏。

3.酶水平调节的分级

上面介绍了酶水平调节的主要内容,根据调节作用的性质和时间的快慢的不同,酶水平的调节可以分为三种:第一,一级调节机制。酶的活力由底物浓度、辅因子、温度、pH、离子强度等内在因素直接调节,或由代谢产物、其他小分子调节物等因素的间接调节。此类调节作用具有非共价作用的特点。它们的开始和终止速度均很快,时间在毫秒范围。共价修饰调节即属这一类。第二,二级调节机制。这类调节包括一种酶的两种或多种形式间的可逆或不可逆转变,并且这种转变是在另一种酶的催化下进行共价修饰的结果。二级调节机制亦是一种快速调节机制,相对于一级调节机制略微慢些,作用时间在数秒至数分钟范围。别构调节及酶原激活属于此类。第三,三级调节机制。这类调节包括酶的合成和降解速度的调节。三级调节机制是迟缓性调节,一般时间范围在数小时、几天甚至更长时间。诱导酶和阻遏酶的合成及酶的降解灭活就属三级调节机制。

三、细胞水平的调节

细胞是生物体的基本结构单元,是生物分子发生化学变化的场所。细胞膜、细胞质和细胞器是细胞的功能单位。细胞内发生的各种代谢反应和生理变化得以有条不紊、互不相扰地进行,同时又相互协调和制约、受到精确的调节,除酶水平的调节外,基于特殊膜结构的细胞水平的调节作用功不可没。细胞膜结构的调节作用主要包括两个方面。

(一)内膜系统对酶分隔的区域化调节作用

细胞内的各种酶或酶系是集中并隔离于不同的亚细胞区域的,即不同代谢途径被区域化。例如脂肪酸的氧化和合成两个代谢途径分别在线粒体内外不同的区域进行就是一个经典案例。酶在真核细胞内的区域化分布情况见表 12 - 3 所列。

表 12 - 3　酶在真核细胞内的区域化分布

细胞器	酶种类	相关代谢途径
细胞膜	ATP 酶,腺苷酸环化酶,各类膜受体等	能量和信息转换
线粒体外膜	单胺氧化酶,脂酰转移酶,NDP 激酶	胺氧化,脂肪酸活化,NTP 合成
线粒体间质	腺苷酸激酶,NDP 激酶,NMP 激酶	核苷酸代谢
线粒体内膜	呼吸链酶,肉毒碱脂酰转移酶	氧化磷酸化,脂肪酸转运
线粒体基质	TCA 酶类,β-氧化酶类,氨基酸氧化脱氨酶及转氨酶类	糖、脂肪酸和氨基酸的有氧氧化
细胞核	DNA 聚合酶,RNA 聚合酶,连接酶等	DNA 复制,基因表达等
溶酶体	各种水解酶	多糖、脂类、蛋白质、核酸等水解
粗面内质网	蛋白质合成酶	蛋白质生物合成
滑面内质网	加氧酶系,合成糖、脂酶系等	加氧反应,糖蛋白、脂蛋白加工
叶绿体	可溶性酶,光合链酶	催化暗反应,传递光电子
过氧化体	过氧化氢酶,过氧化物酶	处理过氧化氢、过氧化物等
胞浆	EMP 酶类,谷胱甘肽合成酶系,氨酰 tRNA 合成酶等	糖分解,GSH 代谢,氨基酸活化

(二)膜对酶及代谢物选择性通透的调节作用

生物膜具有高度的选择透性,膜通过选择性地阻隔某些底物或酶穿透膜,可以将某些反应限制在一个特定空间中进行。细胞膜和细胞器膜中的运输系统担负着与周围环境的物质交换功能。通过运输系统可以控制底物进入细胞或细胞器,对代谢进行调节。例如,葡萄糖进入肌肉和脂肪细胞的运输是它们利用葡萄糖的限速过程。胰岛素可以促进肌肉及脂肪细胞对葡萄糖的主动运输,这也是它能降低血糖,促进肌肉和脂肪细胞中糖的利用、糖原合成和糖转变为脂肪的重要因素。

不同的膜通透性不同。底物或酶通过膜的通透性和转运机制,可以使各个相关的酶促反应连续和协同地进行。在生物代谢过程中,不同代谢途径之间相互连接、相互转化,主要是通过膜的通透性来调节的。

四、激素水平调节

激素是由特定细胞分泌的对特定靶细胞的物质代谢或生理功能起调控作用的一类微量化学信息分子。激素是在机体内协调组织与组织之间或器官与器官之间代谢平衡、保持同类细胞同步性的活性物质。激素由细胞分泌后,经体液(血液)运往敏感器官(称为靶器官)或细胞(靶细胞)而发挥作用。激素调节作用的本质是直接或间接影响酶的合成和活性。激素在体内虽然含量极微,但作用大、效率高,它作为"化学信使"(一般称为第一信使)可引起靶组织细胞中一系列新陈代谢变化,进而产生生理效应。

(一)生物调控信号传递的基本过程

激素所携带的代谢信息通过质膜传递到细胞膜内的过程称为信息传导。由内分泌腺体产生的含氮类激素和前列腺素激素不能进入靶细胞内部直接发挥作用,其所携带的代谢信息要通过细胞膜上的蛋白受体传到膜内,并刺激产生调控信号物质(即第二信使),第二信使通过与代谢酶的作用对代谢过程起调控作用。重要的第二信使有 cAMP、cGMP、肌醇三磷酸、二酰甘油、钙离子等。类固醇激素分子能够通过细胞膜屏障进入细胞内,与靶细胞内的蛋白受体相结合,形成第二信使后进入细胞核,直接作用在染色体上影响染色体特定部位的基因表达,从而调控蛋白质的合成和决定细胞的生长与分化。

(二)含氮类激素和前列腺素调节机制

实验证明,氨基酸衍生物激素、多肽激素和蛋白质激素对代谢调节作用的机制如图 12-7 所示。

在这一过程中,激素把自身所携带的代谢信息通过与膜上受体结合传递给鸟

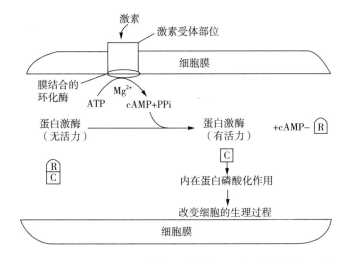

图 12-7 氨基酸衍生物激素、多肽激素和蛋白质激素作用机制

嘌呤核苷酸结合蛋白(G-蛋白)。G-蛋白催化 ATP 形成 cAMP,即形成第二信使。再由 cAMP 把代谢信息传递给细胞内的蛋白激酶及其他蛋白质或酶系,进而实现对靶细胞活动的调控。

肾上腺素促进糖原分解是我们认识最为透彻的案例,其作用机制如图 12-8所示。

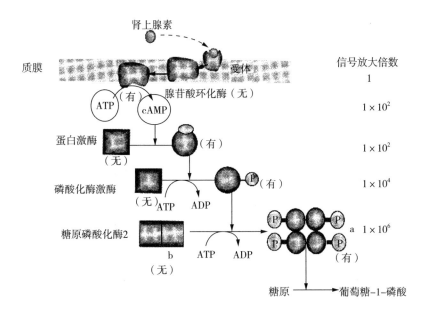

图 12-8 肾上腺素促进糖原分解的作用机制

(三)固醇类激素调节机制

固醇类激素由内分泌腺细胞分泌出来后,经血液循环到达靶细胞并进入细胞内,与靶细胞内特定的受体蛋白相结合,形成激素-受体蛋白超分子复合物(第二信使)。这一复合物在一定条件下进入靶细胞细胞核,并与 DNA 上特定的核苷酸序列结合,通过影响基因表达来影响某种酶蛋白的合成及其活性,发挥其调节作用。其作用机制如图 12-9 所示。

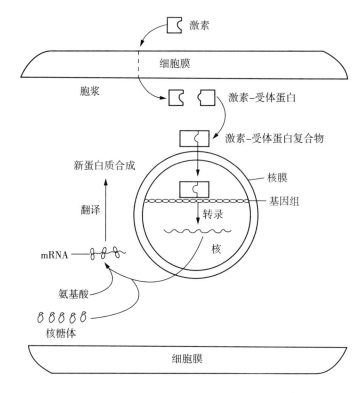

图 12-9 胆固醇类激素作用机制

五、神经系统水平调节

(一)神经系统调节的概念

人及高等动物都具有高度发达的神经系统。其各种活动以及代谢调节都处在中枢神经系统的控制之下。神经系统既影响内分泌腺分泌激素的种类和水平,也影响各种酶的合成,即神经系统对代谢的调节具有整体性特点。例如,当人的情绪激动时,他的血糖浓度会升高,并会引起糖尿。神经系统对生命活动的调节控制通常是通过调节激素的分泌来实现的,又称为神经—体液调节。

（二）激素和神经系统对代谢调节的上下级关系

事实上,神经系统对激素分泌的控制有两种方式:直接控制方式和间接控制方式。中枢交感神经直接影响肾上腺髓质分泌肾上腺素,是直接控制方式的典型案例;而中枢神经通过垂体前叶激素促甲状腺素和促肾上腺皮质激素,刺激甲状腺及肾上腺皮质分泌甲状腺素和肾上腺皮质激素就是间接控制方式的典型例子。由此说明,神经—体液调节体系具有严格的层次性,如图 12-10 所示。

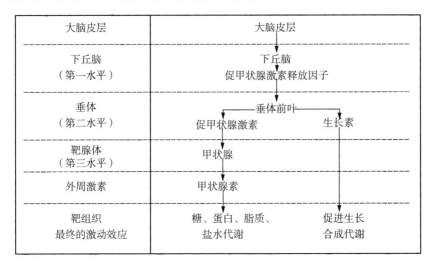

图 12-10　神经—体液调节的关系效应(层次性)

（三）激素和神经系统对代谢调节的反馈关系

内分泌器官直接或间接地受神经系统的支配。同时,内分泌器官分泌的激素反过来也影响着神经系统。典型的案例就是甲状腺激素和生长激素分泌不足或分泌过多,对机体的生长有影响,对神经系统、特别是对大脑的发育和功能也有影响。研究证明,激素对分泌腺、对神经系统存在反作用,也就是说,神经系统、内分泌器官和激素构成一个严密的反馈系统,本质上应该是一种负反馈系统,如图 12-11 所示。

思　考　题

1. 哪些化合物是连接糖、脂、蛋白质和核酸代谢的重要枢纽物质?
2. 试说明糖、脂、蛋白质相互转化的种属差异。
3. 生物化学过程的调控有哪几种形式?
4. 简述酶通道(酶阵)观念的基本内涵。
5. 举例说明别构酶与别构调节作用。
6. 举例说明酶的共价修饰调节作用及其特点。

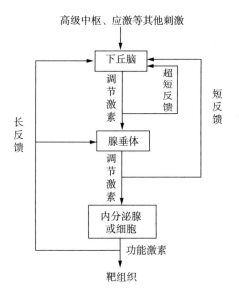

图 12-11 神经—体液调节的反馈系统

7. 何谓操纵子? 试根据操纵子模型说明酶合成的诱导和阻遏。

8. 根据调节作用的性质和时间的快慢的不同,酶水平的调节可以分为哪几种类型?

9. 说明肾上腺素的作用机制。

10. 说明固醇类激素作用机制。

拓 展 阅 读

[1] 郭晓强,王跃民. 信号传导与诺贝尔奖[J]. 自然杂志,2011,35(4):274-285.

[2] 向义和. 基于表达调控机制——操纵子模型的确立[J]. 自然杂志,2011,35(4):286-297.

[3] 吕子全,郭非凡. 氨基酸感应与糖脂代谢调控的研究进展[J]. 生命科学,2013,25(2):152-157.

[4] 孙佳颖,王南楠,刘东方,等. 蛋白质精氨酸甲基化修饰在糖代谢调节中的作用[J]. 中国生物化学与分子生物学学报,2011,27(11):993-997.

[5] 孙大业. 细胞信号转导[J]. 北京:科学出版社,1998.

[6] 张群. 酶阵:一个理想的生物化学教学概念[J]. 安庆师范学院学报(自然科学版),2011,17(4):84-86.

[7] JACOB F,MONOD J. Genetic regulatory mechanisms in the synthesis of proteins[J]. Journal of Molecular Biology,1961,3(3):318-356.

参 考 文 献

[1] 张丽萍,杨建雄.生物化学简明教程[M].北京:高等教育出版社,2009.

[2] 王镜岩.生物化学(上、下册)[M].北京:人民教育出版社,2002.

[3] 郑集.普通生物化学[M].北京:高等教育出版社,2007.

[4] 古练权.生物化学[M].北京:高等教育出版社,2002.

[5] 王希.生物化学[M].北京:清华大学出版社,2001.

[6] P.W.库彻,G.B.罗尔斯顿.生物化学[M].姜招峰,等译.北京:科学出版社,2002.

[7] 王金胜,王冬梅.生物化学[M].北京:科学出版社,2007.

[8] HAMES B D, HOOPER N M. Biochemistry(影印本)[M].北京:科学出版社,2004.

[9] 刘新光,罗德生.生物化学(案例版)[M].北京:科学出版社,2007.

[10] STRYER L.生物化学[M].唐有祺,等译.北京:北京大学出版社,1990.

[11] 杰弗里·佐贝.生物化学[M].上海:复旦大学出版社,1989.

[12] 李建武.生物化学实验原理和方法[M].北京:北京大学出版社,1994.

[13] 何忠效.生物化学实验技术[M].北京:化学工业出版社,2004.

[14] 吴赛玉.简明生物化学[M].合肥:中国科学技术大学出版社,1999.

[15] 张楚富.生物化学原理[M].北京:高等教育出版社,2003.

[16] 王镜岩.生物化学教程[M].北京:高等教育出版社,2008.

[17] 于自然.现代生物化学[M].北京:化学工业出版社,2004.

[18] 计亮年.生物无机化学[M].北京:科学出版社,2010.

[19] 古练权.生物有机化学[M].北京:高等教育出版社,1998.